现代冶金及材料科技新进展

国家出版基金项目
NATIONAL PUBLICATION FOUNDATION

高性能镁合金晶粒细化新技术

张丁非　胡红军　戴庆伟　杨明波　代俊林　著

U0319159

北　京
冶金工业出版社
2016

内 容 提 要

　　本书概述了 21 世纪初国家镁合金科技计划项目开展以来，相关单位在镁合金晶粒细化方面开展的主要研究和取得的主要成果，总结了国内外镁合金制备与成型领域的最新进展、所取得的成绩和经验。针对高性能镁合金晶粒细化技术如合金化、液态成型技术、传统塑性变形技术、挤压剪切塑性变形技术、计算机应用等技术的原理、理论、应用进行了详细阐述。

　　本书可供高等院校和研究院所冶金、材料专业的教师、研究生阅读，也可供从事镁合金研究和生产的科技工作者参考。

图书在版编目 (CIP) 数据

高性能镁合金晶粒细化新技术/张丁非等著 . —北京：
冶金工业出版社，2016.1
现代冶金及材料科技新进展
ISBN 978-7-5024-7187-3

Ⅰ.①高…　Ⅱ.①张…　Ⅲ.①镁合金—晶粒细化
Ⅳ.①TG146.2

中国版本图书馆 CIP 数据核字（2016）第 040921 号

出　版　人　谭学余
地　　　址　北京市东城区嵩祝院北巷 39 号　邮编　100009　电话　(010)64027926
网　　　址　www. cnmip. com. cn　电子信箱　yjcbs@ cnmip. com. cn
责任编辑　张熙莹　唐晶晶　美术编辑　彭子赫　版式设计　孙跃红
责任校对　王永欣　孙跃红　责任印制　牛晓波
ISBN 978-7-5024-7187-3
冶金工业出版社出版发行；各地新华书店经销；固安华明印业有限公司印刷
2016 年 1 月第 1 版，2016 年 1 月第 1 次印刷
169mm×239mm；24 印张；468 千字；373 页
68.00 元
冶金工业出版社　投稿电话　(010)64027932　投稿信箱　tougao@ cnmip. com. cn
冶金工业出版社营销中心　电话　(010)64044283　传真　(010)64027893
冶金书店　地址　北京市东四西大街 46 号(100010)　电话　(010)65289081(兼传真)
冶金工业出版社天猫旗舰店　yjgycbs. tmall. com
（本书如有印装质量问题，本社营销中心负责退换）

前　言

镁合金具有密度小、比强度和比刚度高、阻尼减振降噪性好、导热和导电性好、抗动态冲击载荷能力强、资源丰富、可循环应用等优点，是目前工程应用中最轻的金属结构材料，被誉为"用之不竭的轻质材料"和"绿色的工程材料"，与钢、铝、铜、工程塑料等互补，为交通工具、电子通信、航空航天和国防军工等领域的材料应用提供了重要选择。镁合金被誉为21世纪资源与环境可持续发展的绿色材料，已成为世界各国普遍关注的焦点。我国镁资源极其丰富，可利用的镁储量占世界总储量的70%，且我国已是镁合金生产及出口的大国，因此，大力发展镁合金材料，推广镁合金应用具有突出的资源优势。从某种意义上说，资源可以制约一个国家的经济，影响国家的发展战略，危及国家的安全。当前，资源及能源已成为制约我国国民经济可持续发展的突出问题。发展高性能镁合金材料，提高镁合金的制备加工水平，是实现我国从镁资源优势向经济优势转化的关键之举。

作者近年来在镁合金制备与成型方面，包括高性能镁合金的合金化、熔炼、热处理、液态成型技术、塑性变形技术、表面防护技术、焊接技术、计算机数值模拟等方面，开展了广泛的研究，并取得了一些成果。本书概述了21世纪初国家镁合金科技计划项目开展以来，相关单位在镁合金晶粒细化方面开展的主要研究和取得的主要成果，总结了国内外镁合金制备与成型领域的最新进展与所取得的成绩和收获的经验。本书针对高性能镁合金晶粒细化技术如合金化、液态成型技术、传统塑性变形技术、挤压剪切塑性变形技术、计算机应用等技术的原理、理论、应用进行了详细阐述。本书信息量大，内容丰富、新颖、系统性强，含有不少前沿资料，论述的学术思想和技术均具有国内先进水平，有较高的参考价值。

本书可作为高等院校和研究院所材料专业及冶金专业的教师和研究生的教学和科研用书，也可供从事镁合金研究和生产的科技工作者阅读。

全书由张丁非、胡红军统稿，刘杰慧、张钧萍、耿青梅、代俊林、戴庆伟、杨明波等参与了编写，为本书的完成作出了贡献，在此表示感谢。

感谢国家出版基金对本书出版的资助，同时感谢国家自然科学基金（项目号：51101176、51571040、51501025）、中国博士后基金（面上一等资助、特别资助）、重庆市前沿与基础研究项目（项目号：cstc2014jcyjA50004、cstc2015jcyjBX0054）、重庆市教委科研项目（项目号：KJ1500939）等对研发的资助。

由于作者水平所限，书中不足之处恳请读者批评指正。

作　者

2015. 8. 20

目　　录

1 绪 论

随着现代科技的不断发展，金属材料的消耗与日俱增，主流金属矿产资源逐渐趋于枯竭。镁是地球上储量最丰富的元素之一，在地壳表层金属矿的资源含量为 2.3%，位居常用金属的第四位，此外，镁在盐湖及海洋中的含量也十分可观，如海水中镁含量达 2.1×10^{15} t。在很多金属趋于枯竭的今天，加速开发镁金属材料是实现可持续发展的重要措施之一。由国际著名镁合金专家联合撰写的"镁基合金"（详见 R. W. 卡恩、P. 哈森、E. J. 克雷默主编的《材料科学与技术丛书》的第 8 卷）中指出："在材料领域中，还没有任何材料像镁那样潜力与现实有如此大的颠倒。"

镁合金是所有金属结构材料中最轻的，其密度只有 $1.74 \mathrm{g/cm^3}$，是铝的 67%，钢的 23%，且具有很高的比强度、比刚度，优良的抗振性、抗冲击性和切削加工性能。同时镁合金还具有导热导电性好、阻尼减振、电磁屏蔽、易于机械加工和容易回收等优点，因此有人将镁誉为"21 世纪绿色工程金属"。镁合金已成为交通、电子通信、国防军工等工业领域的重要材料，有可能在若干年后超过铝和铜而成为应用量最大的第二种金属材料，现已成为世界各国关注的焦点[1]。我国汽车、高速轨道交通、电子通信等产业的快速发展，对镁合金的制备及加工提出了更高的要求。

镁资源是我国的优势金属材料资源，镁合金是一种重要的绿色结构材料，镁产业在我国国民经济发展中有着举足轻重的地位。立足我国已有的镁产业基础，重点突破镁合金加工成型过程的关键科学问题，建立和发展镁合金加工成型的理论基础和关键应用技术原型，为镁材料产业的进一步发展做好技术储备，具有重要的战略意义[2]。我国的镁合金研究发展水平与世界发达国家的差距较小，如果集中优势力量针对关键科学问题展开研究，在镁合金材料的加工成型与制备理论上取得突破，就有可能达到甚至赶超世界先进水平，造就一批从事该领域前沿科学研究的具有创新思想的高科技人才，实现我国镁产业由"资源大国"向"研发强国"和"应用强国"的跨越。

1.1 镁合金的特性

与其他结构材料相比，镁合金具有以下几个特点[3,4]：

（1）镁合金的密度是钢的 23%，铝的 67%，塑料的 170%，是金属结构材料中最轻的金属，镁合金的屈服强度与铝合金大体相当，只稍低于碳钢，是塑料的 4~5 倍，其弹性模量更远远高于塑料，是它的 20 多倍，因此在相同的强度和刚度情况下，用镁合金做结构件可以大大减轻零件质量，这对航空工业、汽车工业、手提电子器材业均有很重要的意义。

（2）镁合金与铝合金、钢、铁相比具有较低的弹性模量，在同样受力条件下，可消耗更大的变形功，具有降噪、减振功能，可承受较大的冲击震动负荷。

（3）镁合金具有较好的铸造性和加工性能。镁与铁的反应低，熔炼时可用铁坩埚，熔融镁对坩埚的侵蚀小，熔化成本只有铝的 2/3。压铸时对压铸模的侵蚀小，与铝合金压铸相比，压铸模使用寿命可提高 2~3 倍，通常可维持 20 万次以上。铸造镁合金的铸造性能良好，镁合金可压铸制造复杂的零部件和超薄外壳件，最薄可达 0.45mm（ABS 塑料为 1.2~2mm，铝合金为 1.5~2mm），镁铸件的表面质量和外观明显比铝好；镁压铸件与模具的亲和力远低于铝，模具寿命是铝的 2 倍以上；压铸生产效率比铝高 25%，消失模铸造比铝高 200%；镁的结晶潜热比铝小，在模具内凝固快，生产率比压铸铝件高出 40%~50%，最高可达两倍。镁合金有相当好的切削加工性能，切削阻力仅为铝合金的 56%、黄铜的 43%。加工时可采用较高的切削速度和廉价的切削刀具，工具消耗低，而且不需要磨削和抛光，用切削液就可以得到十分光洁的表面。镁合金、铝合金、铸铁、低合金钢切削同样零件消耗的功率比值为 1∶1.8∶3.5∶6.3。

（4）镁合金电磁屏蔽性能和导热性均较好，适合做成发出电磁干扰的电子产品的壳、罩，尤其是紧靠人体的手机。镁合金与铝、铜等有色金属一样具有非火花性，适合做矿山设备和粉粒操作设备。

（5）镁合金具有较好的非黏附性和耐磨性。镁合金表面具有非黏附性，适合于做成在冰、雪、沙尘中运动的产品。镁合金有较好的耐磨性，适宜做缠绕滑动设备。

（6）镁合金有较高的尺寸稳定性，稳定的收缩率，铸件和加工件尺寸精度高，除镁-铝-锌合金外，大多数镁合金在热处理过程及长期使用中由于相变而引起的尺寸变化接近于零，适于做样板、夹具和电子产品外罩。

（7）镁合金对缺口的敏感性比较大，易造成应力集中。在 125℃ 以上的高温条件下，多数合金的抗蠕变性能较差，这在选用和设计零件时应考虑。

（8）与塑料类材料相比，镁合金具有可回收性。这对降低制品成本、节约资源、改善环境都是有益的。

1.2　镁合金的分类

按成型工艺，镁合金可分为铸造镁合金（ZM）和变形镁合金（MB）两大类。变形镁合金一般是指可用挤压、轧制、锻造等塑性成型方法加工成型的镁合金[6]。从 20 世纪 40 年代开始，变形镁合金开始在社会生产制造中得到应用，主要集中在航空航天和国防军工等方面。进入 20 世纪 90 年代后，随着人们对变形镁合金研究得更加深入，变形镁合金材料开始应用在汽车、交通、电子以及其他民用产品等领域。铸造镁合金主要用于汽车零件、机件壳罩和电气构件等。用镁合金铸件代替铝合金铸件，在强度相等的条件下，可使工件的质量减轻 25% ~ 30%。

镁合金的晶体结构为密排六方，塑性不及面心立方结构的铝，使得塑性成型能力差。因此镁合金在压铸成型领域优先得到了重视并有所发展。但因为变形镁合金比铸造镁合金具有更优良的综合使用性能，所以以对变形镁合金的挤压工艺展开深入的研究成为了进一步扩大和提高镁合金应用的核心。变形镁合金制品一般采用挤压、轧制和锻压成型的方法生产[5]。由于变形加工消除了铸锭组织中的一些缺陷，使显微组织发生了显著的细化，变形镁合金获得了比铸造镁合金更高的强度、伸长率等力学性能[3]。

变形镁合金类型主要有 Mg-Mn 系、Mg-Al 系、Mg-Zn 系和 Mg-Li 系四大类合金。

1.3 镁合金的应用

采用镁合金制作汽车零部件可以降低汽车启动和行驶重量，提高加速和减速性能，减少行驶中的振动，使汽车驾驶更加舒适灵活。采用镁合金制造手机、笔记本电脑和一些家用电器的外壳时，能显著增强产品的散热能力和抗震能力，并能有效地减轻对人体和周围环境的电磁辐射。采用变形镁合金制造战术导弹舱段、副翼蒙皮、壁板、加强框、舵面、隔框等零件，诱饵鱼雷壳体，以及雷达、卫星上用的镁合金井字梁，相机架和外壳等，质量可与原来的塑料壳体相当，而刚度更高。

镁合金的特点可满足航空航天等高科技领域对轻质材料吸噪、减震、防辐射的要求，可大大改善飞行器的气体动力学性能并明显减轻结构质量。在航空航天方面用作飞机的起落架、舱门、连杆机构、壁板等，尤其是密度最小的 Mg-Li 合金，兼有强度、韧性和可塑性，备受航空航天业的青睐。20 世纪 40 年代开始，镁合金首先在航空航天部门得到了应用。B-36 重型轰炸机每架用 4086kg 镁合金薄板；洛克希德 F-80 喷气式歼击机镁板机翼，使结构零件从 47758 个减少到 16050 个；"大力神"火箭使用了 600kg 的变形镁合金；"季斯卡维列尔"卫星中使用了 675kg 的变形镁合金；直径约 1m 的"维热尔"火箭壳体是用镁合金挤压管材制造的。我国歼击机、轰炸机、直升机、运输机、民用机、机载雷达、地空导弹、运载火箭、人造卫星、飞船上均选用了镁合金构件：一个型号的飞机最多选用 300 ~ 400 项镁合金构件，一个零件最重近 300kg，一个构件的最大尺寸达

2m 以上。

世界各国都非常重视兵器装备的轻量化，采用轻金属是其主要手段之一[7,8]。武器轻量化是现代兵器的发展趋势，利用镁合金取代现有武器上的一些零部件正成为各国研究的热点。有关单位已分别通过锻造或铸造成型方式开发出了变形镁合金冲锋枪机匣、枪尾、提把、前扶手、枪托体、大托弹板、瞄具座、小弹匣座以及军用铸造合金发动机进出水管和发动机滤座等军品武器用零部件，其中部分对耐蚀耐磨有较高要求的军用镁合金零部件还被通过协和涂层的方法进行了相应的表面处理。目前，这些研制生产出的军用镁合金零部件已进入实际演示验证和考核阶段，预计不久将得到初步应用。

镁合金作为密度最低的金属结构材料，在以汽车为主的交通工具中具有重要的发展应用前景。镁的比强度高于铝合金和钢，比刚度接近铝合金和钢，能承受一定负荷；具有良好的铸造性和尺寸稳定性，容易加工，废品率低；具有较高的阻尼系数，减振量大于铝合金和铸铁，用于壳体可降低噪声，用于座椅、轮圈可以减少振动，提高汽车的安全性和舒适性。另外，我国汽车数量的快速增长加剧了我国石油资源的短缺，在大气污染中汽车尾气排放占 30%～60%，已成为全球的重要污染源。为此，以降低油耗和尾气排放为目标的汽车减重已成为我国节能环保的重要任务。已有试验表明，汽车质量每下降 10%，油耗可降低 6%～8%，燃油效率可提高 5.5%。但目前镁合金在汽车、摩托车及轨道交通等方面的应用还主要在非承力的壳（箱）体件上，而一些新研发的合金由于加入较贵的合金元素以及加工成本高等问题还无法满足交通工业上的规模化应用。所以，研究低成本、高性能镁合金材料及产品，促进镁合金在交通工具上的应用，对于降低石油（能源）消耗和尾气排放都具有十分重要的意义。欧、美的汽车工业是现时镁合金铸件消费最多的行业，此行业应用镁合金的主要原因是减轻汽车的质量和降低整体的生产成本。随着人们的环境保护意识不断加强，汽车轻量化成为一个重要的课题，镁合金是其中一个能实现轻量化的材料。此外，镁合金也可满足一些整体设计上和功能上的特殊要求。

欧洲的镁合金铸造工业发展较亚洲早，技术较成熟。第二次世界大战前镁合金主要应用于军事用途，德国在这方面有很悠久的历史。第二次世界大战结束后，德国被禁止发展镁合金技术，后来逐渐解禁，镁合金也转移至民用上。

未来战争环境和作战模式都要求武器装备必须满足远程投放、快速部署、机动作战和远程精确打击的需要。这就要求未来武器装备的结构要轻，可靠性要高。对远程作战而言，减轻武器装备的质量对于扩大作战半径、减少能源消耗、增加有效负载及降低运输费用都具有重要意义。导弹弹体减重 1kg 可少用 10kg 燃料，导弹弹头减重 1kg 则可增加 12～15km 的射程；航天飞行器质量每降低 1g，发射燃料可节约 4kg。

　　为了提高武器远程精确打击和机动战术性能，国内外长期以来一直期待着将镁合金作为主干材料，更多地应用于制造飞机、导弹、飞船、卫星、轻武器等重要装备。目前受限于镁合金牌号少和使役性能不高等问题，镁合金材料在军事装备中的应用优势未得到充分发挥，所以新型高性能镁合金材料在国防军工领域具有十分广阔的应用前景。

　　镁合金在电子工业中的应用也具有很大的潜力。众所周知，电子工业是当今发展最为迅速的行业，数字化技术的发展导致各类数字化电子产品的不断涌现。电子元器件越来越趋于高度集成化和小型化，便携式电脑、数码摄像机、数码照相机、手机等日新月异，更新速度之快令人瞠目结舌。镁合金由于具有比强度高、导热导电性好、电磁屏蔽性能好以及环境兼容性能，可代替塑料壳体满足3C（计算机、通信、消费类电子）产品轻、薄、小型化、高集成的要求以及严格的环保要求，在信息产业中得到了广泛的应用。镁合金压铸件的壁厚越薄，工艺要求越高，相对来说加工的稳定性会越低，令次品率提高，生产成本因而增加。日本在追求产品微型化中，采用镁合金制造电子用具、电脑、相机、通信器材等产品的外壳和零件，可以令产品更薄、外形更轻巧、结构更紧凑。例如手提电脑外壳，利用镁合金制造可薄至0.8mm，并具有防电磁波的功效。日本的镁合金压铸技术的研究主题，是要把压铸件做到越来越薄，以配合市场的需求。镁合金所具有的特殊外观和质感，使它成为制造时尚产品的必然选择，也可以令产品的价值大增。因此，现时流行的手机、笔记本电脑、相机等产品越来越多地应用镁合金制造外壳，尤其在日本更是应用甚广。

　　我国是世界上笔记本电脑和手机等3C产品的最大制造国，每年生产笔记本电脑8千多万台，手机1亿多部，但因成本问题，目前只有少量高端产品采用镁合金材料。所以，开发满足3C电子产品需求的低成本镁合金材料，特别是可用于直接冷成型的镁合金薄板及其加工技术，具有重要的经济效益，同时可显著提升3C产品的生产技术和使用水平，并降低电磁污染对健康的危害。

1.4　镁合金强韧化方法

　　镁合金的强化方式主要包括固溶强化、第二相强化（析出强化、弥散强化）、时效沉淀强化等。

1.4.1　固溶强化

　　根据原子尺寸、晶格类型、电化学性质和电子浓度等因素，镁和元素周期表中可形成合金的元素能形成有限固溶体，合金元素溶入基体中，通过原子错排、溶质与溶剂原子弹性模量的差异而强化基体，若溶质原子提高了合金熔点、增大弹性模量、减小原子自扩散，还可提高抗蠕变性能。

1.4.2 第二相强化

超过溶解度的合金元素将与镁形成中间相，有下列三种类型[5~7]：

（1）AB 型——简单立方 CsCl 结构，如 MgTi、MgAg、MgCe 和 MgSn。

（2）AB$_2$ 型——Laves 相，如 MgCu$_2$、MgZn$_2$ 和 MgNi$_2$。

（3）CaF$_2$ 型——面心立方金属间化合物，如 Mg$_2$Si 和 Mg$_2$Sn。

当合金元素在基体中的溶解度随温度降低而下降时，将从基体中析出第二相阻碍位错运动和滑移，使屈服强度提高，产生析出强化（时效强化）。强化效果取决于尺寸、形状、物理性能和析出相与基体间的界面性质。

弥散强化的颗粒是合金在凝固过程中产生的，其熔点较高、不溶于镁基体、具有良好的热力学稳定性。弥散强化相比于析出强化可以保持到更高的温度。

1.4.3 时效沉淀强化

镁合金时效硬化效应没有铝合金明显，与其结构变化特点有关。Mg-Al 和 Mg-Al-Zn 系合金缓冷试样（空冷或油淬）在 150～222℃时效，先从晶界或缺陷部位发生不连续沉淀，不经 GP 区阶段即直接析出片状平衡相 Mg$_4$Al$_3$，沿一定取向向晶粒内生长。此时，沉淀区的基体浓度和晶格常数已达平衡状态，未发生沉淀反应的晶粒内部，晶格常数和浓度保持不变。这种片层状不连续反应结构又称珠光体型沉淀。这种组织中的 Mg$_4$Al$_3$ 相弥散度低，片间距大（200nm），基体浓度低，无共格或中共格应力场，故强化效果低[8,9]。

当不连续沉淀向晶内发展到一定程度后，晶粒内部才能发生连续分解。此时，细小的片状 Mg$_4$Al$_3$ 相一边析出和长大，固溶体浓度和晶格常数也发生连续变化，最终达到与时效温度相适应的平衡状态。这种沉淀的特点是基体浓度和晶格常数是连续变化的，即连续沉淀。这两种合金的显微组织，一般是由连续和不连续反应组织组成，但两类组织所占比例的大小则由合金的浓度和热处理制度来决定。合金的过饱和度低，固溶体浓度不均匀（偏析），时效不足或温度低时，不连续沉淀将占优势；反之，铝浓度高，进行了充分均匀化处理，淬火速度快，时效温度高，连续沉淀则占主要地位。因为不连续沉淀是由于沉淀相结构与基体相差较大，沉淀应变能过高，只能从晶界开始逐渐向晶内发展，如果时效温度过高（250℃以上），原子扩散能力强，不连续沉淀也可能不发生，只出现连续沉淀。

1.4.4 晶粒细化

细化晶粒不仅能提高材料的强度，还能增强材料的塑性（小晶粒间的晶界更易滑动同时协助大晶粒而变形）。研究表明：当晶粒小于一定尺寸时，材料会呈现明显的延性转变，如镁合金晶粒尺寸细化到 8μm 以下时，延性转变温度可至室温。

通过下列手段控制镁合金晶粒尺寸，以提高镁合金强度和塑性[10~12]：向镁合金熔液中添加晶粒细化剂，如含 Zr 细化剂、含 C 细化剂。凝固时 Zr 以六方晶型 α-Zr 质点形式析出，弥散分布于镁合金熔体中作为镁的结晶核心，使镁合金组织明显细化；加入的 C 与铝形成 Al_4C_3，其晶格类型属于六方晶系，晶格常数均与镁相近，同样作为镁的结晶核心。将镁合金过热到 850℃ 左右保温 30min，然后快冷到铸造温度浇注的过程即为过热处理。这种处理最适于含 Al、Mn 和杂质 Fe 的镁合金。细化原因可能是过热处理时产生了六方晶格 $MnAl_4$ 等高熔点化合物在结晶过程中起晶核作用，从而细化晶粒。

1.4.5 热处理强化

铸态镁合金的力学性能可通过热处理的方法改善。锻造态镁合金可用冷加工、退火、固溶和时效等方式来提高镁合金的力学性能。图 1-1 为典型的二元镁合金相图，溶解度 c 点附近的合金，时效强化效果最高。成分向左或向右偏离 c 点，强化效果都将降低。合金成分向左偏离时，由于 α 固溶体的过饱和度降低，故淬火时效效果减小。合金成分位于 b 点以左时，合金不再可能通过热处理进行强化。合金成分向右偏离 c 点，淬火时效强化效果也将降低。因为时效过程是在 α 固溶体中进行的，根据杠杆定律，合金成分向右偏离 c 点越远，其所含 α 固溶体的量越少，故强化效果越低。但如果第二相不太脆，合金的强度也可能有所增加，因为第二相的硬度往往高于 α 固溶体，其含量增多势必增大合金的强度[13]。

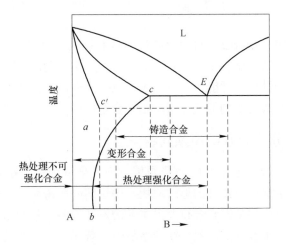

图 1-1　二元镁合金相图

1.4.6　复合强化——镁基复合材料

将 SiC、Al_2O_3 或石墨的粉末、纤维或晶须加入熔融的镁合金中采用压铸或挤压铸造等方法制得镁基复合材料。镁合金与陶瓷增强相表面的氧和氮的反应，有利于提高与基体镁合金之间的润湿性。如 SiC 可与镁反应生成 Mg_2Si。镁基复合材料具有比镁合金高得多的力学性能。如挤压铸造方法制备的 Al_2O_3（体积分数为 16%）纤维增强镁合金 AZ91 复合材料在 180℃ 的疲劳极限比原来提高了 1 倍。当 Al_2O_3 体积分数为 30% 时，其弹性模量也增加 1 倍[14]。

1.4.7　合金化

合金化的目的是形成有利于塑性的固溶体和化合物，这些都是通过影响 c/a 改变各晶面的密排程度从而来改变塑性。S. R. Agnew 等人的研究表明，冶炼过程中通过加入合金元素 Li、Y 可降低 c/a 值，显著增加锥面滑移系的激活能力，这样就能够协调 c 轴方向的应变而提高压缩延展性，提高塑性成型能力。如镁中加入 8% Li 后，c/a 值下降到 1.618，激活了菱柱滑移系。镁合金中加入的合金元素主要是铝、锌、锆和稀土，这些元素在镁中的溶解度随温度而发生变化，这样就可能利用热处理的方法（固溶 + 时效）使镁合金化[15]。

1.4.8　控制温度和应变速率

对变形镁合金而言，塑性除受合金本身性能影响以外，很大程度上还受变形工艺的影响。变形温度和应变速率的影响规律是：同一温度下，应变速率越大，则强度越高，塑性越低；在一定温度范围内，变形温度越高，则强度越低，塑性越高。

1.4.9　控制织构

在轧制过程中，镁合金板材内形成强的基面织构，{0001} 基面与轧制面平行。在挤压过程中镁合金易形成强的基面丝组织。这些阻碍基面滑移系的开动，影响了镁合金的塑性成型性能，可以通过控制基面取向，产生织构软化，或者通过等径角挤压工艺改变织构的变化来增强镁合金的塑性成型性能[16]。

1.5　镁合金应用中存在的瓶颈问题

汽车行业是镁合金最主要的消费领域。镁合金分为铸造镁合金和变形镁合金，目前镁合金主要以压铸件的形式应用。中短期内压铸镁合金构件代替汽车行业内的压铸铝合金构件是镁合金行业最主要的发展方向。长期来看，随着变形镁合金及镁合金冷加工技术的成熟，镁合金板带材替代汽车及建筑行业中的铝合金板带材的应用将给镁合金行业带来巨大的发展前景。

目前，钢铁、铝合金和塑料是汽车上使用最多的三大类材料，按质量计算，三类材料占整车的比例合计约为80%，其中钢铁占62%，铝合金和塑料占比均为8%~10%，目前每辆汽车用铝为150kg，压铸铝合金部件占65%，而镁合金在汽车上的应用比例仅约为0.3%，基本上都是压铸件，平均重仅约5kg，远远低于铝合金的用量。

镁合金材料作为极具优势和潜力的轻量化材料却迟迟难以得到推广应用，主要是受到了以下几方面因素的制约[17~19]：

(1) 镁合金材料及加工性能存在一定的不足：

1) 镁合金为密排六方结构，滑移系较少，在室温和低温条件下塑性较差，镁合金加工需要加温，工艺比较复杂，还需要较为严格的安全措施；

2) 耐热性和抗蠕变性能不佳，普通镁合金的工作温度范围不能超过150℃；

3) 镁合金化学性质活泼，普通镁合金易氧化燃烧和引起腐蚀，需要在阻燃和防腐方面采取特殊措施，增加使用成本。

(2) 镁合金牌号少，难以满足不同产品对材料的要求。与铝合金相比，由于镁合金开发的历史较短，商用镁合金的种类要少得多，难以满足各种产品对材料的要求，尤其是缺少高性能、低成本的高耐热、高耐蚀镁合金及高强度、高韧性的镁合金。而且目前镁合金的基础数据积累还不够，没有系统的力学性能测试，在腐蚀、热膨胀及模具设计等方面的数据也不够，使得汽车零部件的设计难度增大，成本增加。世界各大汽车生产商开发出来的镁合金零部件都属于技术机密，这使得镁合金难以得到大规模推广。

(3) 塑性成型工艺的生产效率、成材率还有待进一步提升。与铸造镁合金相比，经过轧制、挤压、锻造等塑性成型技术生产的变形镁合金产品常具有更高的强度和塑韧性，并可通过调整成型工艺来控制镁合金的组织和性能，以满足多样化结构材料的需求。目前镁合金的热塑性成型工艺已经可以实现产业化、规模化生产，但是相对铝合金来讲，仍然存在生产效率低、成材率低、成本高的问题。

(4) 镁合金冷加工技术还有待成熟。目前镁合金挤压型材很难进行二次成型加工，如折角、煨弯，难以用于制造车窗窗框及其他整体框架结构零部件。

(5) 镁废料的回收成本高。镁压铸屑片的回收成本比铝高，干燥的镁屑片不容易回收，潮湿的就更不容易了，必须非常小心，防止着火。

虽然镁合金推广应用受到以上几点因素的制约，但是可以看到随着镁合金开发工作的不断深入，部分制约因素在逐渐被突破[20]：

(1) 一批新的高强度、高耐热、高耐蚀以及结构功能一体化镁合金被不断地研制出来。重庆大学国家镁合金材料工程技术研究中心研发了强度500MPa以上的稀土超高强度镁合金以及强度400MPa以上的无稀土低成本高强度镁合金，并开发出了高阻尼和高电磁屏蔽性能的结构功能一体化镁合金新材料；上海交通大学自主开发了高强度耐高温的新型稀土镁合金 JDM1 和 JDM2；山西银光华盛镁业研制开发出了高强度高韧的轮毂专用镁合金和军工专用镁合金；中国科学院沈阳金属所也在高性能镁合金材料开发做了很多前沿基础与应用开发工作。

（2）镁合金材料的纯净化、均匀化和细晶化研发与应用取得显著进展。重庆大学和上海交通大学等单位在镁合金的夹杂物和杂质元素去除方面开展了无溶剂精炼、夹杂过滤、定向除杂、低温静置等研究工作，夹杂物和杂质元素含量大大降低，为提高镁合金材料的腐蚀性能、塑性和韧性以及变形加工性能等打下了良好的基础。

（3）镁合金铸造加工产品产业化发展迅速。以富士康、上海镁镁、重庆博奥、南京云海等单位为代表的镁合金普通压铸产品的生产技术和产品质量不断提高，应用量和应用范围持续扩大，国内已经达到年产 50 万吨各类镁合金压铸产品的生产能力；先进重力铸造、真空压铸、低压铸造、挤压铸造等铸造技术与装备已经实现产业化应用，并制造出多种高性能的镁合金汽车零部件、3C 电子零部件和大型航空航天与军工部件等产品。

（4）变形镁合金塑性加工技术的研发与应用取得突破性进展。在变形镁合金铸坯性能不断改进和镁合金塑性变形机理基础研究取得显著进展的基础上，镁合金型材与板材的加工工艺和技术水平得到显著提升，山西银光华盛镁业和山东华盛荣镁业在重庆大学的技术支持下，开发出了轨道车辆用的宽度 400～500mm 的大型薄壁镁合金大型材；重庆镁业、万盛盛镁镁业、山西银光华盛镁业、天津东义等单位已经实现各种镁合金挤压带材、棒材和特种型材等镁合金挤压产品的大批量生产与销售；营口银河铝镁公司、重庆博奥铝镁公司等单位通过热轧开坯—温轧工艺实现宽幅镁合金板材的产业化生产，山西银光华盛镁业、福建华镁镁业、洛阳华陵镁业、深圳新星化工等单位采用连铸连轧工艺可批量生产幅宽 1m 以上的镁合金板带；采用 3000t 以上大型挤压机制造 3C 产品壳体用镁合金板带材产品目前也正处于大规模发展和应用阶段。

（5）原镁及镁合金的产业化基地遍布全国。硅热还原法原镁生产基地主要分布在陕西榆林、安徽巢湖、山西闻喜、山西太原等地，电解法原镁生产基地正在青海盐湖工业集团的格尔木建设，预计年产 50 万吨；深加工镁合金产业化基地主要分布在重庆、上海、浙江、辽宁、湖南和广东等地，各有特色，已经形成了较完整的镁合金精炼与铸坯、型材挤压、板材轧制与冲压、连接与表面处理等镁合金产品全加工产业链。

但应该看到，我国甚至世界镁合金生产与应用的发展历史较短，总体来讲，与钢铁的亿吨级和铝合金的千万吨级相比，目前仅有不到百万吨的镁合金产业还是一个很小规模的新材料产业。镁产业的发展关键主要取决于能否进一步降低成本、提高品质，实现大规模的工业化应用。汽车及其他交通工具作为镁合金最有潜力的应用终端，将对拉动镁合金的应用需求、促进镁合金的技术进步和壮大镁合金的产业规模起到举足轻重的作用。

镁合金基础科学问题研究的缺乏，成为了阻碍镁合金广泛应用的瓶颈。在元素周期表中，镁元素和铝元素处在相邻的位置，是具有类似性质的金属元素，但是铝合金的产量高达 3000 多万吨，其应用几乎无处不在，成为一种量大面广的基础性金属结构材料，而镁合金的年产量不过 70 多万吨，其应用还只是集中在特定的几个领域。目前，全世界铝合金的牌号超过 350 余种，其热处理状态数量更加庞大，因此在应用铝合金时有大量可供选择的余地。而对于镁合金来说，目前全世界的牌号不过 30 余种，其热处理状态更少，因此选用镁合金材料时可供选择的范围太小，阻碍了镁的应用。目前，制约镁合金产业发展及阻碍镁合金广泛应用的主要技术问题有：

（1）镁合金热物性特点，制约了高性能铸造镁合金的发展。镁合金"固-液"相变体积变化大、热强度低、凝固潜热和热容量小，导致镁合金液态充型能力弱、凝固缩孔疏松和热裂倾向大，且得到的铸造镁合金强度通常小于 250MPa，伸长率低于 2%，而用常规液态成型方法则难以获得满意的致密凝固组织和力学性能，使铸造镁合金无法进入高性能结构应用领域。因此，深入研究镁合金的凝固特性和液态成型性能，发展新型液态成型技术，是进一步拓展铸造镁合金应用领域的关键。

（2）镁合金室温塑性差，变形加工困难。镁合金由于具有六方晶体结构的特点，在室温变形条件下独立的滑移系少，导致室温塑性低，变形加工困难。目前，90% 以上的镁合金是以铸件的形式获得应用，而不是像铝合金那样大部分以挤压材和板材的形式获得应用。为了提高镁合金塑性加工性能，有必要系统认识热-力耦合条件下镁合金塑性变形机制及微观组织演变规律，建立组织结构及织构的形成和演变的物理与数学模型，通过工艺优化实现对镁合金组织结构的控制，为提高镁合金塑性加工能力开发新的工艺技术提供技术支撑。

（3）缺乏有效的强化途径，限制了镁合金强度的大幅度提高。目前，镁合金还缺乏有效的强化途径，导致镁合金强度偏低，高温性能差，限制了镁合金在汽车、飞机等关键结构部件和耐热零部件方面的应用。目前，汽车应用的镁合金只限于变速箱、方向盘等非结构件，因此需要提高镁合金的强度。提高镁合金的室温和高温强度需要从本质上认识镁合金的强化机理，认识溶质原子在镁合金中的扩散与偏聚行为和高温固溶强化规律，揭示析出第二相的晶体结构、析出行为、热-机械稳定性及其对镁合金本构关系和蠕变行为的影响规律。通过多元合金化、晶界和析出第二相的设计与控制等多种手段，探寻提高镁合金常温和高温强韧性的途径，为提高镁合金常温和高温性能提供理论指导。

1.6　细化晶粒对提高镁合金性能的意义

晶粒细化及织构控制是改善、提高镁合金材料性能的有效途径之一，通过细化晶粒可以提高材料的强度，还可以改善其塑性和韧性。晶粒细化对镁合金室温塑性的提高主要表现在使位错滑移路程缩短、变形分散均匀，使得晶粒转动和晶界移动变得更容易，晶粒转动对滑移变形的影响实质就是连续的产生硬化和软化，使晶粒变形协调均匀；同时晶粒细化可以激活镁合金中棱柱面和锥面等潜在非基面滑移系。镁合金材料在获得超细晶结构后，其力学和物理性能得到显著提高。超细晶镁合金材料会具有一些特殊的性能，采用传统的锻造、挤压、轧制等塑性成型工艺以及随后的退火处理工艺，晶粒尺寸可达 $10\mu m$ 并可能形成变形织构/再结晶织构，难以满足对高性能材料的要求。常用的铝合金、铁合金的加工产品都可通过固溶、时效等热处理手段来改善强度和塑性。AZ31 镁合金中加入的合金元素量很少，而且在常温下基本都是以固溶形式存在，形成的 $Mg_{17}Al_{12}$ 第二相的量很少，不能进行热处理强化。因此对于 AZ31 镁合金，获得理想的组织性能只能通过塑性变形来得到，镁合金晶粒细化对其屈服强度与塑性改善的巨大作用与潜力，如 Hall-Petch 公式所示：

$$\sigma = \sigma_0 + K_y d^{-\frac{1}{2}} \tag{1-1}$$

镁的 Hall-Petch 系数 $K_y = 280MPa \cdot m^{-\frac{1}{2}}$，为铝的相应系数（$K_y = 68MPa \cdot m^{-\frac{1}{2}}$）的 4.1 倍，这说明晶粒细化对镁的强化作用远远大于铝，晶粒细化对镁力学性能的提高，其潜力远远大于铝合金，这是开发镁合金最重要的因素之一。

材料的晶粒尺寸对韧性/脆性转变温度影响的关系见式（1-2），细晶粒材料脆性转变温度低，这对于镁合金意义很大，如晶粒为 $60\mu m$ 的纯镁的脆性转变温度为 250℃，而 $2\mu m$ 脆性转变温度为室温，超细镁成型性能可以大幅度提高，在室温下可以塑性成型加工，而不会出现开裂。

$$T_{sv} = a + a'\Delta\sigma_x - bd^{-\frac{1}{2}} \tag{1-2}$$

式中，$\Delta\sigma_x$ 为由于析出硬化相使内摩擦应力升高的部分；a、a'、b 为常量；d 为平均晶粒直径。

细化镁合金晶粒的方法主要为加入细化剂，大量研究提供了几种具有细化镁合金晶粒的合金元素，并生产了一些细化剂。由细化机理不同可分为三类合金元素：异质形核类，钉扎作用类，抑制晶粒生长类。在镁合金熔化后将熔剂添加到合金熔体，通过熔剂和合金反应获得细小晶粒从而细化晶粒。

另外一种是通过镁合金塑性变形来细化晶粒，热加工中通过温度、应变、应变速率等工艺参数的配合，利用动态或静态再结晶来控制变形态晶粒的尺寸。研究表明，大塑性变形可以成功制备具有超细晶微观结构的金属材料，镁合金的晶粒度随 Zener-Hollomon 参数的增大而减小，见式（1-3）。

$$Z = \varepsilon\exp\left(\frac{Q}{RT}\right) \tag{1-3}$$

式中，ε 为挤压速率；Q 为镁的晶格扩散激活能（135kJ/mol）；R 为气体常数；T 为挤压温度。

式（1-3）对镁合金的晶粒细化起到了指导作用，理论上可采用如下方法细化晶粒：（1）增大应变速率或应力；（2）降低变形温度（在 T_n 以上）。Hiroyuki 等人[20]还推出了晶粒尺寸公式：

$$\left(\frac{d}{d_0}\right)^n = 10^{-3} \times Z^{-1/3} \tag{1-4}$$

可见，初始晶粒越小通过塑性成型获得的晶粒也越小。

相对于具有面心立方结构的铝合金而言，密排六方结构的镁合金的塑性较差。具有面心立方结构的铝或铝合金有 12 个几何滑移系和 5 个独立滑移系，在塑性变形时，协调变形而使塑性变形容易；而镁及其合金有 5 个滑移系，常温变形时滑移系不易开动而使其塑性变形性能差。通常塑性变形发生在原子排列最密的面和原子排列最密的方向。镁合金在 200℃ 以下发生塑性变形时，塑性变形主要为 $\{0001\}\langle11\bar12\rangle$ 基面滑移和 $\{10\bar12\}\langle10\bar11\rangle$ 锥面孪生。温度高于 200℃ 时 $\{10\bar11\}\langle11\bar20\rangle$ 滑移系开动。高温时由于 $\{10\bar11\}\langle11\bar20\rangle$ 滑移系参与变形，镁合金的塑性增加。由于镁合金晶体轴比 c/a 值变化引起原子密排变化，在镁中加入 Li 等元素可降低轴比，从而激活了 $\{10\bar10\}\langle11\bar20\rangle$ 棱柱滑移系而提高镁合金的低温塑性。因而提高变形温度和加入适当的合金元素均可提高镁合金的塑性。

细晶强化可同时提高镁合金的强度和塑性，因而是改善镁合金综合力学性能的最佳方式。细化晶粒有利于抑制裂纹的萌生以及释放应力集中，当晶粒细化到一定程度后，在室温拉伸时镁合金表现出超塑性。因而细晶强化是改善镁合金力学性能的最佳途径。根据 Hall-Petch 公式，即 $\sigma = \sigma_0 + Kd^{-1/2}$，镁合金的 K 值远大于铝合金的 K 值，因而其细晶强化效果比铝合金好。如图 1-2 所示，由于镁的 K 值较铝等其他金属的 K 值大，因而它的晶粒细化强化效果更显著。

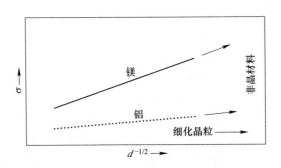

图 1-2　晶粒尺寸对不同合金强度的影响

变形镁合金就是典型的利用晶粒细化工艺获得细小晶粒，来调整材料的组织和性能，获得的变形性能优异的镁合金。

随着变形量的增大，位错密度不断升高，变形储能也增加，当达到一定临界值后，变形晶粒将会以某些亚晶或杂质相为核心生长成新的晶粒，进而完全消除晶粒内部加工硬化，这个过程称为动态再结晶。

动态再结晶主要发生在层错能低的金属中，如奥氏体不锈钢、镍及镍高温合金、铜等。这类合金容易产生层错，扩展位错中的层错带较宽，位错的交滑移和攀移比较困难，不易产生动态回复，因而在热加工过程中，会局部积累足够高的位错密度，导致发生动态再结晶。动态再结晶作为一种重要的软化和晶粒细化机制，对控制镁合金变形组织、改善塑性变形能力以及提高材料力学性能具有十分重要的意义。

与铝等高层错能金属相比，镁合金在热变形过程中容易发生动态再结晶，其原因主要有三点：一是由于镁合金滑移系比铝少，位错滑移过程中很容易塞积，位错密度很快达到发生再结晶所需要的位错密度；二是由于镁及镁合金层错能较低，产生扩展位错较为困难；三是镁合金的晶界扩散速度较高，在亚晶界上塞积的位错能够被这些晶界吸收，从而加速动态再结晶的过程。

通常认为由于动态再结晶的软化作用，在动态再结晶发生后，材料的变形流变应力达到峰值，最后下降到某一稳定值，导致合金的变形抗力降低，有利于镁合金的加工成型。Galiyev 等人研究了 ZK60 镁合金在不同温度下的流变应力-应变曲线，由曲线的特征可以看出：在变形开始阶段，即应变较小时，存在明显的加工硬化，而应力随应变的增加而迅速增大到某一峰值；变形温度对热加工硬化有很大影响，随变形温度的降低，加工硬化效果明显，同时峰值应力以及峰值应力所对应的应变增大；流变应力越过峰值后随应变的增加而下降，此时动态再结晶的软化效应大于热加工硬化的强化效应，结果在整体上呈现应变软化；进一步增大应变，流变应力基本不随应变的增大而发生变化或下降很少，即进入所谓的稳态流动阶段，此时动态再结晶软化效应与热加工硬化效应处于相对平衡状态。

镁合金在发生动态再结晶时，新晶粒可沿着原始晶界形核，再结晶组织是由大小不均的细小的等轴晶粒组成，晶内位错密度较低。再结晶晶粒大小不仅与温度有关，而且还与变形速率和变形程度有关。一般而言，变形温度越高，动态再结晶进行得越充分，组织越均匀，但晶界扩散和晶界迁移能力增加，晶粒容易长大而导致晶粒粗化；变形速率增加，变形过程中产生的位错来不及抵消，位错增多，再结晶形核增加，导致晶粒细化。因此要获得细小等轴的晶粒组织，应采取合适的温度和速率机制，并在一定的温度范围内进行多道次变形。

当变形温度过低时，位错难以通过运动而实现重组，因而动态再结晶不易发生，此时孪生在塑性变形过程中发挥着重要的作用，因此在较低温度变形时，镁合金中形成大量孪晶。当温度升高时，合金中原子热振动及扩散速率加剧，位错的滑移、攀移及交滑移比低温时更容易，动态再结晶形核率增加，同时晶界迁移能力增强，因此温度升高可促进镁合金的动态再结晶。

动态再结晶是一个速率控制的过程，变形速率不仅影响新晶粒的形核，而且对新晶粒的尺寸有很大影响。一般认为，变形速率对再结晶晶粒尺寸的影响应与变形温度综合考虑，增大 Zenner-Hollomon(Z) 参数可以获得晶粒细化效果，因此可通过增大变形速率或降低变形温度来细化晶粒。

变形程度是影响镁合金动态再结晶的一个重要因素。动态再结晶需要一个临界变形程度，只有当实际变形程度超过临界变形值时，动态再结晶才能发生。此外，变形程度对动态再结晶晶粒尺寸也有很大影响，增大变形程度可使晶内位错密度增加、晶格畸变加剧，从而使新晶粒形核数目增多而细化晶粒。

镁合金的动态再结晶形核机制非常复杂，除常规的非连续动态再结晶机制外，还包括晶界弓出、孪晶形核、旋转动态再结晶、连续动态再结晶等机制，见表 1-1。

表 1-1　镁合金的动态再结晶形核机制

类　型	变形方式	温度/℃	特　点
孪晶再结晶	压缩或拉伸	≤300	孪晶之间相互交截或与初始孪晶相互反应形核；α 位错沿基面发生滑移时，易在孪晶界附近塞积并发生弹性畸变
连续再结晶	压缩或拉伸	250～400	变形初期形成了亚结构，并在应力集中较严重的晶界附近形成小角度晶界，小角度晶界不断吸收位错转化成具有大角度晶界的新晶粒
晶界弓出	压　缩	250～350	滑移线附近小范围局部应变导致晶界弓出，新晶粒主要通过原始界的局部迁移形核
旋转再结晶	压缩或轧制		在扭曲的晶界附近通过动态回复形成亚晶，并最终通过亚晶界的迁移和亚晶的合并长大从而围绕着晶界形成动态再结晶新晶粒

参 考 文 献

[1] 师昌绪，李恒德，王淀佐，等. 加速我国金属镁工业发展的建议[J]. 材料导报，2001，15(4):5～6.

[2] 杨必成，田战峰，朱学新，等. 新型半固态用铝合金的触变成型研究[J]. 铸造，2005，54(5):475～478.

[3] 张先念，张恒华，邵光杰. 半固态 A356 铝合金流变特性研究[J]. 铸造，2005，54(1):44～48.

[4] 陈晓阳，唐靖林. 半固态 AlSi₇Mg 合金在封闭竖直圆柱空间中触变变形和流动的研究

［J］. 铸造，2000，49(9):519~522.

［5］ 洪慎章. 镁合金注射成型新技术［J］. 轻合金加工技术，2004，32(2):5~6.

［6］ 田战峰，杨必成，谢丽君，等. 金属半固态触变压铸工艺的探讨［J］. 铸造技术，2005，26(1):28~30，33.

［7］ Japan Steel Works 日本钢铁公司资料.

［8］ 刘文海. 镁合金触变成型技术开发性动向［R］. 台湾金属中心 ITIS 计划组. 2005.

［9］ Erickson S C. A process for the injection molding of thixotropic Mg alloy parts［C］. 44th World Mg Conference. Tokyo，Japan：IMA，1987：1~6.

［10］ Decker R F，et al. Magnesium semi-solid metal forming［J］. Advanced Materials and Processes，1996(2):41~42.

［11］ 孙伯勤. 镁合金压铸件在汽车行业上的巨大应用潜力［J］. 特种铸造及有色合金，1998(3):40~41.

［12］ 黄乃瑜. 第63届世界铸造会议论文综述［J］. 特种铸造及有色合金，1999(1):50~52.

［13］ 刘祚时，谢旭红. 镁合金在汽车工业中的开发与应用［J］. 轻金属，1999(1):55~58.

［14］ 丁文江. 镁合金科学与技术［M］. 北京：科学出版社，2006.

［15］ 陈振华. 镁合金［M］. 北京：化学工业出版社，2004.

［16］ 陈振华. 变形镁合金［M］. 北京：化学工业出版社，2005.

［17］ 黎文献. 镁及镁合金［M］. 长沙：中南大学出版社，2005.

［18］ 刘静安，徐河. 镁合金材料的应用及其加工技术的发展［J］. 轻合金加工技术，2007，35(8):1~5.

［19］ 张治民. 镁合金在国防军工领域的应用［C］. 中国有色金属工业协会镁业分会第十二届年会，2009.

［20］ Watanabe H，Tsutsui H，Mukak T. Grain size control of commercial wrought Mg-Al-Zn alloys utilizing dynamic recrystallization［J］. Mater. Trans. JIM，2001，7：1200.

2 镁合金普通挤压过程晶粒细化及调控

近年来镁合金的应用显著增加，挤压作为体积成型工艺被用来生产棒材、管材、箔材和固体中空材。挤压也是一种通过细化晶粒而提高镁合金成型性和强度的普通方法。在铝合金的挤压中，通过计算机模拟和实验验证已经得到了广泛的理解。但是，目前已发表的有关镁合金挤压的文章还很少。由于影响挤压条件的镁合金的热力耦合问题非常复杂，因此通过实验很难获得流变应力、应变、应变速率，以及温度等参数，而这些加工变量对于优化工艺是非常必要的。许多因素影响金属的流变，其中模具的结构和金属流变密切相关。对锥形模的研究表明模具转角对金属流变和产品裂纹的影响很大。有限元法能够在理解热机相互作用方面起到独特的作用[1,2]。因此本章利用有限元法来优化镁合金挤压模的设计，预测金属挤压过程流变、应力分布和死区成型的均匀性，并进行实际的挤压实验，结果和 AZ31 合金的模拟结果进行比较。

2.1 凹模型线对镁合金棒材裂纹形成的有限元和实验研究

2.1.1 模拟和实验

2.1.1.1 材料性能

模拟和实验用材料为商业 AZ31B（Mg-3Al-1Zn）镁合金。铸锭在挤压前进行了 400℃、15h 的退火，随炉冷却至室温，以获得组织和力学性能均匀的材料。挤压模、挤压筒、挤压杆等为 H13 热作模具钢[3~5]。AZ31B 的物理性能见表 2-1。它的热传导率和比热容都是随温度变化的，如图 2-1 所示。

表 2-1 AZ31B 工件的物理性能

性 能 参 数	数 值
模具和坯料间的换热系数/N·(℃·s·mm²)⁻¹	11
模具和空气间的换热系数/N·(℃·s·mm²)⁻¹	0.02
泊松比	0.35
线膨胀系数/K⁻¹	26.8×10^{-6}
密度/kg·m⁻³	1780
弹性模量/MPa	45000
辐射系数	0.12

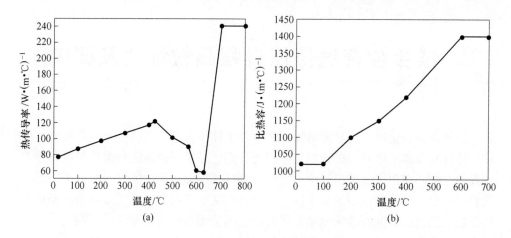

图 2-1　AZ31B 镁合金物理性能曲线

（a）热传导率；（b）比热容

DEFORM 软件中集成了基于断裂因子的断裂产生和裂纹扩展的模型。在某种程度破坏通常和脆性断裂的可能性相关[6,7]。不同脆性破坏值对应的模型方程，在此采用式（2-1）中的断裂准则。

$$\int_0^{\bar{\varepsilon}_f} \sigma_{max} \mathrm{d}\bar{\varepsilon} = C \tag{2-1}$$

根据 Cockcroft 和 Latham 的预测，脆性材料在断裂因子 C 大于临界断裂因子 C^* 时发生断裂。在应用脆性材料的断裂准则中是通过轴向拉伸测试得到的断裂应变表征的[8,9]。从 AZ31 应力-应变曲线中得到的其断裂应变值约为 0.45[10]。实验结果表明，模型中采用的是式（2-1）对应的 Cockcroft 和 Latham 断裂准则，其值设定为 0.45[10,11]。

2.1.1.2　模具结构及有限元模型

图 2-2（a）所示为转角为 2α 的模具结构。分别模拟转角 2α 为 15°、30°、60°、90°、120°、150°、180°的模具的挤压过程。图 2-2（b）所示为锥角模和流线模的三维几何模型，模具和坯料的几何形状是用 CAD 软件 Unigraphics 绘制的。坯料和挤压筒的尺寸等模拟和实验的参数见表 2-2。

表 2-2　模拟和实验参数

参　数	数　值	参　数	数　值
坯料长度/mm	100	模具外径/mm	84
坯料直径/mm	59	工作带/mm	5
模具内径/mm	60	挤压比	14.7

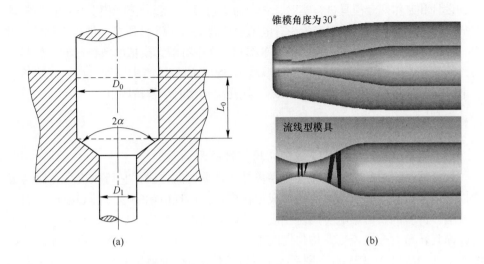

图2-2 模具结构（a）和有限元模型（b）

将 STL 格式的几何模型导入 DEFORM-3D v. 5.1 软件包建立有限元模型。将坯料和锥形模划分成 20000 个 4 节点的单元，并采用如下假设：（1）挤压筒和模具都是刚性体；（2）坯料是刚塑性材料；（3）坯料和挤压杆、挤压筒以及模具的摩擦系数是常数。

2.1.1.3 实验

在国家镁合金材料工程技术研究中心通过 Gleeble1500D 热压缩实验得到 AZ31 的应力-应变数据。对流变应力曲线进行修正，图 2-3 所示为一系列真应力-真应变曲线。并且将 $300 \sim 500℃$ 应变速率从 $0.01 \sim 10s^{-1}$ 的数据导入 DEFORM^{TM}-3D 软件。为了验证计算机模拟得到的数据，进行实验室挤压实验，为了验证有限元分析的结

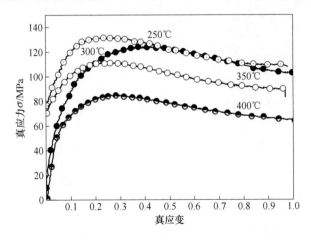

图2-3 在不同应变率下压缩得到的真应力-真应变曲线

果，设计和制作两套模具进行实验，一套为锥角模，一套为流线模。挤压前坯料被车成直径为59mm的工件，实验在有电阻加热装置的630t挤压机上进行。模具的材料、尺寸以及坯料的尺寸、挤压条件等和上文中有限元模拟的数据相同。坯料在另外的炉子中加热至400℃，然后到温度为350℃的挤压筒中立即挤压，以防热量扩散。实验中挤压杆的速度是50mm/s。用压力计实时测量挤压力。

2.1.2　实验结果与分析

2.1.2.1　模具转角对金属流变均匀性的影响

在金属挤压过程中，优化流变参数是非常重要的方法，它可以提高金属的成型性和减少缺陷。金属非流变均匀成型在模口会出现诸如挤压产品表面产生裂纹的缺陷。许多因素可影响金属流变成型，模具结构与非流变成型紧密相连。为了研究模具转角对金属流变非均匀性的影响，沿模具口径向取一些点进行探讨，如图2-4(a)中的P1～P21点。图2-4(b)描绘的是在稳定挤压开始，沿着挤压方向的模具口流变速度随着不同模具转角的变化关系。为了研究模具转角对金属流变均匀性的影响，可以用速度的均方偏差来说明，即

$$SD = \sqrt{\frac{\sum_{i=1}^{N}(v_{x,i} - v_{x,av})^2}{N}} \tag{2-2}$$

式中，N为21；i、$v_{x,i}$、$v_{x,av}$分别为所研究的点的数目、轴向速度和点的轴向速度的平均值。

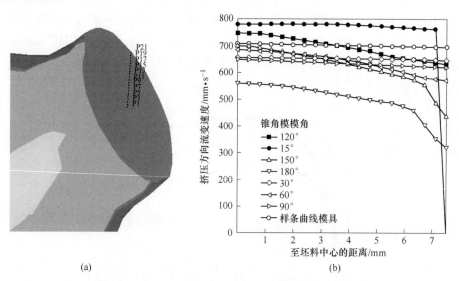

(a)　　　　　　　　　　　　　　(b)

图2-4　模具口的挤压流变速度随模具转角的变化

(a) 模具口沿径向方向点的分布；(b) 所取点的流变速度分布

为了准确全面地研究和评估金属流变挤压速度，选择图 2-4 中挤压模具出口金属流动的轴向速度，采集的模拟 40 步、50 步、60 步、70 步、80 步、90 步、100 步、110 步的速度值，求均值方差的结果如图 2-5 所示。

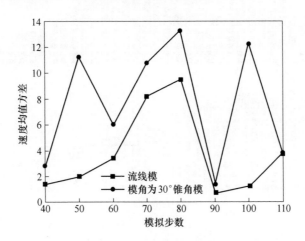

图 2-5　计算得出的锥角模和流线模的速度均值方差曲线

对轴向速度均值方差进行比较，结果表明：模具为锥角模时，在整个挤压过程中，模具口处的金属流变是非常不均匀的。流线模时，模具口各点的流变速度非常相近，速度的均值方差变化不是很明显。这说明和锥角模相比，流线模可以增加流变的均匀性，减少由于流变速度不均匀性产生的裂纹等缺陷的产生。

2.1.2.2　死区形成的分析

图 2-6 所示为稳定挤压状态下，0.5s 挤压时间内，金属流线的对比。从图中可以看出，在模具底部，流线模呈现出良好的流变均匀性，几乎没有任何破裂发生。模具内壁附近的金属向模具底部流变顺畅，减少产生重叠的趋势和死区的发生。图 2-6(b) 显示，由于流动时严重受阻，靠近模具底部的金属呈现非均匀性流变，导致模具底部的金属严重变形，甚至发生断裂。如果流线被破坏，一部分金属将会被挤出锥形模具，其余的仍旧被挤向模具的拐角处。所以，在模具底部附近，金属流变非常困难，容易形成死区。

图 2-7 所示为挤压时间为 0.5s 时锥角模和流线模内部挤压金属的速度场。在图 2-7(a) 中，当模具为锥角模时，在模具底部出现明显的金属流变表面，有的金属移动垂直模具底部的表面，而其他的金属向挤压筒移动，形成了死区。当模具为流线模时，筒附近的金属均匀地流变到模具底部，在塑性变形区域金属表面方向几乎没有速度矢量，锥形模具方向没有大的转角，金属流动顺利，不但减少了紊流、死区、层叠的发生，而且提高了挤压产品质量。因此，当模具为流线模时，金属很容易从模具中流出，且不会形成死区。

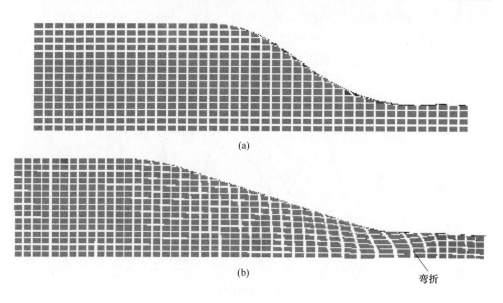

(a)

(b)

弯折

图 2-6　挤压在稳定阶段流线的网格变形图

（a）流线模；（b）锥角模

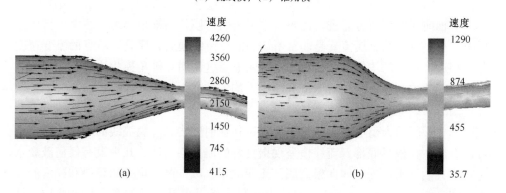

(a)　　　　　　　　　　　　　　(b)

图 2-7　锥角模（a）和流线模（b）挤压时的速度场

2.1.2.3　轴向应力分析

图 2-8 比较了流线模和锥角模挤压时应力随时间的变化（图 2-4（a）中的 P1～P21 点）。当模具为流线模时，挤压 0.55s 后，金属表面的轴向应力随着挤压时间而变化，锥角模挤压也是这样。可以发现在前 0.55s，产生表面裂纹，0.55s 以后，锥角模挤压的棒材里面产生的额外拉伸应力是裂纹产生的原因。由于锥形模具的摩擦作用，金属的流变是非均匀的，导致额外应力的产生，随着挤压的进行，这种额外应力不断增加，当达到断裂极限时，表面裂纹就产生了。避免产生这种表面裂纹的最好方法是，减小除了锥形模具带来的应力以外的其他多余的轴向应力。

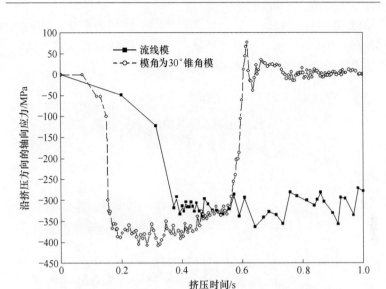

图 2-8　流线模和锥角模挤压时棒材表面轴向应力随挤压时间的变化

　　P21 点（见图 2-4(a)）的轴向应力平均方差随挤压步进的变化如图 2-9 所示。从图中可以发现在稳态挤压过程中，挤压到 70 步以后，沿着模具径向方向轴向应力分布变得越来越均匀。分析锥角模模具设计参数表明，不同的模具转角影响金属的流动。锥角模会导致挤压产品的表面裂纹，而流线模可以使挤压速度均匀、轴向应力趋于分散。

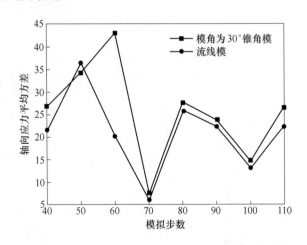

图 2-9　流线模和锥角模挤压时在挤压模出口 P21 点的轴向应力平均方差

2.1.2.4　实验验证

典型裂纹的观察是在 AZ31B 棒材挤压上，挤压温度为 400℃，用锥角模挤压时的挤压棒材如图 2-10(a)所示，棒材表面出现了连续的裂纹。用流线模挤压的挤压棒材如图 2-10(b)所示，没有任何缺陷，表面质量很好。这个实验结果证实了影响产品表面质量的因素主要是模具的结构。

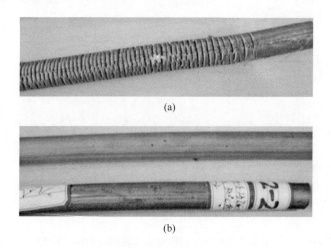

(a)

(b)

图 2-10　实验室挤压产品
(a) 锥角模挤压时的挤压棒材；(b) 流线模挤压时的挤压棒材

　　图 2-11 所示为用锥角模和流线模在模拟和实验条件下对直径为 15mm 的镁合金挤压，其挤压力与挤压时间的对应关系。从"O"到"A"，挤压力的增加是由

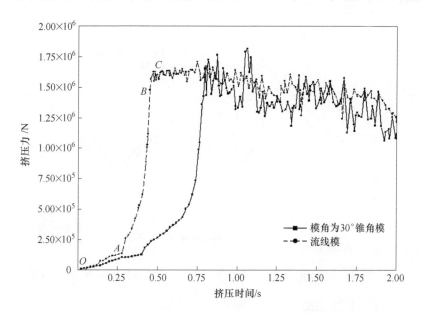

图 2-11　用流线模和锥角模挤压时模拟挤压力的比较

于坯料初期的压力充满到筒内以及对未变形的材料挤压所致。"*A*"过后，压力增长是由于材料在模具入口存在大的剪应力的缘故，随后材料开始沿着模具的定径带流动。从"*B*"到"*C*"，加载开始增加，是由金属与模具定径带的摩擦造成的。在"*C*"点，稳定状态下，材料开始从模具中被挤出，因此，载荷一直持续。随着金属棒被挤出，挤压力又逐步降低。

使用流线模挤压在 0.4s 时，压力最大值可以达到 $1.6 \times 10^6 N$，但是对于锥角模来说，在 0.8s 时最大压力可以达到 $1.75 \times 10^6 N$。有限元模拟表明，和锥角模相比，流线模具可以将最大挤压力大约减少 $0.15 \times 10^6 N$（约 15t）。

2.2　新型 Mg-Zn-Mn 变形镁合金的挤压特性与组织性能研究

以 ZM21 变形镁合金为基础，本节研究开发一种高锌含量的高强度 Mg-Zn-Mn 变形镁合金，该合金不含稀土元素，制作简单，价格低廉，挤压温度低，推广应用前景好。一般情况下，Mg-Zn 系合金较 Mg-Al 系合金的屈服强度高，承载能力好，特别适合用在强度要求较高的金属结构零件上。在 Mg-Zn 系合金的基础上添加 Zr、Y 等合金元素，可显著提高合金的强度，并改善其韧性，但 Zr、Y 等元素的添加，不但显著增加材料的成本和冶炼难度，还易在铸锭过程中产生热裂等缺陷[7]。本节旨在探索在 ZM21 合金基础上提高 Zn 含量，尝试在保持 ZM21 优良挤压性能的条件下，配合适当的热处理工艺控制来提高合金强度[12,13]。

2.2.1　材料制备与实验方法

实验用 Mg-Zn-Mn 镁合金由实验室自行熔炼铸造而成，经原子吸收光谱仪成分分析测定其化学成分，见表 2-3。

表 2-3　Mg-Zn-Mn 变形镁合金材料成分

元　素	Mg	Zn	Mn	其他
质量分数/%	92.8195	5.7700	1.2500	1.2923

坯料经过 310℃ 保温 24h 的均匀化处理后进行挤压，挤压机吨位为 800t，挤压工艺参数见表 2-4。

表 2-4　实验镁合金挤压工艺参数

参　数	坯料温度/℃	模具温度/℃	挤压速度/m·min^{-1}	挤压比
数　值	310	320	1.5~2	55.75

将挤压后的 φ15mm 镁合金棒料锯切为 120~140mm 长，在石墨粉埋覆条件下进行各种温度和时间下的固溶处理，出炉后水淬，随后进行各种工艺参数的时效处理。对在各种热处理条件下获得的 Mg-Zn-Mn 变形镁合金进行拉伸力学性能测试、显微组织分析和能谱分析，金相腐蚀剂采用 4% 硝酸酒精溶液。

2.2.2 实验结果与分析

2.2.2.1 挤压特性分析

镁及镁合金的挤压温度与合金种类和挤压件形状有关，典型的挤压温度范围为 330~400℃，如果挤压温度过高易导致挤压件的热裂，且由于镁合金的塑性变形能力较差，挤压温度过低时又难以挤压成型[14,15]。本实验所采用的挤压温度为 310℃，与普通镁合金的挤压温度相比，属低温挤压。常用镁合金的挤压温度见表 2-5。

表 2-5 常用镁合金的挤压温度

合 金	AZ31	AZ91	ZK60	ZM21
挤压温度/℃	400	375	390	450

实验所用材料的挤压温度是上述常用镁合金中最低的，与同系列的 ZM21 相比，挤压温度相差 140℃。在 310℃的较低挤压温度下，实验材料可以顺利挤压成型，初步分析认为是高 Zn 降低再结晶温度和 α-Mn 对塑性变形的协调作用所造成的。

2.2.2.2 不同状态下的力学性能

本实验对获得的挤压棒材分别进行固溶处理（T4）、固溶处理 + 人工时效处理（T6）和固溶处理后的双级时效处理（T4 + 双级时效）。不同热处理状态下的拉伸力学性能见表 2-6。

表 2-6 不同热处理状态下的拉伸力学性能

条 件	$\sigma_{0.2}$/MPa	σ_b/MPa	δ/%
挤压态	213.12	312.98	11.10
T4	192.21	297.22	10.64
T6	281.00	333.14	7.82
T4 + 双级时效	340.51	366.81	6.30

由表 2-6 可见，T6 处理，尤其是 T4 + 双级时效能够显著提高 Mg-Zn-Mn 新型变形镁合金的抗拉强度和屈服强度，屈服强度的提高幅度最大达 64%，达到高强度变形镁合金 ZK60 的强度水平[16,17]。挤压态合金经过 T4 处理后，伸长率和强度都有所降低，这是因为，挤压后棒料的冷却速度较慢，在冷却过程中会析出少量沉淀强化相，而经 T4 处理后，少量沉淀强化相溶入 α-Mg 基体，而且合金的晶粒也有所长大，从而造成了合金强度的降低[18~20]。挤压态合金经过 T6 处理后，强度有了明显的提高，屈服强度提高近 70MPa，但是伸长率有所降低。T6 处理使得固溶入 α-Mg 基体的合金元素以第二相化合物或元素形式析出，从而起到了时效强化的作用。T4 + 双级时效能够显著提高合金的屈服强度和抗拉强度。这是由于，预时效处理生成了 GP 区，且在晶内形成了大量的溶质富集区或过渡相，为高温（终）时效提供了弥散析出的结晶核心，所以 T4 + 双级时效处理的强化效果更好，更有利于提高合金的强度[21]。

2.2.2.3 不同热处理状态下合金的显微组织

所设计的 Mg-Zn-Mn 新型变形镁合金的铸态、挤压态和挤压后各种热处理态的显微组织如图 2-12 所示。

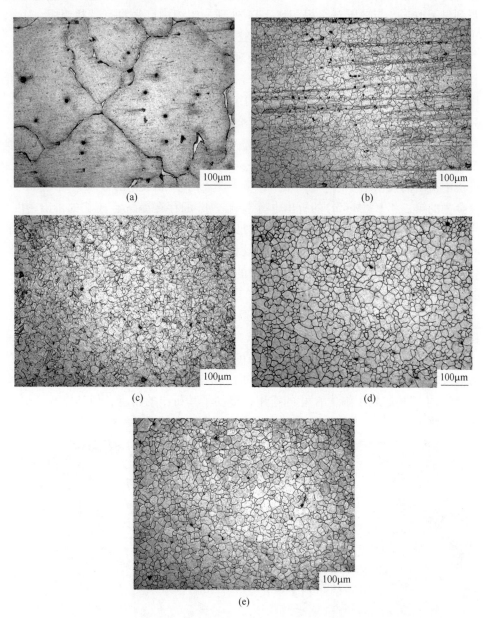

图 2-12 各种热处理状态下合金的金相显微组织

（a）铸态组织；（b）310℃挤压态组织；（c）310℃挤压 + T4 处理的组织；

（d）310℃挤压 + T6 处理的组织；（e）310℃挤压 + T4 + 双级时效处理的组织

由图 2-12 可见，挤压态组织的晶粒呈等轴状，明显要比铸态组织的晶粒细小，表明挤压过程中发生了动态再结晶。从而提高了镁合金的室温强度，改善了其可塑性，同时由于挤压效应的存在使合金的强度有较大的提高，综合力学性能得到显著改善。与挤压态组织相比，T4 处理的组织中已经没有带状组织，组织更加均匀，但是析出物有所减少，且晶粒尺寸比挤压态稍大。

从图 2-12(d)中可以看出，经 T6 处理，第二相化合物在晶界处析出、富集，且有黑色颗粒分散在基体中，从而起到了时效强化的作用。而从图 2-12(e)中可以看出，经 T4 + 双级时效处理的合金的组织较 T6 处理的组织没有太大的变化，只是组织更加的均匀，黑色颗粒更弥散和细小。

通过 SEM 结合能谱分析（见图 2-13）可以看到，基体中弥散着许多 Mn 颗粒（小亮点），在晶界处富集了一些 MgZn 等第二相化合物，这些化合物为时效过程中析出的强化相。这些细小的 Mn 颗粒起到了弥散强化的效果，同时 Mn 对合金中的第二相 β′(MgZn) 的析出也有影响。Mn 的存在提高了 β′相的析出密度，使第二相的析出更加弥散。双级时效处理中较低温度下的预时效处理在基体 $(10\overline{1}0)$ 面上生成了 GP 区，起到了时效硬化的作用，而且形成了一些溶质富集区和过渡相，从而为终时效处理中的 β′相的析出强化做了准备。在终时效处理时，β′相弥散析出，从而进一步提高了合金的强度。

从图 2-13 可见，与 T6 处理比较，双级时效处理使合金的 Mn 颗粒和第二相粒子（MgZn 等）更加的细小和弥散，这是 GP 区和弥散的 Mn 的共同作用造成的。之所以 T4 + 双级时效处理的合金强度要比 T6 处理的合金强度高很多，是因为双级时效处理中有 GP 区强化和 β′相析出强化的双重作用，而且 Mn 的存在和 GP 区的生成还起到了细化 β′相的作用，提高了其析出的密度，使其发挥了更好的强化效果。

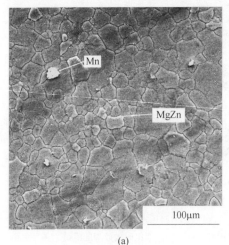

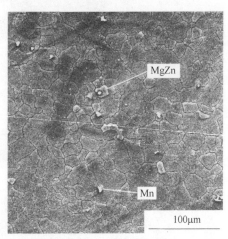

(a)　　　　　　　　　　　　　(b)

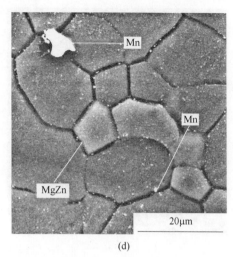

(c)　　　　　　　　　　　　　(d)

图 2-13　新型 Mg-Zn-Mn 变形镁合金的物相能谱分析结果

（a），（c）T6 处理的合金；（b），（d）T4 + 双级时效处理的合金

2.2.2.4　断裂组织研究

图 2-14 所示为拉伸试样断口的侧截面金相组织，从中可以观察到断裂裂纹穿晶扩展的特征，表明合金应该具有比较好的强韧性。

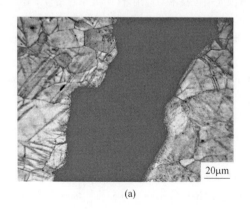
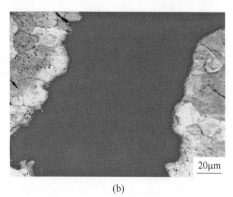

(a)　　　　　　　　　　　　　(b)

图 2-14　拉伸试样断口侧截面金相组织

图 2-15 所示为双级时效处理的 Mg-Zn-Mn 变形镁合金断口的 SEM 形貌图，每个小断裂面的微观形态颇类似于晶体的解理断裂，也存在一些类似的河流花样。但在各小断裂面间的连结方式上又具有某些不同于解理断裂的特征，如存在一些所谓撕裂岭等，显示出一种介于韧断与脆断之间的断裂特征[21]。

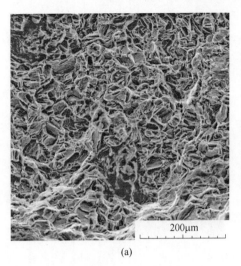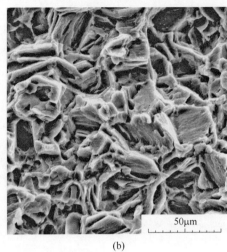

(a)   (b)

图 2-15 双级时效处理的 Mg-Zn-Mn 变形镁合金断口 SEM 形貌图

参 考 文 献

[1] 谢建新, 刘静安. 金属挤压理论及技术[M]. 北京: 冶金工业出版社, 2001.

[2] 彭大暑. 金属塑性加工原理[M]. 长沙: 中南大学出版社, 2004.

[3] 刘建生, 陈慧琴, 郭晓霞. 金属塑性加工有限元模拟技术与应用[M]. 北京: 冶金工业出版社, 2003.

[4] 马怀宪. 金属塑性加工学——挤压、拉拔与管材冷轧[M]. 北京: 冶金工业出版社, 1997.

[5] LOF J. Elasto-viscoplastic FEM simulations of the aluminum flow in the bearing area for extrusion of thin-walled sections[J]. Journal of Materials Processing Technology, 2001, 114: 174 ~ 183.

[6] Qi L H, Li H J, Cui P L, et al. Forming of tubes and bars of alumina/LY12 composites by liquid extrusion process[J]. Transactions of Nonferrous Metals Society of China, 2003, 13(4): 803 ~ 808.

[7] Qi L H, Shi Z K, Li H J, et al. Simulation of liquid infiltration and semi-solid extrusion for composite tubes by quasi-coupling thermal-mechanical finite element method[J]. Journal of Materials Science, 2003, 38: 3669 ~ 3675.

[8] Suo T, Li Y L, Deng Q, et al. Optimal pressing route for continued equal channel angular pressing by finite element analysis[J]. Mater. Sci. Eng. A, 2007, 466: 166 ~ 171.

[9] Rousse D R. Numerical predictions of two-dimensional conduction, convection, and radiation heat transfer. I. Formulation[J]. International Journal of Thermal Sciences, 2000, 39(3):315 ~ 331.

[10] Chen D C, Syu S K, Wu C H. Investigation into cold extrusion of aluminum billets using three-

dimensional finite element method[J]. Journal of Materials Processing Technology, 2007, 192~193: 188~193.

[11] Lewis R W, Ransing R S. A correlation to describe interfacial heat transfer during solidification simulation and its use in the optimal feeding design of castings[J]. Metallurgical and Materials Transactions B, 1998, 29B: 437~448.

[12] 刘正, 张奎, 曾小勤. 镁基轻质合金理论基础及其应用[M]. 北京: 机械工业出版社, 2002.

[13] Maeng D Y, Kim T S, et al. Microstructure and strength of rapidly solidified and extruded Mg-Zn alloys[J]. Scripta Mater. , 2000, 43: 385~389.

[14] 刘英, 李正元, 张卫文. 镁合金的研究进展和应用前景 [J]. 轻金属, 2002, 8: 20~25.

[15] 余琨, 黎文献, 等. 变形镁合金的研究, 开发及应用[J]. 中国有色金属学报, 2003, 13 (2): 277~288.

[16] 陈振华, 等. 镁合金[M]. 北京: 化学工业出版社, 2004: 53~54.

[17] 陈振华. 变形镁合金[M]. 北京: 化学工业出版社, 2005.

[18] 程俊伟, 夏巨谌, 王新云, 等. AZ31 变形镁合金挤压成形工艺的研究[J]. 金属成型工艺, 2004, 3: 4.

[19] 李淑波, 吴昆, 郑明毅, 等. 挤压对 AZ91 铸造镁合金力学性能的影响[J]. 材料工程, 2006, 12: 54.

[20] 董国振. 高强度变形镁合金组织及性能研究[D]. 重庆: 重庆大学, 2005.

[21] 黎文献. 镁及镁合金[M]. 长沙: 中南大学出版社, 2005.

3 镁合金挤压剪切过程物理模拟研究

镁合金目前主要采用压铸方法加工成型，而塑性加工技术很不成熟。因为镁合金塑性变形能力弱，需要进行热加工，而各种热加工工艺条件对镁合金塑性变形行为有明显的影响，所以塑性加工技术的发展是镁合金得到广泛应用的前提。只有解决镁合金塑性加工的技术难题，才能通过塑性变形提供不同形状的板、棒、管、型材及锻件，才能满足多样的结构件需求，使镁合金得到广泛应用。经过塑性加工后的镁合金性能会得到进一步提高，为镁合金的应用奠定坚实基础。

3.1 镁合金的普通挤压研究

3.1.1 普通挤压工艺

正挤压是一种普通的挤压方式，它是对放在挤压筒中锭坯的一端施加压力，使之通过模孔以实现塑性变形的一种压力加工方法。挤压过程在近似封闭的工具内进行，材料在变形过程中承受很高的静水压力，有利于消除铸锭中的气孔疏松和缩孔等缺陷，提高材料的可成型性，使材料在一次成型过程中能承受较大的变形量，从而改善产品的性能。另外，通过更换模具能够生产出断面形状复杂多样的产品[1~5]。

与其他塑性加工方式（锻造、轧制）相比，通过挤压方法制备镁合金产品具有许多优势[6~12]：

（1）挤压具有强烈的三向压应力状态，金属可以发挥其最大的塑性。这对于室温塑性变形能力较差的镁合金来说尤为重要。通过挤压工艺，可以有效细化镁合金的晶粒组织，提高镁合金的强度和塑性。

（2）挤压工艺具有极大的灵活性，操作方便，仅需通过更换模具就可以生产各种板、管、棒、型材。

（3）挤压产品尺寸精度高，表面质量好。

3.1.2 普通挤压工艺对组织和性能的影响

Kumar 等人观察了 AZ91 合金在不同温度下挤压后的微观组织，结果表明，在 335~415℃温度范围内进行挤压时，镁合金均发生了动态再结晶，挤压态组织由细小的等轴晶粒组成[13]。随着挤压温度的升高，晶粒明显长大，在 335℃、

370℃及415℃挤压后，AZ91合金的晶粒尺寸分别为4μm、11μm及16μm。

宋军辉[14]在研究AZ31挤压过程中的组织发现，挤压变形后镁合金微观组织发生了明显变化：晶粒得到显著细化，局部细晶区达到2μm；微观组织中几乎看不到$Mg_{17}Al_{12}$等金属间化合物。挤压比越大，晶粒细化越明显，微观组织越均匀化。变形温度对AZ31镁合金的影响较大，在较高的挤压温度条件下，平均晶粒较大。

文献[15]指出：挤压比为100时，在不同温度下（250℃、300℃、350℃）的微观组织在高挤压比下，得到平均晶粒尺寸分别为4μm、5μm、8μm。系统地研究挤压棒料的前端、中端、后端可以发现晶粒分布均匀，在挤压温度为300℃时可以得到均匀的微观组织。随着挤压温度的升高，晶粒尺寸增加，产生细晶粒的条件为：在挤压比为100的条件下产生大的真应变（大约4.6），比4个道次的等径角挤压工艺（ECAE）挤压的应变还大，产生大量的位错和晶界扭折，产生动态再结晶的驱动力。

Murai等人对AZ31B镁合金挤压棒材研究表明，与铸造态相比，挤压后合金的抗拉强度和伸长率均得到了很大提高（见表3-1）[16]。挤压前铸锭的均匀化处理对挤压合金的抗拉强度影响不大，而伸长率则在均匀化处理后大大增加。挤压比对伸长率的影响较对抗拉强度的影响大。均匀化处理后，随着挤压比的增加，棒材的伸长率提高。

表 3-1　AZ31B 合金 400℃挤压后的力学性能

挤压比	铸　态		均质态	
	抗拉强度/MPa	伸长率/%	抗拉强度/MPa	伸长率/%
—	142	4.4	136	6.8
10	291	8.9	270	10.5
50	308	9.2	281	12.4
100	307	11.6	292	14.9

织构特征能定量反应变形过程中材料微观结构的演变规律，因而，织构分析已成为研究镁合金塑性变形机制和动态再结晶新晶粒形核机制的有力手段。一般认为，镁合金在塑性变形过程中，由于滑移和孪生使晶粒发生转动而形成织构。挤压镁合金纤维织构呈现基面取向的特征，（0002）基面和〈10$\bar{1}$0〉晶向平行于挤压方向。随着挤压比的增大，形变织构也增强，其形成机理是基面滑移使大部分晶粒的基面垂直于压应力方向[17~21]。

3.2　镁合金的等径角挤压研究

3.2.1　等径角挤压工艺

等径角挤压工艺（equal channel angular extrusion，ECAE）作为迄今为止最

具商业应用前景的大塑性变形（serve plastic deformation，SPD）技术，是通过大塑性变形而获得大尺寸超细晶（ultra fine-grained，UFG）块体材料的有效方法之一。在 ECAE 中，影响材料微观组织和性能的工艺参数主要包括模具结构、挤压路径、挤压道次、挤压温度和挤压速度等。其中模具结构多样化设计成为研究热点[22]。图 3-1 所示为 ECAE 方法及其衍生方法。当然，材料的初始微观结构和相组成等对其微观组织和性能也有重要的影响。ECAE 具有原理简单，对设备要求低，而且制备的样品结构均匀，三维尺寸大等特点，已发展成制备亚微米金属材料的主要方法。等径角挤压的优越性有：(1) 减小了挤压力和挤压压强；(2) 由于挤压出来的试样横截面积保持不变，可以实现反复挤压；(3) 每次挤压都会产生很大的应变量，在多次挤压后剪切形变大大提高，形成亚微米超精细结构；(4) 挤压后的试样没有任何空洞；(5) 可以实现大块超细晶材料的制备。但该工艺存在生产不连续以及材料浪费导致其成本昂贵、效率较低等缺陷。

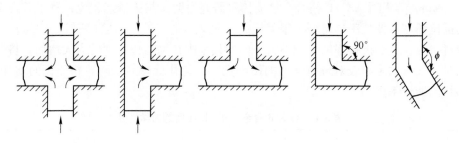

图 3-1 等径侧向挤压系列

S 形等径侧向挤压[23]时，其真应变等于零，变形体的外观尺寸没有变化，保持着变形前的形状。而等效真应变不为零，且与循环次数呈正比关系。随着循环次数的增加，变形体内可以积累很大的应变量，对变形体的微观组织产生很大的影响。如图 3-2 所示，所谓 S 形等径侧向挤压实质是经历一次挤压角为 θ 的等径侧向挤压之后，又经历了一次挤压角为 $-\theta$ 的等径侧向挤压的变形过程，除了 S 形等径侧向挤压外，近年来还开发了 U 形、C 形等通道往复挤压和折线式挤压成型方法[24~26]。

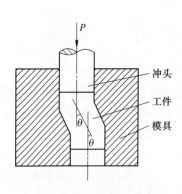

图 3-2 S 形等径侧向挤压示意图

3.2.2 等径角挤压工艺对组织和性能的影响

吉田雄等人[27]研究了 ECAE 对 AZ31 合金组织的影响，发现 2 道次和 4 道次挤压后试样的晶粒度均随挤压温度的升高而增大。在 200℃下经 2 道次挤压后，

组织中含有很多 $1\mu m$ 左右的非常细小的再结晶晶粒，但仍存在部分粗大的未结晶晶粒。在 250℃ 和 300℃ 下挤压后，粗晶全部被细小等轴的再结晶新晶粒所取代，且与 2 道次挤压相比，4 道次挤压后晶粒尺寸更加均匀且趋于等轴化。可见，塑性变形过程可使镁合金达到晶粒细化的目的，进而对合金的力学性能产生一定的影响。

罗蓬等人[28]通过对 AM60 镁合金铸锭单道次 ECAE 加工后光学显微组织的观察，讨论了模具几何结构条件（转角与背转角大小）对变形组织演化形态的影响。研究表明，AM60 镁合金铸锭的 ECAE 变形组织形态较好地符合理论预测结果；多道次 ECAE 加工显著改善了 AM60 镁铸锭的微观组织；对于具有粗大晶粒的铸造镁合金而言，ECAE 工艺能以机械化冶金方式制备其超细晶结构。

一些研究认为 ECAE 变形可以改变镁合金基面的重排从而控制合金的结构，使提高合金的延展性成为可能。Mukai 等人通过 ECAE 改变 AZ31 合金中（0001）基面的分布从而明显提高其室温塑性[29]。对 AZ31 合金 ECAE 变形 4 个道次后发现镁合金的基面平行于挤压方向或者与挤压方向成 45°，所以当拉伸与挤压方向平行时表现出极好的塑性，用 ECAE 变形后的材料做成的支臂，即使在大变形区域也表现出很高的拉伸性能[30]。

挤压温度、挤压速度对合金 ECAE 变形后力学性能都有影响，变形速率增加，挤压后合金的拉伸强度、伸长率均增加了；挤压温度降低，拉伸强度增加，屈服应力增加，挤压温度升高，伸长率增加[31]。

虽然 ECAE 变形后的镁合金室温性能得到明显的提高，但是合金强度的提高有限，特别是一些合金经过 ECAE 变形后，屈服强度随着晶粒细化而降低[29,32~34]，这与经典的 Hall-Petch 关系相违背。目前的研究表明，变形后织构的形成是影响镁合金室温伸长率的主要因素[29]，但是屈服强度随着晶粒细化而降低的现象并没有得到合理的解释。

经过 ECAE 挤压后，镁合金的晶粒得到明显细化。Kim 等人的研究发现，AZ61 镁合金沿 B_c 路径在 548K 下经过不同的挤压道次后，其屈服应力明显降低，抗拉强度略有降低，而伸长率大幅度提高[35,36]。这是因为在 ECAE 挤压过程中所形成的织构的弱化作用超过晶粒细化的作用，而晶粒细化又激活了更多滑移系的结果。可以看出，塑性变形可以提高镁合金的强度，改善塑性，使镁合金的综合力学性能得到提高。

在多道次 ECAE 变形过程中，通过改变剪切面和剪切方向可以改变材料的结构和织构，挤压路径不同，织构的演变也有较大的区别[37]。AA5061 合金 ECAE 变形后形成强烈的变形织构，主要是 Cu 型织构 {112}〈111〉和黄铜型织构 {110}〈112〉，由于施加了剪切应力，这些织构和挤压横向成 15°角[38]。

对镁合金 ECAE 变形后形成的织构也有一些报道[29,32~34]，W. J. Kim 等人[34]

的研究发现在 275℃下经过 8 个道次 ECAE 变形后，AZ61 合金中形成强烈的织构，提出了织构是影响 ECAE 镁合金力学性能的主要因素。

Mukai 等人[39] 曾报道，利用 ECAE 方法制备 AZ31 镁合金的织构特征（〈0001〉±45°//ND）与传统挤压法制备的 AZ31 镁合金的织构特征（〈0001〉//ND）存在显著差异，在晶粒尺寸相同情况下，前者的室温拉伸塑性（约 50%）要比后者（约 17%）高出近 3 倍。这一研究结果预示通过调控材料织构提高镁合金的塑性有着极大的潜力。

3.3 EX-ECAE 复合工艺

传统挤压是比较成熟的工艺，但是晶粒细化效果不明显。ECAE 技术是一种能获得大尺寸亚微米或纳米级的大变形方式。经过 ECAE 挤压后，材料发生剪切变形从而产生大的剪切应变，由此导致位错的重排使晶粒得到细化并形成新的剪切变形织构，形成不同于常规塑性加工工艺所产生的显微组织。由此 EX-ECAE（extrusion-equal channel angular extrusion）工艺便诞生了。

EX-ECAE 工艺是指合金先通过普通挤压的预变形然后再进行等径角挤压，它是挤压和等通道的复合挤压。K. Matsubara 等人[40] 采用 EX-ECAE 工艺挤压铸态 Mg-9%Al 合金，在 473K 下，它的晶粒由铸态的 $50\mu m$ 到挤压后的 $12\mu m$ 再到两道次等通道挤压 $0.7\mu m$。铸态合金表现出有限的塑性，经过挤压后塑性适中，但经过复合挤压后产生了极好的超塑性。经过一系列的温度和应变速率测试，复合挤压后能产生低温超塑性（423K 下伸长率为 800%，应变速率为 $1.0\times10^{-4}s^{-1}$）和高应变超塑性（498K 下伸长率为 360%，应变速率为 $100s^{-1}$）。在 573K 的高温下 Mg-9%Al 合金 ECAE 过程是很容易进行的，但是要得到亚微米级尺寸是不可行的，因为在挤压过程中晶粒也同时在长大。

K. Matsubara 等人[41] 对镁合金等通道挤压晶粒细化和超塑性进行了研究，结果表明 EX-ECAE 复合挤压能有效地减小镁合金组织晶粒尺寸（从 $21\mu m$ 到 $0.8\mu m$）。在 473K 退火时细小晶粒仍然存在，但是在更高的温度下晶粒便开始长大。拉伸试样是从复合挤压的材料中切取的，实验结果说明在相对较低的温度下材料能表现出低温超塑性，最大伸长率达到 700%（两个道次），施加更大的应变从而增加大角度晶界的区域，表明达到高应变率超塑性的可能性。

但是 EX-ECAE 工艺沿袭了 ECAE 的缺点，即要达到细化晶粒的目的需经过多道次的 ECAE 变形，工序繁杂，不能进行连续生产，增大了经济成本和工时，从而不利于实现其工业化运用。

3.4 金属热挤压变形的物理模拟

物理模拟通常是指缩小或放大比例，或简化条件，或代用材料，用实验模拟来代替原型的研究。例如拉伸实验、圆柱试样压缩实验、平面应变及应变诱导开裂实验均是物理模拟的范畴。对材料和热加工工艺来说，物理模拟通常指利用小试件，借助于某实验装置再现材料在制备和热加工过程中的受热，或同时受热与受力的物理过程，充分而精确地暴露与揭示材料或构件在热加工过程中的组织与性能变化规律，评定或预测材料在制备或热加工时出现的问题，为制定合理的加工工艺以及研制新材料提供了有力的理论指导和技术依据[42]。

近二十多年来，随着以 Gleeble 热/力模拟实验装置为代表的热模拟实验装置的不断研制开发，物理模拟技术已经在材料的铸造、压力加工、焊接等领域得到了广泛运用，利用物理模拟技术，用少量实验即可代替过去一切都需要通过大量重复性的实验方法，不但可节省大量人力、物力，还可通过模拟技术研究目前尚无法采用直接实验进行研究的复杂问题。其实验过程快捷、成本低，改变实验参数方便、灵活。因此，现代物理模拟作为一门新兴技术，已引起世界各国科学界和工程界的广泛关注，应用的范围正迅速扩大。

压力加工是物理模拟技术在热加工工艺研究中最活跃的领域之一。这是因为它不但需要热模拟，还需要大量地应用力学系统。金属在不同工艺下变形时，最终得到的组织和性能是不一样的。同时，变形量、变形速度不同，塑性变形后得到的微观组织和力学性能也不相同。另外，变形时的应力状态对材料的塑性变形能力也有重要影响。因此，在进行材料的压力加工物理模拟实验时，变形温度、变形速度、变形量以及变形抗力是必须考虑的热力学基本条件，是物理模拟的基本参数[42]。

传统的研究金属变形的实验方法主要有拉伸法、圆柱体单向压缩法、平面应变压缩法、扭转法、轧制法等[43,44]。其中前三种方法比较常用，而在热/力模拟实验机上进行的测定，主要用流变应力压缩法（即圆柱体单向压缩法）。该方法通过对变形合金进行高温压缩变形的实验模拟，在不同的变形温度和应变速率下，分析合金高温热压缩变形时流变应力的变化规律，从而为合理制定实验合金热挤压、锻造和热轧等热塑性加工工艺参数提供指导，以及为进一步系统研究该合金提供基本数据。但圆柱体单向压缩法中实验试样所处的应力状态为单向压应力状态，而金属在挤压时，在挤压筒内所受到的是三向压应力，由于单向压缩法不能模拟挤压时坯料的受力状态，也就不能模拟坯料挤压中所经历的变形过程，所得到的实验数据就不能真实反应挤压变形的实际状态，因此这些实验方法都存在一定的缺陷性。故有必要开发一种模拟金属处于三向压应力状态的模拟挤压装置[45]。

3.5　有限元法

有限元法不受具体成型问题的限制，能适用于各类塑性成型过程的分析，较全面地考虑了温度、挤压速率、摩擦条件、模具几何形状、材料特性等多种成型因素对成型过程的影响，既能直观地描述塑性变形每步的变形流动状态，又能定量地计算出塑性变形区的应力、应变[46]和温度分布状态。同时，有限元法单元类型丰富，具有很高的边界拟合精度，能够在较少的假设条件下提供详尽的变形力学信息，使复杂成型过程的分析成为可能，为分析成型影响因素、制定和优化工艺以及开发新工艺、设计模具型腔和结构、分析产品质量问题、缩短生产周期、提高经济效益提供了科学的依据[47]。

有限元法能同时考虑多种外界条件的影响，预测各种成型缺陷和各参量的大小、分布，因此备受人们关注。随着数值分析方法的改进和计算机技术的飞速发展，有限元法已成为能处理几乎所有场问题和连续介质问题的强有力的数值计算方法，并被广泛应用于各种工程和研究领域。用于塑性成型过程的有限元法分为两大类：刚塑性（刚黏塑性）有限元法和弹塑性（弹黏塑性）有限元法。刚塑性有限元法忽略了变形的弹性部分，采用能量泛函积分直接得到节点速度增量，避开了几何非线性问题，计算量小且精度高。对于金属塑性成型问题，弹性变形与塑性变形相比，在总的变形量中所占的比例很小，因此，在对变形过程进行有限元分析时，常常将弹性变形忽略，而采用刚塑性（刚黏塑性）有限元法。

刚塑性有限元法通常只适用于冷加工。对于热加工（再结晶温度以上），应变硬化效应不显著，而对变形速度有较大的敏感性，因此热加工时要用黏塑性本构关系，相应地发展了刚黏塑性有限元法。目前刚黏塑性有限元法是国内外公认的分析金属塑性成型问题最先进的方法之一。Prangnell[48]首先采用有限元方法分析了 ECAE 变形过程以及摩擦对变形的影响。Raghavan[49]研究了模具角度 Ψ 以及外弧半径 R 对应变分布的影响，发现最大应变与 Ψ 和 R 有关。Shu 在不考虑摩擦的条件下研究了 ECAE 过程中的非均匀变形行为[50]。于沪平等人[51]采用塑性成型模拟软件 DEFORM，用刚黏塑性有限元函数法对平面分流模型的挤压变形过程进行了二维模拟，得出了挤压过程中铝合金的应力、应变、温度以及流动速度等的分布和变化。刘祖岩等人[53]应用 H-FORGE 2D 有限元软件模拟了 ECAE 过程中，不同模具结构、不同摩擦条件对变形载荷的影响。娄燕[54]用 FEM 有限元模拟了 Ti-6Al-6V 的热挤压过程，发现在挤压过程中温升显著，而且温升主要发生在变形的开始阶段，同时发现变形区的等效应力随挤压的进行而减小。闫洪等人用 FEM 技术模拟了铝型材挤压过程中挤压比、摩擦因子等工艺参数对挤压力、流速均方差和试样内应力应变分布的影响，指出挤压比越大、挤压力越大、压应力个数越多、压应力数值越大，就越不容易产生拉应力，对挤压成型越有利。

有限单元法是一种数值计算方法，其独特的优点为：

（1）可优化设计，即在设计阶段提出多种方案，通过迅速而准确的有限元计算选择优者，在此基础上再试制实验工作，从而减少盲目性，缩短计算周期。

（2）可用于分析结构损坏原因，提出改进措施。

（3）理论基本成熟，软件功能强大。40多年来有限元理论趋于完善，通用软件已经商业化，而且功能强大，已经成功解决了许多领域的工程计算难题。

（4）可根据需要在部分区域（比如应力集中较大的地方）配置密集的节点，而在应力较小的地方节点配置可适当稀疏。

（5）对于由不同材料构成的零件，也可以进行很好的计算分析。

（6）描述简单，便于推广。有限元法采用矩阵形式表达，使问题的描述简单化，使求解问题的方法规范化，并便于编制计算机程序，实现软件商业化。这一特点，为有限元法的推广和应用奠定了良好的基础。

（7）程序具有一定的通用性，可适用各种不同需要。

本书作者所在课题组所用的有限元模拟软件为 DEFORM-3D。DEFORM（design environment for forming）软件是20世纪80年代中期由美国 Battelle Columbus 实验室开发的一套有限元分析模拟软件，该软件主要有 DEFORM-2D（二维）、DEFORM-3D（三维）、DEFORM-PC（微机）、DEFORM-PC Pro（专业）和 DEFORM-HT（热处理）五个版本，其功能和应用范围各有偏重。DEFORM 软件专为生产实际应用而设计开发，用户界面友好，使用简单，模拟参数定义方便，材料库丰富，模拟范围和适用工艺广；支持 Windows95/98/NT/2000、UNIX 等系统，提供 IGES、STL 等 CAD 软件接口和与 NASTRAN、IDEAS、Pro/E、UG 等 CAE 软件的专用接口。目前，DEFORM 软件已在世界各大航空、汽车、机械、钢铁公司，以及很多科研单位和高校得到了广泛的应用。

DEFORM 软件主要应用在金属体积成型的分析上，包括挤压、镦粗、锻造、轧制、弯曲等金属加工过程，允许用户自定义材料模型、压力模型、断裂准则、边界条件、有限元网格数和网格大小，必要时网格可以局部细化；通过模拟可以为用户提供金属流变的应力场、应变场、速度场、温度场以及成型过程的动态模拟；另外，该软件还可以对淬火、正火、退火、回火、时效、渗碳、蠕变等过程进行热传导耦合分析，分析其金相组织分布、硬度、含碳量和残余应力等。

DEFORM 软件主要由三个模块构成，即：Pre Processor（前处理器）、Simulator（模拟处理器）、Post Processor（后处理器）。

（1）Pre Processor。Pre Processor 的设置至关重要，直接关系到模拟能否顺利进行，及其模拟结果的真实性和可靠性。Pre Processor 的主要功能是：

1）调入模拟几何体数据；

2）设定模拟环境（环境温度、单位等）；

3）划分有限元网格，设定网格重划规则；

4）选择物体材料，输入其变形时的流动应力-应变曲线；

5）设定模拟控制参数（包括模拟模具和试样的材料模型、主从关系、自动接触描述、相互接触的摩擦系数、边界条件、模拟步数等）；

6）设置物体的热、物理性能参数（如热传导系数、弹性模量、泊松比等）；

7）选择求解器和迭代方法。

（2）Simulator。Simulator 是有限元数据模拟计算的核心模块，DEFORM-3D 软件模拟计算运行时，首先通过有限元离散化将几何方程、运动方程、本构方程、屈服条件和边界条件转化为非线性方程组（总体刚度矩阵），然后通过求解器进行迭代求解（实质上是求总体刚度矩阵的特征值）。

（3）Post Processor。Post Processor 的主要作用是以图形、曲线或数字的形式显示模拟结果，在后处理中能方便地为用户提供以下模拟结果：

1）挤压过程的载荷-位移曲线；

2）每一步试样的变形情况及其有限元网格状态。同时可以以等值线或等色图的形式显示试样变形过程中，每一步的应力（等效应力、平均应力、最大/最小主应力或其他类型的应力）、应变（等效应变、平均应变、最大/最小主应变或其他类型的应变）、应变速率（有效应变、平均、最大/最小主应变等）的大小和分布。

3.6 模拟与实验方法

3.6.1 挤压剪切的模拟研究

3.6.1.1 挤压剪切（ES）的数值模拟

如上文所述，DEFORM-3D 是一套基于工艺模拟系统的有限元系统（FEM），专门设计用于分析各种金属成型过程中的三维流动，提供极有价值的工艺分析数据和成型过程中的材料流动。例如：应力、应变和挤压力，其中挤压力的预测最为关键，它可以预知实验的可行性。实验步骤包括物理模型的建立、有限元几何模型的建立和模拟参数的确定。

A　物理模型的建立

物理模型包括坯料的材料特性、成型温度、凹模和工件之间的摩擦规律等方面。坯料的材料特性主要就是定义其本构关系，本节采用 AZ31 镁合金的本构关系。凹模和工件、工件和凸模之间的摩擦关系采用剪切摩擦模型，即

$$f = m_f k$$

式中，f 为摩擦力；m_f 为摩擦因子；k 为材料的剪切屈服应力。

力学模型即本构关系是金属塑性加工有限元模拟的前提条件。在应用 DE-FORM-3D 塑性有限元软件对 AZ31 镁合金成型过程进行数值模拟前，要对 AZ31 镁合金的材料属性进行描述，由于 DEFORM-3D 塑性有限元软件的材料库中尚无这种材料，因此首先要建立 AZ31 镁合金的力学模型。采用 Gleeble1500 热-力学模拟试验机对不同温度和变形速率下 AZ31 镁合金（包括铸态和均匀化态）变形

性进行研究。测量数据的范围是 250 ~ 500℃，应变速率范围为 0.005 ~ 5s^{-1}，最后将这些数据导入 DEFORM-3D 材料性能模块中，如图 3-3 所示。

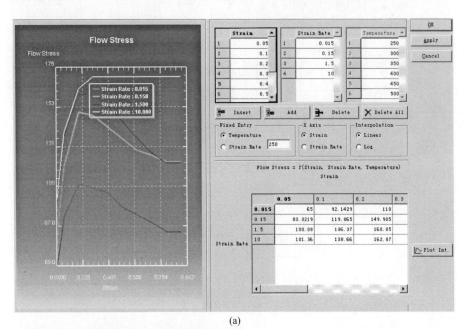

(a)

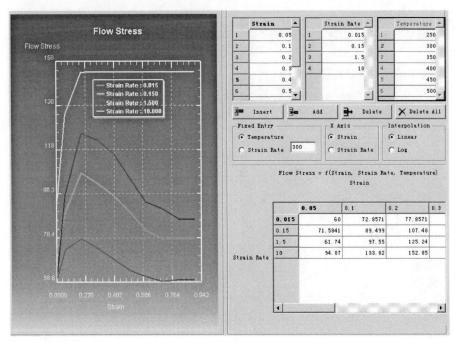

(b)

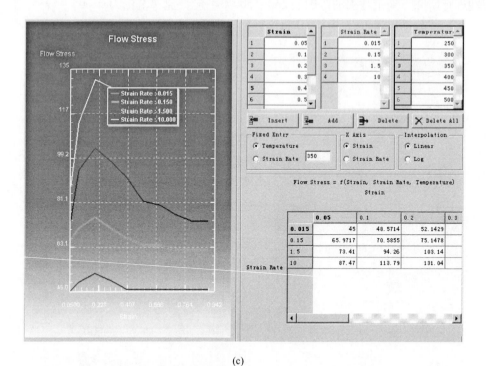

(c)

(d)

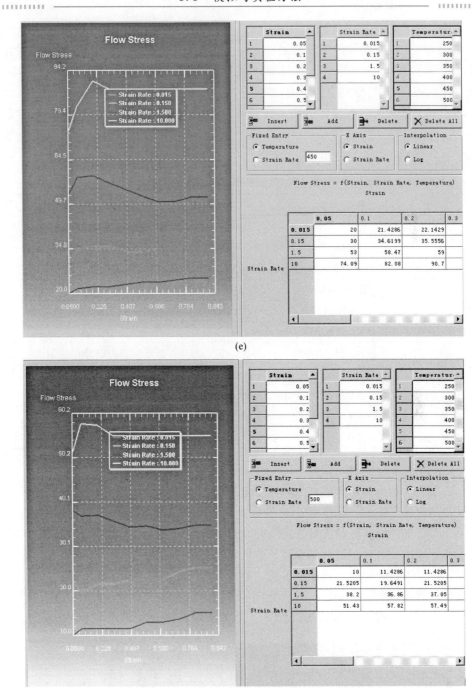

图 3-3   不同温度下 AZ31 镁合金的流动应力-应变曲线
(a) 250℃；(b) 300℃；(c) 350℃；(d) 400℃；(e) 450℃；(f) 500℃

B 有限元几何模型的建立

在 UG 三维造型软件中分别建立工件、凸模和凹模的三维实体模型，并保存为 STL 或者 IGES 文件格式，通过 DEFORM-3D 前置处理器中的模型输入接口得到有限元软件中的三维实体模型。由于不考虑凸模和凹模的受力和变形情况，故把凸模和凹模定义为刚性体，把工件定义为塑性体。其运动关系定义为凹模静止不动，凸模为主动件（Primary Die），工件视为从动件（Slave）。数值模拟所采用的参数见表 3-2。

表 3-2 数值模拟所采用的参数

参　　　数	数　　　值
坯料长度/mm	10
坯料直径/mm	5.6
挤压筒直径/mm	6
挤压筒外径/mm	20
挤压比	4
坯料加热温度/℃	300，350
模具加热温度/℃	300，350
挤压速度/mm·s^{-1}	5
坯料和模具之间的摩擦系数（常剪应力摩擦）	0.3
模具和坯料之间的换热系数/N·(℃·s·mm²)$^{-1}$	11
模具和空气之间的换热系数/N·(℃·s·mm²)$^{-1}$	0.02

C 模拟参数的确定

有限元法的基本原理是将求解未知场变量的连续介质体或结构划分为有限个子区域的集合，把每个子区域称为单元或元素，将单元的集合称为有限元网格，如图 3-4 所示，而实际的连续介质（或实际结构）可以看成这些单元在它们的节点上相互连接而组成的等效结合体。这些离散后的单元都是性态容易了解的标准单元，可以为每个单元单独建立方程，在每个单元内用插值函数表示场变量，插值函数由单元的节点数确定，单元之间的作用由节点传递，建立物理方程，这样每个单元就可用有限个参数加以描述，而整个结构是由有限个数目的单元组成

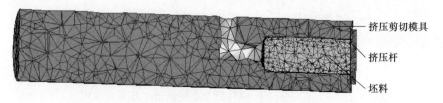

图 3-4 模具结构和有限元模型

的，将全部单元的插值函数集合成整体场变量的方程组，然后进行数值计算。

3.6.1.2　挤压剪切（ES）的物理模拟

对 AZ31 铸态和均匀化态镁合金进行热模拟挤压实验，研究 ES 工艺下制品的组织均匀性以及锭坯状态，挤压温度对挤压制品组织影响规律，为获得高质量、组织均匀的镁合金制品提供理论依据。实验材料为铸态 AZ31 镁合金以及均匀化样，具体成分见表 3-3。

表 3-3　AZ31 镁合金的主要成分[55]　　　　　　　（%）

元　素	Al	Zn	Mn	Mg
质量分数	2.5～3	0.7～1.3	>0.20	余　量

Mg-Al 系合金的固液两相区范围很大，而且镁是密排六方的晶体结构，使合金元素在镁基体中扩散速率很低，很容易在凝固过程中产生枝晶偏析和形成非平衡结晶相。由于有 $Mg_{17}Al_{12}$ 这类相的存在，使本来变形能力就差的镁合金塑性更差，其铸态组织如图 3-5(a) 所示。因此，为了提高合金组织成分的均匀性，消除枝晶，需对铸态试样进行均匀化退火处理。退火后的组织如图 3-5(b) 所示，从图中可以看出经均匀化处理后的组织，在 α-Mg 基体上的枝晶数量大大减少，第二相和枝晶偏析大部分得到消除。

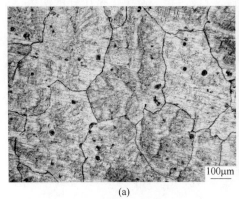

(a)　　　　　　　　　　　　　　　(b)

图 3-5　AZ31 镁合金铸态和均匀化组织
(a) 铸态；(b) 均匀化态

充分利用 Gleeble1500D 热模拟实验机的加热系统、控制系统和数据采集系统的基础上根据上述 ES 挤压的思想，设计一套在热模拟实验机上使用的 ES 模具，如图 3-6 所示。ES 挤压模具包括挤压支撑、挤压筒、挤压杆、挤压模等。

（1）左支持座。实验过程中位于热模拟实验舱的左端，与实验机的左端夹头紧密配合，其作用一是在加热升温时确保电流的稳定流通；二是在挤压过程作为挤压顶头的基座，将试验机的压力传递过去，为其提供坚实的挤压力支持，保证挤压过程的顺利进行。

（2）挤压杆。挤压顶头是挤压模具中非常重要的一个部件，依靠它来实现整套模具的挤压力，将热模拟实验机产生的挤压力直接施加到变形坯料上，促使坯料塑性变形，从而实现挤压。

（3）挤压筒。作为坯料发生变形的场所，挤压筒的作用不言而喻，坯料在挤压筒中被加热到预定温度，并且挤压进行过程中在筒内受到三相压应力的作用。挤压筒是挤压模具的关键部件。

（4）挤压模。挤压坯料只有从挤压模的模孔中流出，才能得到所需尺寸的型材，因此挤压模挤压杆的中心重合达到同心度一致，在挤压筒上焊接热电偶，用于温度的控制，其作用就是控制最终型材的形状和尺寸。

（5）右支持座。同左支持座一样，右支持座与实验机的右端夹头紧密配合，在挤压过程中保持模具的固定和电流的稳定导通。

通过多次的试挤压，发现挤一小段就无法再继续，甚至出现挤压杆的镦粗等现象，如图 3-6(a) 所示。主要原因是挤压杆是整套模具中横截面积最小的部位，其电阻值最大，导致挤压杆过热发红而坯料温度相对较低。针对此种情况采取的措施是在砧头两侧贴上紫铜片，使挤压杆部分被短路，避免了挤压杆的镦粗，如图 3-6(b) 所示。

(a)　　　　　　　　　　　　　　　　(b)

图 3-6　安装在 Gleeble 机上的 ES 模具及其结构

(a) ES 模具及其缺陷；(b) 修改后的模具

3.6.2　实验方法

3.6.2.1　挤压剪切的工业挤压实验

为了证明经过改进的 ES 工艺能够连续生产挤压棒材并使挤压组织较为均匀，

特设计 ES 工业挤压模具并进行挤压实验。最终研究棒材的组织性能以及 ES 工艺。实验是在吨位为 500t 的卧式挤压机上进行，其挤压筒直径为 85mm。实验用的 AZ31 镁合金为商用铸锭，其名义成分（质量分数）为 Al 3%，Zn 1%，Mg 为余量。铸锭在 400℃ ×15h 的均匀化处理后空冷，最后车皮使铸锭直径为 80mm。挤压前坯料及工模具均需预热，各参数见表 3-4。

表 3-4　实验镁合金挤压工艺参数

坯料温度/℃	模具温度/℃	挤压筒温度/℃	挤压速度/mm·s^{-1}
420	400	400	5
450	420	420	

3.6.2.2　金相实验

金相实验是研究金属材料低倍组织最常用的实验手段，实验对各种状态下合金进行金相观察，研究合金组织的均匀性，以及热处理对材料析出相的形态和分布的影响，从而说明组织对性能的影响及作用机制。

对 AZ31 合金组织、ES 变形组织进行金相观察，并研究其组织的形态和分布。为了研究 ES 变形过程中各个阶段的组织变化情况，对 ES 变形过程中各个不同阶段的制品进行取样观察，并对与挤压方向一致和垂直的平面进行金相观察和分析研究。

实验步骤包括取样、磨制、腐蚀和照相。

（1）取样。所截取试样的金相组织尽量与原部件金相组织一致，即不发生组织变化，使其具有代表性。

（2）磨制。依次用由粗到细的砂纸进行磨样，同一砂纸向同一方向磨样，看不见上一张砂纸磨出的划痕就换下一张细砂纸。每换砂纸磨样方向变换 90°。

（3）腐蚀。用小棉球将腐蚀剂快速涂在需显示金相的面上，然后用酒精进行冲洗。并用洗耳球将试样吹干。

（4）照相。选取晶界显示明显、合金相清晰、层次感强的区域进行拍照。

对制得的金相试样进行腐蚀是金相实验中很重要的一环。腐蚀时间从几秒到几十秒不等，以在显微镜下能清晰分辨组织为最佳。腐蚀不够时可能会出现假现象。实验中所使用的腐蚀剂为苦味酸 5g + 醋酸 5g + 蒸馏水 10mL + 乙醇 100mL 溶液。

3.6.2.3　硬度试验

硬度是指金属物体抵抗硬的物体压陷表面的能力，它反映了材料弹塑性变形特性，是一项重要的力学性能指标。与其他力学性能的测试方法相比，硬度试验具有下列优点：试样制备简单，可在各种不同尺寸的试样上进行实验，实验后试样基本不受破坏；设备简单，操作方便，测量速度快；硬度与强度之间有近似的换算关系，根据测出的硬度值就可以粗略地估算强度极限值；材料的硬度值在一定程度上印证了材料内部组织的变化，可以表征材料的均匀性。

显微硬度的实验原理是以两相对面夹角为136°的正四棱金刚石锥体为压头，在一定负荷作用下压入被试物表面，并保持规定的一段时间后卸除负荷、测量所得压痕的两对角线长，取其平均值，然后查表或代入公式计算，求得硬度值。实验在 Microhardness Tester HV-1000 型显微硬度计上进行。载荷为50g，加载时间为20s。在每个截取面上选取25个点，然后取其平均值。

3.6.2.4　晶粒尺寸测量

在光学 OLYMPUS 金相显微镜下观察组织，用截直线法测量微观组织的平均晶粒尺寸（$\bar{d}$）。截直线法是利用平均截距长度（L）来表示晶粒大小的测试方法，L 可在抛光平面上测得。对于填满空间的晶粒，其平均截距长度为：

$$L = 1/N_L = L_T/(PM) \tag{3-1}$$

式中，N_L 为单位测试线长度上截到的晶粒数；L_T 为在显微组织照片上，任意通过的测试线总长度；P 为测试线与晶界交点数；M 为显微组织放大倍数。

当试样的组织单元由于压延的结果顺着一个方向发生形变时，测试线应当与被拉长的晶粒方向放置成约40°角。

选用相同放大倍数的多张视场的照片，在每张照片上进行划相互平行的、长度相等的10条不同的线条，然后分别数出每条线条穿过的晶粒数目，再对10条线条穿过的晶粒数目求算术平均值，得到单位长度的线条穿过晶粒数目的平均数，再根据照片上的单位长度代表的实际长度除以平均晶粒数目，就可以得到一张照片中每个平均晶粒的尺寸。然后对其他视场的照片也进行相同的测量方法，得到平均晶粒尺寸，求得的晶粒尺寸再求平均值。将多个视场的晶粒尺寸平均值再求平均值，就得到了该试样等效晶粒尺寸。当然如果所选试样照片越多，这样所求出来的晶粒尺寸也就越精确。

3.6.2.5　X 射线衍射分析

通过 X 射线衍射对均匀化和 ES 挤压各个部位 AZ31 镁合金棒材晶体学取向进行定性分析，以此来判断经过挤压后棒材的晶体学取向及其演化特征。

实验在型号为 D/MAX-2500PC 的 X 射线衍射仪上进行。扫描角度为20°～80°；扫描速度为1°/min；靶材为 Cu 靶；加速电压为40kV；灯丝电流为30mA，采用石墨单色器滤波。先根据标准 X 射线衍射图表，对各衍射峰进行标定，以确定各衍射峰对应的晶面指数。

3.6.2.6　力学性能实验

试样的力学性能实验在新三思万能电子试验机 CMT-5150 上进行，以 1mm/min 的速度进行压缩和拉伸破坏实验，在进行实验前，先将变形后的试样沿金属流动方向机加工成标准压缩样 ϕ8mm×16mm 和 δ5mm 拉伸样。实验包括对挤压棒材进行拉伸和压缩破坏，以得到挤压态镁合金的屈服强度、抗拉强度、抗压强度、断后伸长率和压缩率等。

3.6.2.7 EBSD 实验

为了研究 ES 挤压过程中晶粒择优取向的变化规律以及小角度晶界在 ES 变形中的演化特征，对普通挤压区和二次剪切区进行背散射电子衍射（EBSD）实验。

首先对挤压后棒材线切割取出普通挤压区和二次剪切区的样品，然后砂纸打磨其剖面（砂纸型号顺序为 120 号，280 号，400 号，600 号，800 号，1000 号，1400 号，2000 号，3000 号，4000 号），打磨过程中禁止与水接触。接着对其进行电解剖光，剖光液选用商用 AC Ⅱ，剖光时的工作电压为 20V，剖光时间为 60s 左右。实验是在型号为 FEI Nova400 场发射电镜带 EBSD 探头的设备上进行的，根据不同需要确定了不同的扫描区域，扫描步长为 0.3μm，最后利用由 HKL 公司提供的 Channel5 软件包对此进行分析，最终获得可以用来表征晶体微观组织结构及织构的结果。

3.7 挤压剪切工艺物理模拟结果与分析

要进行挤压剪切实验，首先要判断挤压实验的可行性，其中主要判断的依据是挤压剪切时所需要的挤压力是否超过设备的最大挤压力。影响挤压力的因素很多，除挤压件和模具的尺寸、形状和摩擦外还要考虑具体的变形条件以及材料本身的性能、组织和化学成分。挤压温度越高，挤压力越小；坯料内部组织性能均匀时，所需的挤压力较小；经充分均匀化退火的铸锭比不进行均匀化退火的挤压力小，且这一效果在挤压速度越低时越明显。因此采用 DEFORM 有限元模拟软件模拟铸态 AZ31 镁合金在温度较低时所需要的挤压力，如果挤压力小于 5t，则物理模拟实验是可行的。

如图 3-7 所示，模拟的挤压力不到 18000N，即不到 1.8t，数值远远小于 5t，

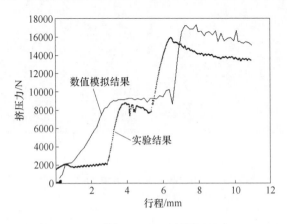

图 3-7 模拟结果和 Gleeble 机所测得的力的对比

因此判断物理模拟是可行的。同时可以看到从 Gleeble 中测的实际挤压力是和模拟曲线相似的。其中出现第一次的平台可能是因为挤压至转角时发生了动态再结晶，要经过转角就需要更大的力，所以挤压力迅速增大。第二次平台也是发生了再结晶软化，挤压力缓慢下降。

3.7.1 挤压剪切的物理模拟

在对组织的观察过程中发现，不管原始坯料是铸态还是均匀化态，温度在300℃还是350℃下，不同的位置总是存在组织的不均匀性，并呈现出一定的规律性，如图 3-8 和图 3-9 所示。

(a)　　　　　　　　　　　　　　(b)

图 3-8　铸态和均匀化态在 300℃下经过挤压剪切后的纵截面组织对比
（a）铸态，外侧；（b）均匀化态，外侧

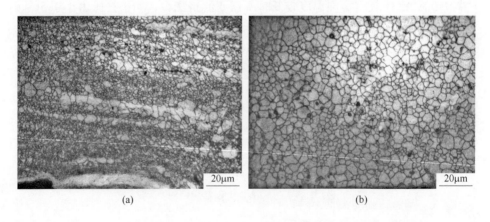

(a)　　　　　　　　　　　　　　(b)

图 3-9　铸态和均匀化态在 350℃下经过挤压剪切后的纵截面组织对比
（a）铸态，外侧；（b）均匀化态，外侧

铸态和均匀化态两种状态的坯料在进行挤压剪切物理模拟挤压后，制品组织均发生了动态再结晶，晶粒较挤压前均明显发生细化。铸态直接挤压后的棒材组织比均匀化后挤压的组织细小，但组织不均匀，可以看出沿挤压方向被挤压，形成热加工流线，但是流线较为杂乱，这可能是挤压剪切后形成的区别于普通挤压的流线形状。而经过均匀化处理后进行挤压的制品组织晶粒较铸态直接挤压的大，但大小均匀，而且几乎没有流线。

温度为300℃时，镁合金铸态组织中粗大的晶粒在挤压力和挤压剪切模内壁的共同作用下发生破碎，在应力的作用下形成新的晶粒，同时晶粒间的相对转动，使得形变组织发生了再结晶，晶粒细小，但变形仍不均匀，中部的大部分组织尚未发生再结晶。随着坯料加热温度的升高，组织充分发生再结晶，同时晶粒有长大的趋势，少量晶粒甚至出现异常长大。在350℃时，由均匀化态挤压剪切所得到的晶粒除了具有均匀性和无流线的特征外，同样可以观察到晶粒有所长大（对比300℃下的组织），说明温度低能够抑制晶粒的进一步长大。

由于摩擦力的影响，挤压后试样边部和心部的晶粒大小会出现差异，除此之外，内侧边部和外侧边部之间也存在差异。同一温度下，内侧比外侧含有更多变形组织（如铸态挤压后的内侧），发生再结晶的晶粒也比外侧的粗大（如均匀化态的内侧和外侧）。下面可利用理论知识并采用 DEFORM-3D 来模拟分析组织不均匀的原因。

3.7.2 组织不均匀的原因

在动态再结晶过程中，平均晶粒尺寸和 Z 参数的关系是 $\ln d = A + B\ln Z$。温度补偿的应变速率 $Z = \dot{\varepsilon}\exp[Q/(RT)]$（其中，$\dot{\varepsilon}$ 为应变速率，Q 为变形激活能，T 为温度，R 为气体常数）。在挤压剪切中从内到外的应变速率是不同的，在转角处外侧的应变速率高于内侧，也就是说在同一时间内，外侧的应变累积比内侧高，从而导致了外侧晶粒较内侧晶粒细小。

有限元模拟分析重现了在挤压剪切过程中应变速率的变化，并找到了影响应变速率的原因。每条线上都有 80 个点，点 1 位于外侧，点 80 位于内侧。需要模拟的是三条线上的点分别在 60 步、80 步和 100 步时的应变速率变化。图 3-10 所示为模拟的结果，由图 3-10 可知第一条线上从点 1 到点 80 的应变速率都在不断下降，说明外转角对应变速率的影响是很大的。第二条线上的点的应变速率先下降后上升，但上升幅度不大。可以推测：内转角会对应变速率有一定的影响。第三条线上的点对应变速率没有什么影响，说明坯料已经挤出，在这些点上不会发生应变。另外可知温度的上升和不同的步数都不会影响应变速率的变化趋势。因此，外转角对应变速率的影响是大大高于内转角的，最终导致挤压剪切初步实验得到的棒材组织不均匀。

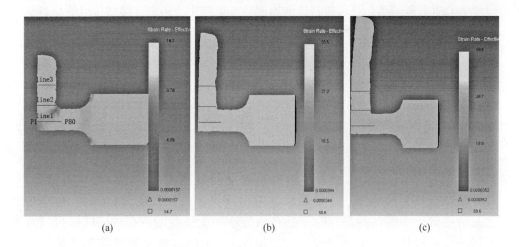

图 3-10 不同步数下三条线的位置

（a）60 步；（b）80 步；（c）100 步

参 考 文 献

［1］ Comstock H B. Magnesium and magnesium compounds—A material survey［C］. U. S. Bureau of Mines Information Circular, 1963：128.

［2］ Kojima Y. Project of platform science and technology for advanced magnesium alloys［J］. Material Transactions, 2000, 42(7):1154~1159.

［3］ Mordik B L, Ebert T. Magnesium properties-applications-potential［J］. Materials Science and Engineering, 2001, 302(1):37~45.

［4］ Aghion E, Bronfin B. Magnesium alloys development towards the 21st century［J］. Material Science Forum, 2000, 350~351：19~28.

［5］ 马图哈 K H. 非铁合金的结构与性能［M］. 丁道云, 译. 北京：科学出版社, 1999.

［6］ Chino Y, Sassa K, Kamiya A, et al. Stretch formability at elevated temperature of a cross-rolled AZ31 Mg alloy sheet with different rolling routes［J］. Materials Science and Engineering A, 2008, 473：195~200.

［7］ Chino Y, Sassa K, Kamiya A, et al. Enhanced formability at elevated temperature of a cross-rolled magnesium alloy sheet［J］. Materials Science and Engineering A, 2006, 441：349~356.

［8］ Perez-Prado M T, Valle J A, Ruano O A. Grain refinement of Mg-Al-Zn alloys via accumulative roll bonding［J］. Scripta Materialia, 2004, 51：1093~1097.

［9］ Kim H K, Kim W J. Microstructural instability and strength of an AZ31 Mg alloy after severe plastic deformation［J］. Materials Science and Engineering A, 2004, 385：300~308.

［10］ Sun H Q, Shi Y N, Zhang M X, et al. Plastic strain-induced grain refinement in the nanometer scale in a Mg alloy［J］. Acta Materialia, 2007, 55：975~982.

［11］ Valle J A, Pérez-Prado M T, Ruano O A. Deformation mechanisms responsible for the high ductility in a Mg AZ31 alloy analyzed by electron backscattered diffraction[J]. Metallurgical and Materials Transactions A, 2005, 36: 1427~1438.

[12] Chino Y, Lee J S, Sassa K, et al. Press formability of a rolled AZ31 Mg alloy sheet with controlled texture[J]. Materials Letters, 2006, 60: 173~176.

[13] Kocks U F, Mecking H. Dislocation kinetics at not-so-constant structure in Dislocation Modelling of Physical Systems[M]. Oxford: Pergamon Press, 1981.

[14] 宋军辉. 热塑性变形对镁合金微观组织与性能的影响[D]. 大连: 大连理工大学, 2009.

[15] Chen Yongjun, Wang Qudong, Li Jinbao, et al. Microstructure and mechanical properties of AZ31 Mg alloy processed by high ratio extrusion[J]. Trans. Nonferrous Met. Soc. China, 2006, 16: s1875~s1878.

[16] Read W T. Dislocations in Crystals[M]. McGraw Hill, 1953.

[17] Kocks U F, Meching H. A mechanism for static and dynamic recovery[C]. In 5th Int. Conf. on the Strength of Metals and Alloys. Oxford: Pergamon Press, 1979.

[18] Yang X, Miura H, Sakai T. Light Metals 2002 Metaux Lergers (including McQueen HJ Symposium)[C]. Lewis T. TMS-CIM, Montreal, 2002: 867.

[19] Barnett M R. Quenched and annealed microstructures of hot worked magnesium AZ31[J]. Mater. Trans., 2003, 44: 571~577.

[20] Sakai T, Jonas J J. Dynamic recrystallization: Mechanical and microstructural considerations [J]. Acta Metal., 1984, 32: 189~209.

[21] Yang X, Miura H, Sakai T. Dynamic evolution of new grains in magnesium alloy AZ31 during hot deformation[J]. Mater. Trans., 2003, 44: 197~203.

[22] Valiev R Z, Langdon T G. Developments in the use of ECAP processing for grain refinement [J]. Rev. Adv. Mater. Sci., 2006(13):15~26.

[23] 王渠东, 陈勇军, 翟春泉, 等. 制备超超细晶材料的S形等通道往复挤压: 中国, 200420114965. 5[P].

[24] 王渠东, 陈勇军, 翟春泉, 等. 制备超超细晶材料的C形等通道往复挤压模具: 中国, 200420114966. X[P].

[25] 陈勇军, 王渠东, 翟春泉, 等. 制备超超细晶材料的U形转角往复挤压模具: 中国, CN200510026810. 5[P].

[26] 陈勇军, 王渠东. 折线式挤压成型装置: 中国, CN1709603[P]. 2005-12-21.

[27] Mecking H, Kocks U F. Kinetics of flow and strain-hardening[J]. Acta Metall., 1981, 29 (11):1865~1875.

[28] 罗蓬, 夏巨谌, 等. 基于等径角挤压(ECAP)的超细晶铸造镁合金制备研究[J]. 稀有金属材料与工程, 2005(9):1493~1496.

[29] Toshiji M, Masashi Y, et al. Ductility enhancement in AZ31 magnesium alloy by controlling its grain structure[J]. Scripta Materialia, 2001(45):89~94.

[30] Lawrence C, Shigenharu Y Y K, et al. Development of high strength and ductile magnesium alloys for automobile applications[J]. Materials Science Forum Vols, 2003(419~422):249~254.

［31］ Kousuke O N N, Sci M. Influence of grain boundaries on plastic deformation in pure Mg and AZ31 Mg alloy polycrystals［J］. Materials Science Forum Vols, 2003(419~422):195~200.

［32］ Huang Z W, Yu Y, Lawrence C, et al. Microstructures and tensile properties of wrought magnesium alloys processed ECAE［J］. Materials Science Forum Vols, 2003(419~422): 243~248.

［33］ Yoshida Y, Cisar L, Kamado S. Effect of microstructural factors on tensile properties of an ECAE-Prossed AZ31 Magnesium Alloy［J］. Materials Transactions, 2003, 44: 468~475.

［34］ Kim H K, Kim W J. Microstructural instability and strength of an AZ31 Mg alloy after severe plastic deformation［J］. Materials Science and Engineering A, 2004, 385: 300~308.

［35］ Qian M, Guo Z X. Cellular automata simulations of microstructural evolution during dynamic recrystallization of an HY-100 steel［J］. Materials Science and Engineering A, 2004, 365: 180~185.

［36］ Kugler G, Turk R. Modeling the dynamic recrystallization under multi-stage hot deformation ［J］. Acta Mater. , 2004, 52: 4659~4668.

［37］ Beyerlein I J, Lebensohn R A, Tome C N. Modeling texture and microstructural evolution in equal channel angular process［J］. Materials Science and Engineering A, 2003, 345: 122~138.

［38］ Uday C, Thomson P F. Development of microstructure and texture during high temperature equal channel angular extrusion of aluminium［J］. Journal of Materials Processing Technology, 2001, 117: 169~177.

［39］ Mukai T, Yamanoi M, Watanabe H, et al. Ductility enhancement in AZ31 magnesium alloy by controlling its grain structure［J］. Scripta Materialia, 2001, 45: 89~94.

［40］ Matsubara K, Miyahara Y, Horita Z, et al. Developing superplasticity in a magnesium alloy through a combination of extrusion and ECAP［J］. Acta Materialia, 2003, 51(11):3073~3084.

［41］ Matsubara K, Miyahara Y, Horita Z, et al. Achieving enhanced ductility in a dilute magnesium alloy through severe plastic deformation［J］. Metallurgical and Materials Transactions A, 2004, 35: 1735~1744.

［42］ 牛济泰. 材料和热加工领域的物理模拟技术［M］. 北京: 国防工业出版社, 1999: 144~147.

［43］ Chen Wayne. Gleeble System and Application［D］. New York: Gleeble System School, 1998.

［44］ Dynamic System Inc. Flow Stress Correction in Uniaxial Compression Testing［R］. Application Note. New York, USA: Appnotes/Unistsc. doc, 1998.

［45］ 陈伟昌, 党紫九. 热轧过程的物理模拟［J］. 金属成型工艺, 1996(3):27~35.

［46］ Tham Y W, Fu M W, Hng H H, et al. Study of deformation homogeneity in the multi-pass equal channel angular extrusion process［J］. Journal of Materials Processing Technology, 2007 (192~193):121~127.

［47］ 钟春生, 韩静涛. 金属塑性变形力计算基础［M］. 北京: 冶金工业出版社, 1994.

［48］ Prangnell P B, Harris C, Roberts S M. Finite element modeling of equal channel angular extrusion[J]. Scripta Mater. , 1997, 37(7):983 ~ 989.

[49] Raghavan S. Computational simulation of the equal-channel angular extrusion process[J]. Scripta Mater. , 2001, 44(1):91 ~ 96.

[50] Shan A, Moon In-Ge, Ko H S, et al. Direct observation of shear deformation during equal chan-nel angular pressing of pure aluminum[J]. Scripta Mater. , 1999, 41(4):353 ~ 357.

[51] 于沪平, 彭颖红, 阮雪榆. 平面分流焊合模成型过程的数值模拟[J]. 锻压技术, 1999, 24(5):9 ~ 11.

[52] 刘静安. 铝型材挤压模具设计制造使用及维修[M]. 北京: 冶金工业出版社, 1999.

[53] 刘祖岩, 王尔德, 王仲人, 等. 等径侧向挤压变形载荷的有限元模拟[J]. 塑性工程学报, 1999, 6(3):7 ~ 11.

[54] 娄燕. 镁合金热挤压的有限元模拟[J]. 热加工工艺, 2003, 1: 39 ~ 41.

[55] 黄光胜, 汪凌云, 范永革. AZ31B 镁合金挤压工艺研究[J]. 金属成型工艺, 2002, 20(5):11 ~ 14.

4 AZ31镁合金挤压剪切过程晶粒细化机制研究

挤压剪切（extrusion-shear，ES）在提高镁材力学性能和成型能力方面具有较大的潜力，模具简单，加工效率较高，可以实现连续的、大尺寸镁材的生产，在 ES 挤压过程中材料始终处于三向压应力状态（转角处局部受四向压力），更能发挥材料的塑性变形能力，避免在大应变条件下产生裂纹，适合制备镁合金这种塑性较差的材料。

ES 工艺应用到实际的工业挤压实验时，必须考虑各个因素对它的影响。因为模具形状一定，即具有一定的挤压比、内角以及圆弧半径，所以主要考虑温度、速度和摩擦对 ES 挤压所带来的影响。数值模拟所采用模型以及参数分别如图 4-1 和表 4-1 所示。

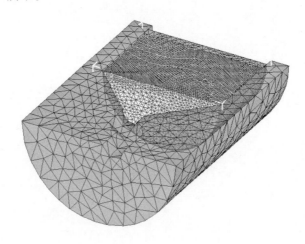

图 4-1　模具结构和有限元模型

表 4-1　数值模拟所采用的参数

参　　数	数　　值
坯料长度/mm	150
坯料直径/mm	80
挤压筒直径/mm	85
挤压比	32

续表 4-1

参　　数	数　　值
坯料加热温度/℃	400，420，450
模具加热温度/℃	380，400，420
挤压速度/mm·s^{-1}	2，5，10，20
坯料和模具之间的摩擦系数（常剪应力摩擦）	0.1，0.4
模具和坯料之间的换热系数/N·(℃·s·mm^2)$^{-1}$	11
模具和空气之间的换热系数/N·(℃·s·mm^2)$^{-1}$	0.02

4.1 影响 ES 变形挤压力的因素

4.1.1 温度

挤压温度对挤压力的影响是通过变形抗力的大小反映出来的。一般来讲，随着变形温度的升高，锭坯的变形抗力下降，所需的挤压力也下降。实际上，大多数金属与合金的变形抗力随温度的升高而下降不能保持线性关系，所以挤压力与温度的关系一般也为非线性关系。

为研究挤压温度对 ES 变形挤压力的影响，选取挤压温度为400℃、420℃和450℃，挤压比为32，挤压速度为10mm/s，摩擦系数为0.4，当坯料挤出后，挤压力对比如图4-2所示。由图可知，挤压力均随时间的增加而迅速上升，因为在挤压初期，加工硬化严重，应力值急剧增大，变形抗力增加；直到 $t=2s$ 时挤压力达到最大，且温度越高，最大挤压力值越小。400℃时，挤压力超过 3.5×10^6N，420℃时处于 3×10^6N 左右，450℃时挤压力下降到 2.5×10^6N。随着温度的升高，激活镁合金潜在的柱面以及锥面滑移系，塑性变形能力增强，之后挤压力稍微下降进入波动阶段，由于受到剪切变形和挤压比变形，发生了动态再结晶，在加工硬化与动态再结晶软化的共同作用下，挤压力呈现出波动变化趋势。

4.1.2 速度

挤压速度对挤压力大小变化的影响也是通过变形抗力的变化起作用的。挤压前阶段，挤压速度越高挤压力越大，随着挤压继续进行，锭坯冷却较慢，变形区温度可能提高，挤压力逐渐下降。

为研究挤压速度对 ES 变形挤压力的影响，选取挤压温度为420℃，挤压比为32，挤压速度分别为2mm/s、5mm/s、10mm/s 和20mm/s，摩擦系数为0.4。当坯料挤出后，挤压力对比如图4-3所示。由图可知，挤压初期为挤压力直线上升阶段，挤压速度对挤压力有着极大的影响，随着挤压速度的增加，最大挤压力值增大，因为变形速度越快，加工硬化越严重，变形抗力增加也越快越大，之后

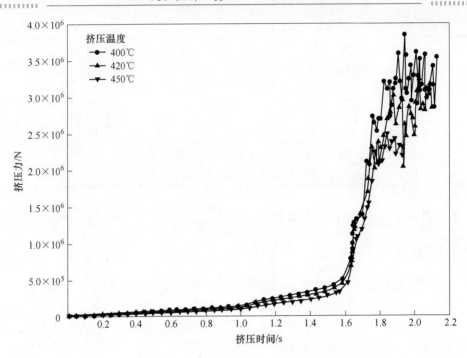

图 4-2 不同温度下 ES 挤压力对比

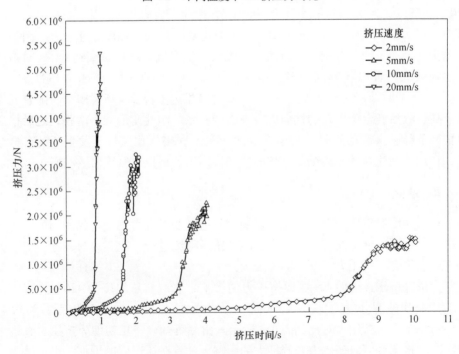

图 4-3 不同速度下 ES 挤压力对比

在动态再结晶的软化作用与加工硬化共同作用下进入波动阶段，且前三种条件下的挤压力较大，而速度为 20mm/s 时挤压力已经完全超过了挤压机的承载能力。但在实际生产中，如果采用较低的挤压速度，由于挤压筒内金属的冷却，变形抗力增高，此时挤压力可能一直上升。

4.1.3 摩擦

正挤压时，锭坯与挤压筒壁之间存在着较大的摩擦作用，实际生产中，由于不同的挤压条件下锭坯与挤压筒壁之间的摩擦状态不同，因此对挤压力的影响也不同。实验中采用润滑剂为 70% 的 74 号汽缸油和 30% 的粒度 38μm（400 目）的石墨混合而成，因此摩擦系数取 0.1 和 0.4，选取的挤压温度为 420℃，挤压比为 32，挤压速度为 10mm/s。当坯料挤出以后，挤压力对比如图 4-4 所示。由图可知，挤压初期挤压力逐渐上升，说明这时摩擦系数对挤压力影响也较大，摩擦系数越大，挤压力越大。因此必须采取润滑措施。

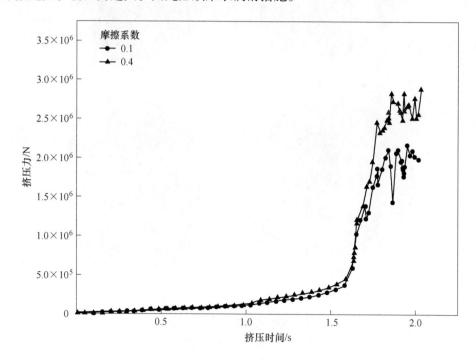

图 4-4　不同摩擦系数下 ES 挤压力对比

由于挤压机的吨位为 500t，因此所模拟出的最大挤压力不能超过 350t（需要一定的余量），由以上分析可知，温度为 400℃ 和速度为 20mm/s 的情况下最大挤压力均超过 400t，因此最终实验选取温度为 420℃ 和 450℃，速度控制在 5 ~ 10mm/s 之间。

4.2　ES 挤压后的模具状况

实际上，当温度为 420℃时，挤压也是相当困难的，根据实践经验得出挤压机实际能达到的最大挤压力为 320t，而 ES 工艺在此温度下所需要的挤压力也在 300t 左右，因此锭坯难以挤出，同时模具也需要能够承受相近的力才能使实验顺利进行。可是，在实验中模具容易出现变形、开裂等情况（见图 4-5）导致实验进行相当困难。

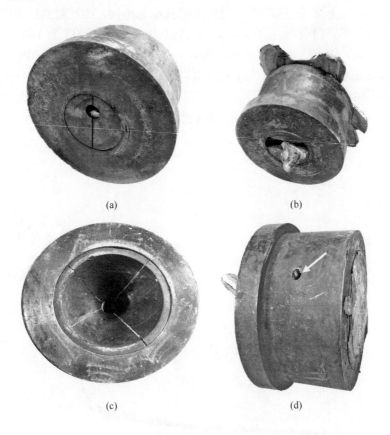

图 4-5　实验过程中模具出现的几种情况

（a）未挤出；（b）开裂，坯料从边部挤出；（c）内部开裂；（d）能挤出，但已经变形

4.3　ES 变形 AZ31 镁合金的组织分析

组织分析主要观察四个部位，包括挤压杯锥区、普通挤压区、一次剪切区和二次剪切区，同时观察各区的边部和中部，主要看各部分的演变过程，其次是观察上边部和下边部是否均匀，从而验证 DEFORM 有限元软件模拟的正确性。

4.3.1 挤压后纵截面的组织演变

4.3.1.1 挤压杯锥区

如图 4-6 所示，420℃时，挤压杯锥区两边的组织都比较细小，但有少数粗大的变形晶粒，中部的变形组织较大，而且组织中含有大量孪晶，此外，在孪晶内部存在再结晶新晶粒。这是由于在不利于滑移的取向加力时，变形就以孪生机制进行，同时再结晶晶粒也会在孪晶晶界处形核长大。

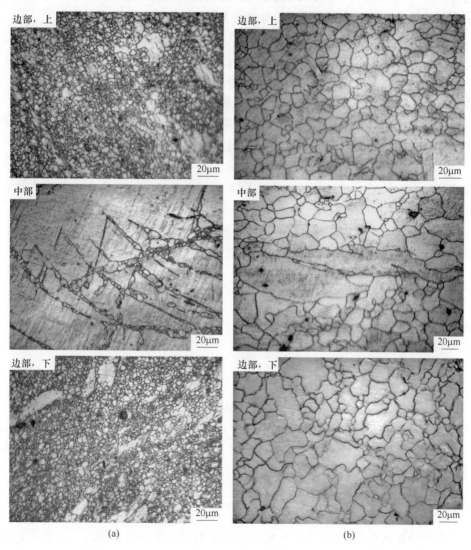

(a)　　　　　　　　　　　(b)

图 4-6　AZ31 镁合金在挤压杯锥区不同挤压温度下的组织

（a）420℃；（b）450℃

孪晶出现的主要原因有[1,2]：

（1）晶粒取向。样品中具有很强的基因纤维织构，即大部分晶粒均以（0001）基面平行于挤压方向。在此取向下，位错的滑移不能发挥作用，$\{10\bar{1}2\}$ 拉伸孪生在压缩变形时才能发生。

（2）应变速率。孪生应力对应变速率十分敏感，应变速率对孪生的影响与变形温度的影响相似。一般而言，随着应变速率的增加，孪生的倾向增大。这是因为应变速率增大时，交滑移及晶界滑移等主要由速度控制的塑性变形机制可能来不及进行，结果在晶界或第二相等处引发局部应力集中，从而促进孪生。

（3）变形温度。一般而言，温度越低，孪生对塑性变形的贡献越大，但是一旦孪晶晶核形成，其便可以在较宽的温度范围内长大。

（4）晶粒尺寸。晶粒尺寸对镁合金孪生具有重要影响，在大小晶粒并存的镁合金中，滑移、孪生等晶内塑性变形机制及晶界滑移等晶间塑性变形机制将同时对材料的塑性应变作出贡献。但大量研究表明，孪生主要发生在粗晶内部，而细晶镁合金中只有当变形温度很低、变形速度极快时才会产生大量孪晶。

（5）变形程度。经过不同塑性变形工艺制得的镁合金材料，其发生孪生变形的条件也不相同。挤压和轧制发生孪生变形的量不同，并且孪生的形态也不相同。

450℃时，由于温度较高，发生了完全动态再结晶，晶粒长大的速度很快，导致中部和边部组织都较粗大，中部组织仍比边部组织稍显粗大。

4.3.1.2 普通挤压区

如图 4-7 所示，随着变形的继续，当达到普通挤压区时，温度为 420℃时的边部组织变得更加均匀，边部已经发生了完全动态再结晶。由于变形量的增加，中部的变形晶粒被压成长条组织，组织内部同样存在孪晶。450℃时普通挤压区与挤压杯锥区相比，组织变化不大，但是中部组织有长大的现象。

4.3.1.3 一次剪切区

如图 4-8 所示，当材料进入一次剪切区时，由于变形量增大，420℃时边部组织进一步细化，但是上边部的组织较下边部细，这是由转角所造成的。同时，长条组织的宽度变窄，动态再结晶趋于完全。450℃时，一次剪切区的组织依然很粗大，但是上边部的组织仍比下边部的组织细小。

4.3.1.4 二次剪切区

如图 4-9 所示，当到达二次剪切区时，由于第二个转角的补偿作用，使得上下边部组织重新变得均匀。420℃时，由于变形程度的持续增加，中部组织的动态再结晶比较充分，但心部仍存在少量被拉长变形的晶粒。450℃时，边部组织变化不大，但是中部组织长大较快。

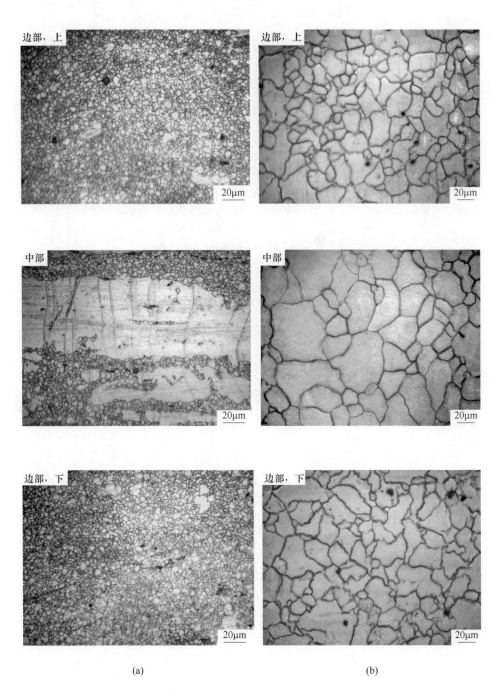

(a) (b)

图 4-7 AZ31 镁合金在普通挤压区不同挤压温度下的组织

(a) 420℃；(b) 450℃

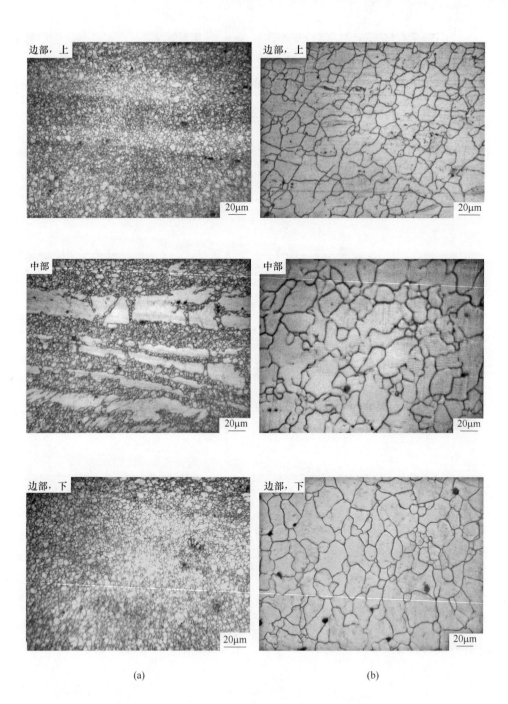

(a)   (b)

图 4-8   AZ31 镁合金在一次剪切区不同挤压温度下的组织

（a）420℃；（b）450℃

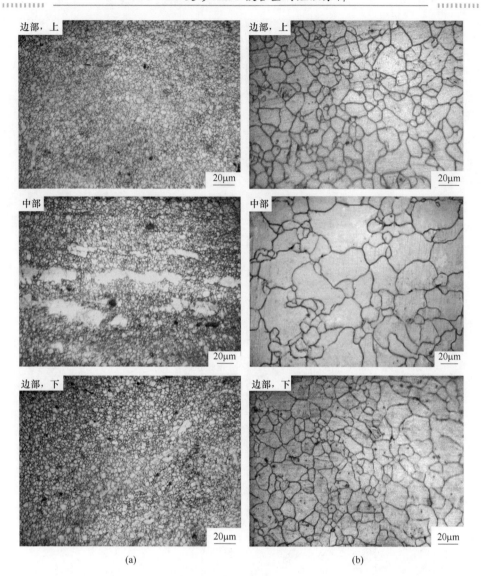

图 4-9　AZ31 镁合金在二次剪切区不同挤压温度下的组织

（a）420℃；（b）450℃

4.3.2　挤压后横截面组织演变

　　ES 工艺的特点就是挤压与剪切两步合一。镁合金在整个变形过程中同时受到挤压和剪切的作用。4.3.1 节主要是纵截面边部和中部的组织演变过程进行研究，从中认识到边部组织发生完全动态再结晶，晶粒非常细密，而中部组织多出现长条状变形组织。因此本节主要研究横截面中部的组织情况，如图 4-10 所示。

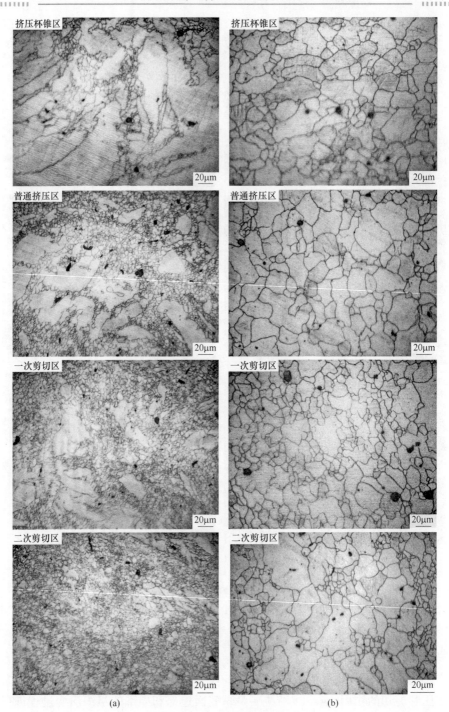

图 4-10　挤压前后横截面组织对比

(a) 420℃；(b) 450℃

当温度为 420℃时，在挤压变形初期，即挤压杯锥区，首先在晶界处发生再结晶，形成"项链状"的细晶组织，随着挤压的进行，"项链状"的细晶组织逐渐扩大范围，并吞并周围的大晶粒，组织趋于均匀，并且再结晶面积逐渐增大，在变形至挤压杯锥区时，再结晶的面积只有 10% 左右。当进入普通挤压区时，晶粒进一步发生弯曲和破碎，成为细碎的晶粒，再结晶的面积为 50% 左右，从普通挤压区进入到挤压杯锥区的过程中，镁合金经历了一次剪切，晶粒进一步发生动态再结晶，再结晶的面积达到 70% 左右。而当到达二次剪切区时，晶粒被大大细化，组织也变得比较均匀，再结晶的面积达到了 90% 以上。这表明，随着挤压的进行，有利于发生再结晶[3,4]。

按照"堆垛层错能"理论，金属再结晶过程分为形核和长大两个阶段。由于镁合金具有较低的堆垛层错能，因此其易于形核。温度越高，晶粒生长速度越快，晶粒越粗大。所以当温度为 450℃时，在金相显微镜下能观察到各个部位晶粒都较粗大，经过一次剪切区时，可能由于转角的作用使组织的变形程度增大，因而晶粒尺寸有所减少，但到二次剪切区时新生的再结晶晶粒出现异常长大，使组织重新变得不均匀。利用截线法测出挤压前后晶粒尺寸大小见表 4-2。

表 4-2　ES 挤压前后横截面晶粒尺寸大小　　　　　　　　　　（μm）

状　　态		挤压杯锥区	普通挤压区	一次剪切区	二次剪切区
晶粒尺寸	420℃	8.8	3.1	2.4	2.0
	450℃	9.6	8.9	8.3	6.25

对比均匀化处理与挤压后获得横截面的晶粒大小可知，镁合金在热挤压过程中主要发生动态再结晶，还可看出，从挤压杯锥区到二次剪切区，晶粒都在不断细化。对比不同挤压温度下同一部位的横截面组织晶粒大小，易知晶粒尺寸随温度升高而增大，因为温度越高，晶粒生长速度越快，晶粒也越粗大。

4.3.3　X 射线衍射实验结果分析

为了获得挤压变形过程中晶体取向以及对镁合金塑性变形的影响，特对均匀化后平行于挤压方向的平面进行了 X 射线衍射（XRD）实验，结果如图 4-11 所示。

晶面衍射线的强弱反映了该晶面平行于表面分布的相对数量程度，所以衍射最强峰对应的晶面也就是该位置表面上择优分布最强的晶面，从而很明显地反映了晶体的取向发生了改变。由图 4-11（a）可见，420℃时，在挤压变形之前衍射的最强峰是 {10$\bar{1}$1} 晶面衍射，次强峰是 {10$\bar{1}$0} 晶面衍射；在挤压杯锥区，柱面、基面和锥面的衍射强度都有所增长，最强峰仍是 {10$\bar{1}$1} 晶面衍射，但是次强峰却变成了 {0002} 基面衍射。镁合金变形织构是塑性变形过程中晶粒的转动

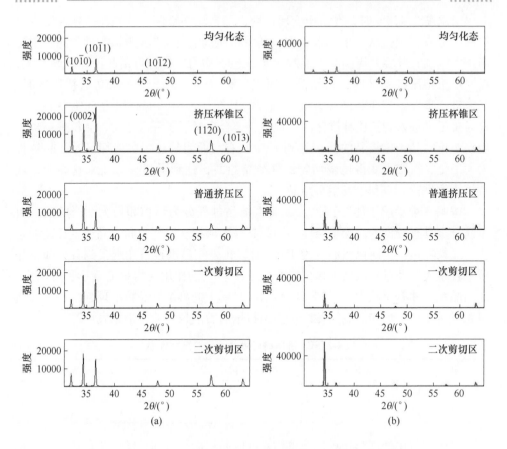

图 4-11 AZ31 镁合金在 ES 模具各部位的 XRD 分析

(a) 420℃；(b) 450℃

和取向的定向流动所致。塑性变形过程中，晶粒在外加应力的作用下会发生转动，转动方向与应力状态有关。挤压杯锥区的受力状态和后面三个区域有所不同，因此晶粒可以有多种取向，导致其他衍射峰的出现。而 {0002} 基面衍射成为次强峰是因为挤压杯锥区的主变形方向仍为挤压方向，使得更多晶粒的基面偏转至与挤压方向平行。另外，变形程度不大也是 {0002} 基面衍射没能成为最强峰的原因。

由图 4-11(a) 也可看出，最后三个区域中最强峰均为 {0002} 基面衍射，这是因为 ES 工艺对棒材的挤压和剪切都可以使 {0002} 基面平行于挤压方向，使 {0002} 基面衍射成为择优分布最强的面。但从源数据中可知两次剪切使各衍射峰与最强峰的峰强比不断增强，见表 4-3，这说明两次剪切使更多的晶粒取向发生改变，使得基面与非基面取向共存。即在 420℃下采用 ES 工艺挤压后存在多种类型的织构，削弱了 {0002} 基面织构的主导地位，这将有利于改善材料的力学性能。

表 4-3 各峰与 {0002} 基面衍射峰的峰强比（420℃）

区 域	{0002}	{10$\bar{1}$0}	{10$\bar{1}$1}	{10$\bar{1}$2}	{11$\bar{2}$0}	{10$\bar{1}$3}
普通挤压区	100	18.5	60.3	11.6	19.6	16.0
一次剪切区	100	26.8	87.2	13.6	19.1	17.2
二次剪切区	100	39.5	82.5	15.8	32.1	21.0

如图 4-11(b)和表 4-4 所示，在 450℃时，普通挤压区及之后的两个区域的基面衍射强度都在不断上升，但是在二次剪切区时，{0002} 基面衍射峰陡增，即在经过第二个转角后，{0002} 基面衍射峰强比普通挤压区的峰强大很多，这说明在高温下，晶粒更容易转动到基面上[5~7]。

表 4-4 各峰与 {0002} 基面衍射峰的峰强比（450℃）

区 域	{0002}	{10$\bar{1}$0}	{10$\bar{1}$1}	{10$\bar{1}$2}	{11$\bar{2}$0}	{10$\bar{1}$3}
普通挤压区	100	11.8	56.3	16.9	6.7	25.1
一次剪切区	100	2.3	23.7	11.5	0.5	33
二次剪切区	100	1.2	7.6	2.9	3.5	8

4.3.4 EBSD 实验结果分析

挤压是细化镁合金晶粒的一种塑性变形工艺，在近年来得到了广泛的关注，镁合金 ECAE 样品中主要存在两种类型的织构，即基面平行于挤压方向或沿剪切面与挤压方向成一定夹角。为研究 ES 在挤压过程中织构演变过程，特对挤压温度为 420℃的普通挤压区和二次剪切区的织构变化做深入的 EBSD 分析，图 4-12 和图 4-13 给出了普通挤压区和二次剪切区的取向成像分析图，y 为挤压方向。

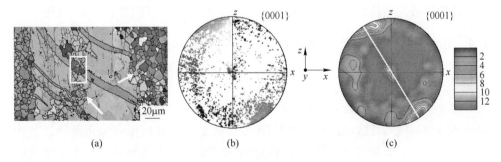

图 4-12 AZ31 镁合金在普通挤压区的 EBSD 分析

（a）微观组织；（b）{0001} 极图；（c）等值线图，最大值：14.25

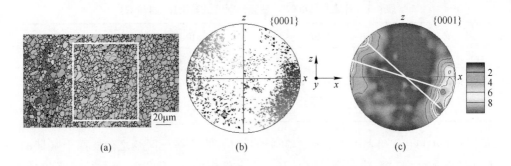

图 4-13　　AZ31 镁合金在二次剪切区的 EBSD 分析

（a）微观组织；（b）｛0001｝极图；（c）等值线图，最大值：10. 23

由于 ES 工艺挤压前所用坯料为铸态均匀化样，故其原始组织无明显织构。黑粗线代表 15°以上取向差的大角晶界，黑细线为 2°～15°取向差的小角度晶界。经过两次剪切后，样品的 EBSD 取向成像图中没有长条变形晶粒，如图 4-13 所示。结合图 4-9 的金相照片可知这是因为二次剪切区内仅存在少量的变形长条晶粒，因此要在 EBSD 试验中选中这类晶粒的几率较小。从取向成像图中可以发现二次剪切区的晶粒均匀，晶粒尺寸与普通挤压区样品相比减少了许多。经过两次剪切后，变形晶粒以及晶内的拉伸孪晶几乎全部转变为再结晶晶粒。

对比图 4-12（b）和图 4-13（b）可以发现经过两次剪切后均出现弥散现象，整个极图所显示的取向更加均匀。从等高线极图中可知 ｛0002｝基面织构的最大强度从 14. 25 下降到 10. 23，说明局部 ｛0002｝基面织构强度在下降，这与宏观织构分析一致（｛0002｝基面织构的主导地位在逐渐削弱）。这是因为随着形变的进行，新生的再结晶晶粒和已存在的再结晶晶粒都在发生偏转，产生了偏转的基面取向以及非基面取向，这将有利于提高力学性能。另外，由图 4-12（c）和图 4-13（c）可知，经过两次剪切后 ｛0002｝基面取向往 x 轴方向偏转的角度范围大致为 15°～45°，往挤压方向（y 轴方向）偏转了 10°～30°。这可能是镁合金承受两次纯剪切后形成的独特织构，即晶面平行于挤压方向或与挤压方向成一定夹角。

4.4　ES 变形 AZ31 镁合金的力学性能

4.4.1　显微硬度测试

硬度是用来衡量固体材料软硬程度的一个重要力学性能指标，硬度值表征金属的塑性变形抗力及应变硬化能力。ES 变形先后由普通挤压和剪切两种工艺构成，这种新工艺引起的加工硬化和动态再结晶变形材料的显微硬度发生了很大的改变，图 4-14 和图 4-15 所示为不同挤压温度下挤压成型后变形材料各个部位纵截面的硬度比较。

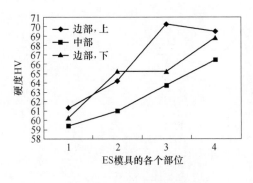
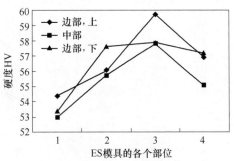

图 4-14　420℃下 ES 变形成型样
纵截面各部位的硬度
1—挤压杯锥区；2—普通挤压区；
3——次剪切区；4—二次剪切区

图 4-15　450℃下 ES 变形成型样
纵截面各部位的硬度
1—挤压杯锥区；2—普通挤压区；
3——次剪切区；4—二次剪切区

　　随变形程度的增加，从挤压杯锥区到二次剪切区材料的硬度不断上升。因为随着变形的继续，晶内位错运动加快，其结果必然是晶粒细化变快，硬度上升迅速。此外，从晶粒细化对加工硬化指数 η 的公式（$\eta = a/(b + D^{1/2})$）也可以得到，当晶粒平均截线长 D 越小，硬化指数就越大。加工硬化是与材料储存能成正比的，储存能随变形量的增加而增加，在 ES 挤压加工过程中，由于材料晶粒尺寸逐渐变小，ES 变形的主要机制是晶内的位错运动，材料内部位错不断增殖，位错密度、空位密度明显升高，形成大量的胞状结构以及亚晶界、孪晶界等，使得材料继续塑性变形的抗力增加，出现加工硬化。

　　从图 4-14 和图 4-15 中还可以看出其硬度值随着温度的升高而下降。这是因为随着温度的升高，位错运动能力增强，位错缠结减弱，同时在高温下晶粒迅速长大，晶界的数目减少从而导致硬度下降。

　　当然，ES 变形过程中保留了挤压加工的缺陷，边部的变形程度大，心部的变形程度小从而可以看出边部的硬度值偏大。随着 ES 变形的继续，后面的各个区域的硬度值不断增加，从晶相上可以看出，这是因为随着变形程度的增大，晶粒更加细密，晶界数量增多，使其变形抗力增大。在 450℃时，二次剪切区的硬度下降，可能是因为高温下晶粒异常长大。

4.4.2　压缩性能分析

　　对 420℃和 450℃下的挤压样进行压缩试验，每个温度下做两个样，然后取其平均值。图 4-16 显示了 ES 工艺下不同温度不同部位 AZ31 镁合金在室温下压缩的应力-应变曲线。从图 4-16 中可明显看出，变形过程中没有明显的屈服现象，420℃时两个区域的屈服强度、抗拉强度的分布都比 450℃时高。为了表征其屈服特性值，选用 $\sigma_{0.2}$ 来表示其大小。

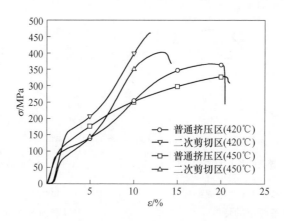

图 4-16　ES 不同温度下变形试样的室温压缩应力-应变曲线

表 4-5 列出了合金的压缩性能。从表中可以看出，420℃普通挤压区的强度（屈服强度和抗拉强度）都比二次剪切区小，这是因为普通挤压区含有粗大变形晶粒。但是 450℃的强度在两个区域变化不大，可能是因为此时两个区域的晶粒变化不大。

表 4-5　不同温度不同部位的拉伸压缩性能　　　　　　　　　　（MPa）

项　目	420℃普通挤压区	420℃二次剪切区	450℃普通挤压区	450℃二次剪切区
屈服强度 $\sigma_{0.2}$	85	168	97	70
抗拉强度	368	471	325	401

4.4.3　拉伸性能分析

图 4-17 所示为两个温度下 ES 变形 AZ31 合金室温拉伸测试时的应力-应变曲线。由图可知，与 450℃ES 挤压的样品拉伸性能相比较，420℃下 ES 挤压样的强度和伸长率明显提高。如果由之前的 X 射线衍射来分析，即 450℃时基面织构强度远远大于 420℃时的织构强度，那么当挤压态镁合金沿着挤压方向拉伸时，基面的 Schmid 因子为零，所以 450℃的 ES 挤压样强度应该比 420℃高，但是实测的结果刚好相反。由金相照片分析可知，450℃时晶粒的长大速度非常快，晶粒粗大，因此在同样外加应力下，大晶粒的位错塞积所造成的应力集中激发相邻晶粒发生塑性变形的几何比小晶粒要大得多。小晶粒的应力集中少，则需要在较大的外力下才能使相邻晶粒发生塑性变形。因此晶粒细化对于协调、均匀变形具有有利影响，此时其对力学性能的影响比织构对力学性能的影响更强。

在经过 ES 挤压后，组织已经发生了完全动态再结晶，再结晶后的晶粒几乎

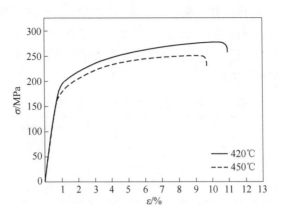

图 4-17 ES 不同温度下变形试样的室温拉伸应力-应变曲线

为等轴晶。晶粒的大小是材料性能的重要指标，晶粒越小，材料的性能越好。晶粒大小影响材料的性能是晶界影响的反映，因为晶界是位错运动的障碍，在一个晶粒内部，必须塞积足够数量的位错才能提供必要的驱动力，使相邻晶粒中的位错源开动并产生宏观可见的塑性变形。因而，减小晶粒尺寸将增加位错运动障碍的数目使屈服强度得到提高。经过 ES 挤压后的合金，由于中部的粗大变形晶粒几乎完全由动态再结晶的小晶粒来代替，使晶粒均匀化和细化，最终使材料性能提高。ES 变形使 AZ31 镁合金的综合力学性能提高，因此 ES 工艺是一种既提高材料的强度，又提高材料塑性和韧性的方法。

4.4.4 拉压不对称性

镁合金属于密排六方结构，晶体结构对称性较差，只有 3 个主滑移系，这就导致了其力学性能具有很强的各向异性。变形镁合金拉伸屈服强度和压缩屈服强度存在显著差别：压缩屈服强度明显小于拉伸屈服强度，即所谓的拉压不对称性。这说明性能值与单向拉伸和压缩的应力状态因子有关，由于压缩状态的软性系数较大，并且在受压时，即使出现裂纹，裂纹也不至于马上扩展直至开裂，而在拉伸时，一旦产生裂纹，则迅速扩展并导致试样立即断裂。事实上，在压缩初期，已经在一些晶粒内部发现了不少小裂纹，但是这些裂纹在继续压缩时虽然会不断地扩展，但当应变量达到一定程度时，试样仍不断裂，而且，在压缩时，由于承载面积不断地增大，名义应力强度也不断增加，从压缩应力-应变曲线也可见到形变强化阶段并不是完全线性和均匀的，曲线略呈凹形。这种拉伸和压缩的巨大差异还表明，虽然原子的有序排列不易滑移，表现出脆性本质，但是，其压缩延性还是比较好的，在受压力的场合具有极大的应用前景。

表 4-6 为不同温度下的镁合金拉伸压缩性能，由表可知，在 420℃ 时，经过

ES 挤压后，拉压不对称性并不明显，而在 450℃下，ES 挤压的样品存在严重的拉压不对称性。根据以往的研究，这种强度的不对称性与镁合金在塑性变形过程中所产生的织构有关，这种织构特征对镁合金力学性能的影响，主要是通过影响镁合金的变形机制来产生的，尤其是孪生变形。

表 4-6　不同温度下的镁合金拉伸压缩性能

项　目	压缩（420℃）	拉伸（420℃）	压缩（450℃）	拉伸（450℃）
屈服强度 $\sigma_{0.2}$/MPa	168	196	70	170
抗拉（压）强度/MPa	471	275	401	240
伸长（压缩）率/%	12	10.9	13.5	9.6

4.4.5　断口失效分析

金属的断裂是指金属材料在变形超过其塑性极限而呈现完全分开的状态。因为材料受力时，原子相对位置发生了改变，当局部变形量超过一定限度时，原子间的结合力遭到破坏，便出现了裂纹，裂纹经过扩展而使金属断开。金属塑性的好坏表明其抑制断裂能力的高低。在塑性加工生产中，尤其是对塑性较差的材料，断裂常常是引起人们极为关注的问题。加工材料的表面和内部裂纹，以至于整体断裂，都会使得成品率和生产率大大降低。

断口记录了从裂纹萌生、扩展直到断裂的全过程，是全信息的。断口分析在断裂事故分析中具有核心的地位和作用。对 ES 热变形后成型样进行室温下压缩拉伸破坏实验，通过对其断口进行观察和分析，研究镁合金塑性变形中的断裂行为和规律，对于有效防止镁合金成型过程中的断裂，充分发挥金属材料潜在的塑性有重要意义。

4.4.5.1　压缩破坏实验

A　断口宏观分析

在压应力作用下产生韧性断裂，图 4-18（a）所示为断口与正应力呈 45°角的剪切断口，450℃挤压样在变形量达到 10.5%时断裂，420℃挤压样在变形量达到 13.8%时断裂。试样有镦粗现象，显示出一定的塑性。图 4-18（b）所示断口上闪光的穿晶小亮面为解理面，它常常是晶体内原子排列密度较大的晶面，其晶面间距较大故结合力较差，所以挤压样易沿该面劈开。

B　断口金相分析

图 4-19 所示为 ES 挤压后的压缩断口金相组织。从图 4-19 可以看出，在挤压温度为 420℃时试样的断裂主要是穿晶断裂，而挤压温度为 450℃时试样的断裂则主要是由孪生引起的。因为在 420℃下晶粒较细小，在细小的动态再结晶内很少产生孪晶。在 450℃下挤压试样内部组织不均匀，存在部分拉长晶粒和大量沿

(a)   (b)

图 4-18　ES 挤压后的压缩宏观照片

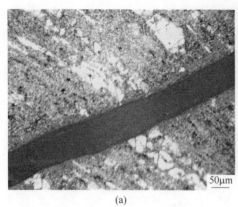
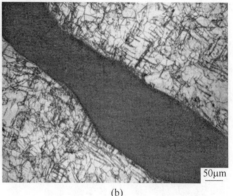

(a)   (b)

图 4-19　ES 挤压后的压缩断口金相组织
(a) 420℃；(b) 450℃

原始晶分布细小的动态再结晶，在室温压缩过程中受压应力，一旦滑移面趋向平行于受力方向，镁合金晶体中的滑移系虽然停止运动，但外力的持续增加往往会导致孪生的发生。孪生首先在拉长的原始晶晶界处形成，一旦发生孪生，在孪晶内由于晶体取向的变化，滑移面不再平行于受力方向，原有的滑移系又会启动，直至断裂，塑性变形才会结束。在断口边缘裂纹传播的过程中遇到孪晶时，其扩展路径将被迫发生改变，且新的扩展方向沿着孪晶面或与原扩展方向对称。显然孪晶对裂纹扩展的这种阻碍有利于材料韧性的提高。断口处裂纹扩展遇到细小再结晶时受到晶界阻碍。由此可知组织不均匀，在粗大组织及拉长原始晶晶界处产生孪晶，在孪晶晶界处容易产生裂纹，因此提高挤压镁合金塑性需要提高组织均匀性及细化晶粒。

4.4.5.2　拉伸破坏实验

A　断口宏观分析

图 4-20 所示为拉伸后的宏观照片，在拉应力作用下产生脆性断裂，断口在断裂前没有明显的塑性变形，断口形貌呈光亮的结晶状。断口与正应力呈 45°角的剪切断口。在 420℃ 和 450℃ 下样品的变形量分别在达到 10.9% 和 9.6% 后发生断裂。

B　断口金相分析

图 4-21 所示为拉伸断口显微组织，观察图 4-21 可见断口附近有大量孪晶出现，沿断口处

图 4-20　拉伸后宏观照片

向晶内扩展的裂纹沿孪晶界和拉长晶界传播。离断口较近处，沿拉长晶界处产生大量的孪晶，孪晶和裂纹之间存在交互作用，即裂纹能诱导孪生，而孪生也能促使裂纹形核。孪生和断裂都是非常迅速的过程，因此快速扩展的裂纹将在其尖端出现很大的应力集中，从而促进孪生，孪生和断裂是释放应力集中，且相互竞争的两种过程。所以有利于其中某一过程的因素，同时对另一过程也有利。在常温下由于变形剧烈产生大量细小孪晶把大的组织解理成多个细小晶粒。

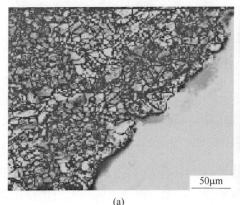

(a)

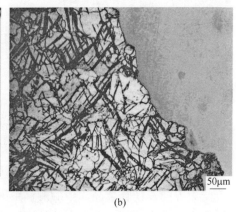

(b)

图 4-21　拉伸断口显微组织

(a) 420℃；(b) 450℃

镁属于密排六方晶体结构，虽然密排六方晶体的致密度和原子配位数与面心立方晶体相同，但由于两种晶体原子密排面的堆垛方式不同，晶体的塑性变形能力相差悬殊。面心立方晶体具有 12 个滑移系，因而具有很高的塑性。密排六方晶体在室温下只有 1 个滑移面 (0001)。滑移面上的 3 个密排方向 $[11\bar{2}0]$、$[\bar{2}110]$ 和 $[1\bar{2}10]$ 与滑移面组成了这类晶体的滑移系，即密排六方晶体在室温

下只有 3 个滑移系，其塑性比面心和体心立方晶体都低，塑性变形需要更多地依赖于孪生来进行。因此，密排六方晶体金属的拉伸压缩变形依赖于滑移和孪生的协调动作，并最终受制于孪生。

4.5 影响组织和性能的主要因素

镁合金挤压剪切过程中影响组织和性能的主要因素有：

（1）内角 ϕ。在 ES 挤压过程中，内角 ϕ 是影响应变量的主要因素之一，对成型组织的特性有着直接的影响。从晶粒细化的角度考虑，实验采用了 $\phi = 120°$ 的模具内角。从理论上讲，减小内角 ϕ，有利于提高变形材料在剪切带内角处应变的积累，有利于改善晶粒的细化效果。但是内角 ϕ 的减小，也将伴随另外的问题产生，比如挤压力的增大和挤压裂纹的产生，以及摩擦力增大影响成型样表面质量等。有文献证明采用内角为 120° 时，不仅能发生强烈的塑性应变，还能提高组织的均匀性，这就是实验时选用 120° 内角的原因。

（2）挤压比。挤压比对挤压制品晶粒尺寸的影响主要是随着挤压比的增加，晶粒变细，组织变得越均匀。其原因主要是由于随挤压比的增加，组织逐渐由孪晶转变到不完全再结晶到完全再结晶。经过高度变形的金属，由于大量的塑性变形造成金属晶体结构的严重畸变，为再结晶的发生提供了有利条件，加上挤压热的作用，很容易发生动态再结晶。再结晶从晶格严重畸变的高能位区域产生大量的晶核，从而使晶粒细化。挤压比一般控制在 4 ~ 64 的范围，挤压比越大，晶粒细化效果相对更好。但过大的挤压比不仅不能进一步细化晶粒，反而会使得晶粒略有长大，这是因为挤压比过大，会使得变形区的动态再结晶温度升高，晶粒相对也较大。

（3）挤压温度。动态再结晶晶粒尺寸的自然对数与 $\ln Z$ 成反比，即 Z 值越大，动态再结晶晶粒尺寸越小。挤压温度较低时，Z 参数较大，要发生完全再结晶的应变也势必增大，棒材中心部位由于变形不剧烈，其应变低于发生完全再结晶的临界应变，所以棒材中心部位呈现出未完全再结晶组织。当挤压温度升高时，发生完全再结晶的临界应变降低，故呈现完全再结晶组织。提高挤压温度，还可以减小坯料与挤压筒之间的外摩擦，提高金属流动的均匀性，从而可以减轻甚至避免混晶组织。变形温度越高，动态再结晶进行得越充分，组织也越均匀，但晶界扩散和晶界迁移能力增强，使阻碍晶粒长大的弥散相回溶，导致再结晶晶粒长大。

（4）挤压速度。随着挤压速度增加，变形过程中产生的位错来不及抵消，位错增多，再结晶形核增加，导致晶粒细化。但是挤压速度的增加，使挤出后棒材表面温度增加，在挤压过程中的变形温度也必然升高。因此，挤压速度升高，挤压温升大，也就是变形温度升高，Z 值减少，再结晶晶粒尺寸变大。所以当挤压速度增加时，变形速率与温升从两个相反的方向影响晶粒的大小，两者在挤压过程中对晶粒尺寸的贡献相当，以至于挤压速度对晶粒尺寸影响不明显。

（5）润滑。镁合金 ES 变形时，为了减少坯料与模具壁之间的摩擦，防止黏模发生，降低摩擦力，改善金属流动性，利于脱模，必须采用合适的润滑剂。此外，润滑剂还可以起到隔热作用，从而提高模具寿命，同时也有利于提高变形材料挤压制品的表面质量。

4.6 AZ31 镁合金 ES 工艺的形核机制和细化机理

4.6.1 ES 变形对组织的影响及形核机制

金属在挤压过程中处于强烈的三向压应力状态，应变方式为两向压缩，一向延伸，可以充分发挥其塑性，提高其变形能力，获得大变形量。对于 ES 工艺而言，不仅继承了挤压的优点还增加两次剪切变形，使变形更加均匀。因此，对于镁合金这类塑性较差的金属，采用 ES 工艺可以最大限度地发挥合金的塑性变形潜力。在 ES 挤压过程中，镁合金易发生动态再结晶，中部的组织也基本发生完全动态再结晶。在变形过程中产生的位错不断堆积，在晶界上形成应力集中，为了减少应力集中，在晶界附近的堆积位错重组形成亚晶界，如图 4-22 所示。随着应变的增多，这些亚晶不断演化成具有大角度晶界的再结晶新晶粒。

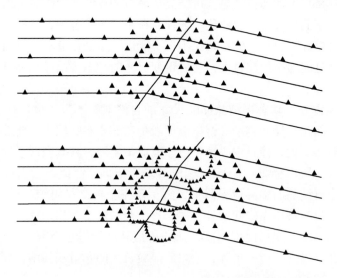

图 4-22　AZ31 镁合金 ES 挤压的形核过程

镁合金锭坯中粗大的晶粒首先在挤压力作用下，垂直于压力方向被压扁，进而发生弯曲和破碎，并在应力作用下重新分布，同时发生晶粒间的相对转动形成弯曲或波浪形的条纹。随着变形量的不断增大，产生的挤压变形热在短时间内难以散失，导致局部流变应力减低，局部滑移能力增强，在三维应力的作用下，通过自适应转动并调整滑移方向，沿挤压力方向发生塑性流变，最终被挤成纤维状，即所谓的挤压条纹。其特点是变形纤维较长，其方向同模具转动方向一致，如图 4-23 所示。图 4-23 中 ES 挤压的剖面组织是通过线切割切开后由金相观察所得到的组织，由 50 张金相照片拼凑而成，反映了 ES 挤压过程的全貌。

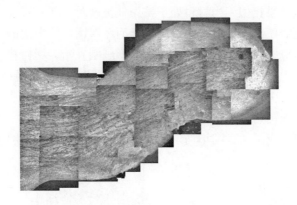

图 4-23   镁合金热模拟挤压制品剖面图

4.6.2   ES 变形过程中的动态再结晶机制

由图 4-12 可知样品内存在大量形变基体晶粒，其周围以及内部均存在细小的再结晶新晶粒，如图 4-12(a)中箭头所示。这些晶粒的取向相近（见图 4-12(b)），表现了连续动态再结晶的特征，即新晶粒通过亚晶逐渐转动形成。图4-13(a)方框内存在大片细小均匀的再结晶晶粒，对比图 4-12(b)和图 4-13(b)中区域的位置，由定向形核及核心的选择生长可知此方框内的晶粒是类似图 4-12(a)中的形变大晶粒不断发生连续动态再结晶所形成的。因此 ES 工艺挤压的再结晶机制是连续动态再结晶。

图 4-12 中斜条晶粒是拉伸孪晶 $\{10\bar{1}2\}$，主要发生在样品晶粒的基面法向垂直于压缩方向的情况，且会绕 $<1\bar{2}10>$ 轴发生 86.4° 的转动，使其取向发生较大的变化。同时由图 4-12(a)方框内的组织可知再结晶晶粒也会在孪晶界处形核长大，至于新生成的晶粒取向为何与拉伸孪晶不同还需要做进一步的研究。

4.7   ES 挤压过程的有限元分析

由于通过实验很难获得变形行为流变应力、应变以及应变速率等参数数值，因此采用 DEFORM 有限元软件对其进行分析。

4.7.1　网格的变形行为

图 4-24 所示为挤压温度为 420℃的 ES 有限元模拟坯料在第 35 步、39 步、43 步和 49 步不同步数的网格变形行为。图中展示出了从挤压杯锥区到二次剪切区的变形行为信息，这为应力应变在挤压过程中的分布提供了极为有利的信息。在整个变形过程中，坯料对模具的充型效果较好，挤出试样头部较为光滑无毛刺出现。与实际挤压结果相似。当材料处于挤压杯锥区时，坯料圆柱体的圆周附近的网格因受到挤压而压缩畸变成较小的网格，而坯料圆柱体中间的网格则受到圆周挤压杆向下的压应力而变大。不过，由于变形刚刚开始，网格相对于后面步数的变形来说，畸变程度还不是很剧烈。在普通挤压区，边部的网格被拉成长条形。到了一次剪切区，由于受到严重剪切变形，三角状的网格变形非常剧烈，几乎都由锐角三角形变成钝角三角形。到达二次剪切区时，呈现出大范围的细密网格，大的三角形网格变成了大量细小均匀分布的小三角形网格，从网格的分布情况来

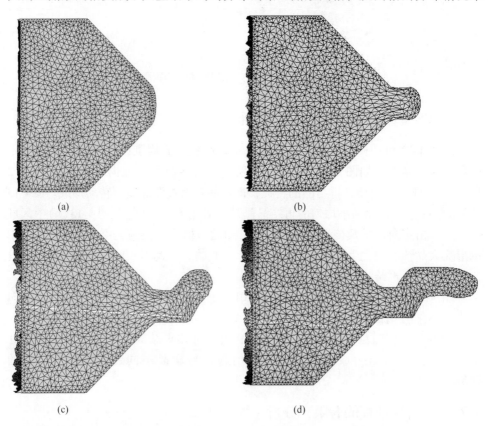

图 4-24　模拟挤压温度为 420℃时不同步数的网格变形

(a) 35 步；(b) 39 步；(c) 43 步；(d) 49 步

看，挤出部分的网格发生了较为严重的畸变。这与实验所观察到的由于变形程度的增加，晶粒不断细化相似。

4.7.2　应力分析

图4-25所示为AZ31镁合金ES模拟挤压在420℃热变形后，沿试样正中间对称面切开，试样内部的应力分布图。挤压杯锥区最大应力为边界区域，应力可以达到112MPa。到达普通挤压区时，由于头部遇到转角的阻碍作用，整个坯料的应力增大到346MPa，应力分布比较均匀。随着变形的继续，当进入一次剪切区时，由于已经通过了第一个转角，应力得到释放，应力值下降，但仍然可以看到在转弯处应力较大，应力值为289MPa。此时的坯料正要通过第二个转角，所以可以看到头部的颜色有点微微发白，说明应力正在增大。当通过第二个转角时，应力分布也比较均匀，最大应力在288MPa左右。结合显微组织观察也可看出金属在进入挤压杯锥区的晶粒是比较粗大的，而经过ES挤压后的显微组织照片中

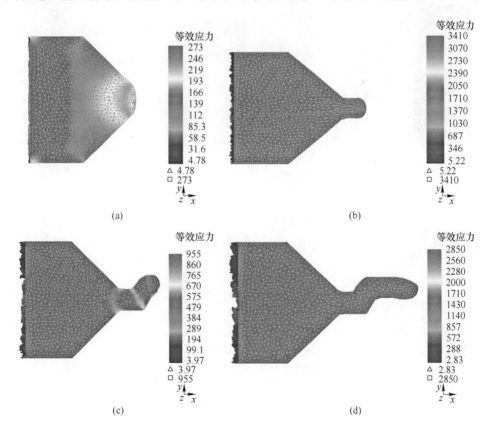

图4-25　模拟挤压温度为420℃时不同步数的等效应力分布

(a) 35步；(b) 39步；(c) 43步；(d) 49步

可以看到金属被剪切挤压破碎成了很细小的晶粒。可见，模拟与实际的挤压试验是非常吻合的。

4.7.3   应变分析

图 4-26 所示为 AZ31 镁合金 ES 模拟挤压在 420℃热变形后，沿试样正中间对称面切开，试样内部的应变分布图。挤压杯锥区最大应变处于死区的位置，应变可以达到 1.2。到达普通挤压区时，最大应变的应变值可达 1.3。随着变形的继续，当进入一次剪切区时，可以看到在转弯处应变较大，应变值为 2.7。当通过第二个转角时，应变值已经增大到 3.74，这部分区域分布在第一个转角和第二个转角之间。由此可以看出在挤压过程中应变是随着变形程度的增加而不断增加的。因此，从挤压杯锥区到二次剪切区，坯料的变形越来越剧烈，导致挤出料的头部心部都发生了完全动态再结晶。

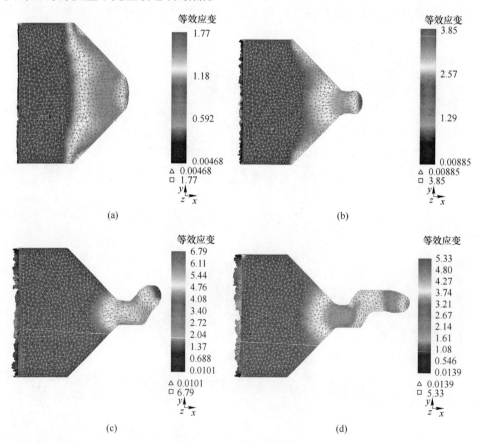

图 4-26   AZ31 镁合金在 420℃下 ES 热变形后的等效应变分布

（a）35 步；（b）39 步；（c）43 步；（d）49 步

4.7.4 应变速率分析

仅从应变来分析动态再结晶是完全不够的，采用应变速率可以分析晶粒的变化情况，从而更直接地反映动态再结晶所引起的晶粒尺寸变化。在动态再结晶过程中，平均晶粒尺寸和 Z 参数的关系是 $\ln d = A + B\ln Z$。而温度补偿的应变速率 $Z = \dot{\varepsilon}\exp[Q/(RT)]$。应变速率 $\dot{\varepsilon}$ 越大，Z 参数就越大，因此平均晶粒尺寸 d 就越小。

图 4-27 所示为 AZ31 镁合金在 420℃下 ES 热变形后的应变速率分布，在挤压杯锥区，应变速率最大的部位为挤压杯锥区边部，应变速率的值为 13 左右。进入普通挤压区，应变速率变得比较均匀，应变速率的值达到 65.5，说明动态再结

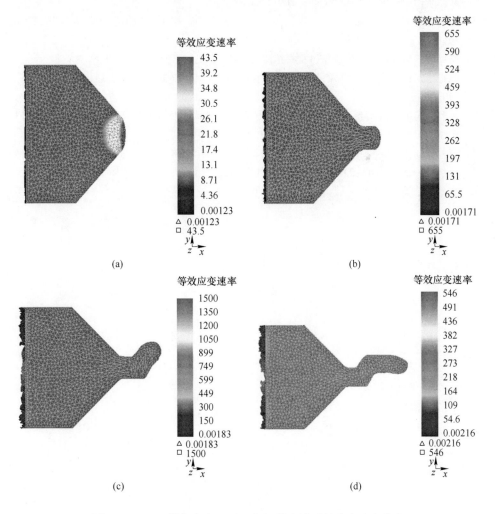

图 4-27 AZ31 镁合金在 420℃下 ES 热变形后的应变速率分布

（a）35 步；（b）39 步；（c）43 步；（d）49 步

晶晶粒尺寸减小。随着变形的继续，进入一次剪切区时，应变速率值也增加到 150，再结晶晶粒进一步减小。到二次剪切区时应变速率下降到 109，即在单位时间内应变累积下降了，这可能是因为部分坯料已被挤出，应变被释放，单位时间内应变的累积有限所造成的。实际的晶相照片显示晶粒尺寸是不断减小的，这与应变速率的逐渐增加有很大关系。

参 考 文 献

[1] 陈振华. 变形镁合金[M]. 北京：化学工业出版社，2005.

[2] Yoshida Y，Kamado S，Kojima Y. Application of ECAE processed magnesium alloys[J]. Journal of Japan Institute of Light Metals，2001，51(10):556.

[3] 运新兵，宋宝韫，陈莉. 连续等径角挤压制备超细晶铜[J]. 中国有色金属学报，2006，16(9):1563~1569.

[4] 李尚健. 金属塑性变形成型过程模拟[M]. 北京：机械工业出版社，1999.

[5] 陈振华，徐艳芳，傅定发，等. 镁合金的动态再结晶[J]. 化工进展，2006，25(2):140~146.

[6] 孟利，杨平，崔凤娥，等. 镁合金 AZ31 动态再结晶行为的取向成像分析[J]. 北京科技大学学报，2005，27(2):186~192.

[7] 蒋佳，刘伟，Godfrey A，等. AZ31 镁合金孪生行为的 EBSD 研究[J]. 中国体视学与图像分析，2005，10(4):237~240.

5 挤压剪切细晶强化后镁合金 AZ61 组织和性能的研究

镁合金是密排六方晶体结构，其塑性成型能力差，成型率低，限制了其应用。其在工业应用中远没有铝和钢铁的工业水平高，规模只有铝的 1/50，钢铁工业的 1/160[1]，造成这种局面的主要原因在于[2,3]：在工程中应用的镁合金结构件多是通过压铸加工方式获得，严重限制了其产品类型；应用范围小，镁压铸件的 80% 用于汽车工业，其中 90% 又是室温使用的结构件；且主要局限是零件体积小。变形镁合金比铸造镁合金具有更优良的力学性能，因此对变形镁合金材料的工艺进行深入的研究成为了进一步扩大和提高镁合金应用范围的核心问题[4,5]。

变形镁合金主要有 Mg-Mn 系、Mg-Al 系、Mg-Zn 系和 Mg-Li 系四大类。实验所用 AZ61 属于发展最早、应用最广泛的镁铝锌系合金，为变形镁合金。变形镁合金比铸造镁合金具有更高的强度和伸长率，因此，变形镁合金可以提供尺寸多样的板、棒、型材及锻件产品，并且可以通过材料组织结构控制、热处理工艺改进而获得更高的强度、更好的延展性及更多样化的力学性能，可以满足多样化结构件的要求[6]。应用变形镁合金作为结构件的一个主要的优势就是变形镁合金在高力学性能的水平上有更好的协调能力[7,8]。

复杂的热机械处理会导致材料晶体取向改变以及晶体学织构的形成从而使材料内部的显微组织发生明显的改变。人们虽然对镁合金的位错滑移和孪生形式的塑性变形过程已有较多研究，但是与立方系结构晶体材料相比，对具有密排六方结构的镁合金材料在变形加工中的微观组织结构与织构演变认识还存在不足。特别是对镁合金在塑性变形过程中晶粒取向变化及应力应变状态等认识尚且不够深入，对热变形过程中常发生的连续动态原位回复再结晶行为及回复再结晶与形变基体的关系等方面都还缺乏系统深入的认识和了解。

目前限制变形镁合金广泛应用的主要问题有[9~11]：镁的化学活性很强，很容易氧化燃烧，需要采用复杂的保护措施，镁合金熔炼难度比较大；镁合金的生产技术还不成熟和完善，特别是镁合金成形技术需要进一步发展；镁合金的常温性能，包括强度和塑韧性有待进一步提高；变形镁合金的研究开发滞后，不能适应不同应用场合的要求等。目前，变形镁合金研究和应用的重点是[12]：发展无污染熔炼技术，开发和改善镁合金的成型工艺，尤其是室温下的成型工艺，低生产成本的工艺技术，如镁合金棒材连铸、板材连铸连轧和镁合金塑性成型的新工艺新技术，可望实现镁合金零件的室温成型等[13]。

挤压[14]是指对挤压模具中的金属锭坯施加强大的压力作用使其从挤压模具的模口中流出而发生变形，或使其充满凹凸模型腔，获得所需形状与尺寸制品的塑性成型方法。陈长江等人[15]研究发现，AZ91 镁合金在热挤压时，挤压后材料的强度和塑性得到明显提高，均匀化退火可以将材料的伸长率由 1.5% 提升至 5%；并且挤压后，合金的第二相 $Mg_{17}Al_{12}$ 可被碎化，挤压比为 14 时基体晶粒也被细化至 20μm。M. R. Barnett 等人[16]研究 AZ31 在压缩实验中的晶粒尺寸和流变应力峰值大小之间的关系发现，在一定的变化范围内，随着晶粒的减小和温度的提高，发生流动变形时的主控因素由孪生变为滑移，并伴随有和屈服应力有关的霍尔佩奇公式中的常数值的降低，即 k 值减小。

Y. Uematsu 等人[17]研究发现，在挤压比为 67，温度范围在 626~775K 的条件下，AZ31B 和 AZ61A 两种合金均随着变形温度的降低而得到晶粒细化，其中 AZ31B 合金在 775K、684K、626K 三个温度下变形后晶粒尺寸分别细化到 7.4μm、2.9μm、2.1μm，AZ61A 合金在 740K、709K、631K 三个温度下变形后晶粒细化到 12.1μm、12.7μm、5.8μm；并且 AZ61A 和 AZ80 两种合金在 39、67、133 三种不同挤压比条件下变形后，随着挤压比的增大，两种合金晶粒都得到细化，其中 AZ61A 在三种挤压比条件下晶粒尺寸分别为 4.8μm、4.7μm、3.9μm，AZ80 合金在三种条件下晶粒为 5.9μm、5.5μm、4.3μm。

A. El-Morsy 等人[18]对 AZ61 镁合金的铸态、挤压态以及挤压和热力学过程相结合处理后的组织和力学性能进行了研究，结果显示在 380℃，10h 条件下的均匀化处理后，将初始直径为 250mm 的 AZ61 坯料在 300℃温度下挤压，挤压后直径为 110mm，挤压速度为 4m/min。实验结果发现材料组织中在晶界附近析出了第二相颗粒，晶粒被细化，且经 EDS 和 XRD 图谱显示为 $Mg_{17}Al_{12}$，晶粒平均尺寸约为 33μm。并且 Y. Miyahara[19]研究发现，挤压变形时 AZ61 镁合金中第二相颗粒优先沿着晶界析出，阻碍晶粒的长大，最终实现晶粒细化的目的。

S. H. Hsiang 等人[20]对 AZ31 和 AZ61 镁合金管材做热挤压处理，实验结果显示，热挤压后 AZ31 的平均抗拉强度分布在 261.08MPa 和 296.20MPa 之间，而 AZ61 的平均抗拉强度分布在 263.97MPa 和 299.44MPa 之间。影响两种管材抗拉强度的因素影响优势排序为：坯料加热温度，初始挤压速度，润滑剂的种类。两种锭子经过挤压过程后，均细化了晶粒，提高了管材的性能。

Qudong Wang[21]对 AZ31、AZ61、AZ91 经过 CEC 后组织的演变规律做了研究，发现 CEC 对镁合金来说是一种极有效的细化晶粒的方式，并且随着挤压道次的增加，晶粒得到明显细化，其中第一道次挤压后的晶粒细化效果最明显。随着挤压道次的增加，大角度晶界的比例减少，平均取相差增大。CEC 中存在一个临界挤压道次，超过该值时，材料的晶粒大小以及显微组织的均匀性都保持不变。经 CEC 变形细化晶粒后的 AZ31 组织呈现典型的网络状结构，随着 $Mg_{17}Al_{12}$ 颗粒的增加，镁合金的组织变得更加均匀，这些颗粒可以促进大角度晶界晶粒、位错密度、初始晶粒的细化，织构随机化的增加，并推迟网格状的生成。

尹从娟等人[22]研究了挤压温度和挤压比对 AZ31 镁合金热挤压材的显微组织和力学性能的影响。结果表明，挤压可以显著改善 AZ31 合金的显微组织，挤压比越大，晶粒尺寸越细小，力学性能得到有效提高。随着挤压温度的提高，晶粒有所长大，抗拉强度基本呈减小趋势，而伸长率则先升后降。挤压比为 35，挤压温度为 350℃时，可得到细化均匀的合金组织和良好的力学性能。原始晶界和晶粒内都有细小的新晶粒生成，说明在热挤压过程中发生了动态再结晶。动态再结晶可以有效细化晶粒，但随着挤压温度的升高，晶粒有长大趋势，即动态再结晶和晶粒粗化是同时发生的。挤压温度在 350℃以下时，晶粒比较细小；升高到 400℃时，晶粒变粗大。

大比率挤压可有效地细化晶粒，通过采用大比率挤压（变形量 80% 以上）可以改善挤压材的晶粒尺寸和各向异性。AZ31 在 623K 条件下按 100∶1 挤压后，晶粒尺寸可由原来的 $15\mu m$ 减小到 $5\mu m$[23]，ZK60 在 583K 按 100∶1 挤压后，晶粒尺寸可减小到 $2.8\mu m$[24]。Y. J. Chen 等人[25]研究了 250℃下 AZ31 经挤压比为 7、24、39、70 和 100 的反挤压。实验结果表明挤压比增加能够有效地提高镁合金的室温力学性能并有效细化组织，但在高挤压比（不小于 39）时镁合金力学性能的提高程度有所下降，由此可见，在一定的条件下，晶粒细化和力学性能的提高存在一个临界挤压比。

研究证明，ECAE 变形可以引入较大切应变，使变形金属获得较大应变，可以获得较好的晶粒细化效果，同时可以弱化镁合金基面织构的影响，最终获得较好的综合力学性能[26~29]。

S. R. Agnew[30]研究表明，等径角挤压会产生强烈的变形织构，沿挤压方向的拉伸延展性得到增强；传统挤压镁合金 AZ31B，经过 8 个道次的 BC 路径挤压后，产生了比初始织构强烈的变形织构；再结晶和晶粒长大后，与 ECAE 的剪切面重合的初始面织构只有稍微改变；对于传统镁合金来说，经过 ECAE 变形后试样沿一定方向会表现出良好的室温延展性，但是塑性变形时具有很高的各向异性，ECAE 变形后在一些方向上实际表现出比传统材料较低的延展性，但是塑性变形时的各向异性和断裂韧性的各向异性等方面可以通过由 ECAE 产生的晶体学织构进行合理化的重整。

H. S. Kim[31]指出 ECAE 变形后的 AZ31 镁合金的软化可归因于变形过程中的织构的修缮；ECAE 变形时的温度越低，对材料的组织的细化作用越好；如果变形后存在的织构相似，AZ31 镁合金的性能会随着晶粒尺寸的减小而变好。

B. Chen 等人[32]对热轧后的 AZ91 镁合金进行等径角挤压以研究其对合金组织和力学性能的影响规律。结果发现，经过两个步骤的 ECAE 变形，可以获得约为 2μm 的细小均匀的晶粒，并且在 ECAE 过程中发现 $Mg_{17}Al_{12}$ 相在晶界析出。最终在 4 道次 225℃ECAE 后进行 2 道次 180℃的 ECAE 后材料的屈服强度、抗拉强度、伸长率分别为 290MPa、417MPa、8.45%。合金的高强度主要归功于 ECAE 过程中的晶粒细化以及 $Mg_{17}Al_{12}$ 相的析出，并且指出第二相的形态也对力学性能有影响。

有研究表明，合金 ECAE 挤压后力学性能受外在条件影响，变形速率增加，挤压后合金的拉伸强度、伸长率增加；挤压温度降低，拉伸强度增加，屈服应力增加；挤压温度升高，伸长率升高[33]。

Y. Miyahara 等人[19]选用商用 AZ61 合金通过 EX-ECAE，即普通挤压之后再进行等通道角挤压的处理后，使得材料在变形温度为 473K 和 523K 时晶粒变为 0.6μm 和 1.3μm；并且通过至少 4 次的 ECAE 后，材料表现出很好的超塑性，在温度为 473K，应变速率为 $3.3 \times 10^{-4} s^{-1}$ 时，材料获得最大伸长率 1320%；在未经过 ECAE 的对比实验条件下，其等效伸长率约为 EX-ECAE 后的伸长率的 70%。

和传统挤压工艺相比，EX-ECAE 工艺可以更好地改善金属内部组织和性能。但是这种工艺会存在生产不连续的问题，沿袭了 ECAE 的缺点。要达到细化晶粒的目的需经过多道次的 ECAE 变形，工序繁杂，不能进行连续生产，增大了经济成本和工时，从而不利于实现商业化应用[28,34]。但是镁合金存在很多限制其发展应用的地方，必须寻找合适的加工成型方法来改善这种状况。其中一种新的变形方法即挤压剪切技术[35~37]（extrusion-shear，ES），它是包括普通挤压与之后的两个道次的 C 路径等通道挤压的工艺过程。

本章研究内容为：通过 UG 三维建模，获得和实际挤压剪切模具结构相同的模拟所用的几何模型。采用 DEFORM-3D 进行实际挤压实验条件下的有限元模拟，进行实际挤压实验的可行性分析，并获得不同温度 ES 变形时的载荷变化情况，以及变形时的应力场、应变场-温度场等变化情况；通过一系列的 ES 挤压实验，获得不同 ES 工艺条件对棒材微观组织和力学性能影响规律，获得合理的挤压剪切工艺；因为模具具有两次剪切作用，变形时 AZ61 内部的第二相会被破碎剪切，就此将研究挤压剪切变形后材料内部第二相的破碎及分布情况对组织性能的影响；研究 ES 挤压过程晶粒的转动和织构影响的不同之处。

5.1 实验过程及内容

实验过程首先设计挤压剪切模具，选取两种不同转角的 ES 模具（120°和 135°）（见图 5-1）；计算机模拟近似实际挤压实验条件，分析挤压过程的最大挤压力，进行挤压实验的可行性验证；然后在不同挤压温度下对不同成分和状态

（铸态、均匀化态）的镁合金棒料进行挤压；对挤压棒材进行金相观察，进行微观组织分析和力学性能测试，其中包括室温拉伸性能测试和硬度测试；通过XRD和SEM实验进行织构测试以及研究第二相被破碎及分布情况。在进行有限元模拟时，研究不同变形条件下，挤压载荷、应力场、应变场、温度场等的分布状况，和实际实验条件相结合，研究不同工艺条件下对挤压后组织和性能的影响，获得合理的挤压—剪切工艺。通过一系列的实验结果进行分析挤压工艺参数和模具结构对微观组织和力学性能及织构演变的影响规律并提出优化的工艺参数。

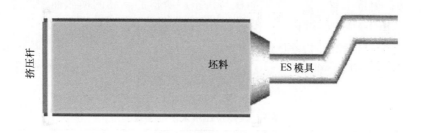

图 5-1　模具结构和有限元模型

5.1.1　ES 挤压模拟

DEFORM-3D 是一套基于工业模拟系统的有限元系统（FEM），可以借此对金属成型问题进行有限元分析。可以分析变形金属在塑性成型过程中质体三维（3D）流动情况，为分析金属成型问题提供极有价值的工艺分析参考数据。实验选用 DEFORM-3D 软件分析主要是预测挤压中模具的挤压力，和实际挤压机的载荷相比较，以预知实验的可行性，同时在后处理时从分析挤压过程中提取变形时铸锭的应力应变值大小及应变速率分布情况，可以间接判断金属的变形程度，还可以借 DEFORM-3D 分析观察 ES 变形时的温度场变化情况，从而深入分析 ES 变形对合金的影响。

在 DEFORM-3D 6.1 中对 AZ61 进行 ES 挤压模拟实验。模拟进行前，必须要有力学模型，即几何模型，故先在 UG 三维造型软件中建立模拟所需要的与实际实验相一致的实体模型，并保存为 STL 文件格式，以便在 DEFORM 软件的前处理时输入几何模型。模拟时通过 DEFORM-3D 前处理器将所需要的模型导入即可。实验建立三种相配套模型，即：工件、凸模（挤压筒和挤压垫）、凹模（ES模具）。

在模拟实验时由于不考虑凸模和凹模的变形情况，因此在前处理设置时，将凸模和凹模定义为刚性体，工件定义为塑性体。设置物体对象间关系时，DE-

FORM 软件的主仆关系是以不变形物体（刚体）为主件，以变形物体（塑性体）为仆件。运动关系为凹模静止不动，凸模为主动件，工件为从动件。

在有限元软件中进行模拟实验时，需对工件进行正确地网格划分。进行有限元分析时，将求解未知场的连续结构或介质体划分为有限个单元或元素的集合，然后将全部单元或元素的差值函数进行方程组合，集合成整体场变量的方程组进行数值计算，这就是通过计算机进行繁杂运算的原理。在运算时，必须保证每个单元网格的正确性才可进行后续运行分析。所以在进行模拟时，对工件进行网格的正确划分是异常重要的。模拟时挤压比为 12，挤压比是挤压变形程度的一种表示方法，用挤压前毛坯的横截面积与挤压后所得的制品的横截面积之比表示。由于 DEFORM-3D 中的材料库里没有 AZ61 镁合金，因此也要建立 AZ61 镁合金的物理模型，即材料的热传导性能、热压缩实验所得的本构关系。模拟时共选用三个挤压温度：380℃、400℃、440℃。DEFORM-3D 模拟挤压所采用的详细参数见表 5-1。

表 5-1　模拟挤压所采用的参数

参　　　数	数　　值
模具内径/mm	25
坯料直径/mm	80
挤压筒内径/mm	85
模具转角/(°)	120
挤压比	12
坯料加热温度/℃	380，400，440
模具加热温度/℃	360，380，420
挤压速度/mm·s^{-1}	5/3
坯料和模具之间的摩擦系数（干摩擦）	0.7
模具和坯料之间的换热系数/N·(℃·s·mm^2)$^{-1}$	11
模具和空气之间的换热系数/N·(℃·s·mm^2)$^{-1}$	0.02

5.1.2　ES 挤压实验

为了研究 ES 挤压变形对镁合金组织和性能的影响，选取 AZ61 进行 ES 挤压实验。实验是在吨位为 500t 的卧式挤压机上进行的。挤压筒直径为 85mm，挤压前将铸锭车加工使其直径至 80mm。因为 ES 挤压实验会使挤压材发生较大变形，故实验前需要对坯料和模具进行预热，而且由于坯料与模具的接触面积较大，挤压时间即变形时间相对较长，挤压时会发生摩擦和变形热，故对挤压模具的预热温度要比坯料温度低 20℃左右。挤压机是重庆大学材料学院综合实验大楼提供的 500t 卧式挤压机。挤压辅助设备为节能低噪声轴流风机。挤压机型号为 XJ-500，最大挤压力为 500t。图 5-2 所示为转角为 135°的模具实物图。

图 5-2 转角 135°的模具实物图

实验中所用镁合金材料为商用铸锭镁合金 AZ61。取铸态 AZ61 材料和挤压棒材做室温拉伸实验。实验进行前，将经过挤压变形的试样按照拉伸实验所要求的试样标准 δ 5mm 拉伸样进行加工，拉伸试样直径为 10mm，原始标距为 7mm，注意机加工时沿金属流动方向进行。拉伸实验是在新三思万能电子实验机 CMT-5150 上进行的，以 3mm/min 的速度单向拉伸破坏试验，铸态 AZ61 做拉伸实验时拉伸速度设置为 1mm/min。通过室温拉伸实验获得挤压态镁合金的屈服强度、抗拉强度、伸长率等表征合金力学性能指标的数据。将拉伸实验中记录的"拉伸力-伸长"曲线转换成"应力-应变"曲线，可以比较不同初始状态的合金经不同条件挤压后的力学性能的优劣以及不同温度挤压后镁合金材料拉伸性能的好坏。

金相实验是观察研究金属材料低倍组织最常用的实验方法。对不同状态、经过不同条件挤压的镁合金进行金相观察，研究不同挤压剪切工艺对镁合金性能的影响规律，借助激光共聚焦显微镜（型号：LEXT OLS4000 3D）进行光学显微组织观察。金相实验包括四个步骤：取样、磨制、腐蚀、照相。

（1）取样。对经挤压变形的镁合金棒材的不同部位及位于模具不同位置的材料进行取样。坚持所截取试样的金相组织尽量与原部件金相组织一致，即不发生组织变化，使其具有真实性和代表性。

（2）磨制。依次用由粗到细的砂纸进行磨样，同一砂纸向同一方向磨样，将上一张砂纸磨出的划痕磨灭方可换下一张细砂纸。每换砂纸磨样方向变换 90°。整个实验过程选用相同系列的砂纸。

（3）腐蚀。用滴管将腐蚀剂均匀滴在磨制好的截面上，慢慢摇动试样以使腐蚀剂在截面上均匀散开，当腐蚀液稍微变深色（墨绿色）时用清水冲洗，然后用酒精进行快速冲洗，并迅速将试样吹干。在共聚焦显微镜下观察，晶界明显，可分辨出组织为理想状态，否则重新磨制腐蚀。

（4）照相。选取合适的放大倍数，选取晶界显示明显、层次感较强的区域进行拍照。

经多次尝试，实验最终所选用的腐蚀剂配制比例为：苦味酸 1g + 乙酸 1g + 蒸馏水。

硬度是表征材料表面抵抗外来物体压陷的能力，是一项重要的力学性能指标，通过测得的硬度值可间接预测其力学性能，粗略地估算材料的强度极限值。硬度测量时，可以计算硬度值的标准偏差，标准偏差值大小在一定程度上反映了材料内部组织的变化，可以间接反映出材料的均匀性[38]。

维氏硬度（Vickers-hardness，HV）是表示材料硬度的标准之一。实验原理是将两个相对面夹角为 136°的正四棱金刚石锥体为压头压入材料表面，保持规定时间后，测量压痕对角线长度，再按公式来计算硬度的大小[39]。实验是在 Micro-hardness Tester HV-1000 型显微硬度计上进行的，实验时设置载荷为 0.05kg，加载时间 20s。挤出棒材直径 25mm，实验时在截取面上从心部开始至边部选取尽量均匀分布的 25 个点。

通过 X 射线衍射分析实验做挤压剪切变形后材料的物相分析及宏观织构测定。实验在型号为 D/MAX-2500PC 的 X 射线衍射仪上进行，其扫描速度为 1°/min，扫描范围设置在 20°～90°，灯丝电流为 30mA，衍射靶材为 Cu 靶，仪器的加速电压为 40kV[40]。进行测试前，将试样磨制到金相观察水平，并进行及时检测，否则易氧化造成数据不够准确。

借用扫描电子显微镜测试室温拉伸实验样品断口的宏观形貌，以及对挤压棒材试样进行第二相分布观察并进行成分分析。实验仪器型号为 TESCANVEGA3 扫描电子显微镜，X 射线能谱仪型号为 OXFORD INCA。进行断口形貌观察时，取样要保证样品的清洁并防止氧化。进行第二相观察及成分测试实验前将样品磨制至金相观察水平。

5.2　420℃挤压变形微观组织与性能研究

对于镁合金来说，等通道角挤压（ECAE）可以通过多道次挤压的应变累积，获得细小的再结晶晶粒，制备出超细晶的结构材料，提高材料性能[41~45]。但二次变形或多次变形需要多套模具的设计与制造，增加了设计成本，也会造成生产效率低下。故设计经过压缩减径后即进行连续二次剪切的新型复合挤压方式，将正挤压和剪切结合，即 ES 工艺。根据经典的等通道挤压理论，ES 变形方式是金属材料经过正挤压得到所需尺寸后，经过一次等通道挤压（见图 5-3（a）），再绕轴旋转 180°进行第二次等通道挤压（见图 5-3(b)），实际上是等通道挤压 C 路径的模式，且通过两次挤压剪切后，坯料外形不发生变化。该种变形方式可以实现对材料的一次性变形，使其同时获得挤压和剪切的效果，以期得到较好的综合性能。

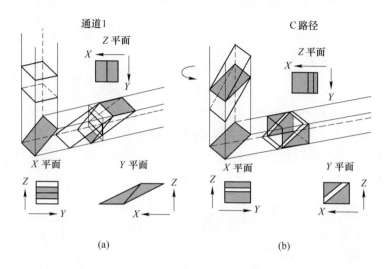

图5-3　具有两个道次的等通道挤压的剪切模式

420℃下对 AZ61 镁合金进行挤压比为 12 的挤压时，对镁合金锭加热保温 1h 后进行挤压。其中均匀化态坯料在模具转角为 120°和 135°及普通挤压条件下成功挤出，铸态坯料在模具转角为 135°时由于挤压力超过卧式挤压机载荷未成功挤出。故加热保温 1h 的条件下未在更低温度下进行 ES 变形。再进行挤压需调整坯料的加热保温时间。图 5-4 所示为挤压剪切实验所用的模具，转角分别为 120°和 135°。表 5-2 为实验详细记录。

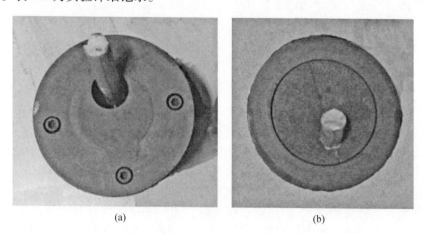

图5-4　ES 模具

（a）转角为 120°；（b）转角为 135°

表 5-2　实验详细记录

材　料	温度/℃	转角/(°)	挤压比	初始状态	挤出情况
AZ61	420	—	12	均匀化	√
AZ61	420	120	12	均匀化	√
AZ61	420	120	12	铸态	√
AZ61	420	135	12	均匀化	√
AZ61	420	135	12	铸态	×

图 5-5 所示为 AZ61 镁合金的原始组织，分别为铸态和均匀化态下的组织。从图中可以看出，初始组织晶粒粗大，铸态下呈现枝晶状；均匀化处理后，第二相呈颗粒状均匀分布。

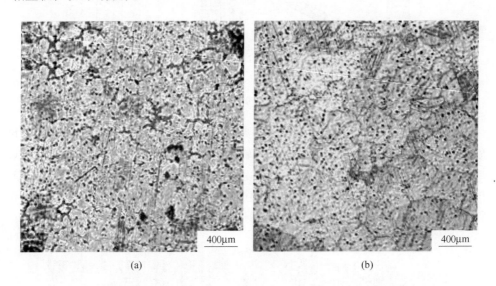

(a)　　　　　　　　　　　　　　　　(b)

图 5-5　AZ61 镁合金组织
（a）铸态；（b）均匀化态

5.2.1　ES 变形微观组织

图 5-6 所示为铸态坯料经模具转角为 120°时 ES 变形后纵截面的微观组织。从图中可以看出，ES 变形后，棒材组织出现挤压流线，且中部组织晶粒较细，材料经过 ES 模具至出口后发生了较充分的动态再结晶，而边部组织晶粒明显较中部的大。当铸锭经过 ES 挤压剪切变形时，边部和挤压筒壁及模具内部会发生摩擦变形，该变形会增大材料的应变，但同时也会产生摩擦热，产生的摩擦热会促使组织晶粒长大。此实验保温时间不够，挤压时级压力负荷重，挤压速度较小，材料在挤压筒及模具内停留时间较长，摩擦产生的热由于时间的积累，会促

使晶粒长大。当摩擦产生的变形作用不及产生的摩擦热对晶粒长大的促进作用时，便会出现边部组织较中部晶粒粗大的现象。

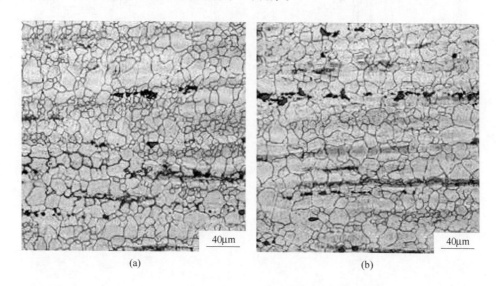

(a)　　　　　　　　　　　　(b)

图 5-6　ES 变形纵截面组织

(a) 中部；(b) 边部

5.2.2　ES 变形与普通挤压所制备镁合金微观组织比较

5.2.2.1　组织观察

对经过 400℃、10h 均匀化后的铸锭做变形温度为 420℃、挤压比为 12 的 ES 挤压剪切试验时，设置相同条件下的普通挤压，以比较不同变形方式对 AZ61 镁合金组织和性能的影响规律。在进行组织观察时，分别在棒材的头部、中部和尾部取样，并对每个试样的心部和边部组织进行观察，结果如图 5-7 和图 5-8 所示。

在心部组织中最明显的就是普通挤压后棒材头部的晶粒明显粗大且不均匀，通过晶粒尺寸测量发现其平均晶粒尺寸达 12.82μm，而 ES 变形后棒材头部的心部平均晶粒尺寸为 9.55μm。在棒材中部，普通挤压后棒材的组织变得比较细小，有个别较大晶粒。在尾部，普通挤压后棒材组织变得较均匀细小，而 ES 挤压棒材组织变化不大，相对均匀，且相对普通挤压后组织较细小。边部组织中，普通变形后棒材的头部所取样的边部组织较心部更细且晶粒大小均匀，取至棒材中部和尾部观察时，组织均趋于均匀化。比较心部和边部组织发现在 ES 变形后棒材在各个部位取样观察结果相近，晶粒分布均匀。

从实验结果中对比发现，ES 中模具转角对变形时棒材的剪切作用对晶粒细化起了明显帮助。在普通挤压变形时，棒材靠头部位置处，坯料可能由于变形量

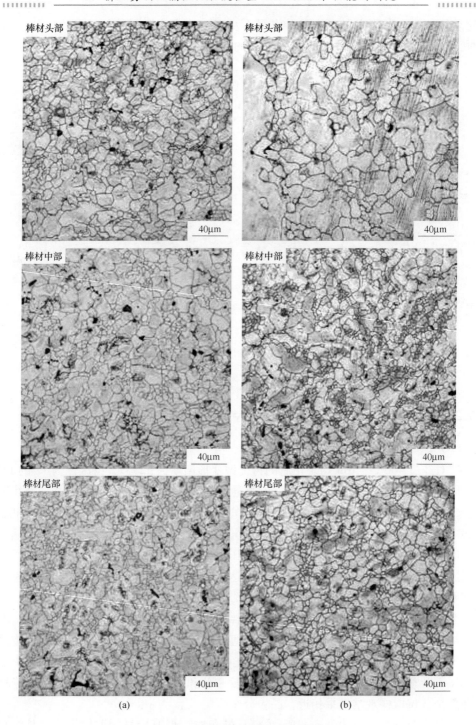

图 5-7　不同变形方式的心部组织
(a) ES 变形；(b) 普通挤压

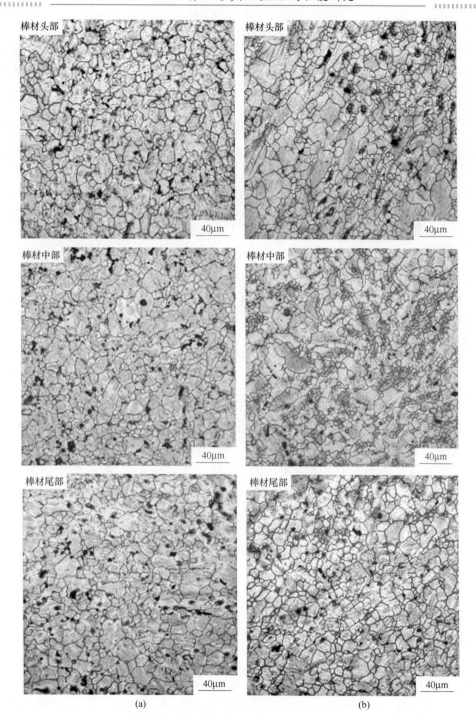

图 5-8　不同变形方式的边部组织

（a）ES 变形；（b）普通挤压

尚小，至挤出时晶粒心部发生动态再结晶不充分，边部和心部组织不均匀；随着挤压的进行，棒材中部组织已经发生了充分的动态再结晶，组织也变得细小均匀。而 ES 变形时，由于模具的两次剪切变形累积作用，使得材料至挤出位置时已发生足够的变形量，材料发生了完全动态再结晶，且心部和边部组织较均匀，这对于材料综合性能的提高极为重要。

从普通挤压头部组织中可看出，心部组织发生动态再结晶比例较小，而边部组织发生了完全动态再结晶，且铸态坯料在模具转角为 135°时已不能进行正常 ES 挤压。分析实验条件，可能是由于对镁合金 AZ61 的加热保温时间不够，导致挤压前坯料未经完全热透，心部温度低于边部及挤压筒温度，对卧式挤压机带来超负荷工作，造成挤压困难甚至失败。故实验需将加热保温时间延长。

5.2.2.2　性能测试

对 ES 变形和普通挤压变形后的棒材做室温拉伸性能实验，结果如图 5-9 所示。比较可知，ES 变形后镁合金 AZ61 棒材的屈服强度及抗拉强度均比普通挤压后棒材的强度高约 10MPa，ES 变形后材料的伸长率明显高于普通挤压变形后的棒材。这和组织分析结果一致，即坯料加热保温 1h 后进行挤压的实验条件下，ES 变形后材料的组织和性能都较普通挤压后的好。

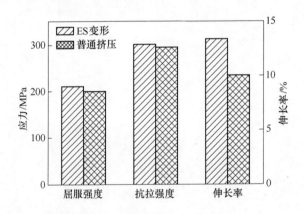

图 5-9　ES 变形与普通挤压棒材拉伸性能

5.2.3　初始状态不同时的性能研究

5.2.3.1　组织观察

挤压变形工艺中材料的初始状态也可能对变形后材料的组织和性能产生影响，对此做如下研究，观察组织结果如图 5-10 所示。400℃、10h 均匀化后坯料经过 ES 变形后棒材组织心部和边部几乎没有差别，组织均匀；而铸锭直接进行 ES 变形后心部组织晶粒细小，并且在棒材心部可看到第二相呈"团聚状"，边部相对"干净"，但晶粒相对于心部晶粒要大。结合实际挤压实验条件分析，热处

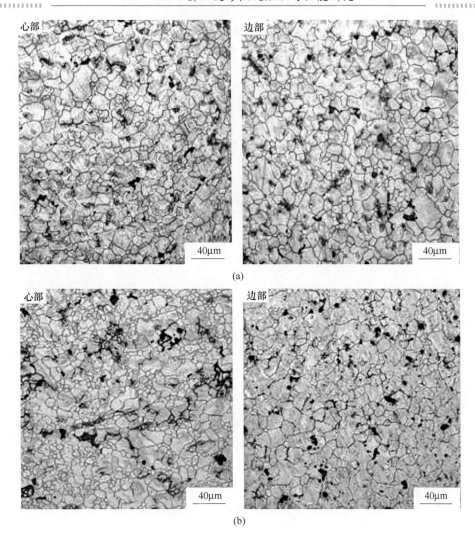

图 5-10　初始状态不同时的微观组织

（a）均匀化态；（b）铸态

理使得 AZ61 镁合金材料得到充分的均匀化，挤压时变形相对较均匀，材料心部和边部都可以发生动态再结晶；而未经过均匀化处理的材料，进行挤压时保温时间过短使得铸锭在挤压变形时可能未经"热透"就挤出，坯料变形时边部温度高于心部温度，使得心部和边部发生变形不均匀且心部的第二相未得到有效扩散，即出现了微观组织。

5.2.3.2　性能测试

对初始状态不同挤压后的棒材进行硬度测试，挤压后棒材直径为 25mm，从中心部打点，每隔 0.5mm 打一个点，从心部至边部共 25 点，实验结果如图 5-11

所示。经过均匀化处理后挤压变形的棒材的硬度分布总体高于未经均匀化处理的棒材，且均匀化处理过的 AZ61 镁合金，硬度值分布相对平稳，而铸锭中硬度测试时硬度值出现忽高忽低现象。分析认为，铸锭 AZ61 直接挤压后材料的组织相对于均匀化处理后再 ES 变形不够均匀，第二相分布较多。

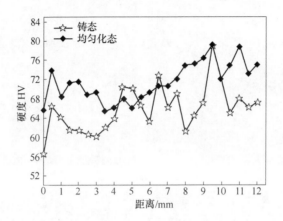

图 5-11　初始状态不同时硬度分布

5.2.3.3　物相分析

为了研究挤压后物相分布及破碎情况，对成功挤出的 4 根棒材及模具转角为 120°初始状态为铸态条件下的挤压棒材的纵截面取样做 XRD 物相分析，结果如图 5-12 所示。X 射线衍射图谱测试结果中，不同条件下挤压后棒材组织中物相

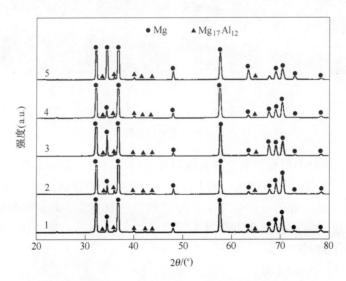

图 5-12　不同挤压条件下 AZ61 合金的 XRD 物相测定结果

1—铸态，120°；2—均匀化，135°；3—均匀化，普通挤压；4—均匀化，120°；5—铸态，120°，纵截面

并无差别，通过成分分析后第二相颗粒主要为 $Mg_{17}Al_{12}$。通过 SEM 高倍显微镜的组织观察，研究挤压剪切后第二相在组织中分布状况，结果如图 5-13 所示。通过 1000 倍和 5000 倍下观察，可以清楚地看到在初始状态不同及模具转角不同的条件下变形后第二相均集中分布在晶界边。有研究显示，ECAE 中较为剧烈的剪切变形使得 AZ80 初始组织中粗大的 $Mg_{17}Al_{12}$ 被破碎，同时诱发了粒状 $Mg_{17}Al_{12}$ 沿晶界和晶内析出，其中晶界处的析出尺寸较大，晶内析出的尺寸较小且分布弥散。ES 挤压剪切变形过程中发生了类似的剪切变形，第二相 $Mg_{17}Al_{12}$ 在变形过程

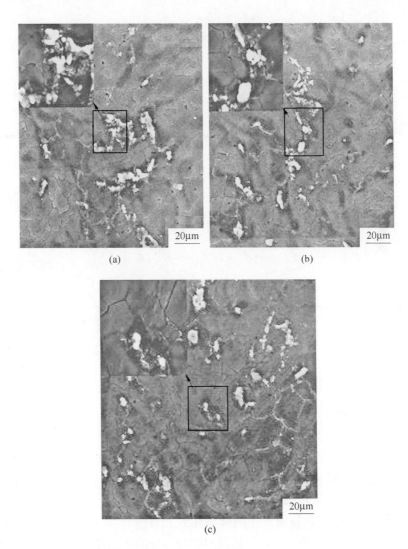

图 5-13 ES 挤压后第二相分布

（a）135°，均匀化；（b）120°，均匀化；（c）120°，铸态

中被破碎，且析出部分第二相颗粒。

5.2.3.4 织构变化

图 5-14 展示了铸态 AZ61 镁合金在挤压前后宏观织构的变化情况。从图中可以看出，未挤压时，材料的初始织构分布较随机。经过 420℃，模具转角为 120°时挤压剪切变形后，存在基面织构。

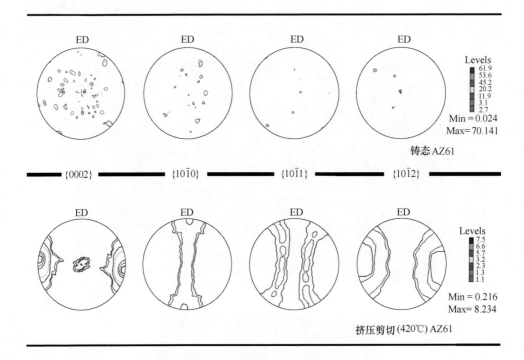

图 5-14　AZ61 镁合金变形前后织构对比

5.3　ES 变形微观组织与性能分析

坯料在低于挤压温度 20℃ 下加热保温 2h 再进行挤压实验。设置 380℃、400℃ 和 440℃ 三组温度，并且设置相同挤压比（挤出棒材直径相同）的普通挤压作对比分析。其中在 380℃ 温度下，铸态坯料经模具转角为 120° 时，挤出棒材时与挤压机配套的风机出现故障，棒材未经风冷；经转角为 135° 模具进行 ES 挤压时未成功挤出。具体挤压实验结果见表 5-3。

为了比较 ES 挤压和普通挤压两种挤压方式对镁合金 AZ61 组织和性能的影响以及挤压变形时变形温度对合金棒材组织和性能的影响规律，对挤压棒材进行取样做微观组织观察、硬度测试、室温拉伸性能测试、XRD 物相及织构测试以及 SEM 形貌扫描实验。

表 5-3 挤压实验结果

材 料	温度/℃	转角/(°)	状 态	挤压比	挤出情况
AZ61	440	120	均匀化 + 铸		√
		135	铸		
		—	铸		
	400	120	均匀化 + 铸	12	√
		135	铸		
		—	铸		
	380	120	铸		√
		135	铸		
		—	铸		√

5.3.1 不同的变形温度

5.3.1.1 模拟不同变形温度下载荷

为设置和实际挤压剪切试验相近条件下的有限元模拟试验，分别进行挤压比为 12、变形温度为 380℃、400℃和 440℃条件下的模拟。对不同温度下的载荷变化进行比较分析，以研究温度对挤压力的影响规律，结果如图 5-15 所示。

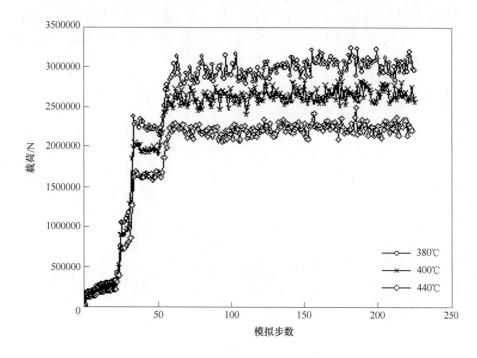

图 5-15 不同温度条件下模拟 ES 变形时载荷

可以直观地看到随着温度的升高，变形时的最大载荷呈下降趋势。温度为 380℃时，最大挤压力稳定在 3×10^6 N 左右，卧式挤压机的最大载荷为 5×10^6 N，即挤压可行。但需考虑其实际承载能力，实际挤压时，模具转角为 120°时坯料勉强挤出，而换为转角为 135°的模具时，挤压实验失败。温度升至 400℃时，随着材料的变形挤压力最终稳定在 2.6×10^6 N 左右；当温度升至 440℃时，挤压力降至 2.2×10^6 N 附近。从挤压力变化曲线中还可以看到随着模拟步数的增加，曲线中出现了两个平台。当坯料从挤压筒进入镦粗区域时，挤压力开始增大，即起始阶段的上升区；当坯料开始从挤压杯锥区进入普通挤压区时，载荷增加，出现了挤压力第一次明显变大的现象，缓慢进入后载荷近乎平稳的状态，故曲线中出现了"小平台"；当坯料从普通挤压区进入一次剪切区时，由于模具中第一个转角的剪切作用出现，挤压力明显变大，当缓慢进入一次剪切区后载荷变平稳，出现了"二次平台"；当坯料从一次剪切区进入二次剪切区时，由于模具二次转角的作用，挤压力再次明显变大，当坯料缓慢进入二次剪切区后，挤压力进入平稳阶段。

5.3.1.2　不同变形温度下组织观察

在挤压变形工艺中，变形温度起着较大作用，会直接影响成型成功与否及产品的成型性能好坏。图 5-16 为 AZ61 镁合金在挤压比为 12，加热温度为 380℃、400℃、440℃时，经转角为 120°的模具时 ES 挤压剪切变形后试样的显微组织。从图中可以看出，380℃时，镁合金经过 ES 模具中两次转角的挤压、剪切变形后，组织内部发生了动态再结晶，形成细小的等轴晶；但组织内存在较大的晶粒，这是因为再结晶进行得不够充分，即不完全再结晶；且该温度下，组织内部第二相分布较多。变形温度提升为 400℃时，试样组织呈现均匀分布的细小等轴晶状，晶粒尺寸

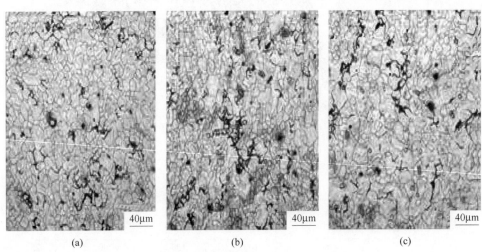

(a)　　　　　　　　　　(b)　　　　　　　　　　(c)

图 5-16　不同温度下试样组织

(a) 380℃；(b) 400℃；(c) 440℃

由 380℃的 11.6μm 变为 10.2μm，该温度下试样经过复合挤压变形后发生了动态再结晶过程；该温度下第二相有稍微减少。变形温度升高为 440℃时，晶粒出现了明显长大现象，晶粒尺寸为 16.5μm；变形温度高，有利于动态再结晶的进行，但晶界扩散和晶界迁移能力也有所增强，引起晶粒长大；第二相依然存在。

图 5-17 所示为 ES 挤压前后第二相的分布变化情况。图 5-17(a) 为铸态 AZ61 的低倍扫描图片，从方框标记处可以看到分布有较多的"骨骼状"第二相。ES 变形后，"骨骼状"物质被吞噬，第二相分布变得相对均匀。图 5-17(b) 为 380℃ 下变形后形貌，第二相相对铸态时变得细小分散，尚存在个别大颗粒状物质。图

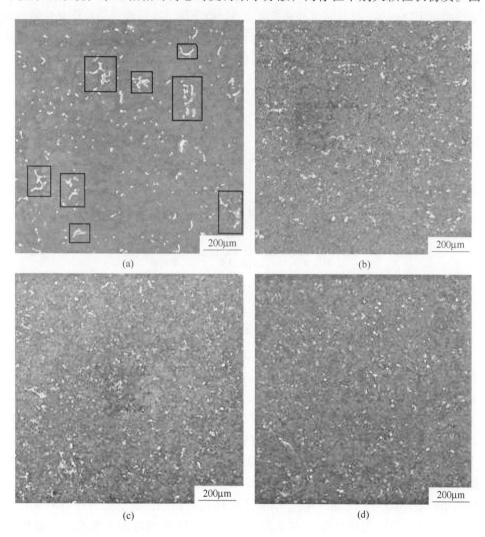

图 5-17　不同试样 SEM 形貌

(a) 铸态；(b) 380℃；(c) 400℃；(d) 440℃

5-17(c)为 400℃条件下 ES 变形后，相对 380℃时第二相变得更弥散化，且更细小。440℃时（见图 5-17(d)），第二相细小且弥散均匀，但由于变形温度的升高，溶解了部分第二相，相对 400℃时宏观上显示第二相减少。

5.3.1.3 不同变形温度后室温拉伸性能

图 5-18 所示为铸态 AZ61 及经过 ES 变形后试样的力学性能，从图中可以看出，经过 ES 处理后，材料的屈服强度、抗拉强度及伸长率均得到明显提高。对于新型复合挤压，变形温度从 380℃升至 400℃时，其强度没有变化，伸长率有略微提高，从组织分析中也可看到，400℃时组织相对 380℃时较均匀。但温度升至 440℃时，屈服强度下降较多，抗拉强度和伸长率也有略微下降，这是由于晶粒长大引起的塑性降低。此外，在室温拉伸性能测试时，弥散分布的第二相可以作为应力集中点及裂纹源而存在，促使材料断裂，但细晶强化在镁合金性能变化中占了主导地位。

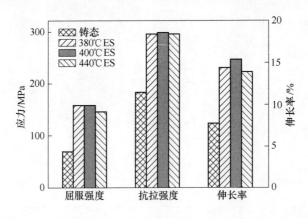

图 5-18　转角为 120°ES 变形后 AZ61 镁合金力学性能

分别对铸态 AZ61 镁合金及经过 ES 变形的样品进行室温拉伸实验，其断口形貌如图 5-19 所示。AZ61 镁合金铸态试样拉伸断裂处的撕裂岭和撕裂线都呈山脊状，背部比较尖锐，亮度较大，裂面中心部位亮度较低，为准解理断口，属于脆性断裂。经过 ES 挤压剪切热变形后，断口的形貌变得不同。但在三个变形温度下，断口呈现相似的特征。图 5-19(b)与(c)的断口形貌中均有大量韧窝，韧窝边缘类似尖棱，故亮度较大，韧窝底部较平坦，图像亮度低，且少许韧窝的中心部有第二相小颗粒，属于韧性断裂。380℃ES 变形后，在断口中可看到韧窝边部和心部亮度差异较 400℃变形后大，因为韧窝深浅差异越大，亮度越高，这样的组织更不均匀。此外，$Mg_{17}Al_{12}$ 属于脆性化合物相，其形态分布对断裂有影响，如果 $Mg_{17}Al_{12}$ 相连续分布在晶界，会促使裂纹扩展进而引起脆断。故铸态 AZ61 易脆断，而经过 ES 热变形后，断面韧窝分布较多且相对均匀，转向韧性断裂。铸态中的脆性化合物经过挤压剪切破碎及再结晶，分布均匀，故 400℃和

440℃条件下的断口中韧窝边缘和中心部位亮度对比度低于380℃ES变形后的情况，但是440℃时，温度的升高使得晶粒长大，断口中韧窝较400℃条件下的稍大。总之，ES热变形使得晶粒细化，材料强度及韧性得到较大提高。

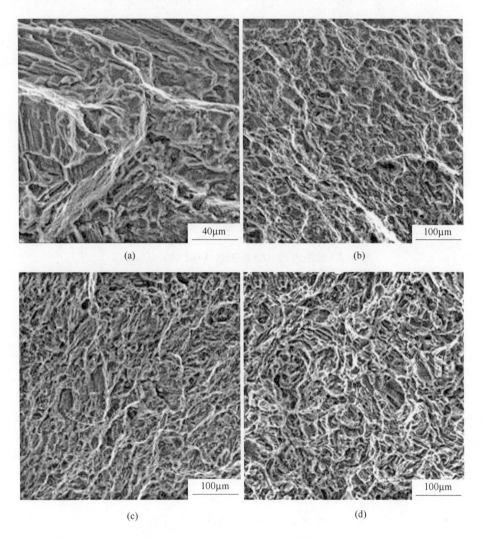

图 5-19　AZ61 镁合金断口形貌
（a）铸态；（b）380℃；（c）400℃；（d）440℃

5.3.1.4　不同变形温度下硬度分布

对模具转角为120°、不同温度挤压条件下的挤压棒材取样进行硬度测试分析，挤出棒材直径为25mm，从中部开始，每隔0.5mm进行打点，每个试样打25个点。对硬度分布进行分析，结果如图5-20所示。从图中可以明显看出，380℃

和400℃两个温度下的材料硬度值接近，440℃变形后材料的硬度值分布低于另外两个温度下的硬度值。硬度平均值的具体结果见表5-4。

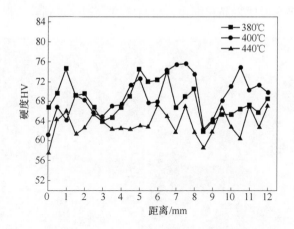

图 5-20　不同温度变形后硬度分布

表 5-4　转角为 120°ES 变形后 AZ61 镁合金的硬度

温度/℃	380	400	440
硬度 IIV	68.2	68.9	63.2

从表 5-4 中也可看出，380℃和 400℃变形条件下，材料硬度值接近；当 ES 变形温度升至 440℃时，硬度 HV 值减小约 6。从组织分析中可知，温度从 380℃升至 400℃时，材料经 ES 变形后动态再结晶进行得更充分，材料组织变得更加细小均匀。但 ES 变形过程中，加工硬化和动态再结晶共同作用，从硬度值结果可知，在 400℃下，加工硬化作用依然处于主导地位。440℃时，晶粒出现长大，硬度降低，性能下降。综合组织和室温拉伸性能结果比较可知，AZ61 镁合金在400℃经转角 120°时的 ES 变形综合性能较好。

5.3.2　不同部位

　　图 5-21 为 ES 挤压后取样部位图。字母标号代表切开模具后取样部位。A为压缩减径区，B 为普通挤压区，C 为一次转角区，D 为等通道挤压区，E 为二次转角区，F 为稳定挤压区，均在材料心部取样。

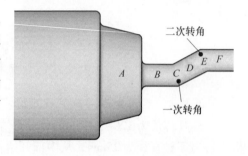

5.3.2.1　不同部位微观组织观察

图 5-22 为 ES 工艺挤压过程中图

图 5-21　样品分布示意图

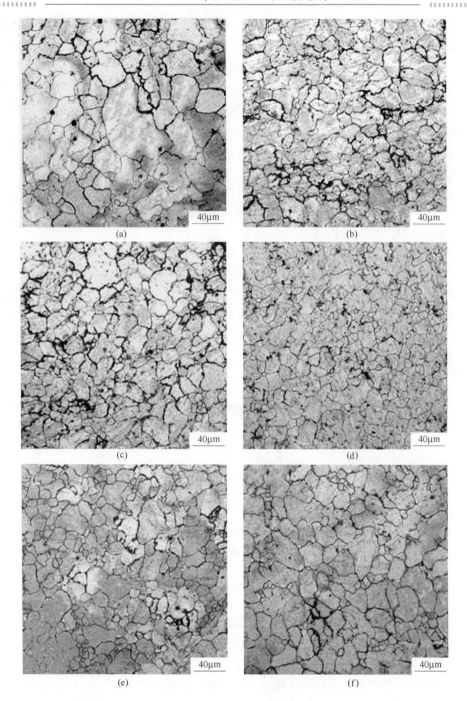

图 5-22 不同部位显微组织

（a）压缩减径区；（b）普通挤压区；（c）一次转角区；

（d）等通道挤压区；（e）二次转角区；（f）稳定挤压区

5-21中所示的 A ~ F 部位的金相。由图 5-22 可知经过压缩剪径区、普通挤压区以及经过两次转角的剪切作用，组织得到显著细化，一次转角区、等通道挤压区以及二次转角区组织内出现了较细小的晶粒，表示经过挤压剪切材料内部发生了动态再结晶，但稳定挤压区的晶粒反而粗大化。样品平均晶粒尺寸见表 5-5，表中字母代表图 5-21 中的取样位置，直观展现了晶粒尺寸的变化趋势。

表 5-5　晶粒平均尺寸　　　　　　　　　　　　　　（μm）

取样位置	A	B	C	D	E	F
d	23.67	17.15	16.29	15.61	16.35	18.14

5.3.2.2　模拟不同部位应变分布

DEFORM-3D 模拟挤压时温度变化情况如图 5-23 所示，模具初始温度为 400℃，坯料未到一次剪切区时，该处模具由于空气散热温度略微下降；随后与坯料接触，坯料温度高于模具温度 20℃，使得模具温度迅速上升。同时由于较大的挤压比，坯料与模具间的摩擦作用产生较大热量，使得模具与坯料温度都升高，模具温度可达 447℃。温度的升高，使得组织中部分晶粒出现长大的现象。

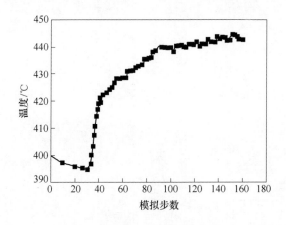

图 5-23　模拟 ES 挤压时温度变化

在温度为 420℃、转角为 120°、挤压比为 18 的模拟中详细研究了变形过程中的等效应变分布，如图 5-24 所示。模拟中所取部位和金相观察部位一致。变形由 A 至 B 时，坯料经过压缩减径，发生较大变形，应变增加；由 B 至 C 时，正在经过一次转角的剪切作用，变形继续增加，应变增大；由 C 至 D 时，一次转角的剪切作用完成，挤压继续进行，等效应变持续增加；D 至 E 时，二次剪切的作用使得坯料继续细化；至 F 时，坯料只有挤压变形作用，模拟时的等效应变分布更均匀，但等效应变减小。模拟结果和金相观察结果吻合。挤压剪切变形过程中，为了消除材料内部不断出现的位错及亚晶界，大角度晶界的迁移促进动态再结晶新晶粒的形成。从压缩减径区至二次转角区，晶粒被拉长后在剪切面的剪切力作用下被破碎，位错间相互缠结，位错的不断累积会形成局部的应力集中，宏观上表现为模拟时挤压力的迅速增加。堆积的位错通过一定规律的重排缓解应力集中，这种重排在晶粒内部形成亚晶界。边部的组织受到模具的摩擦作用产生更大的应变，应变的累积使亚晶界逐渐转变为小角度晶界，并且应变过程中产生的应变能更易达到动态再结晶所需的临界值，两者均促进动态再结晶新晶粒的产生。从普通挤压区至二次转角部位，发生动态再结晶的比例增大，晶粒趋于细化；至稳定挤压区时，由于温度的升高作用大于由于继续变形引起的细化作用，使得晶粒出现长大的现象。

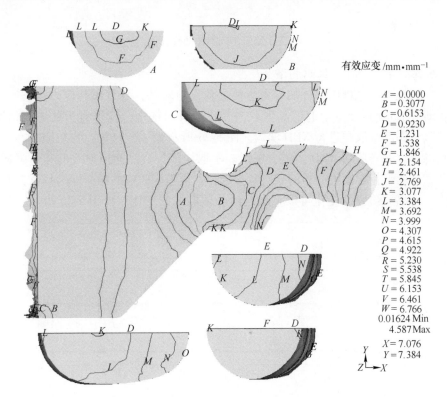

图 5-24 ES 模具内不同区域的等效应变分布

5.3.2.3 不同部位性能测试

为研究挤压后不同部位的力学性能，对位于模具不同挤压区的试样进行硬度测试，结果如图 5-25 所示。标记点 B、C、D、E、F 代表的位置如图 5-21 所示。由图 5-25 可知，从普通挤压区到一次剪切区，试样硬度值增大，性能较好。后续试样硬度值下降，可能是由于挤压时摩擦引起的温升造成了晶粒长大，和前部分组织观察的变化趋势是一致的。

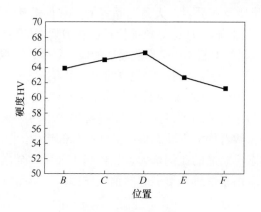

图 5-25　不同部位的硬度

5.3.2.4　不同部位织构演变

在塑性变形过程中，外加应力会使晶粒发生转动，且方向与应力状态有关。为了研究 ES 挤压变形引起的晶体取向变化以及对镁合金变形行为的影响情况，在模具不同部位取样进行 XRD 实验。图 5-26 所示为 AZ61 镁合金挤压棒材在 ES 模具各部位取样后的 XRD 图谱，字母表示取样部位。晶面衍射线的相对强弱代表了该晶面平行于表面分布的相对数量，衍射最强峰对应的晶面即为择优分布的晶面，所以最强峰的变化可以直接反映晶体取向的变化。由图 5-26 可知，整个

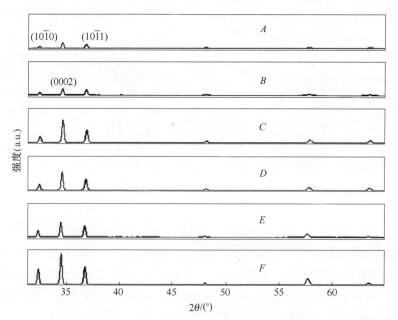

图 5-26　AZ61 镁合金在 ES 模具不同部位的 XRD 分析

衍射过程中，最强峰都是 {0002} 晶面，这是因为挤压剪切工艺对材料的挤压和剪切作用都可以使 {0002} 基面平行于挤压方向，从而使得该面衍射成为择优分布最强的面。次强峰为 {10$\bar{1}$1} 晶面，第三强峰对应的为 {10$\bar{1}$0} 晶面。由表5-6可知，虽然次强峰与第三强峰的相对强度略有变化，但变化规律一致。说明在 ES 挤压过程中，不同区域的试样纵截面上的晶粒取向没有发生显著变化，但经过两次挤压剪切后，使得基面与非基面取向共存，即多种类型的织构共同作用，有利于改善材料的力学性能。

表 5-6　各衍射峰的相对强度　　　　　　　　　　　（%）

位　置	(0002)	(10$\bar{1}$0)	(10$\bar{1}$1)	(10$\bar{1}$2)	(11$\bar{2}$0)	(10$\bar{1}$3)
A	100	26.9	71.1	12.1	16.3	15.7
B	100	37.7	83.6	12.3	17.3	14.7
C	100	28.3	56.4	7.4	13.4	10.5
D	100	29.7	58.7	7.2	15.1	11.5
E	100	45.2	75.9	7.8	26.9	10.2
F	100	50.1	58.1	4.7	21.8	6.5

5.3.3　不同初始状态

5.3.3.1　组织观察

对初始状态不同的 AZ61 镁合金在温度为 440℃ 条件下挤压变形后的组织和性能进行研究，对经过 400℃、10h 均匀化处理后及未经均匀化处理的挤压棒心部和边部的微观组织观察结果如图 5-27 所示。首先均匀化态坯料变形后边部组织较心部组织晶粒粗大，铸态坯料直接 ES 变形后边部组织和心部组织差别不大，测得均匀化态 ES 变形后棒材心部平均晶粒尺寸为 13.42μm，边部组织的平均晶粒尺寸为 16.21μm；铸态坯料 ES 变形后心部组织的平均晶粒尺寸为 13.39μm，边部组织的平均晶粒尺寸约为 13.25μm。两种初始状态下 ES 变形后的心部组织平均晶粒尺寸相近，两种组织差异不大；而均匀化处理后边部组织明显变大，这是由于变形过程中高温以及变形中摩擦引起的温升导致晶粒长大。

同时对两种不同初始状态的坯料在 400℃ 下 ES 变形后的微观组织进行观察，结果如图 5-28 所示。用截线法测得均匀化心部组织的平均晶粒尺寸为 10.37μm，边部平均晶粒尺寸为 12.63μm；铸态组织心部平均晶粒尺寸为 9.87μm，边部平均晶粒尺寸为 11.32μm。总体来说两种条件下变形后组织差异不大。

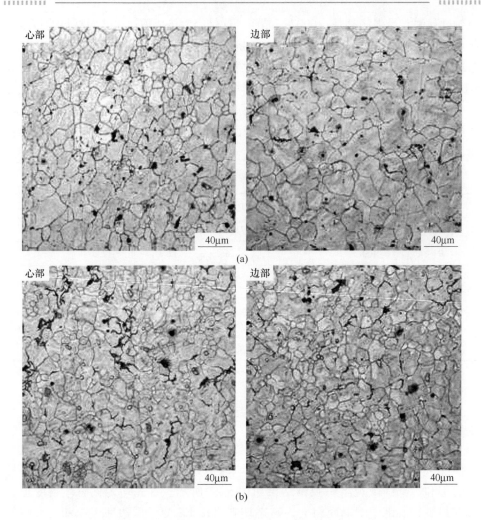

图 5-27　不同初始状态 AZ61 在 440℃时 ES 变形后的微观组织

(a) 均匀化态；(b) 铸态

5.3.3.2　性能测试

为了研究相同变形条件下不同初始状态变形后的性能变化，对棒材的头部、中部、尾部进行硬度测试，取三个部位的平均值作为棒材的硬度值。实验结果如图 5-29 所示，在 440℃时，硬度 HV 值约为 62，铸态和均匀化态无明显差异；当温度降至为 400℃时，棒材的硬度值增大，但两种不同初始状态的棒材硬度值相当。即在 ES 变形中，400℃、10h 均匀化预处理对于变形后棒材的组织和性能已无明显贡献。

5.3.3.3　织构测试

选择变形温度为 400℃时，挤压比为 12 的条件下的普通挤压和 ES 变形对挤

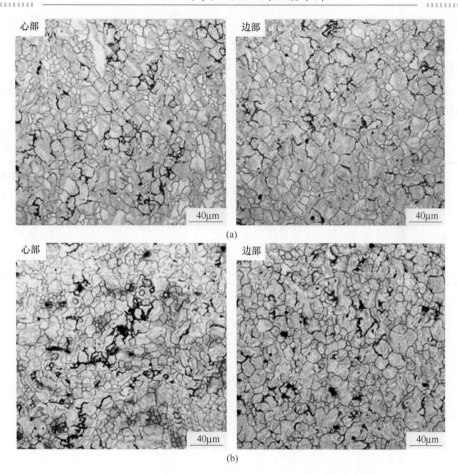

图 5-28 不同初始状态 AZ61 在 400℃时 ES 变形后微观组织

（a）均匀化态；（b）铸态

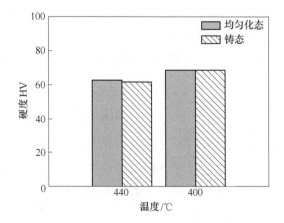

图 5-29 不同初始状态下的硬度测试

压棒材变形后的织构变化做分析，结果如图 5-30 所示。在 420℃ 变形条件下对织构进行分析，发现 ES 变形后存在明显的基面织构。当对铸态 AZ61 进行 400℃ 相同挤压比变形后的织构研究发现，ES 变形后存在的基面织构明显低于普通挤压变形后基面织构。由于 ES 模具中两个转角对变形时材料的剪切方向相反，使得最终挤出时晶粒形状回复程度较大，减弱了晶粒的择优取向程度，有利于提高材料的综合力学性能。

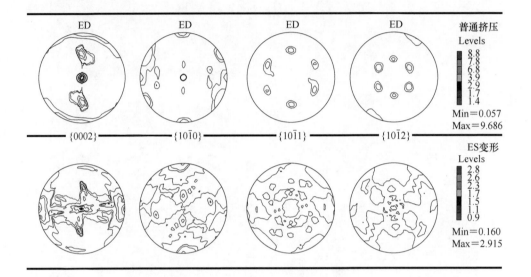

图 5-30　不同变形方式后的织构变化

5.3.4　模拟挤压的有限元分析

对于工业挤压实验，有很多限制条件，没办法获知材料在挤压过程中的变形行为，如流变应力、应变、应变速率等主要参数，在现有条件下也得不到挤压过程中材料的温度变化情况。而 DEFORM-3D 软件为分析计算提供了极有力的帮助。

5.3.4.1　网格的变形行为

图 5-31 中所选出的模拟步数分别为坯料进入挤压杯锥区、普通挤压区、一次剪切区、二次剪切区时所发生的网格变形。通过图中所展示的网格变形信息，可以更好地理解挤压过程中所发生的应力应变分布。从图中可以看出，挤压整个过程中，制品表面没有出现开裂、扭拧现象，制品头部也没有出现毛刺，表面较光滑，与实际挤压实验结果相符合。此外，挤压杯锥区内的坯料，其圆柱体的圆周表面的网格因受到挤压压缩产生较大的畸变，网格变得较小，而头部网格显

示，坯料圆柱体中间的网格受到挤压杆向下的压应力变大。在普通挤压区，边部的网格被拉成长条形。在普通挤压区挤压材变形刚开始，和后面步数的变形相比，此时网格的畸变程度相对较小。在一次剪切区内，坯料受到一次剪切变形，网格畸变程度增大，三角状网格很多都由锐角三角形变为钝角状。坯料进入二次剪切区时，由于受到二次剪切的作用，坯料呈现出大范围的细密网格，三角形网格变成细小均匀分布状，从网格的分布情况来看，挤出部分坯料的网格发生了较为严重的畸变。这与实验所观察到的由于应变量的增加，晶粒不断细化的规律相似。

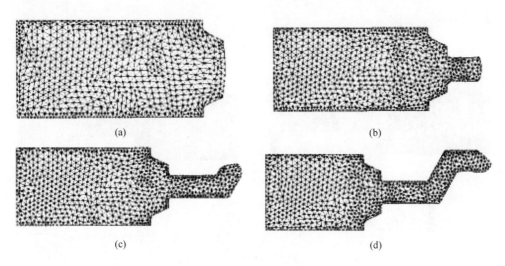

图 5-31　变形温度为 400℃时的网格畸变
(a) 48 步；(b) 60 步；(c) 90 步；(d) 200 步

5.3.4.2　应力演变分析

图 5-32 展示了 AZ61 镁合金经挤压比为 12、挤压温度为 400℃的 ES 模拟挤压变形后的应力分布。该应力分布图是以坯料的对称面切开获得，即展示的为挤压时试样内部的应力分布信息。挤压杯锥区最大应力值为 76.4MPa。坯料进入普通挤压区后，模拟进行到 60 步时最大应力增大为 190MPa。应力分布变得相对较均匀。应力迅速增大是因为进入普通挤压区时，遇到模具的转角，对其有阻碍作用，需要较大的力才能继续发生变形，故应力变得较大。模拟进行到 90 步时，坯料已经进入到模具的一次剪切区内。普通挤压区内，坯料通过第一个转角后，应力得到释放，应力值下降，且分布较均匀。但可以看到，在模具转角部位，坯料的应力值较其他部位的应力值大。当模拟进行到200 步时，坯料已经进入模具的二次剪切区。应力分布变得均匀，最大应力为 247MPa。

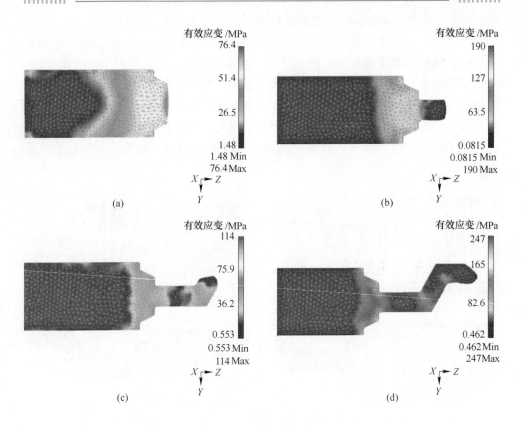

图 5-32 变形温度为 400℃时的等效应力分布图
(a) 48 步；(b) 60 步；(c) 90 步；(d) 200 步

挤压的显微组织照片也显示，金属在进入挤压杯锥区时的晶粒相对较粗大，经 ES 挤压剪切变形后，材料发生了动态再结晶过程以及大的应变，挤出时材料组织即变得较细小均匀。

5.3.4.3 应变分析

图 5-33 所示为 AZ61 镁合金经挤压比为 12、挤压温度为 400℃的 ES 模拟挤压变形后的应变分布信息。选择观察模拟挤压时试样对称面的应变分布信息，即试样剖面的应变分布。模拟进行到 48 步时，坯料进入挤压杯锥区内，应变较大区域为边部挤压死区，等效应变值在 1.1 左右。坯料中部应变尚且不大。模拟在 60 步时，坯料处于普通挤压区内。边部等效应变值约为 2.5，中部等效应变约为 1.5。模拟进行到 90 步时，坯料已经入一次剪切区内，分布在普通挤压区内的坯料等效应变较大，边部值约为 3.7，中部等效应变为 2.4 左右。模拟在 200 步时，坯料处于二次剪切区内，在模具第二个转角外部坯料等效应变最大，达到 5。位于模具中部的坯料的应变为 3～4.5。边部变形量较大。

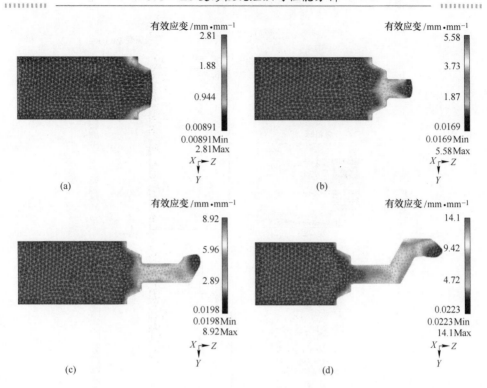

图5-33 变形温度为400℃时的等效应变分布图

(a) 48步；(b) 60步；(c) 90步；(d) 200步

同时采用点追踪的方式对等效应变的变化进行观察，点1、2、3位于坯料中部，点6、7、8、9位于坯料较边部，结果如图5-34所示。

由图5-34可知，模拟在48步时，最大等效应变位于点8，为0.4；进行到60步时，最大等效应变为点2，正进入普通挤压区，应变值为1.5；坯料进入一次剪切区时，等效应变分布和点分布结合，可以看出，位于边部发生的应变量较中部的应变量大，位于前端的坯料应变量大于后部，即应变量是和变形程度对应的；坯料位于二次剪切区时，有三个点的应变量变得特别大，即6、8、9点，从图中可以看出，模拟进行到此步时，这三个点位于坯料最边缘，一般不作考虑，除此之外，应变值较大的是点2，为7.8。应变量是随变形程度的增加而增大的，经历挤压杯锥区、普通挤压区、一次剪切区、二次剪切区，坯料完成了普通挤压和两次剪切作用的变形，积累了较大的应变量，且从挤压杯锥区到二次剪切区，变形程度越来越剧烈，应变量增加变快。点2位于坯料中部，应变量最大，坯料心部发生了完全动态再结晶。

5.3.4.4 应变速率分析

如果仅从应力应变分布来分析金属发生塑性变形时的动态再结晶是完全不够

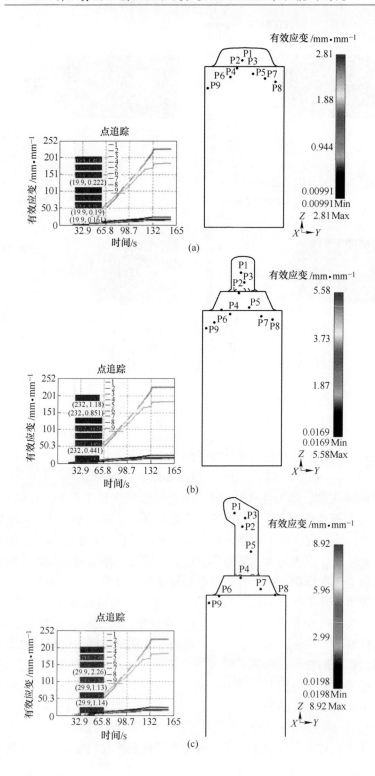

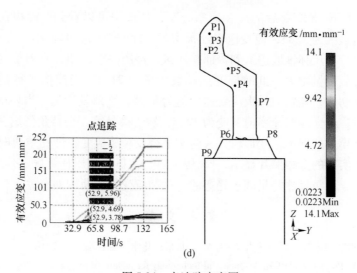

图 5-34　点追踪应变图

（a）48 步；（b）60 步；（c）90 步；（d）200 步

的，借用应变速率变化情况分析晶粒的变化，从而更直接地反映动态再结晶所引起的晶粒尺寸变化。在金属发生动态再结晶过程时，其平均晶粒尺寸和 Z 参数的关系是 $\ln d - 1 = A + B \ln Z$。而温度补偿的应变速率 $Z = \dot{\varepsilon} \exp [Q/(RT)]$，即应变速率 $\dot{\varepsilon}$ 越大，Z 参数就越大，因此平均晶粒尺寸 d 就越小。图 5-35 所示为 AZ61

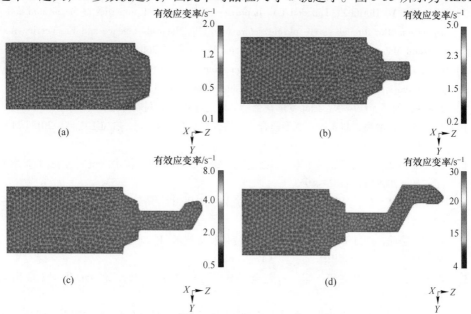

图 5-35　AZ61 镁合金在 400℃下 ES 变形后的应变速率分布

（a）48 步；（b）60 步；（c）90 步；（d）200 步

合金在 400℃下 ES 变形后的应变速率分布，从图中可以看到，模拟在 48 步时，应变速率值最大为 2.85，应变速率分布均匀，此时总的变形较小。进行到 60 步时，坯料经历挤压杯锥区进入到普通挤压区，经历一个转角，有剪切变形，单位时间内累计应变量增大，此时应变速率最大值为 21.4。当模拟进行到 90 步时，即在一次剪切区，坯料的最大应变速率值为 8.95，变形较均匀。当坯料进入二次剪切区内时，最大应变速率值又变为 30.7，经历模具第二个转角作用，且坯料正处在刚挤出模具的部位，变形较大，尚未来得及释放应变，即在单位时间内应变累计较大。实际的金相照片显示，ES 挤压后，坯料在挤压杯锥区、普通挤压区、一次剪切区，晶粒尺寸是呈减小趋势的，这和应变的逐渐增加有关。

参 考 文 献

[1] 张津，章宗和，等. 镁合金及应用[M]. 北京：化学工业出版社，2004.

[2] Kojima Y. Project of platform science and technology for advanced magnesium alloys[J]. Materials Transactions, 2001, 42(7):1154~1159.

[3] Aghion E, Bronfin B. Magnesium alloys development towards the 21st century[J]. Magnesium Alloys, 2000, 350:19~28.

[4] 陈振华. 镁合金[M]. 北京：化学工业出版社，2004.

[5] 潘复生，韩恩厚. 高性能变形镁合金及加工技术[M]. 北京：化学工业出版社，2005.

[6] 马图哈 K H. 非铁合金的结构与性能[M]. 北京：科学出版社，1999.

[7] Yamashita A, Horita Z, Langdon T G. Improving the mechanical properties of magnesium and a magnesium alloy through severe plastic deformation[J]. Materials Science and Engineering A—Structural Materials Properties Microstructure and Processing, 2001, 300(1~2):142~147.

[8] Huang Z W, Yoshida Y, Cisar L, et al. Microstructures and tensile properties of wrought magnesium alloys processed by ECAE[J]. Magnesium Alloys, Pts 1 and 2, 2003, 419:243~248.

[9] 夏翠芹，刘平，任凤章. 细晶变形镁合金的研究进展[J]. 材料导报，2006，20(9):6.

[10] 李新凯，张治民，赵亚丽. 变形镁合金的研究现状及前景[J]. 热加工工艺，2011(24):54~55.

[11] 张丁非，刘杰慧，胡红军，等. 高性能变形镁合金 SPD 挤压技术的研究进展[J]. 热加工工艺，2009(11):102~105.

[12] 李宏战，夏兰廷，师素粉. 镁及镁合金的晶粒细化[J]. 铸造设备研究，2007(5):39~42.

[13] 陈刚，陈鼎，严红革. 高性能镁合金的特种制备技术[J]. 轻合金加工技术，2003(6):40~45.

[14] 温景林，丁桦，曹富荣，等. 有色金属挤压与拉拔技术[M]. 北京：化学工业出版社，2007.

[15] 陈长江，李静媛，黄东男，等. AZ91 镁合金挤压组织与性能的试验研究[J]. 轻合金加工技术，2009(4):27~30.

[16] Barnett M R, Keshavarz Z, Beer A G, et al. Influence of grain size on the compressive deform-

ation of wrought Mg-3Al-1Zn[J]. Acta Materialia, 2004, 52(17):5093~5103.

[17] Uematsu Y, Tokaji K, Kamakura M, et al. Effect of extrusion conditions on grain refinement and fatigue behaviour in magnesium alloys[J]. Materials Science and Engineering A—Structural Materials Properties Microstructure and Processing, 2006, 434(1~2):131~140.

[18] El-Morsy A, Ismail A, Waly M. Microstructural and mechanical properties evolution of magnesium AZ61 alloy processed through a combination of extrusion and thermomechanical processes [J]. Materials Science and Engineering A—Structural Materials Properties Microstructure and Processing, 2008, 486(1~2):528~533.

[19] Miyahara Y, Horita Z, Langdon T G. Exceptional superplasticity in an AZ61 magnesium alloy processed by extrusion and ECAP[J]. Materials Science and Engineering A—Structural Materials Properties Microstructure and Processing, 2006, 420(1~2):240~244.

[20] Hsiang S H, Lin Y W. Investigation of the influence of process parameters on hot extrusion of magnesium alloy tubes[J]. Journal of Materials Processing Technology, 2007, 192:292~299.

[21] Wang Qudong, Chen Yongjun, Liu Manping, et al. Microstructure evolution of AZ series magnesium alloys during cyclic extrusion compression[J]. Materials Science and Engineering A—Structural Materials Properties Microstructure and Processing, 2010, 527(9):2265~2273.

[22] 尹从娟, 张星, 张治民. 挤压温度和挤压比对 AZ31 镁合金组织性能的影响[J]. 有色金属加工, 2008(1):45~47.

[23] Mukai T, Watanabe H, Higashi K. Grain refinement of commercial magnesium alloys for high-strain-rate-superplastic forming[J]. Magnesium Alloys, 2000, 350:159~170.

[24] 张诗昌, 段汉桥, 蔡启舟, 等. 镁合金的熔炼工艺现状及发展趋势[J]. 特种铸造及有色合金, 2000(6):51~54.

[25] Chen Y J, Wang Q D, Peng J G, et al. Effects of extrusion ratio on the microstructure and mechanical properties of AZ31 Mg alloy[J]. Journal of Materials Processing Technology, 2007, 182(1~3):281~285.

[26] 潘复生, 韩恩厚. 高性能变形镁合金及加工技术[M]. 北京: 化学工业出版社, 2005.

[27] 陈振华, 夏伟军, 严红革, 等. 变形镁合金[M]. 北京: 化学工业出版社, 2005.

[28] Mordike B L, Ebert T. Magnesium properties applications potential[J]. Materials Science and Engineering A—Structural Materials Properties Microstructure and Processing, 2001, 302(1):37~45.

[29] 简炜炜, 康志新, 李元元. 多向锻造 ME20M 镁合金的组织演化与力学性能[J]. 中国有色金属学报, 2008(6):1005~1011.

[30] Agnew S R, Horton J A, Lillo T M, et al. Enhanced ductility in strongly textured magnesium produced by equal channel angular processing[J]. Scripta Materialia, 2004, 50(3):377~381.

[31] Kim H S, Jeong H T, Jeong H G, et al. Grain refinement and texture evolution in AZ31 alloy during ECAP process and their effects on mechanical properties[C]. Pricm 5: The Fifth Pacific Rim International Conference on Advanced Materials and Processing, Pts 1~5, 2005, 475~

479: 549~553.

[32] Chen B, Lin D L, Jin L, et al. Equal-channel angular pressing of magnesium alloy AZ91 and its effects on microstructure and mechanical properties [J]. Materials Science and Engineering A—Structural Materials Properties Microstructure and Processing, 2008, 483: 113~116.

[33] Ono N, Nakamura K, Miura S. Influence of grain boundaries on plastic deformation in pure Mg and AZ31 Mg alloy polycrystals [J]. Magnesium Alloys, Pts 1 and 2, 2003, 419: 195~200.

[34] 余琨,黎文献,王日初,等. 变形镁合金的研究、开发及应用[J]. 中国有色金属学报, 2003(2):277~288.

[35] 张丁非,胡红军,刘杰慧. 连续转角剪切的挤压整形制备镁合金型材的方法及模具: 中国, 200810233106.0[P]. 2008-11-24.

[36] 胡红军,张丁非,杨明波,等. 应用挤压—剪切大变形工艺细化 AZ31 镁合金晶粒[J]. Transactions of Nonferrous Metals Society of China, 2011(2):243~249.

[37] 胡红军,张丁非,杨明波,等. 新型镁合金大变形技术的研究与验证[J]. 稀有金属材料与工程, 2010(12):2147~2151.

[38] Kim W J, Jeong H G. Mechanical properties and texture evolution in ECAP processed AZ61 Mg alloys [J]. Magnesium Alloys, Pts 1 and 2, 2003, 419: 201~206.

[39] Yin D L, Zhang K F, Wang G F, et al. Superplasticity and cavitation in AZ31 Mg alloy at elevated temperatures [J]. Materials Letters, 2005, 59(14~15):1714~1718.

[40] McQueen H J, Ryan N D. Constitutive analysis in hot working [J]. Materials Science and Engineering A—Structural Materials Properties Microstructure and Processing, 2002, 322(1~2): 43~63.

[41] Zhou H T, Liu L F, Wang Q D, et al. Strain softening and hardening behavior in AZ61 magnesium alloy [J]. Journal of Materials Science & Technology, 2004, 20(6):691~693.

[42] Sellars C M, McTegart W J. On the mechanism of hot deformation [J]. Acta Metallurgica, 1966, 14(9):1136~1138.

[43] Sellars C M, Tegart W J. Relationship between strength and structure in deformation at elevated temperatures [J]. Mem. Sci. Rev. Met, 1966, 63(9):731~745.

[44] Li B, Joshi S, Azevedo K, et al. Dynamic testing at high strain rates of an ultrafine-grained magnesium alloy processed by ECAP [J]. Materials Science and Engineering A—Structural Materials Properties Microstructure and Processing, 2009, 517(1~2):24~29.

[45] Horita Z, Matsubara K, Makii K, et al. A two-step processing route for achieving a superplastic forming capability in dilute magnesium alloys [J]. Scripta Materialia, 2002, 47(4):255~260.

6 挤压剪切过程多物理场对镁合金微观组织的影响

变形镁合金就是典型利用晶粒细化工艺获得细小晶粒，来调整材料的组织和性能，获得变形性能优异材料的镁合金。

本书实验所采用的主要是 Mg-Al 系中的 AZ31 和 AZ61 合金。该系合金具有非常优良的综合力学性能，是所有变形镁合金中最普遍、最常见的合金，在使用中也运用得最为广泛的镁合金[1~10]。

镁合金的挤压是一个三向受到压应力的过程，强烈的三向压应力，在镁合金挤压变形过程提供了一个静水压的变形环境，从而大大提高其变形能力[11~19]。与轧制、锻造等加工方法所得制品相比，挤压制品的尺寸可以控制在相当精确的范围，获得的制品表面质量好。根据挤压模具的不同形状，可以获得不同形状的挤压制品，如挤压棒材、型材等[20]。

挤压过程的工艺参数直接影响着产品的微观组织和力学性能。挤压的工艺参数主要包括挤压温度、挤压速度、挤压比、摩擦条件等。理论上，确定挤压温度应根据合金的相图、塑性和挤压比。挤压温度为挤压过程中最为重要的因素之一，结合再结晶图，挤压温度应选在合金熔化温度和第二相析出温度之间的范围[21]。挤压速度不能太大，挤压时以棒材表面质量为标准进行选择，挤压速度受工艺、模具以及环境等诸多因素影响，选择时应综合考虑各种因素[22,23]。挤压比对镁合金的组织和性能有重要影响，主要体现在挤压时坯料的变形量、变形方式以及受力状态等方面[24]。增大挤压比能获得更细的显微组织，其强度和塑性因细晶强化而提高。

Murai 等人对 AZ31 镁合金挤压棒材研究表明，与铸造态相比挤压后合金的综合力学性能显著提高[25]。L. L. Chang 等人[26]在不对称热挤压生产的 AZ31 镁合金板材组织和力学性能研究中发现，AZ31 板材在较高的温度下采用不同的轧制速度其晶粒能减小到 3μm。最近的研究中，在 673K 下用一个道次的热挤压实验制造 AZ31 镁合金板材以便在初制过程中产生巨大的剪切应变。在室温下沿着挤压面的顶面到底面，测量了织构、组织和力学性能，实验结果表明不对称挤压有效地降低了基面织构并且改进了在室温下的延展性。

Y. J. Chen 等人[27]研究了在 250℃下 AZ31 挤压比为 7、24、39、70 和 100 的反挤压。实验结果表明增加挤压比能够有效地提高镁合金室温下的力学性能并细化组织，但在高挤压比（不小于39）时镁合金力学性能的提高率有所降低，由此可见在一定条件下，晶粒细化和力学性能的提高存在一个临界挤压比。

S. H. Hsiang 与 J. L. Kuo[28]研究了镁合金板材的挤压过程，得出降低挤压时挤压力和提高挤出棒材强度的较优工艺。挤压温度过高会使镁合金板材表面发生氧化现象。较大的挤压比条件下，采用相同的挤压速度挤压会使挤压载荷急剧增加。因而，挤压时挤压温度不宜过高，挤压比较大时应采用不同挤压速度挤压。

尹从娟等人[29]研究了 AZ31 镁合金热挤压过程。结果表明增大挤压比，降低挤压温度均能提高挤出合金的强度，而升高温度时其延伸率先增加后降低。组织中细小的晶粒为动态再结晶的新晶粒。动态再结晶过程是一个形核和长大同时发生的过程。

黄光胜等人[30]、翟秋亚等人[31]挤压镁合金时，在镁合金基体中发生动态再结晶过程，其组织以细小弥散的等轴晶为主。挤压后合金呈现出良好的力学性能，其抗拉强度为 275 ~ 285MPa，屈服强度为 220 ~ 225MPa，伸长率为 15% ~17%。

综上所述，通过挤压工艺可以使镁合金产生大的塑性变形，并生产各种形状的挤压制品。挤压工艺受挤压温度、挤压比、挤压速度、模具结构等诸多因素的影响，因而，设计适当的模具结构，并选取较优的挤压工艺参数是获得具有优良性能制品的必要前提。

大量研究表明，通过晶粒细化方式可以有效提高镁合金塑性变形能力。大塑性变形（SPD）能够制备出大块体纳米结构材料或超细晶粒结构材料（UFG），ECAE 作为一种 SPD 变形方式，能够制备超细晶粒结构材料[32~36]。与其他工艺相比，ECAE 变形过程中不改变工件的尺寸和形状，能直接进行多道次挤压累积应变，从而达到理想的晶粒细化效果，并获得均匀的微观组织结构。书中所采用模具，正是基于 ECAE 工艺，将其与普通挤压结合而开发出的新型挤压方式。

ECAE 挤压过程中产生的总应变量除了受挤压道次影响外，还要受到两通道间的通道角 ϕ 和外接弧角 ψ 影响，通道角 ϕ 和外接弧角 ψ 是模具的主要结构参数。而与模具结构相关的几何参数中，通道角 ϕ 是影响应变量的最主要因素，其大小基本确定了单道次变形过程的应变量，从而决定晶粒细化效果。

文献［37］和文献［38］用具有不同通道角 ϕ 的 ECAE 模具对 AZ31 合金进行挤压，研究模具结构对微观组织的影响规律。结果表明，在相同的挤压道次和挤压温度条件下，$\phi = 120°$ 的模具对晶粒细化效果弱于 $\phi = 90°$ 模具的细化效果，$\phi = 90°$ 的模具在一定道次下所获得的晶粒是 $\phi = 120°$ 的模具用更多的道次挤压才能实现的。这是由于具有不同通道角的 ECAE 模具在 1 道次挤压时产生的剪应变不同。Iwahashi 等人[39]计算发现，$\phi = 120°$ 的模具 1 道次挤压过程剪切应变为 0.68，而 $\phi = 90°$ 的模具 1 道次挤压时剪切应变为 1.05。因而，$\phi = 120°$ 模具每道

次细化晶粒效果比 $\phi = 90°$ 模具细化效果差。

K. Furuno 等人[40] 研究发现，$\phi = 60°$ 的模具与 $\phi = 90°$ 的模具相比，前者获得的晶粒相对较细小；$\phi = 60°$ 时，平均晶粒尺寸为 $0.30\mu m$；当 $\phi = 90°$ 时，晶粒平均直径为 $0.36\mu m$。而纯铝进两种 ECAE 模具挤压后，平均晶粒尺寸分别为 $1.1\mu m$ 和 $1.3\mu m$。

在选取 ECAE 模具的通道角 ϕ 时，必须注意材料变形的难易程度。当 ϕ 过小时，虽然能够得到极小的微观组织，但变形抗力过大，挤压不易实现，有时候甚至会造成模具损坏；同时，ϕ 过小，挤压后会使试样表面出现微观甚至宏观裂纹，影响试样性能，使下一道次挤压无法进行。而 ϕ 过大时，单次变形获得的等效应变很小，每道次晶粒细化效果不明显，从而使得 ECAE 变形的细化作用失效。

普通挤压材料在室温条件下拉伸时，其晶粒尺寸和强度之间满足 Hall-Petch 关系，但 AZ31 合金经 ECAE 变形后，虽然晶粒得到显著细化，但在室温拉伸时，其屈服强度与抗拉强度却与 Hall-Petch 关系相悖，即晶粒细化，强度不升反降，同时其伸长率却大大提高。

文献［37］研究在 350℃ 时对挤压态 AZ31 进行 4 道次 ECAE 变形，然后在室温条件下进行拉伸，结果发现，经过 ECAE 挤压后，AZ31 的强度有所下降，而伸长率则随着挤压道次的增加而不断增加。从拉伸结果可以看到，挤压态的 AZ31 经第 1 道次的 ECAE 变形后，其强度显著下降，而随后的道次挤压过程中，其强度随道次数在小幅度范围内波动。

S. M. Masoudpanah 等人[41] 研究发现，AZ31 合金经 4 道次 ECAE 后，屈服强度降低，伸长率增加。但 4 道次 ECAE 变形后，合金的抗拉强度与初始挤压态的抗拉强度一致，而屈服强度仍旧较低。文献［42］对 ECAE 制备的平均晶粒尺寸为 $1 \sim 2\mu m$ 的 AZ31 合金与平均晶粒尺寸为 $20\mu m$ 的挤压态 AZ31 在室温下进行拉伸，结果发现，虽然 ECAE 态合金的晶粒尺寸较挤压态晶粒尺寸小一个数量级，但其强度却略微下降，而伸长率增加。K. Xia 等人[43] 在 ECAE 变形过程中，通过施加一个约 50MPa 的背压，使 AZ31 实现在 100℃ 下进行 ECAE。随后的室温力学性能试验中，AZ31 的强度再次展现出反 Hall-Petch 关系，即随着晶粒显著细化，强度略有降低。但是对其硬度测试发现，虽然经 ECAE 变形后的 AZ31 合金强度略有降低，其显微硬度却随着晶粒尺寸降低而升高，这表明其硬度与晶粒尺寸间满足类似 Hall-Petch 对应关系。

AZ31 合金经 ECAE 变形后，力学性能同时受晶粒尺寸和织构的影响[44]。塑性变形时，临界剪切应力（CRSS）小，Schmid 因子大的滑移系最先启动。室温时，AZ31 合金基面的 CRSS 比柱面和锥面的 CRSS 小得多，因而，挤压态的 AZ31 在室温拉伸时塑性变形主要以基面滑移方式进行。在 ECAE 挤压过程中，

AZ31 合金的（0001）基面会产生旋转，从而导致 Schmid 因子增大，使得合金的强度有所降低。ECAE 变形后的 AZ31 伸长率显著增加，除了与晶粒细化有关之外，还与织构改变有关。J. Koike 等人[45]研究发现，ECAE 后基面发生旋转，非基面滑移系被激活，从而使得 AZ31 合金塑性大大提高。

由此可见，经 ECAE 工艺加工的金属，随着挤压道次增加，其晶粒能够显著细化，均匀性也能得到极大提高。通道角 φ 决定了单道次变形过程的应变量，φ 值越小，所获得的挤压效果越好，晶粒细化效果也越显著，但对模具及挤压设备的要求也越高。部分 ECAE 态的镁合金室温拉伸时，其强度与晶粒尺寸间不符合 Hall-Petch 关系，虽然晶粒显著细化，但其屈服强度降低，同时，其伸长率得到极大的提高。这是由于 ECAE 变形过程使基面发生转动，趋于使 Schmid 因子变大的方向，所以强度有所下降。室温拉伸时，晶粒细化及 ECAE 后基面发生旋转，非基面滑移系被激活，双重因素使得镁合金塑性大大提高。

6.1 挤压剪切过程多物理场演化仿真

有限元法不受具体成型问题的限制，能适用于各类加工成型时的有限元分析。对于挤压工艺，有限元法可以分析不同条件下挤压载荷、挤压速度场、挤压温度场、等效应变和等效应力等变化分布情况[46]。另外，利用有限元强大的计算模拟分析能力，可以用于新产品、新工艺的开发，从而大大节省财力和物力[47]。

等通道角挤压工艺参数包括挤压路径、挤压道次、摩擦条件、挤压温度等参数条件，等通道角挤压受挤压工艺参数影响，挤压结果还受模具本身的几何结构等影响，如通道转角、外弧圆角、是否施加背压等。目前，已有研究者用 DE-FORM-3D 软件进行不同挤压工艺条件与不同模具结构 ECAE 有限元模拟，研究内容及结果见表 6-1。

表 6-1　ECAE 工艺的有限元模拟

模拟内容	模 拟 结 果	参考文献
挤压路径 挤压道次	等通道的转角处存在死区，挤压道次的增加缩小死区的范围，有效应变的不均匀性随着挤压道次的增加而降低。通过不同路径模拟表明路径 A 的均匀性比路径 B$_c$ 好	N. E. Mahallawy 等人[48]
背压挤压温度 挤压道次	通过施加背压可以显著地缩小转角死区，从而提高塑性变形的均匀性。挤压温度对塑性应变有较大影响，但对应变的均匀性影响甚微，挤压温度增加使塑性应变降低，同时使挤压转角死区增加。挤压道次对塑性应变产生显著影响，但超出一定温度时，对挤压产生一定的不利影响	B. Aour 等人[49]

模拟内容	模　拟　结　果	参考文献
摩　擦	ECAE 变形方式、应变分布和变形所需挤压力均受摩擦和摩擦方式影响。坯料变形的不均匀性随剪切摩擦力的增加而逐渐增加，随库仑摩擦的增加而迅速增加。经过分析发现剪切摩擦模型适合用于对 ECAE 工艺的模拟研究	I. Balasundar 等人[50]
	等效塑性应变在 3 个方向上分布都不均匀，随着摩擦系数的增加，变形不均匀指数和最大等效应变发生改变	T. Suo 等人[51]
外弧圆角 ψ 摩擦	当外弧圆角小于 45°时，增加圆角 ψ，变形材料的加工硬化作用先减小，随后加工硬化程度增加。当模具无外弧圆角时，增大摩擦使应变分布不均匀性增加。当存在外弧圆角时，摩擦的作用降低，变形均匀性增加	I. Balasundar 等人[52]
挤压道次外弧圆角摩擦	坯料经 1 道次和 4 道次挤压后，其横截面和纵截面的边部产生的等效应变均较小。在外弧圆角较小时，随着加工硬化速率增加，工件横截面的不均匀性增加。考虑摩擦作用时，随着外弧圆角 ψ 增加，加工硬化对应变不均匀性的影响减小	E. Cerri 等人[53]
摩擦挤压路径外弧圆角通道转角	在通道角为 90°时，ψ 为 0° ~ 28°，摩擦因子为 0.15 ~ 0.25 时可得到均匀变形分布。对于具有高变形抗力的材料，通常选择较大的通道角和外弧圆角的模具，挤压时摩擦是不利因素，因而应尽量润滑。多道次挤压时，用节点绘制的方法，分析 A 路径和 C 路径应变分布情况，结果表明 A 路径的应变分布较均匀	S. B. Xu 等人[54]
挤压道次摩擦	单道次 ECAE 挤压是一个不均匀的纯剪切变形过程，工件中部和边部变形不一致。对于难加工材料，常选用较大的通道角和外弧圆角，摩擦是一个不利 ECAE 过程的因素，因而在挤压时应尽量润滑	S. Xu 等人[55]
外弧圆角	具有 $\psi = 0$°的模具其挤压变形相对均匀，而随着圆角的出现，变形均匀性降低，圆角增大了压力并减少了剪切变形部分，从而使得工件的头部、尾部、顶部和底部产生极大的不均匀变形。通过模拟得出，圆角为 9°的模具可以产生 $\psi = 0$°的情形	S. C. Yoon 等人[56]
通道转角	通道角直接影响稳态时坯料的头部和塑性变形区的应变分布，较大的通道角使应变降低，但能获得更好的均匀性	V. P. Basavaraj 等人[57]
通道转角	分别用通道角为 90°、110°、135°的 ECAE 模具对应变速率敏感系数为 0、0.2、0.4 的材料进行挤压，发现随着应变速率敏感性增加或模具的通道角增加，工件在挤压时的开裂倾向降低或者消除	R. B. Figueiredo 等人[58]
挤压路径挤压道次	C 路径经两道次挤压后变形分布变得更加均匀，但其均匀性不如 B_c 路径，B_c 路径挤压道次为 4 的倍数时，其变形均匀性是最好的，因而该路径是获得均匀制品的最好挤压方式	T. Suo 等人[59]

模拟内容	模拟结果	参考文献
挤压路径挤压道次	模拟两个道次C路径的ECAE挤压,发现第一道次的剪切以及第二道次的剪切具有相同的剪切平面,但其作用方向相反	R. B. Figueiredo 等人[60]
新型ECAE	旋转模具ECAE(RD-ECAE)道次增加,载荷增加。同时由于结尾效应,在传统ECAE中不易见,塑性变形随着挤压道次增加而变得不均匀。顶角间隙随着挤压道次增加而降低。随着道次增加,材料加工硬化程度降低	S. C. Yoon 等人[61]
	基于ECAE和Conform工艺开发出的连续限制带材剪切工艺(CCSS/C2S2),用有限元模拟纯铝板材该工艺过程。通道角对变形均匀性无显著影响,但减小通道角能增加累积的等效应变,而在模具通道交界处会增大扭转载荷且板材流动受阻。外弧圆角对通道交界处应变累积以及均匀性的影响与通道角大致一样	S. B. Xu 等人[62]
	在ECAE基础上,以预先挤压和ECAE挤压形成剪切挤压新工艺,并对其进行物理模拟和3D有限元模拟。通过数值模拟分析其温度分布情况,以及应力应变分布曲线,并与物理模拟结果进行对比	D. F. Zhang 等人[63]
	在ECAE模具的基础上,在挤出通道中间处引入开口平面从而形成开口模具。由于开口模具的引入,不同道次和路径挤压的加工效果得到更好的研究	Y. G. Jin 等人[64]

DEFORM-3D是模拟材料三维流动的理想工具,在变形过程中能够进行自动网格重划分,生成优化的网格系统,用户能够借助软件建立自己的材料模型。本节通过三维有限元模拟,分析挤压剪切过程材料流动填充模具的情况,以及挤压载荷、应力应变、坯料温度的大小及分布情况。通过模拟不同温度、不同挤压速率、不同模具转角以及不同挤压比,研究挤压剪切过程的温度场、应力场、应变场的分布及变化情况,获得不同挤压条件和不同模具结构对挤压剪切棒材的影响,为工业挤压剪切提供较优的挤压工艺,为挤压剪切的细晶效果提供理论基础。

建立几何模型:有限元模拟的几何体包括工件、凸模、凹模。DEFORM-3D本身不具备三维造型功能,因而本节用三维造型软件UG建立工件、凸模和凹模的三维几何实体模型,并以stl图形数据格式保存。在DEFORM-3D的前处理中导入stl图形数据文件,从而获得有限元软件中的三维几何实体。工件的几何模型如图6-1所示,由于模具、工件均为对称体,在模拟过程为运算方便、快速,模拟时采用半个几何模型。

建立物理模型:在DEFORM-3D软件中,需要确立模具与工件间的摩擦方式以及坯料的材料特性。本节中凸模与工件、凹模与工件间的摩擦关系采用剪切摩

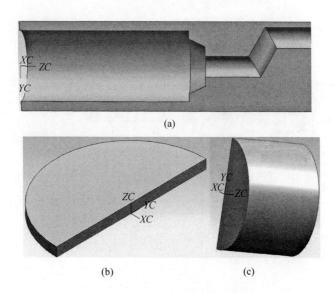

图 6-1 UG 绘制的几何模型
（a）凹模；（b）凸模；（c）工件

擦模型，即

$$f = m_f k$$

式中，f 为摩擦力；m_f 为摩擦因子；k 为材料的剪切屈服应力。

挤压剪切坯料为 AZ31 合金，而在 DEFORM-3D 的材料库中，没有 AZ31 合金这种材料特性，因而，需要建立 AZ31 合金的材料模型。用 Gleeble1500 热-力模拟试验机对不同温度和变形速率下 AZ31 镁合金进行压缩变形研究。压缩变形温度范围为 250～500℃，压缩变形的应变率分别为 0.015s^{-1}、0.15s^{-1}、1.5s^{-1}、10s^{-1}，将所得的数据导入 DEFORM-3D 材料性能模块中，得到材料的力学流变应力应变图，如图 6-2 所示。

AZ31 合金的热容及热传导率会随着温度的升高而变化，因而，在材料的模型中，还应包括材料的热容及热传导率，其随温度变化情况如图 6-3 所示。

前处理设置：DEFORM-3D 前处理设置主要包括几何体导入、材料定义、网格划分、运动设置、边界条件设置以及接触定义。通过几何模型输入接口导入三维几何实体后，设置几何体的类型。实验中把凸模和凹模定义为刚性体，挤压时不考虑其受力和变形情况，把工件定义为塑性体，忽略挤压时产生的微小弹性变形量。之后对凹模、凸模以及工件划分网格，网格太大会影响实验精度，而网格过小则会使模拟运算冗长，因而要选取适当的网格数。然后设置运动条件，凹模静止不动，凸模以恒定速度沿某方向运动，工件为从动件。边界条件里设置几何

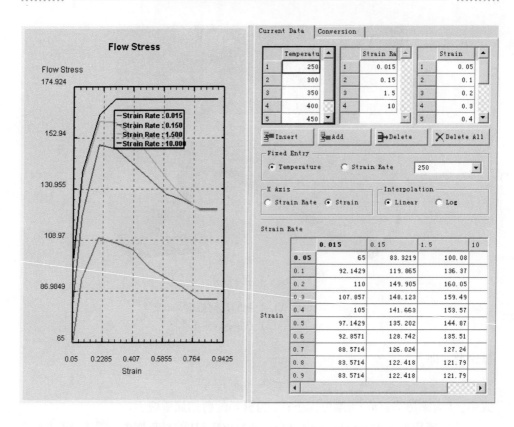

图 6-2   250℃时不同应变速率条件下 AZ31 合金的流动应力-应变曲线

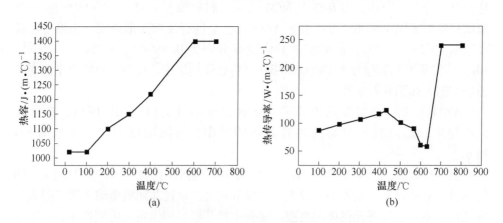

图 6-3   AZ31 合金的热容（a）及热传导率（b）随温度变化曲线

体的对称面以及热传导条件。最后设置几何体的接触条件，包括摩擦因数和热传导系数。最后进行数据检查并产生数据文件。

6.1.1 挤压剪切过程的物理场演化仿真参数的选择

挤压工艺涉及诸多参数，模具结构参数如挤压比，实验条件参数如挤压温度、挤压速度、是否润滑等。各个参数对挤压过程以及挤出制品均有影响。挤压剪切工艺除了具备普通挤压的特点外，其模具结构更加复杂。因而，有必要模拟研究各个参数对挤压剪切的影响规律。表6-2为本章的有限元模拟实验参数，通过模拟不同参数条件下挤压力、等效应变、金属流动以及温度分布情况，研究挤压参数对挤压剪切工艺的影响规律。

表 6-2 有限元模拟实验参数

材　料	挤压温度/℃	模具转角/(°)	挤压比	摩擦因子
AZ31	370 400 420	120 135	12 18 22 32	0.08 0.3 0.7

6.1.2 挤压剪切过程挤压力演变仿真

挤压过程中，挤压力是决定坯料是否能够成功挤出的关键因素。挤压力受挤压温度、挤压速度、摩擦条件等工艺参数的影响，受材料的成分与状态的影响，还受模具结构的影响，如挤压比（本实验中还包括模具通道转角的影响）。本实验中采用一种新型的挤压模具对镁合金进行挤压，新型模具包括普通挤压区和等通道挤压区，通过新型模具一次挤压可以实现普通挤压以及之后的两个道次的 C 路径挤压。新型模具的结构参数主要包括挤压比和通道转角，在挤压过程中，针对挤压的镁合金材料，不仅要确定适当的挤压工艺，还要设计合适的模具结构以确保坯料顺利挤出并保证棒材的表面质量。为此通过有限元软件模拟不同条件下的 ES 挤压过程，分析挤压载荷变化情况。

370℃时 AZ31 合金挤压剪切过程挤压力及等效应力的变化情况如图 6-4 所示，从挤压力随时间变化的趋势可知，挤压力随挤压区域变化而呈一定规律变化。挤压初始阶段，坯料在挤压杆的推动以及模具的约束下镦粗，坯料充满整个挤压筒，该阶段坯料的变形量很小，所对应的挤压力较小（见图 6-4(a)），坯料镦粗过程挤压力呈线性增大，但增加的速度非常缓慢。挤压杆继续推进，坯料在模具的约束下发生流动变形，坯料的不同部位所产生的等效应力不同，从图中可以看出，坯料前端开始进入普通挤压区时，其中间的等效应力最小，而距中部越远，其等效应力越大，由此可知坯料的中部最易向前流动。在初始挤压阶段，坯料产生的最大等效应力在前端，此时最大等效应力在 40MPa 左右。随后坯料进入普通挤压区，进行挤压的第二阶段即普通挤压阶段。在该阶段，坯料向前流动

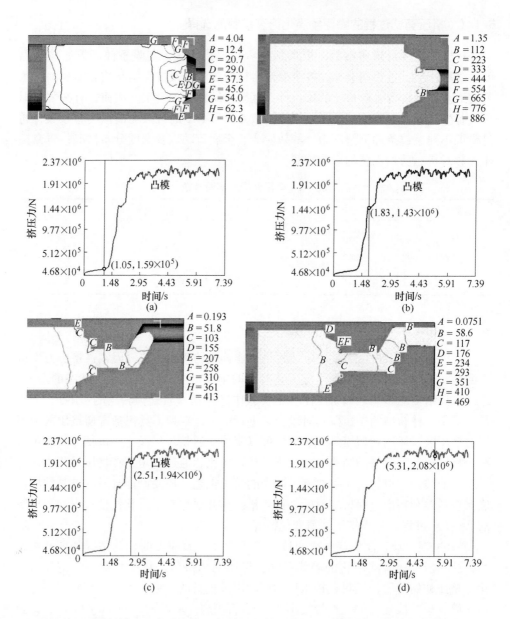

图 6-4 370℃ 时 AZ31 合金在挤压比为 12 的挤压剪切过程挤压力及等效应力的变化

（a）普通挤压区；（b）一次转角区；（c）二次转角区；（d）稳定挤出

受阻，在模具的约束下，边部坯料向中间流动，同时，由于模具横截面积的减小，坯料的流动速度迅速增加，这使得挤压力随之呈线性迅速增加，从图 6-4 (b) 可以看出，此时挤压力增加非常迅速，部分区域等效应力达到 112MPa。经过普通挤压区后，又进入等通道角挤压区。等通道角挤压区由两个道次的 C 路径挤压组成，因而分为一次转角区和二次转角区。从图6-4(b)、(c)可以看出，从普通挤压区到一次转角区，挤压力曲线出现了一个短暂的平台，由于普通挤压完成后，挤压力曲线基本保持在一定的范围波动，呈现出挤压力平台，而挤压剪切模具随后的一次转角区对金属流动的阻碍作用，使得挤压力在普通挤压的基础上继续增加，从图中可以看出，挤压力增加速度与普通挤压区增加的速度大致相同。从一次转角区到二次转角区，挤压力短暂停顿后继续增加，随后进入稳定挤压阶段，挤压力在小幅范围内波动。

温度对挤压力影响规律如图6-5所示。整个挤压过程中挤压力曲线变化规律一致，挤压力曲线呈现出几个明显阶段：挤压初始的镦粗阶段，挤压力迅速增加的普通挤压阶段，挤压平台后的等通道角阶段以及之后挤压力小幅波动的稳定挤压阶段。从图中可以看出，温度对最大挤压力产生影响，稳定挤压阶段挤压力达到最大，降低温度，最大挤压力增加，稳定挤压阶段的挤压力增加，相邻温度所对应的最大挤压力相差 3×10^5 N 左右。温度升高几乎不影响挤压初始镦粗阶段的挤压力，即不同温度条件下的镦粗力基本重合。不同温度条件下普通挤压阶段的挤压力也互相重合，但挤压力平台的高度不一，即平台对应的挤压力大小不同，温度越低，挤压力平台出现高度越高。随后至等通道区挤压，挤压力均在挤压力平台的基础上增加，各温度条件下挤压力增加的幅度基本一致。

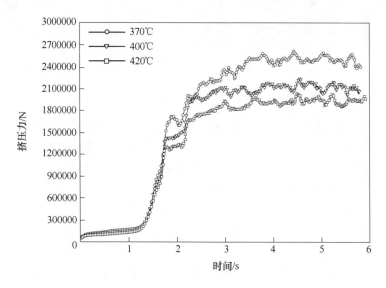

图6-5 挤压比为12时不同温度条件下的 ES 挤压力

为研究不同挤压比条件下挤压力的变化规律，用 DEFORM 分别模拟400℃时，挤压比为12、22和32的 ES 过程，得到不同挤压比条件下的 ES 挤压力，如图6-6所示。随着挤压比增大，最大挤压力随之增大。挤压比为22的挤压力比挤压比为 12 的最大挤压力大 $1 \times 10^6 \mathrm{N}$ 左右，而挤压比为 32 比挤压比为 22 的最大挤压力大 $8 \times 10^5 \mathrm{N}$ 左右。初始挤压阶段不同挤压比的挤压力曲线重合，说明镦粗阶段的挤压力与挤压比无关。随后至普通挤压阶段，不同挤压比对应的挤压力曲线和挤压力平台不同，尤其是挤压力平台，挤压比为 12 和 22 时可以在挤压力曲线上观测到挤压力平台，而挤压比增加到 32 时，挤压力平台变为一挤压力拐点，由此说明，挤压比越小，ES 挤压力分阶段变化规律越显著。在稳定挤压阶段，挤压比越小，挤压力波动幅度越小。

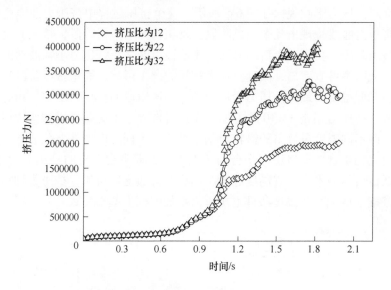

图 6-6　不同挤压比条件下的 ES 挤压力

　　挤压剪切模具包括普通挤压区与等通道转角区，作为等通道挤压的一个主要参数，模具的通道转角对挤压力有一定影响。420℃时挤压比为 12 的不同通道转角的挤压力变化曲线如图 6-7 所示。由于通道转角位于等通道挤压区，因而等通道挤压区之前的镦粗阶段和普通挤压阶段的挤压力不受转角影响，即在挤压力平台之前的不同通道转角对应的挤压力曲线重合。在等通道挤压区由于转角的影响，挤压力上升的斜率不同，通道转角越小，挤压力上升的斜率越大，最终稳定的挤压力越大。

　　摩擦力对挤压剪切过程挤压力的变化有着显著影响。图 6-8 所示为挤压比为 12、挤压温度为 420℃时不同的摩擦条件下的挤压力曲线。随着摩擦因数（m）增加，挤压力显著增加。当摩擦因数从 0.08 增加到 0.7 时，挤压力增加了 80% 左右。摩擦力对挤压剪切过程的挤压力的变化规律也有所影响。当摩擦因数很小时，普通挤压阶段挤压载荷的稳定平台更加显著。在稳定变形阶段，挤压力波动更小，保持为一个稳定的数值；随着摩擦因数增加，稳定平台缩短，稳定变形阶段挤压力的波

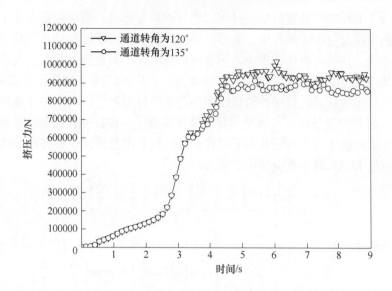

图 6-7 不同通道转角条件下的挤压力

动增大。通过比较不同转角下挤压力的变化情况可知，增加通道角可以在一定程度上降低挤压力，但其对挤压力的作用不如摩擦对挤压力的作用显著。

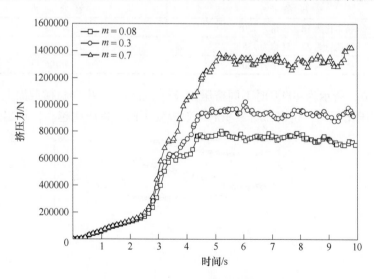

图 6-8 不同摩擦条件下的 ES 挤压力

6.1.3 挤压剪切过程等效应变演化

金属材料在热加工时，能否产生动态再结晶，除了决定于加工温度外，还受到变形大小的控制。动态再结晶过程需要一临界变形量，当变形量大于临界变形量时动态再结晶过程才能发生，变形量增加促使位错密度增加，从而使动态再结晶进程加快。在挤压剪切过程中，用等效应变的大小衡量变形程度。与挤压力一样，等效应变也受到挤压参数（如摩擦条件）和模具结构（挤压比和通道转角）的影响。挤压剪切工艺包括普通挤压和等通道角挤压两个阶段。等通道角挤压为两个道次的 C 路径挤压，因而整个复合挤压实现了一次普通挤压和两个道次的 C 路径等通道角挤压。在理想状态下，将变形体视为刚塑性体，不考虑摩擦的条件下，单道次 ECAE 的等效应变可表示为：

$$\varepsilon_2 = \left[\frac{2\cot\left(\dfrac{\phi}{2}+\dfrac{\psi}{2}\right)+\psi\csc\left(\dfrac{\phi}{2}+\dfrac{\psi}{2}\right)}{\sqrt{3}}\right]$$

普通挤压时等效应变 $\varepsilon_1 = \ln\lambda$。因而 ES 挤压的等效应变可以表示为：

$$\varepsilon_{\text{总}} = \varepsilon_1 + 2\varepsilon_2 = \ln\lambda + 2\left[\frac{2\cot\left(\dfrac{\phi}{2}+\dfrac{\psi}{2}\right)+\psi\csc\left(\dfrac{\phi}{2}+\dfrac{\psi}{2}\right)}{\sqrt{3}}\right]$$

不同挤压比下的等效应变见表 6-3。

表 6-3　不同挤压比下的等效应变

挤 压 条 件	等 效 应 变
挤压比为 12，转角为 120°	3.815
挤压比为 22，转角为 135°	4.048
挤压比为 32，转角为 120°	4.796

如图 6-9 所示为 400℃时不同挤压比条件下的 ES 挤出棒材横截面上等效应变分布。挤压比不同，挤出棒材累积的等效应变不同。挤压比越小，挤出棒材的横

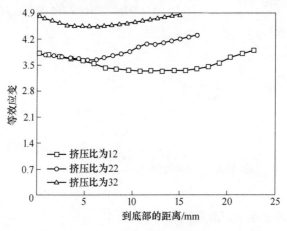

图 6-9　不同挤压比条件下的等效应变

截面越大，棒材的直径越大，图中等效应变曲线越长。从图中可以看出，在挤出棒材的横截面上中间等效应变最小，而边部等效应变最大。挤压比为 12 时，棒材的等效应变为 3.8 左右，挤压比为 22 的棒材的等效应变为 4 左右，挤压比为 32 的棒材的等效应变为 4.8 左右。由此可见，随着挤压比增加，棒材的等效应变增加。模拟所得的等效应变与表 6-3 计算所得的等效应变一致。

坯料经具有不同转角的挤压剪切模具挤压后其横截面上的等效应变分布如图 6-10 所示。从图中可以看出，通道角对等效应变的分布有显著作用。转角为 120° 的挤压剪切所产生的等效应变为 4.5 左右，转角为 135° 的等效应变为 4.1 左右。通道角越大，则挤出棒材累积的等效应变越小。

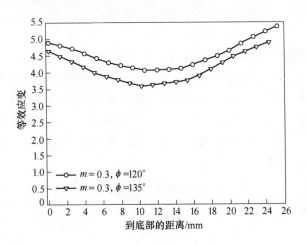

图 6-10　不同转角的等效应变

如图 6-11 所示为不同摩擦条件下棒材横截面的等效应变分布。摩擦因数越

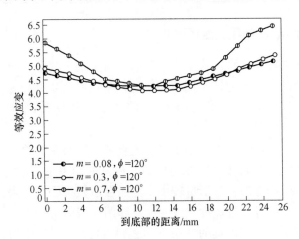

图 6-11　不同摩擦条件下的等效应变

大，则坯料在挤压剪切变形时累积的等效应变越大。尤其试样的两边，随着摩擦因数增加，其等效应变迅速增大。从整个横截面的应变分布来看，摩擦因数对试样两个边部等效应变分布的影响大于对试样中心的影响。摩擦因子越大，边部和中部的等效应变均增大，但比较不同摩擦因子所对应的等效应变发现，摩擦因子越小，则中部与边部的等效应变差越小，因而摩擦因子越小，则挤出棒材的横截面的发生的变形越均匀。

由于挤压试样横截面上的等效应变分布不均，挤压试样的横截面上总会存在组织不均匀现象。因而，对不同条件下复合挤压后试样的横截面上等效应变的分布情况进行模拟，以便找到能制备出具有更均匀组织试样的最佳参数。横截面上应变分布的不均匀性可以用不均匀指数 I 来表示：

$$I = D(\varepsilon) = (\varepsilon^2)_{ave} - (\varepsilon_{ave})^2$$

式中，ε_{ave} 为横截面上的平均等效应变；ε^2 为横截面上各点等效应变的平方。

挤压后，不同摩擦因数和不同转角条件下，挤出试样横截面等效应变分布的不均匀指数见表 6-4。从表中可以看出，随着摩擦因数增加，不均匀指数增加，横截面上等效应变的不均匀性增加。在相同的摩擦因数下，通道转角由 120° 增加到 135° 时，不均匀指数略有增大。由此可见，摩擦条件是影响试样等效应变分布均匀与否的主要因数。

表 6-4 不同条件下试样横截面上的等效应变分布的不均匀指数

摩擦系数与通道角	ε_{ave}	$(\varepsilon_{ave})^2$	$(\varepsilon^2)_{ave}$	I
$m = 0.08$，$\phi = 120°$	4.527	20.496	20.569	0.073
$m = 0.3$，$\phi = 120°$	4.531	20.526	20.680	0.154
$m = 0.7$，$\phi = 120°$	5.071	25.715	26.205	0.489
$m = 0.3$，$\phi = 135°$	4.117	16.948	17.115	0.167

6.1.4 挤压剪切过程挤压速度场演变

挤压时，坯料在挤压杆的推动与磨具的约束下发生变形，模具结构不同，金属在模具内流动的速度与方式不同。挤压过程中坯料的变形行为与金属的流动速度及方式有关，因而为更好地研究 ES 新型工艺，对挤压时 ES 模具内的速度场进行模拟分析。

工业挤压时，挤压铸锭直径小于挤压筒直径，因而在初始挤压时，铸锭在挤压筒内首先被镦粗，金属在挤压杆的推动和模具的约束下流动充满整个挤压筒。由于坯料仅发生镦粗变形，变形量较小，因而在镦粗阶段，金属流动的速度变化较小，其速度与挤压杆推进速度大致一样，如图 6-12 所示。

在普通挤压区时，在模具的约束下，坯料被压缩，在径向上直径迅速减小，坯料在普通挤压区的横截面面积减小。金属在发生变形时，由于其弹性变形很

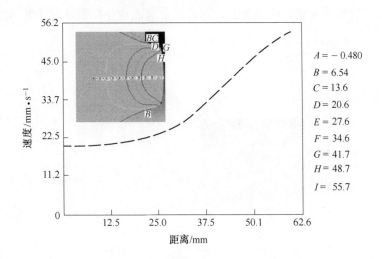

图 6-12 坯料镦粗时金属流动速度分布

小，因而常常忽略其弹性变形而关注塑性应变。根据塑性变形体积不变的原理，当坯料的横截面面积减小时，则其单位时间内通过横截面的金属量增加，即金属流动的速度增加。从图 6-13 中可以看出，从镦粗区域到普通挤压区，坯料中部的金属的流动速度不断增加，由最初的 20mm/s 增加到最大值 180mm/s 左右。图中的速度等值线明显地凹向金属流动速度的反向，这是由于坯料与模具间的摩擦力作用，摩擦作用阻碍了接触金属的流动速度，因而在速度等值线出现明显的凹向。

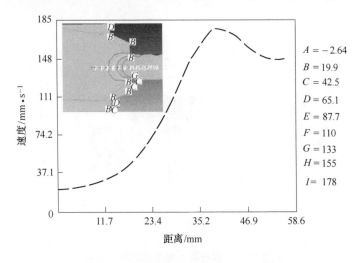

图 6-13 普通挤压区金属流动速度分布

等通道转角区金属的流动速度减缓，一方面是由于摩擦的作用，另一方面是由于通道转角对金属流动的阻碍作用。从图 6-14 中可以看到，转角前金属流动的速度大于转角后金属流动的速度，转角区金属流动存在明显的速度梯度。

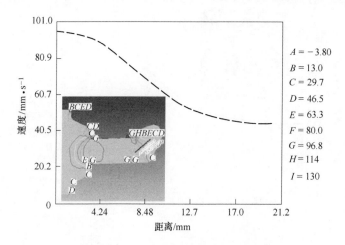

图6-14　一次转角区金属流动速度分布

二次转角区金属流动速度分布如图6-15所示。从图6-15中可以看出，金属通过二次转角区时，其流动速度发生变化。与一次转角区一样，二次转角区也存在明显的速度梯度，但不同的是，二次转角的速度梯度是递增的。对一次转角而言，二次转角对金属流动具有阻碍作用，即二次转角相当于给一次转角施加一个背压，金属的流动速度因此减缓，而坯料通过二次转角后，没有背压的作用，金属流动速度反而有所增加。

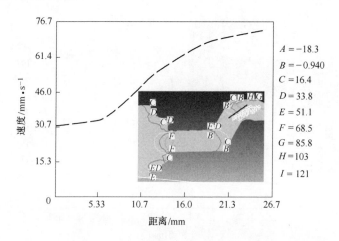

图6-15　二次转角区金属流动速度分布

稳定挤压时金属流动速度分布如图6-16所示。稳定挤压阶段时，挤压力保持在小幅范围波动，而金属流动速度也保持在一定范围内。从图中可以看出，在稳定挤压时，棒材的横截面上，无论是边部还是中部，金属流动速度一致。

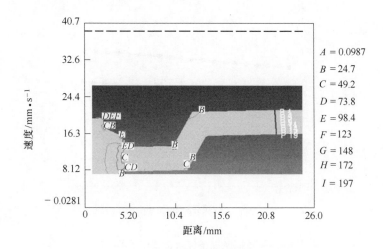

图 6-16　稳定挤压时金属流动速度分布

在稳定挤压阶段，棒材横截面上的金属流动速度如图 6-17 所示。从图中可以看出，在稳定挤压阶段，棒材横截面上金属流动非常均匀，无论是棒材的中部还是边部，金属的流动速度一致，一致的流动速度有利于获得具有均匀组织的棒材。在其他挤压工艺参数一致的条件下，等通道转角不同，稳定挤压时棒材横截面上金属流动速度不同。增大通道转角，则金属流动的速度随即增加。从图中还可以看到，转角对流动速度分布均匀性的影响不大。

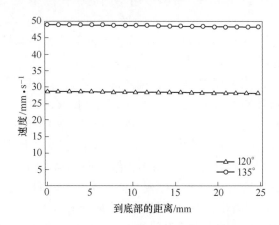

图 6-17　不同转角对应的稳定挤压时金属流动速度

如图 6-18 所示为挤压比为 12，转角为 120°的 ES 模具在不同摩擦条件下对金属流动的影响。随着摩擦因数的增加，金属流动速度降低。从图中可以看出，金属在整个 TD 方向上的流动速度大致一样，摩擦因数的增加并没有使该方向上金属的流动发生明显的改变。

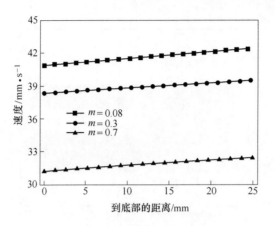

图 6-18 不同摩擦条件对金属流动的影响

6.1.5 挤压剪切过程温度场的变化

挤压时，由于坯料与模具间摩擦作用以及模具与空气间的传热作用，在挤压过程中温度会发生变化。坯料在塑性变形过程中，90%的变形能以热量的形式散失，而这些热量会使挤压过程的温度发生变化。为研究挤压剪切过程的温度场变化情况，用 DEFORM 软件模拟挤压剪切过程，模拟时模具与坯料之间的导热系数设置为 $11N/(℃ \cdot s \cdot mm^2)$。模拟采用不同的摩擦因子（0.08、0.3、0.7），不同挤压比（12、22、32），不同挤压速度（5mm/s、10mm/s、20mm/s）和不同初始温度（350℃、370℃、400℃）以分析不同工艺条件和模具结构对挤压过程中温度场的影响。

在挤压过程中，使温度升高的热量来源之一就是模具与坯料间的摩擦作用，因而摩擦对挤压过程温度的变化有一定影响。在挤压比为 12 的条件下，分别模拟摩擦非常小（$m = 0.08$）、有润滑（$m = 0.3$）的条件下和无润滑（$m = 0.7$）的热挤压过程，得到不同摩擦条件下模具温度变化情况如图 6-19 所示。在挤压初始阶段，由于模具与空气间的传热而使模具温度略微下降，随即变形产生的热量使模具温度上升。无摩擦或摩擦非常小的条件下挤压，模具的温度上升很少，从图中可以看出，在挤压过程中，模具的温度上升到 400℃ 左右，随即变形产生的热量与模具散失的热量保持平衡，模具温度保持不变。有润滑条件下，摩擦作用不剧烈，挤压时模具温度有所上升，$m = 0.3$ 时模具的温度上升到 415℃ 左右。在 $m = 0.7$ 的条件下，摩擦作用十分明显，模具温度在初始略微下降后，随即不断上升，在挤压过程中模具温度增加到 430℃ 左右。由此可见，摩擦不仅对挤压力产生影响，对挤压模具温度分布也有作用，摩擦力越大，则模具温度升温越高。

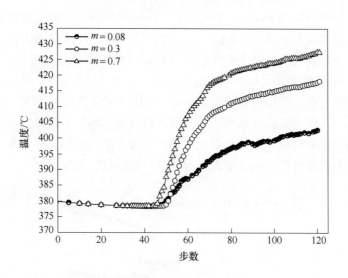

图 6-19　不同摩擦条件下模具温度变化情况

在挤压过程中，挤压比不同，则坯料变形程度不同。不同挤压比条件下的模具温度变化情况如图 6-20 所示。开始挤压时，模具的温度比坯料温度低 20℃。初始变形较小，产生热量小于模具向环境散失的热量，温度曲线略有下降。随后随着挤压变形量增加，模具温度不断升高。挤压比为 12 的挤压剪切模具在挤压过程中温度升高到 420℃左右，挤压比为 22 的挤压剪切模具温度升高到 435℃左右，挤压比增加到 32 时，温度升高 80℃左右，模具温度为 460℃。由此可见，模具温度随着挤压比的增大而升高，挤压比越大，则模具温度越高。

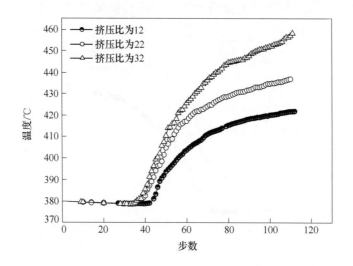

图 6-20　不同挤压比条件下的温度变化

　　挤压杆速度分别为5mm/s、10mm/s、20mm/s条件下的温度变化如图6-21所示。挤压杆速度为5mm/s的挤压剪切，由于挤压速度较低，因而在挤压初始阶段模具温度升温较晚，其温度曲线在开始阶段最低，模具温度最终上升到406℃左右。挤压杆速度为10mm/s时，模具温度升高到415℃左右，挤压速度升高，模具温度继续升高。挤压杆速度为20mm/s时模具温度升高到425℃。由此可见，挤压速度越大，则模具温度越高。这是由于挤压速度增加，模具与坯料间产生的热量向环境中散失得越少，同时更加剧烈的变形产生更多的热量，更多的热量促使模具和坯料温度升高。因而增大挤压速度可使模具内温度升高。

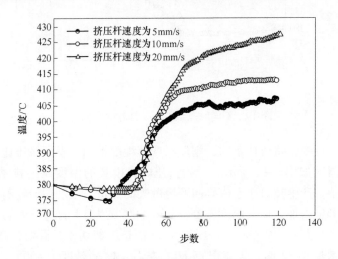

图6-21　不同挤压速度条件下的温度变化

图6-22所示为挤压初始温度为350℃、370℃和400℃时模具温度在挤压过程

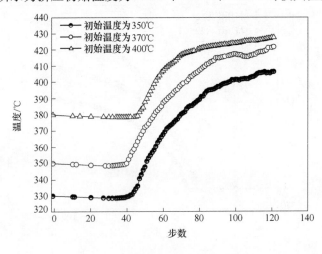

图6-22　不同温度条件下的模具温度

中的变化情况。模拟时，模具温度比坯料温度低20℃，模具与坯料间的摩擦因子 $m=0.7$，挤压杆的速度为20mm/s。从图中可以看出，挤压初始温度不同，模具温度在挤压过程中的变化规律不同。初始温度为350℃的挤压，模具初始温度为330℃，最终温度为405℃左右，在整个挤压过程中模具温度升高75℃左右。初始温度为350℃的挤压，模具温度升高到415℃左右，模具温度升高约65℃。模具初始温度增加到380℃时，最终温度稳定在430℃左右，即温度升高了约50℃。由此可见，模具初始温度越低，则挤压过程中模具温度增加得越多。

6.2　挤压剪切的微观组织与力学性能

6.2.1　挤压剪切实验结果

初次挤压实验材料为铸态 AZ61，挤压剪切模具通道转角为120°，挤出棒材直径为15mm，挤压比为32。挤压时，坯料被加热到420℃并保温0.5h，挤压垫和挤压筒被加热到400℃并保温，挤压时棒材挤出的速度为20mm/s。挤压前后模具形状如图6-23所示。挤压剪切模具在挤压过程中被镦粗（见图6-23（b）），同时挤压坯料从挤压模具的侧面溢出，呈飞边状。由于挤压比过大，挤压力上升

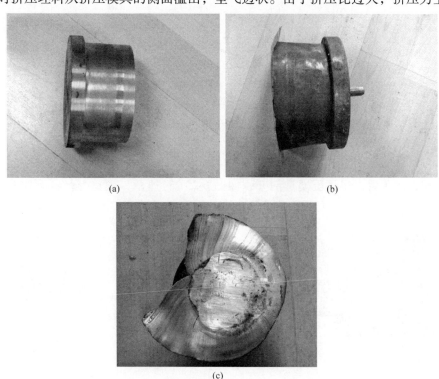

(a)　　　　　　　　　　　　(b)

(c)

图6-23　挤压前的挤压剪切模具与挤压后的模具

（a）挤压前的 ES 模具；（b）镦粗；（c）飞边

超过模具承受范围，模具被镦粗，同时由于金属沿模具流动时所需的压力大于沿着模具侧面流动时压力，最终金属从侧面溢出形成飞边（见图6-23(c)）。

通过有限元模拟挤压比为32的挤压剪切过程，所得的挤压力变化如图6-24所示。随着挤压进行，挤压力不断增加，尤其是进入普通挤压区与通道转角区时，挤压力显著增加。进入稳定挤压阶段后，挤压力略有下降，并在一定范围内小幅波动。从图中可以看到，本次挤压时最大挤压力超过$3 \times 10^6\text{N}$。实验所采用的卧式挤压机的名义挤压力为$5 \times 10^6\text{N}$，但其实际挤压时所能提供的挤压力不足$3 \times 10^6\text{N}$，因而出现图6-23(b)、(c)所示的挤压结果：在模具出口处挤出小段坯料，而模具被镦粗，后端坯料出现飞边。

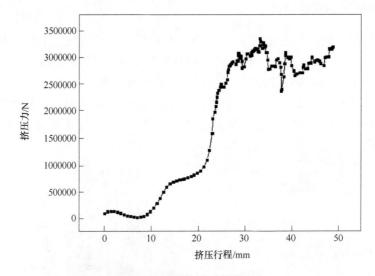

图 6-24　挤压剪切时载荷变化

初次挤压后，将挤压模具剖开，如图6-25(a)所示，模具与坯料紧密黏结。

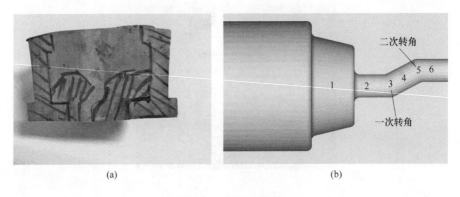

(a)　　　　　　　　　　　　　　　(b)

图 6-25　挤压后模具

（a）模具内部；（b）取样部位

按图 6-25(b)所示，取模具不同部位的坯料，进行显微组织的研究。分别观察试样同一横截面的中部和边部组织，挤压后各部分的组织如图 6-26 所示。

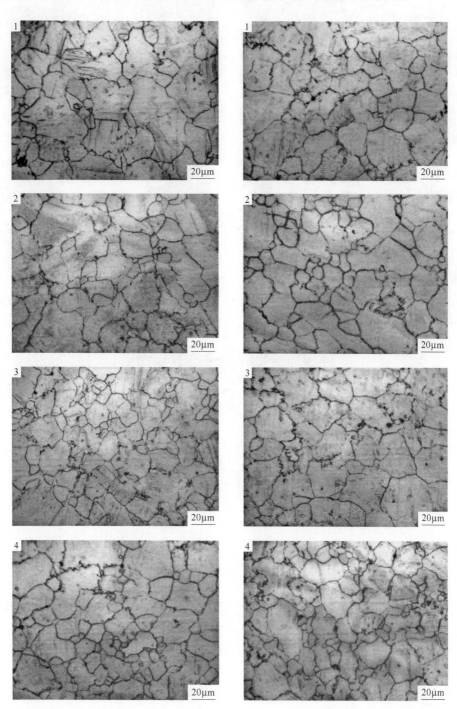

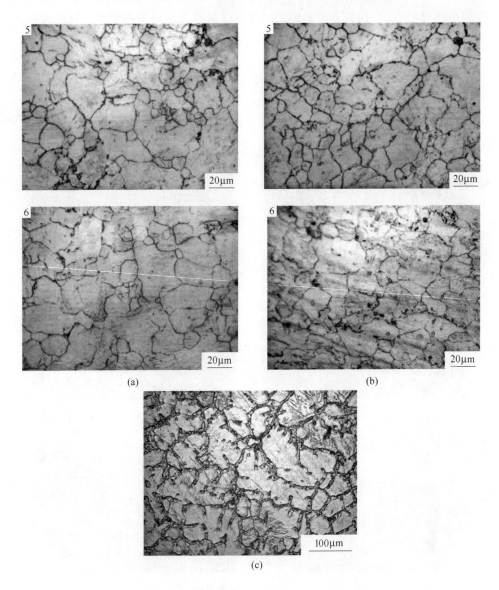

图 6-26 挤压剪切后各部分（1～6）横截面的组织

（a）中部；（b）边部；（c）原始组织

　　从图 6-26 中可以看出，在压缩剪径区（部位 1），粗大的原始铸态组织得到显著细化，晶粒细化到 20μm 左右。经过普通挤压区（部位 2）后，试样的局部产生动态再结晶，局部产生细小的动态再结晶晶粒，此时组织是由原始的粗大晶粒和细小的再结晶晶粒组成的混晶组织。随后的等通道挤压区（部位 3、部位 5）的两次剪切作用并没有显著地细化晶粒。通过对挤压过程各部分温度变化模拟发现，在挤压过程中，挤压剪切模具普通挤压区和等通道挤压区的温度有明显变化。如图 6-27 所示，模具初始温度为 400℃，坯料未到一次剪切区时，该处向空气散热使温度有略微下降，随后与坯料接触，由于坯料温度比模具温度高，模具温度迅速上升。同时坯料与模具间的强烈摩擦作用产生较大的热量，这些热量使模具的温度迅速升高，经模拟发现此处最高温度可达 447℃。在此处挤压实验中，由于挤压时挤压比过大，模具与坯料间的摩擦作用使二者温度同时升高，最终导致等通道区细化的动态再结晶晶粒发生长大。温度的上升，使得不同区域中部和边部的组织间没有明显差异。对于挤出坯料区（部位 6）晶粒继续长大，因而最终得到的仍为粗大的组织。

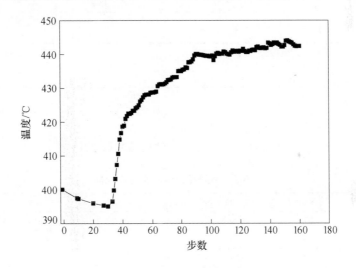

图 6-27 挤压剪切时一次剪切区温度变化

6.2.2 晶粒取向变化

挤压剪切的不同挤压区对晶粒的取向有影响。对挤压剪切各区域的试样的横截面和纵截面进行 X 射线衍射实验，取样部位如图 6-25（b）所示，以此研究 ES 工艺对晶粒取向的影响规律。挤压剪切不同挤压区横截面的衍射结果如图 6-28 所示。整个衍射过程中，三强峰始终为柱面、基面和锥面，即 $\{10\bar{1}0\}$ 晶面、$\{0002\}$ 晶面和 $\{10\bar{1}1\}$ 晶面。各峰的具体相对强度见表 6-5。从表中可知，在整个挤压过程中，最强峰始终为 $\{0002\}$ 晶面，$\{10\bar{1}1\}$ 晶面始终对应次强峰，$\{10\bar{1}0\}$ 晶面为第三强峰，虽然次强峰与第三强峰的相对强度略有变化，但其变化规律一致。由此说明在挤压剪切过程中，不同挤压区域试样的横截面上的晶粒取向没有显著变化。

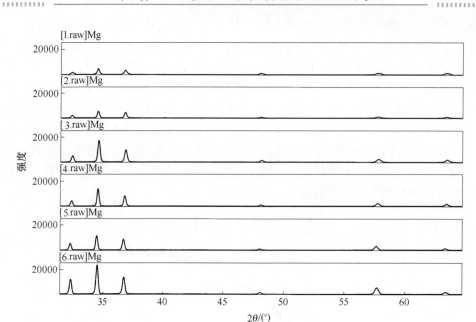

图 6-28 不同部位横截面晶粒取向

表 6-5 不同部位横截面晶粒取向

位 置	(0002)	(10$\bar{1}$0)	(10$\bar{1}$1)	(10$\bar{1}$2)	(11$\bar{2}$0)	(10$\bar{1}$3)
1	100	26.9	71.1	12.1	16.3	15.7
2	100	37.7	83.6	12.3	17.3	14.7
3	100	28.3	56.4	7.4	13.4	10.5
4	100	29.7	58.7	7.2	15.1	11.5
5	100	45.2	75.9	7.8	26.9	10.2
6	100	50.1	58.1	4.7	21.8	6.5

图 6-29 所示为纵截面各部分的衍射情况。纵截面为平行于挤压方向面。从图中可以看出，在整个挤压剪切过程中，纵截面的各部位取向变化较大。各面的具体相对强度见表 6-6。经普通挤压后，最强峰对应的晶面由锥面变为柱面，而基面与锥面对应的峰强差也显著降低，随后的挤压过程使基面和柱面对应的衍射峰的相对强度不断降低，即锥面的强度不断增加。

表 6-6 ES 不同部位纵截面晶粒取向

位 置	(0002)	(10$\bar{1}$0)	(10$\bar{1}$1)	(10$\bar{1}$2)	(11$\bar{2}$0)	(10$\bar{1}$3)
1	9.4	43.3	100	6.2	18.9	3.4
2	42	100	61.4	2.8	17	2.4
3	26	88.8	100	4.2	23.3	2.0

位　置	(0002)	(10$\bar{1}$0)	(10$\bar{1}$1)	(10$\bar{1}$2)	(11$\bar{2}$0)	(10$\bar{1}$3)
4	17.4	60.1	100	9.0	15.9	4.5
5	21.0	42.6	100	4.5	18	3.9
6	9.9	47.9	100	6.0	14.4	3.7

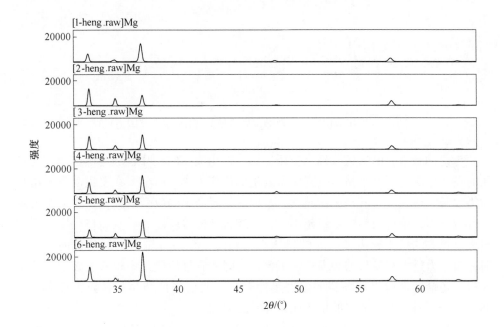

图6-29　不同部位纵截面晶粒取向

6.2.3　显微硬度

为研究经挤压剪切后不同部位的力学性能，对不同挤压区的试样进行显微硬度测试，得到结果如图6-30所示。从图中可以看出，从普通挤压区到等通道的一次剪切区，试样的硬度逐渐上升，而后试样的显微硬度下降。但总体来看，试样的显微硬度变化不大，这与前面的微观组织变化情况是一致的。从图中还可以看出，2～4的微观组织逐渐细化，而随后由于温度过高，5处的晶粒长大，由于变形量太小，6处晶粒较大。由此看出，显微硬度的结果与微观组织的结果十分吻合。挤压剪切各阶段中，没有明显的第二相颗粒存在。这可能是由于挤压温度过高以及挤压过程温度升高，使得挤压时第二相颗粒溶入基体中所致。

6.2.4　挤压比为12，转角为120°的ES挤压与普通挤压

挤压比为挤压筒横截面积与模具出口的横截面积之比，它是模具设计时首先

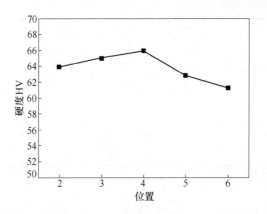

图 6-30　挤压剪切试样的各部位显微硬度（HV 误差范围为 ±3）

必须考虑的最重要的参数。确定挤压比后，挤出成品的尺寸也随之确定。普通挤压时挤压比决定了整个挤压过程中所发生的应变大小，而金属在发生动态再结晶时需要临界应变量，若挤压比越大，金属变形时产生的应变越大，发生动态再结晶部分越多，获得制品的组织越细小，其综合性能也就越好。然而挤压比也不宜过大，过大的挤压比需要很大的挤压力，有的甚至超过挤压机的负荷能力，同时，挤压力过大对模具的磨损非常厉害，有时能直接使模具镦粗甚至破裂。挤压比过大还会使得模具和坯料的温度迅速升高，使动态再结晶晶粒异常长大。因而，在挤压时，选取适当的挤压比是非常必要的。

由初次挤压试样可知，对于挤压剪切工艺来说，32 的挤压比过大，不利于坯料的顺利挤出，不能实现模具所能施加的应变，在挤压时对 ES 模具产生破坏，挤压后模具报废；同时大的挤压比挤压又容易在挤压过程中产生较大的热量，使动态再结晶晶粒迅速长大，抵消了挤压剪切工艺的细化作用。因而在接下来的挤压过程中，选用 AZ31 合金，降低挤压棒材的直径，减小挤压比进行工业挤压实验。

6.2.4.1　模拟实验

用 DEFORM-3D 有限元软件对挤压比为 12 的 ES 挤压和普通挤压进行挤压模拟，分析挤压的可行性及挤压力、应变等参数的变化情况。有限元模拟的模拟温度、坯料长度、模具尺寸、挤压速度等参数均与实际挤压工艺一致，具体参数见表 6-7。模拟时采用的 ES 模具以及普通挤压模具如图 6-31 所示，由图可知，挤压剪切包括普通挤压过程，以及之后的两个道次的 C 路径等通道角挤压过程。由此可以预见，ES 工艺所需的挤压力比普通挤压的挤压力大，因而在挤压时，需要模拟 ES 挤压在不同温度挤压时的挤压力，结合工业挤压机的实际负荷能力，选取适当的挤压温度。

表 6-7 有限元模拟参数

参　　数	数　　值
坯料长度/mm	210
坯料直径/mm	80
挤压筒直径/mm	85
挤压垫厚度/mm	5
挤压垫直径/mm	85
模具转角/(°)	120
挤压比	12
坯料加热温度/℃	370、400、420
模具加热温度/℃	350、380、400
挤压速度/mm·s^{-1}	20
坯料和模具之间的摩擦系数	0.7
模具和坯料之间的换热系数/N·(℃·s·mm^2)$^{-1}$	11
挤压垫单元总数	3000
坯料单元总数	25000
模具单元总数	40000
步长/mm	0.8
网格密度类型	相对的
相对渗透深度	0.7

　　模拟不同温度条件下 ES 挤压，所得的挤压力如图 6-32 所示。从图中可以看出，挤压温度对挤压力有着显著的影响。随着挤压温度的升高，所需的挤压力降低。420℃挤压时所需的挤压力最小，对应的最大挤压力在 2×10^6 N 左右。温度降低后，400℃挤压时最大挤压力在 2.2×10^6 N 左右。温度进一步降低，370℃挤压时，最大挤压力为 2.7×10^6 N 左右，小于 3×10^6 N，从模拟结果来看，该温度下坯料能被挤出。而 350℃时，最大挤压力大于 3×10^6 N，因而对于挤压比为 12 的 ES 工艺，350℃的挤压温度过低，坯料不能被挤出，在工业挤压时，应选取大于 350℃的挤压温度。

　　图 6-33 所示为 370℃时普通锥角模挤压与 ES 模具挤压时的挤压载荷变化情况。从图中可以看出，ES 挤压过程所需的载荷大于普通挤压所需载荷。370℃时普通挤压的最大挤压力为 1.9×10^6 N 左右，而 ES 挤压的最大挤压力为

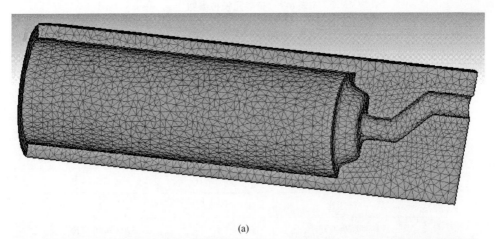

(a)

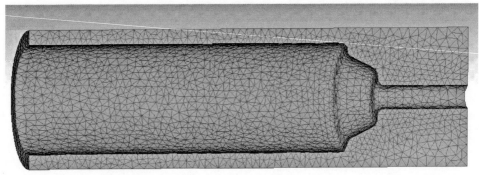

(b)

图 6-31　挤压模具

（a）ES 模具；（b）普通锥角模

2.7×10^6N 左右，是普通挤压最大挤压力的 1.5 倍左右。从挤压力曲线的变化情况来看，在初始镦粗阶段，二者的变化一致，挤压力随着坯料的流动有略微的上升，而随后的普通挤压使坯料被压缩减径，挤压力在极短的时间迅速上升到较大的值。在此之后，普通挤压的坯料从挤压模具出口处被挤出，受出口摩擦力的作用挤压力有一定上升，随后保持稳定。而 ES 挤压经普通挤压区进入等通道挤压区，其挤压力有小幅度的停滞甚至下降后再次攀升，直到坯料挤出后保持在小幅范围内波动。

　　根据模拟结果可知，在 370 ~ 420℃时挤压比为 12 的 ES 模具能够成功挤压出棒料。因而加工挤压比为 12 的 ES 模具，进行工业 ES 挤压。ES 的普通挤压区的结构与普通锥角模的结构一致，锥角模的锥角为 50°，底部直径为 66mm。模具

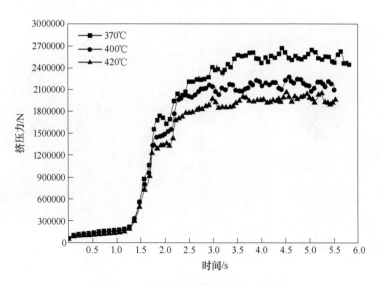

图 6-32 不同温度条件下的挤压载荷

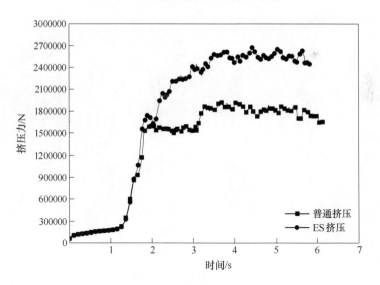

图 6-33 370℃时普通挤压与 ES 挤压的挤压载荷

的等通道区，通道间的转角为 120°，通道直径为 25mm。ES 挤压模具与普通锥角模的实物图分别如图 6-34 和图 6-35 所示。

由于模具的二次转角，ES 模具的内模不能像普通锥角模那样由一个整体做成，ES 模具的内模是由两个半模组成，内模的材料为 H13 热作模具钢，经过热处理后，其硬度 HRC 大于 50。通过模套将内模紧紧结合在一起，从而实现一个完整的 ES 模具，模套的材料为 45 钢。

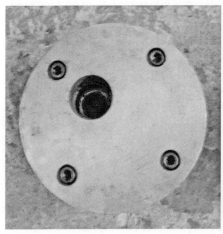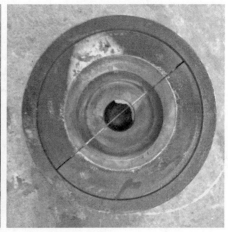

图 6-34 挤压比为 12 的 ES 模具实物图

图 6-35 挤压比为 12 的普通模具实物图

挤压比为 12 的工业挤压的实验材料为铸态 AZ31，挤压模具分别为转角为 120°的 ES 模具与普通锥角模，挤压温度分别为 420℃、400℃、370℃ 和 350℃，挤压过程的速度都为 20mm/s，挤出的棒材风冷，挤压结果见表 6-8。从表中可以看到，普通锥角模挤出的棒材比 ES 模具制备的棒材直，同时其棒材表面的质量也比 ES 制备的棒材表面质量好。ES 挤压的棒材弯曲，表面粗糙、撕裂，这是由于 ES 模具的转角使棒材在出口时沿着转角方向偏转，在挤压筒出口处与挤压筒摩擦造成的，此外，20mm/s 的挤压速度过高，使得棒材表面质量较差。当温度降低到350℃时，挤压坯料在挤压筒内被镦粗，直径变为85mm，坯料前端部分通过普通挤压区，但在等通道挤压区时，由于所需挤压力过大，坯料流动受阻，在该温度下坯料不能成功挤压。由此可见，利用DEFORM-3D有限元模拟软件可以分析挤压过程的挤压载荷变化情况，并根据模拟结果对实际的挤压过程进行预测和指导。

表6-8 挤压比为12的工业挤压实验结果

工 艺 参 数	挤 压 结 果	原 因 分 析
挤压坯料：铸态AZ31，坯料长度：260mm		挤压前坯料在加热炉中加热到挤压温度，并保温30min
ES挤压模和普通锥角模挤压比为12，转角为120°，挤压速度为20mm/s，挤压温度为420℃，风冷	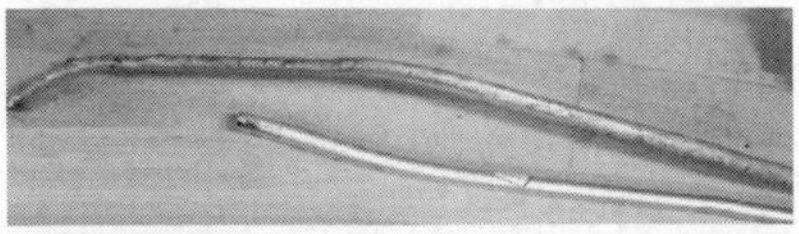	ES挤压的棒材弯曲，表面粗糙、撕裂。这是由于ES模具的转角使棒材在出口时沿着转角方向偏转，在挤压筒出口处与挤压筒摩擦造成的，同时挤压速度过高，使得棒材表面质量较差
ES挤压模和普通锥角模挤压比为12，转角为120°，挤压速度为20mm/s，挤压温度为400℃，风冷	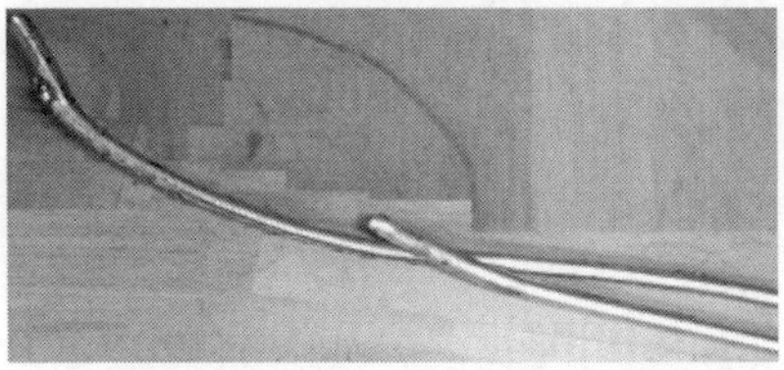	
ES挤压模和普通锥角模挤压比为12，转角为120°，挤压速度为20mm/s，挤压温度为370℃，风冷	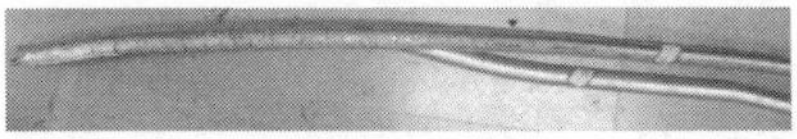	
ES挤压模和普通锥角模挤压比为12，转角为120°，挤压速度为20mm/s，挤压温度为350℃，风冷	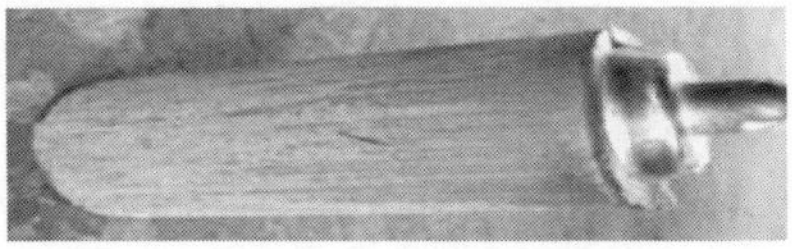	温度过低，使得挤压力超过了挤压机所能提供的实际负荷能力

6.2.4.2 挤压比为12的ES工业挤压实验

工业挤压的挤压实验机为5×10^6N的卧式挤压机，如图6-36所示，其名义负荷为5×10^6N，但实际挤压时所能提供的最大挤压力约为3×10^6N，超过该挤压力范围，则不能挤出。挤压杆的直径为85mm，挤压筒的内径也为85mm，挤压前挤压筒在挤压机上加热到相应温度。

图 6-36 卧式挤压机

ES 工业挤压时，坯料、模具、挤压垫以及挤压筒在挤压前均需加热到挤压温度并保温一定时间，其中坯料的温度比模具的温度高 20℃。

实验结果表明，370～420℃ 时，坯料成功被挤出，而在 350℃ 时，坯料被镦粗，前端部分仅局部在普通挤压区内变形。由此说明，最大挤压力发生在通道转角区，同时也证明了模拟结果与实际挤压结果一致。

6.2.4.3　挤压棒材的微观组织

A　400℃ 时的微观组织

图 6-37 所示为 400℃ 时 ES 挤压棒材横截面的等效应变分布，分别取棒材的前端和尾端处横截面，分析其等效应变的分布情况。从图中可以看出，棒材前端的等效应变较小，最大值为边部产生的等效应变，其值为 1.5 左右，而最小值为中部产生的等效应变，其值为 0.8 左右。这是由于坯料挤压最初始阶段，其前端受到的约束较少，金属易于向前流动，因而产生的等效应变较小，中部和边部的等效应变之差为 0.7。挤压棒材的尾部的横截面等效应变分布规律与头部分布一致，但其等效应变大小显著增加。从图中可以看出，横截面上最大的等效应变在棒材的边部，最大等效应变为 4 左右，而中部的等效应变最低为 3.3 左右，中部与边部的等效应变之差为 0.7。ES 挤压时，棒材头部横截面上的等效应变差与尾部等效应变差一样，但由于头部产生的等效应变较小，其等效应变分布不均，而挤压棒材的尾部横截面上等效应变分布比头部等效应变分布更加均匀。无论棒材的头部还是尾部组织，其分布规律一致，即两个边部产生的等效应变大小几乎一样，中间等效应变比边部等效应变小。

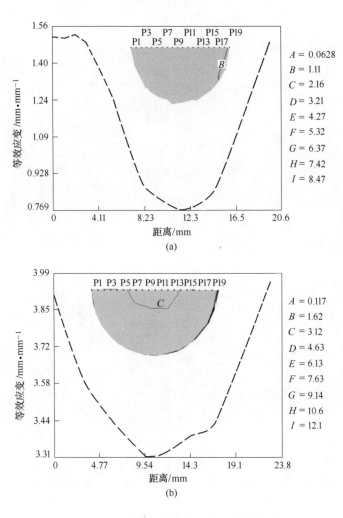

图 6-37 400℃时 ES 挤压棒材横截面的等效应变分布
（a）前端；（b）尾端

图 6-38 所示为 400℃时挤压比为 12，转角为 120°的 ES 挤压棒材不同部位的微观组织。从图中可以看出，挤压棒材的纵截面微观组织与棒材尾部的横截面组织一致。无论是棒材的纵截面还是头部和尾部的横截面，其微观组织分布一致，即该温度下棒材的上边部组织和下边部组织都由均匀、细小的晶粒组成，而棒材的中部组织则是由粗大的原始晶粒和细小的动态再结晶晶粒构成的混晶组织，这种中部组织与边部组织的差异是挤压棒材所共有的特征。相对于普通挤压，ES挤压由于等通道角的两次剪切作用使整个棒材的组织得到更多的细化，这种细化也能同时作用于棒材的中部组织，因而 ES 挤压所获得的中部组织比普通挤压的中部组织更细。

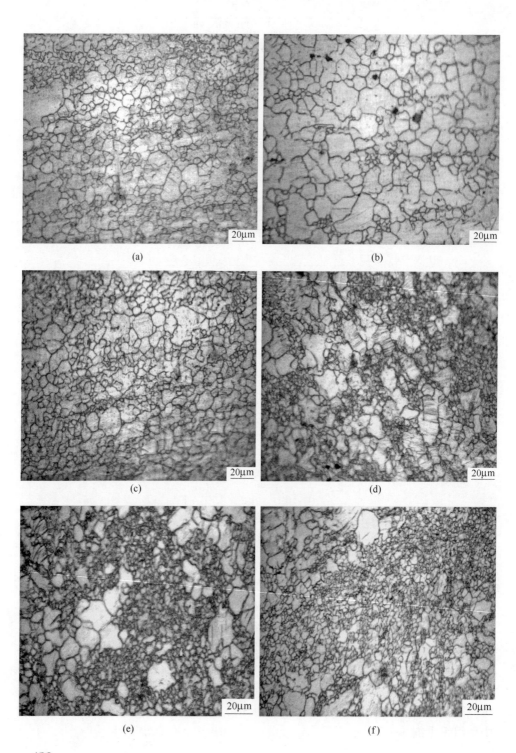

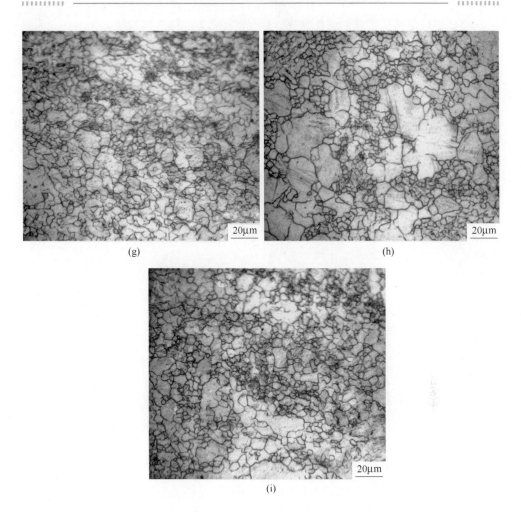

图 6-38　挤压温度为 400℃ 的 ES 挤压棒材的组织
（a）~（c）纵截面微观组织；（d）~（f）头部横截面的微观组织；（g）~（i）尾部横截面的微观组织

　　一般情况下，正向挤压时棒材前端的变形量较小，而挤压后期，尾部坯料受到摩擦的影响较大，因而其变形大，挤压棒材的尾部组织比头部组织细小。从图 6-38 中可以看出，ES 挤压棒材头部的横截面组织中，边部与中部的组织均为混晶组织，这是由于头部发生的应变较小，部分区域的变形量没达到临界变形量，挤压后不能发生动态再结晶。而 ES 挤压棒材尾部的横截面组织，其边部区域均达到临界变形量，因而挤压后边部组织为均匀的动态再结晶晶粒，而中部区域仍为混晶组织。由于棒材尾部最后挤出，其在挤压筒内时间最长，与挤压筒和模具摩擦接触最久，产生的热量最大，因而其动态再结晶虽然发生完全，但挤出时动态再结晶晶粒有所长大，所以尾部组织较头部组织大，而均匀性比头部好。

挤压温度是挤压工艺的重要参数。具有密排六方晶体结构的镁合金，其变形时可开动的滑移系较少，因而室温变形时仅局限于基面滑移，随着温度升高，其柱面滑移和锥面滑移参与塑性变形，镁合金在高温时的塑性大大提高。温度升高时，镁合金的流动性能增加，所需挤压力降低，镁合金的动态再结晶所需的临界变形量降低，由于挤压时中部组织应变较小，温度升高有利于组织的均匀性。动态再结晶晶粒尺寸与 $\ln Z$ 成反比，而 Z 参数与挤压温度成反比，因而升高温度使动态再结晶晶粒尺寸增大。这时由于挤压温度升高同时提高晶界的扩散和迁移能力，动态再结晶晶粒在形成后长大的速度增大，因而最终虽能获得均匀的组织，但新晶粒长大。

B 370℃的微观组织

模拟 370℃时普通挤压和 ES 挤压过程，得到棒材纵截面上的等效应变分布如图 6-39 所示。从图中可以看出，ES 模具的普通挤压区等效应变的分布与普通

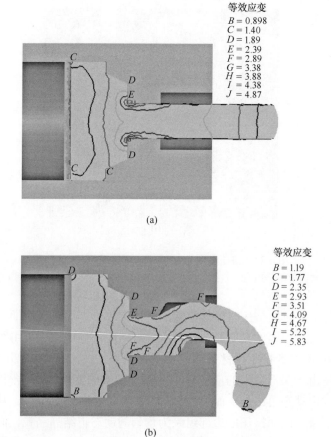

(a)

等效应变
$B = 0.898$
$C = 1.40$
$D = 1.89$
$E = 2.39$
$F = 2.89$
$G = 3.38$
$H = 3.88$
$I = 4.38$
$J = 4.87$

等效应变
$B = 1.19$
$C = 1.77$
$D = 2.35$
$E = 2.93$
$F = 3.51$
$G = 4.09$
$H = 4.67$
$I = 5.25$
$J = 5.83$

(b)

图 6-39 370℃下普通挤压和 ES 挤压棒料纵截面的应变分布
(a) 普通挤压；(b) ES 挤压

挤压的等效应变分布是一致的。棒材挤出后的稳定挤压阶段，普通挤压棒材的边部产生的最大等效应变为 3.38，而棒材中部组织为 1.89，中部和边部的等效应变差达到 1.5 左右，此外，普通挤压棒材的等效应变分布具有明显的对称特点，因而普通挤压后棒材的组织分布也具有对称性。ES 挤压经过普通挤压区后，在等通道区的二次通道转角的作用下发生剪切作用，累积更多的等效应变。如图所示，在模具出口处，棒材的上边部与中部组织的等效应变均为 3.51，棒材的下边部的等效应变值为 4.09，ES 挤压棒材的等效应变差为 0.6 左右，由此可以预见，370℃时 ES 挤压棒材的组织比普通挤压棒材的组织均匀。根据两种挤压方式所产生的等效应变分析可知，ES 挤压所获得的组织更加细小。

图 6-40 所示为 370℃时普通挤压和 ES 挤压后试样纵截面上不同部位微观组织分布情况。从图中可以看出，无论是普通挤压还是 ES 挤压，挤压后试样纵截面的各个部位的组织均没有观察到被拉长的晶粒，由此可以说明在该温度挤压后，试样进行了较完全的动态再结晶。370℃时普通挤压和 ES 挤压的微观组织存在一定差异。普通挤压后，试样的中部组织和边部组织存在明显的差异，普通挤压的边部组织由于动态再结晶而非常细小、均匀，中部区域由于变形量很小，仅局部区域达到临界动态再结晶所需应变，局部发生动态再结晶产生细小晶粒，而更多的区域由于变形量较小而不能发生动态再结晶，因而普通挤压后获得的中部组织为细小的动态再结晶晶粒围绕着粗大的原始晶粒构成的混晶组织。ES 挤压后试样的各个部分的微观组织都非常均匀，从图 6-40 中可以看出，试样的两个边部组织一致，从模具结构分析可知，等通道角区的两次剪切作用使试样两边产生的应变一致，最终获得的两边组织一致。与普通挤压相比，ES 挤压的边部晶粒更加细小，而 ES 挤压获得的中部组织比普通挤压获得的中部组织细小得多，同时其边部和中部晶粒大小一样。这是由于 ES 的两次剪切作用不仅使试样的边部组织发生较大变形，试样的中部组织也因其剪切作用而发生较大变形，并产生较充分的动态再结晶过程，从而使其组织在整个截面上都十分细小、均匀。

随着挤压温度升高，400℃时进行挤压后 ES 工艺和普通挤压的组织均发生变化，如图 6-41 所示。普通挤压试样边部组织随着温度的升高而变大，这是由于温度虽然使动态再结晶更易发生，但动态再结晶晶粒长大趋势也随之增大，因而400℃时普通挤压边部组织比 370℃时的边部组织有所长大。而在普通挤压试样的中部组织中，可以观测到被拉长的原始晶粒，在部分拉长晶粒以及粗大的原始晶粒的晶界处，可以观测到极小的动态再结晶晶粒，与 370℃时普通挤压的组织一样，中部组织显著大于边部组织。ES 挤压试样的微观组织，也因温度的升高而产生了变化。其组织依旧细小、均匀，与普通挤压相比，该温度下整个棒材的横截面上的组织更加均匀，这归因于在 400℃时 ES 挤压棒材发生的比较完全的动态再结晶过程。同时发现，在棒材的整个横截面上，无论是边部组织还是中部组

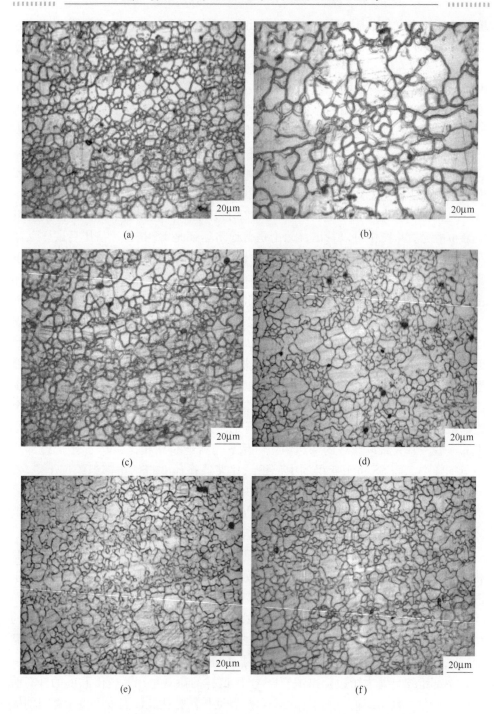

图 6-40　AZ31 合金在 370℃时挤压的微观组织

(a)~(c)普通挤压;(d)~(f)ES 挤压

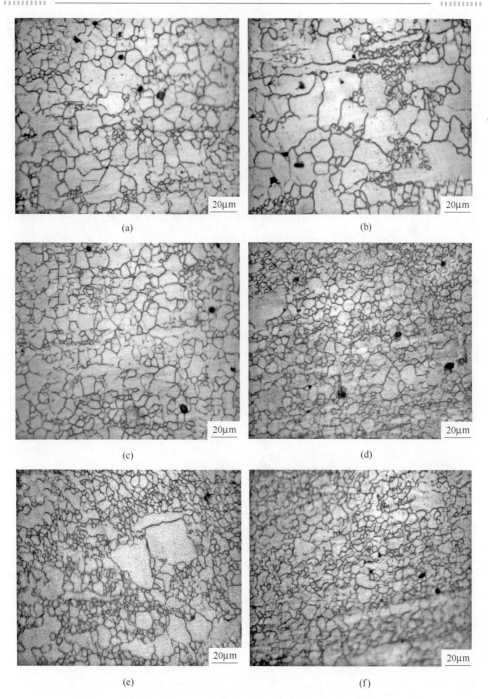

图 6-41 AZ31 合金在 400℃时挤压的微观组织

（a）~（c）普通挤压；（d）~（f）ES 挤压

织，均发现少量的粗大晶粒，这是由于温度升高虽使得动态再结晶过程更加充分，但温度升高同时使晶界的迁移速度大大增加，动态再结晶后形成的新晶粒的长大趋势也因此增加。动态再结晶过程是一个新晶粒形核与长大同时进行的过程，因而最先产生的新晶粒在挤压后长大趋势较大，在组织中形成粗大的晶粒。

C 420℃的微观组织

如图 6-42 所示，随着温度的进一步升高，在 420℃时普通挤压后，试样的组织发生较大变化。由于温度的升高，动态再结晶晶粒长大十分迅速，使得动态再结晶的效果降到最低，挤压结束后，细小的晶粒基本上都长成了粗大的晶粒。而此时，ES 挤压后试样的微观组织相对 370℃与 400℃时也发生长大，但与相同温度条件下的普通挤压相比，ES 挤压后整个截面上的组织细小得多。同时发现，随着温度升高，ES 挤压后的组织越来越均匀。

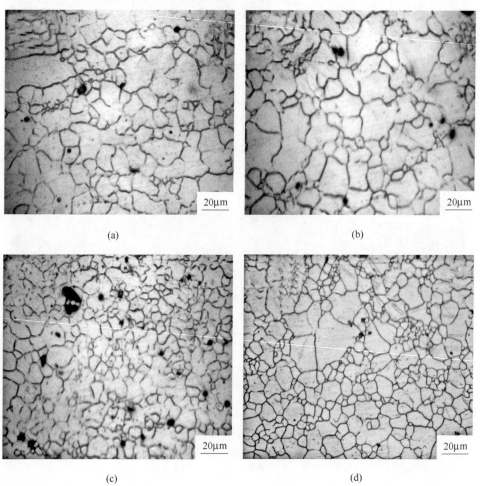

(a)

(b)

(c)

(d)

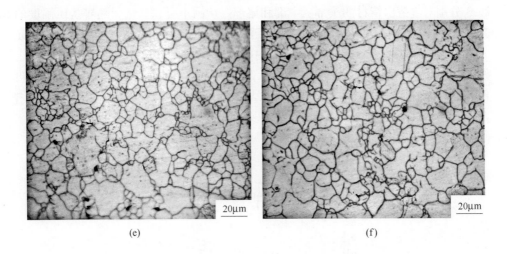

(e) (f)

图 6-42 AZ31 合金在 420℃时挤压的微观组织
(a) ~ (c)普通挤压;(d) ~ (f)ES 挤压

比较不同温度条件下挤压所获得的平均晶粒尺寸,如图 6-43 所示,从 370℃到 420℃,随着挤压温度升高,普通挤压所获得晶粒的平均尺寸不断增大,这种增加趋势基本为线性增加。而对于 ES 挤压的棒材,其平均晶粒尺寸在温度由 370℃到 400℃增加时,变化较小,而从 400℃到 420℃时晶粒尺寸显著增加。同时从图 6-43 中可以发现,在三个温度条件下 ES 挤压的棒材的平均晶粒尺寸远小于普通挤压的平均晶粒尺寸,由此说明相同条件下,ES 挤压能够制备更加细小均匀的组织。

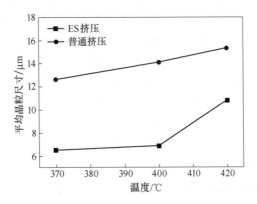

图 6-43 不同温度条件下获得的平均晶粒尺寸

6.2.4.4 镁材的力学性能

A 显微硬度

不同温度条件下制备的 ES 棒材横截面上的显微硬度如图 6-44 所示,图中 1、

2、3分别对应挤出棒材的头部、中部和尾部。从图中可以看出，随着挤压温度的升高，棒材的显微硬度值降低，这是由于温度升高的棒材在挤压过程中发生更加充分的动态再结晶过程，最终挤出棒材的内部由于位错增值与塞积等缺陷引起的加工硬化作用得到软化，同时由于温度升高，晶粒发生长大。而从棒材的头部到中部再到尾部，显微硬度值不断增加。这是由于从前端到后端，棒材发生的等效应变逐渐增大，而获得的晶粒逐渐变小，晶界数量增多，晶界的硬化作用使得棒材的硬度升高。

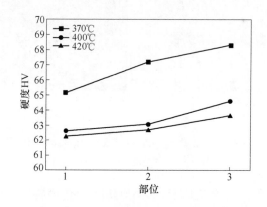

图6-44　ES棒材不同部位的显微硬度

（HV误差范围±3，转角为120°）

B　拉伸性能

不同挤压方式制备的棒材，其力学性能不同。ES工艺包括普通挤压和两个道次C路径的等通道角挤压，比普通挤压多了两次应变累积，因而ES挤压过程所发生的等效应变更大。更大的等效应变能使晶粒内部有更多的位错以及使晶格畸变加剧，这有利于再结晶时更多的新晶粒形成，从而使组织更加细小。从前面所获得的组织可以看出，相同工艺条件下，ES挤压获得更加细小均匀的微观组织。由此可预知，ES挤压后的棒材力学性能比普通挤压棒材好。

普通挤压与ES挤压的挤压比均为12，ES模具的转角为120°。选用相同温度挤压条件下的两根棒材拉伸，结果如图6-45~图6-47所示，可以看出，沿拉伸方向，棒材的力学性能变化规律一致。普通挤压的棒材有较好的伸长率，但其强度比ES挤压低。

棒材的伸长率如图6-45所示。从图中可以看出，在三个温度条件下，普通挤压棒材的伸长率均高于ES挤压棒材，其伸长率均在20%左右。ES挤压棒材在370℃和400℃时，伸长率比普通挤压棒材的伸长率低5%左右，而在420℃时，其伸长率显著提高，与该温度条件下的普通挤压棒材的伸长率大致相当。从挤压棒材的组织可以看出，该温度条件下，ES挤压棒材的组织非常均匀，因而其伸长率显著提高。

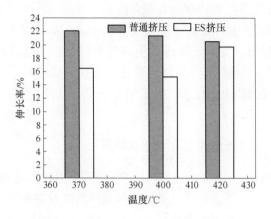

图 6-45 不同温度条件下获得棒材的伸长率

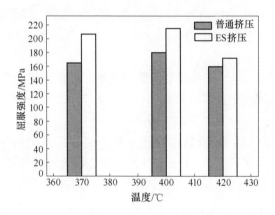

图 6-46 不同温度条件下获得棒材的屈服强度

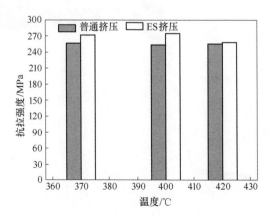

图 6-47 不同温度条件下获得棒材的抗拉强度

不同温度条件下挤压的棒材的屈服强度如图 6-46 所示。与伸长率变化相反，三个温度条件下 ES 挤压的棒材屈服强度均高于普通挤压棒材，尤其是在 370℃时，ES 挤压棒材屈服强度高出普通挤压棒材 40MPa 左右。棒材的抗拉强度如图 6-47 所示，从图中可以看出，ES 挤压棒材的抗拉强度也高于普通挤压棒材的抗拉强度。但与屈服强度相比，ES 挤压棒材与普通挤压棒材间的强度差减小，370℃时其差值约 20MPa。

6.2.5 挤压比为 12，转角为 135°的 ES 挤压

ES 模具的特点是一次挤压实现普通挤压和两个道次的等通道挤压，作为 ES 模具的组成部分之一，等通道区的通道转角是模具的重要参数之一，它的大小也直接影响着坯料挤压时产生的应变大小，从而最终影响获得制品的微观组织和力学性能。一般而言，通道转角越小，则坯料经过该处后所发生的剪切应变越大，因而降低转角能够细化坯料的微观组织。但是转角越小，挤压时所需的挤压力也越大，获得制品的表面质量也会受到影响，因而，设计模具时应综合考虑转角的作用。

为研究通道转角对 ES 挤压棒材的影响规律，在挤压比为 12，转角为 120°的 ES 模具基础上，设计具有同等挤压比，转角为 135°的 ES 模具。

6.2.5.1 模拟实验与工业挤压实验

模拟转角为 135°的 ES 模具的挤压过程得到挤压过程挤压力变化情况如图 6-48 所示。在不同温度条件下，挤压力大小不同，随着温度降低，挤压力增大。在 370℃时挤压力最大，在 2.4×10^6 N 左右，比转角为 120°的 ES 挤压在相同温度下的

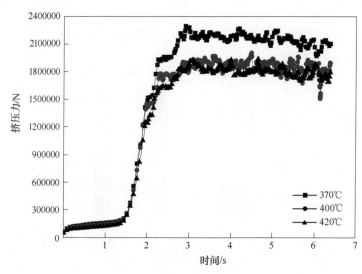

图 6-48　不同温度下的挤压载荷

最大挤压力降低了约 $4 \times 10^5 \text{N}$，400℃时最大挤压力为 $2 \times 10^6 \text{N}$ 左右，比转角为 $120°$ 的 ES 挤压的最大挤压力降低了约 $2 \times 10^5 \text{N}$，而 420℃时最大挤压力为 $1.9 \times 10^6 \text{N}$，比转角为 $120°$ 的 ES 挤压的最大挤压力仅降低了 $1 \times 10^5 \text{N}$，由此可见等通道区的转角对 ES 挤压时的挤压力有影响，增大等通道区的转角，ES 挤压时的最大挤压力降低。还应注意到温度越高，最大挤压力越小，而转角对挤压力的影响也越弱。从图中还可以看出，随着温度升高，不同温度间挤压力的差异也随之缩小。

在挤压比为 12、转角为 $120°$ 的工业挤压的实验基础上增加转角，进行转角为 $135°$ 的 ES 挤压，挤压材料为铸态 AZ31，挤压前坯料在加热炉中加热到挤压温度，并保温 30min，挤压温度分别为 420℃、400℃和 370℃，挤压速度为 20mm/s，挤出的棒材风冷。挤压结果见表 6-9。从表中可以看到，棒材的表面质量明显提高。这是由于随着转角由 $120°$ 增加到 $135°$ 以及模具出口形状的变化，棒材在出口时与模具口的摩擦减弱，因而所得的棒材表面质量提高。同时，温度降低，棒材的表面质量也有所提高。

表 6-9　转角为 $135°$ 的 ES 挤压结果

工 艺 参 数	挤 压 结 果	原 因 分 析
挤压坯料：铸态 AZ31，坯料长度：260mm		挤压前坯料在加热炉中加热到挤压温度，并保温 30min
转角为 $135°$ 的 ES 挤压模具，挤压比为 12，挤压速度为 20mm/s，挤压温度为 420℃，风冷		温度降低，棒材表面质量提高。随着转角由 $120°$ 增加到 $135°$ 以及模具出口形状的变化，棒材在出口时与模具口的摩擦减弱，因而所得的棒材表面质量提高
转角为 $135°$ 的 ES 挤压模具，挤压比为 12，挤压速度为 20mm/s，挤压温度为 400℃，风冷		
转角为 $135°$ 的 ES 挤压模具，挤压比为 12，挤压速度为 20mm/s，挤压温度为 370℃，风冷		

6.2.5.2 挤压棒材的微观组织

挤压比为 12、转角为 135°的 ES 挤压棒材的微观组织如图 6-49 所示，由转角为 120°的结果可知，ES 挤压后两个边部组织一致，因而以下组织分析仅取其

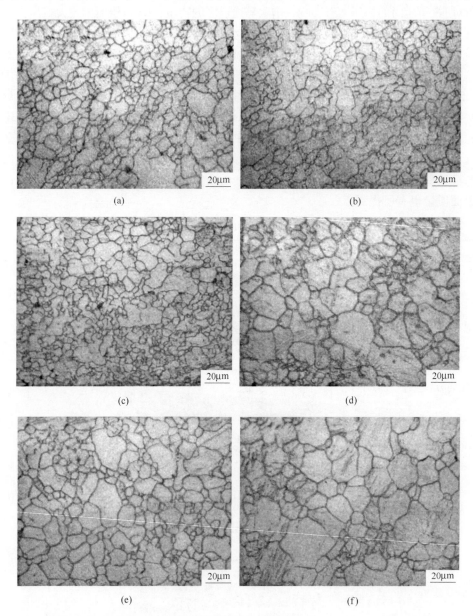

图 6-49　不同温度条件下挤压比为 12、转角为 135°的 ES 挤压棒材的组织
(a) 370℃，边部；(b) 370℃，中部；(c) 400℃，边部；
(d) 400℃，中部；(e) 420℃，边部；(f) 420℃，中部

一边组织。从图6-49中可以看出，转角为135°的挤压其中部组织与边部组织有所不同，与转角为120°挤压结果一样，边部组织比中部组织细。随着挤压温度升高，棒材的边部和中部的晶粒均发生长大，所获得的组织随着温度升高更加均匀。

通过对比挤压比为12、转角分别为120°和135°的ES挤压棒材组织可以发现，在相同的挤压温度条件下，转角为120°的ES棒材的晶粒更细小。这是由于等通道角增大，等通道挤压区的累积应变降低。当变形程度达到临界变形程度时，镁合金发生动态再结晶。而当变形量低于动态再结晶所需的临界变形程度时，即使温度足够高，动态再结晶过程也不能发生。通道角增大降低了临界变形程度，因而使ES挤压棒材中发生动态再结晶的分数降低，由此可知，在相同的挤压温度、挤压速度和挤压比的条件下，转角为120°的ES棒材比转角为135°的棒材的晶粒更细小。

不同温度条件下棒材的平均晶粒尺寸如图6-50所示。从图中可以看出，从370℃到420℃，挤出棒材的平均晶粒尺寸随着挤压温度升高而增大。与转角120°模具在相同条件下所制备的晶粒的平均尺寸相比，转角为135°的ES模具的细化效果降低，在相同的温度条件下，转角越小的ES模具越能制备更细小的组织。从图6-50中还可以看出，从370℃到420℃，转角为135°的模具所制备的晶粒的平均尺寸变化更小。由模拟部分可知，转角越大在挤压过程中产生的变形量越小，而由于塑性变形产生的热量使内部温度上升的幅度越小，温度对晶粒尺寸的影响越小。

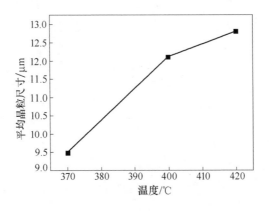

图6-50　不同温度下棒材的平均晶粒尺寸

6.2.5.3　镁材的力学性能

A　显微硬度

转角为135°模具挤压棒材不同部位的显微硬度如图6-51所示，图中1，2，3

分别对应挤出棒材的头部、中部和尾部。图 6-51 显示结果与转角为 120°模具挤压棒材不同部位的显微硬度变化趋势一致。

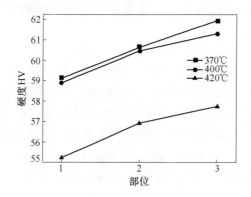

图 6-51   ES 棒材不同部位的显微硬度

（HV 误差范围 ±3，转角为 135°）

B   拉伸性能

转角为 135°的 ES 模具在不同温度条件下制备的棒材的室温拉伸曲线如图 6-52所示。从图中可以看出，挤压温度越低，挤出棒材在室温拉伸时的屈服强度和抗拉强度越高，而对应的伸长率则降低。棒材的伸长率如图6-53所示，370℃时棒材的伸长率与400℃时的伸长率大致相当，为14％左右，而420℃时棒材的伸长率显著升高到20％左右。

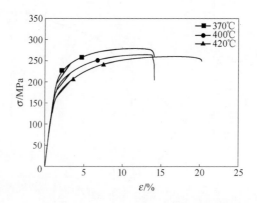

图 6-52   转角为 135°的 ES 模具挤出棒材的拉伸曲线

ES 棒材的强度如图 6-54 和图 6-55 所示，从图中可以看出，其强度的变化规律与转角为 120°的 ES 模具制备的棒材的强度变化规律一致。随着温度升高，强度降低。屈服强度变化较为明显，而抗拉强度变化幅度较小。

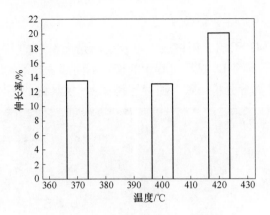

图 6-53 不同温度下挤出棒材的伸长率

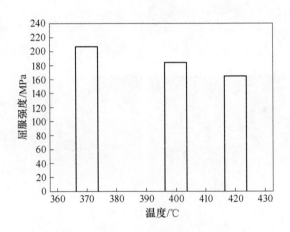

图 6-54 不同温度下挤出棒材的屈服强度

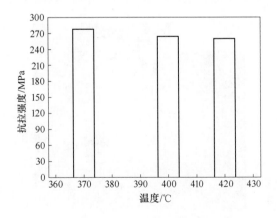

图 6-55 不同温度下挤出棒材的抗拉强度

6.2.6 挤压比为 18 的 ES 挤压

在挤压温度为 420℃时，用挤压比为 18、转角为 120°的 ES 模具对铸态 AZ31 合金进行 ES 挤压，整个 ES 挤压过程中的模具不同部位的等效应变分布情况如图 6-56 所示。与模拟部分分析一致，随着坯料在 ES 模具内的不同区域内变形，其

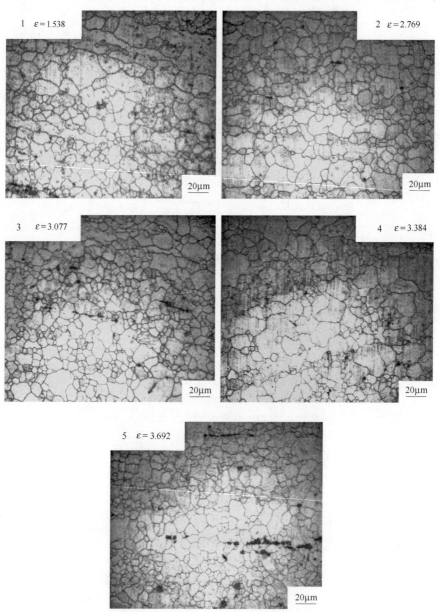

图 6-56　图 6-25 中 1~5 区纵截面的微观组织

等效应变不断增加。

取不同部位的组织进行观察，从图 6-56 中可以看出，随着挤压过程的进行，坯料经过 ES 模具内的不同区域，组织不断得到细化。从 ES 模具内不同区域的等效应变分布可知，随着挤压的进行，坯料在模具内部的等效应变不断累积，粗大的原始铸态组织在模具的作用下发生破碎，塑性变形的发生使变形合金的晶粒内产生大量位错，当变形量达到临界值之后，动态再结晶过程发生，新晶粒先在原始粗大晶粒的晶界处形成，然后逐步蚕食整个晶粒，而合金的整个组织在这个过程中不断细化。

6.2.7 挤压比为 22 的 ES 工艺

ES 挤压的等效应变累积过程如图 6-57 所示。挤压开始阶段，坯料被镦粗，坯料流动并充满整个挤压筒，产生较小的等效应变，坯料前端受到模具约束开始产生小量应变，坯料两边产生等效应变为 0.5，局部为 0.9 左右。随着挤压进行，坯料在模具的约束下进入普通挤压区进行变形，等效应变随之增加，从图中可以

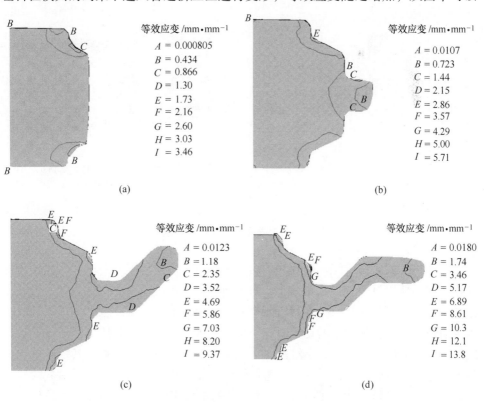

图 6-57 ES 挤压过程等效应变演变过程

(a) 18 步；(b) 26 步；(c) 35 步；(d) 52 步

看出，普通挤压阶段，坯料产生的等效应变对称分布，从等效应变分布曲线可知，等效应变分布的等值线凹向与金属流动方向相反，在同一横截面上，边部的等效应变大于中部。随后坯料进入等通道角区，进行等通道角剪切变形。坯料通过一次转角区后等效应变大大增加，从等效应变分布的等值线可知，等效应变逐渐从边部向中部累积，中部区域与边部区域的等效应变差逐渐减小。由此说明，通过一次转角挤压后，中部和边部之间的不均匀性得到改善。二次转角区挤压使坯料累积的等效应变继续增加，等效应变分布的等值线分布范围更长，由此说明，等效应变的分布也更加均匀。

6.2.7.1　不同部位的 ES 挤压

A　普通挤压区

普通挤压区等效应变分布情况如图 6-58 所示。在坯料的纵截面上，从压缩到减径，普通挤压区坯料的等效应变呈线性增加，坯料中部等效应变由 0.4 增加到 0.9（见图 6-58(a)）。普通挤压区坯料的横截面上的等效应变分布如图 6-58(b)所示，边部等效应变呈对称分布，中部等效应变最小。

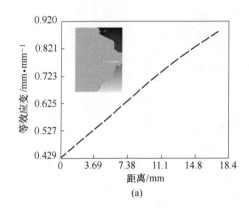
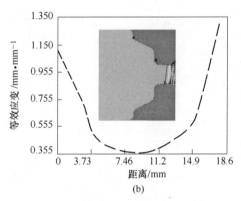

(a)　　　　　　　　　　　　　　(b)

图 6-58　普通挤压区等效应变分布

普通挤压的微观组织如图 6-59 所示，作为 ES 挤压的第一阶段，普通挤压的作用一方面使棒材的直径急剧缩小，为等通道挤压提供适合的棒材直径，另一方面通过普通挤压使棒材发生塑性变形，使原始粗大的铸态组织发生破碎、细化，为等通道区挤压提供细小的初始组织。从图中可以看出，普通挤压区棒材的边部组织中，部分区域发生动态再结晶，形成细小的动态再结晶晶粒，其余区域仍由粗大的晶粒组成，此时棒材的上下边部组织一致，均为混晶组织，通过截线法测得边部的平均晶粒尺寸为 10.4μm。而棒材的中部组织，仅在部分粗大晶粒的晶界处观察到细小的动态再结晶晶粒，通过截线法测得中部的平均晶粒尺寸为14.3μm。通过普通挤压区的挤压后，棒材的微观组织得到初步细化，随后，进

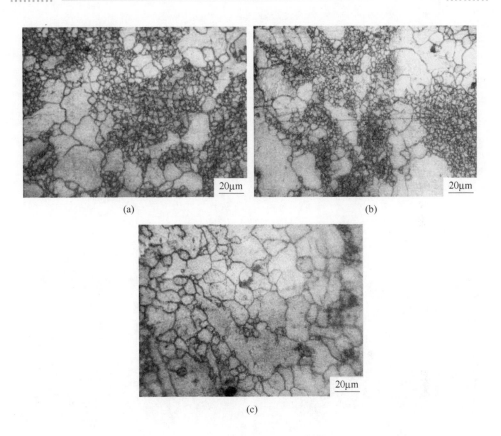

图 6-59 普通挤压区的微观组织

（a）上边部；（b）下边部；（c）中部

行一次转角区的剪切细化作用。

B 一次转角区

AZ31 合金在一次转角区等效应变分布情况如图 6-60 所示。沿着金属流动方向，坯料在一次转角区纵截面的等效应变曲线呈现为一小段不变阶段以及之后的逐渐下降阶段（见图 6-60(a)）。从图中可以看到，点 P1～P5 位于一次转角区，各点处等效应变基本一致，等效应变曲线呈现一不变阶段。而随后等效应变逐渐下降是由于挤压坯料前端的等效应变较小，而随后挤压等效应变逐渐增加所致。坯料在一次转角区纵截面的等效应变分布与普通挤压处分布类似，但又存在一定差异。坯料边部的等效应变大于中部的等效应变，但通过一次转角区时，两个边部的等效应变不同（见图 6-60(b)）。坯料的上边部受到转角约束产生更大的等效应变，而下边部金属在挤压时更易流动，因而等效应变较小。

棒材通过普通挤压区的初步细化后，进行一次转角区的剪切细化作用，获得的微观组织如图 6-61 所示。与普通挤压区的微观组织对比分析可知，棒材在一

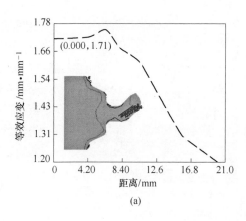
(a)

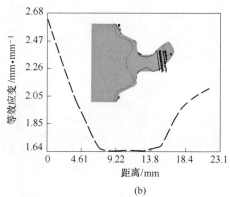
(b)

图 6-60　一次转角区等效应变分布

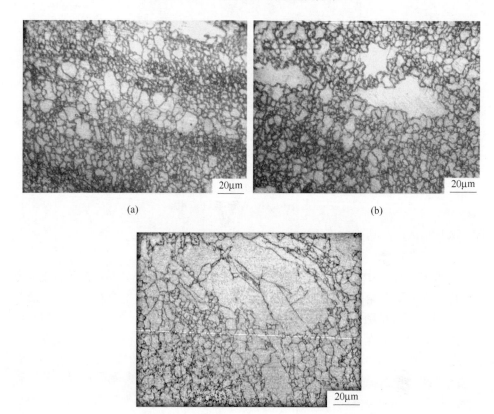

图 6-61　一次转角区的微观组织
（a）上边部；（b）下边部；（c）中部

次转角区组织得到了进一步细化。在棒材的中部组织中，更多的组织由于转角剪切作用而产生动态再结晶，中部组织得到细化，但仍然存在粗大的原始晶粒。棒材的边部组织也因动态再结晶的进一步完全而细化，与普通挤压区相比，一次转角区的多数粗大晶粒消失，边部组织主要为细小的动态再结晶晶粒，仅在部分区域观测到少量粗大的晶粒。从图中还可以观察到沿转角方向产生的流线。

观测一次转角区上下两个边部的微观组织发现，上边部的组织较下边部组织细小，通过测量获知上边部的平均晶粒尺寸为 $5.6\mu m$，而下边部的平均晶粒尺寸为 $6.4\mu m$，即一次转角虽然使棒材组织得到一定程度细化，但棒材两个边部组织存在一些差异。

C 二次转角区

AZ31 合金在二次转角区等效应变分布情况如图 6-62 所示。在坯料横截面上，等效应变逐渐增加（见图 6-62(a)），从图中可以看出，所取的点均在试样的中部等值线内，因而获得的等效应变非常均匀，最大与最小等效应变差为 0.2 左右。而坯料的横截面上，中部与边部的等效应变差较大，而在坯料两个边部中，由于二次转角的存在，下边部的等效应变大于上边部的等效应变（见图 6-62(b)）。

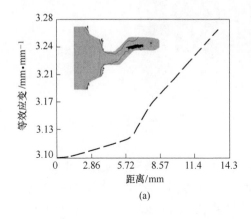
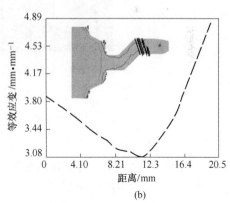

(a)　　　　　　　　　　　(b)

图 6-62　二次转角区等效应变分布

棒材在二次转角区挤压的微观组织如图 6-63 所示。在一次转角区的基础上，二次转角区棒材的中部组织发生显著变化，中部组织发生动态再结晶区域显著增加，中部与边部组织的差异减小，通过测量获得中部组织的平均晶粒尺寸为 $5.8\mu m$。由此可以看出，ES 通过两次转角区的挤压，成功地细化棒材的中部组织。棒材的边部组织中，一次转角区未发生动态再结晶的粗大晶粒发生动态再结晶，整个边部组织中动态再结晶过程臻于完全，获得的组织的平均晶粒尺寸为 $4.9\mu m$。

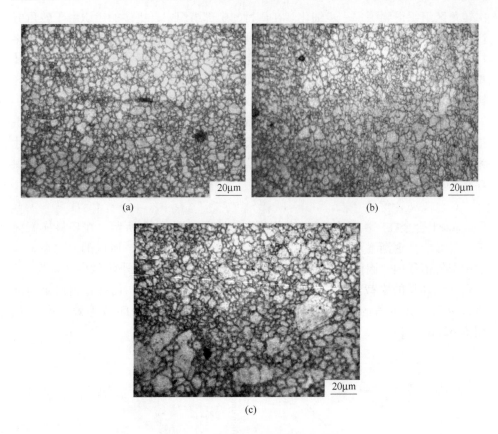

图 6-63 二次转角区的微观组织

(a) 上边部；(b) 下边部；(c) 中部

D 稳定挤出区

棒材通过二次转角区并挤出后的微观组织如图 6-64 所示。从图中可以看出，此时无论是棒材的中部组织还是边部组织几乎发生完全的动态再结晶过程，在试样的边部和中部，观测到的均为细小的等轴晶粒。对比棒材上下边部的组织发现，通过二次转角区的剪切作用后，一次转角区产生的边部组织不均匀现象消失，挤出棒材上下边部的平均晶粒尺寸一致，实验测得为 3.8μm，棒材中部的平均晶粒尺寸为 4.5μm。

6.2.7.2 棒材的力学性能

ES 挤压模具包括普通挤压区和等通道挤压区。在模具的不同变形区，坯料的变形量不同，微观组织也不同。如图 6-65 所示，ES 模具可细分为 6 个区域，1 为压缩减径区，2 为普通挤压区，3 为一次通道区，4 为过渡区，5 为二次通道区，6 为稳定挤压区，即挤出区域，挤压完成后，分别取以上 6 个区域的试样，观测其组织和性能的演变过程。ES 模具内不同区域的平均晶粒尺寸如图 6-66 所

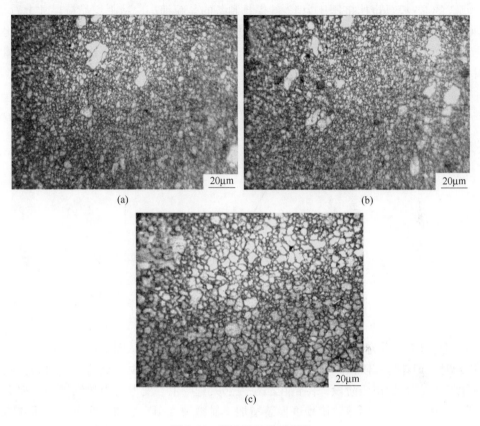

图 6-64　挤出后的微观组织

（a）上边部；（b）下边部；（c）中部

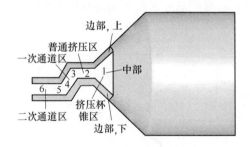

图 6-65　ES 挤压的不同区域

示。从图中可以看出，从普通挤压区到一次通道区再到二次通道区，ES 模具内不同区域对合金的组织均有细化作用，合金的平均晶粒尺寸在整个挤压过程中不断减小。与相同温度条件下，挤压比为 12 的 ES 模具挤压结果相比，挤压比为 22 的 ES 模具制备的棒材的晶粒更加细小均匀，即使转角增大到 135°时，挤压比为 22 的 ES 模具也比挤压比为 12 的模具制备的晶粒细小。从平均晶粒尺寸上看，400℃时挤压比为 22、转角为 135°的 ES 模具所制备棒材的晶粒比 370℃时挤压比为 12、转角为 120°的 ES 模具所制备的棒材更细，由此看出挤压比是影响挤出棒材最终组织的最重要因素。

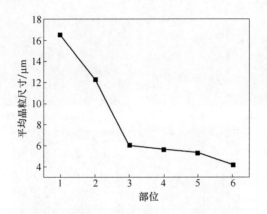

图 6-66　图 6-65 中不同区域的平均晶粒尺寸

图 6-67 所示为 ES 挤压过程中不同部位的显微硬度。从图中可以看出，挤压初始时，即在压缩阶段，试样的变形量很小，加工硬化作用不显著，因而其显微硬度最低。初始挤压阶段，位错在晶粒内部大量产生，变形抗力急剧增加，加工硬化作用显著，因而该阶段硬度显著增加，显微硬度 HV 增加了 5 左右。随后的一次通道区和二次通道区的变形，加工硬化作用增加，而动态再结晶的软化作用在一定程度上削弱了硬化作用，试样的微观组织随着变形量增加进一步细化，产生更多的细小晶粒以及更多的晶界，晶界的硬化作用使得试样的硬度不断上升。

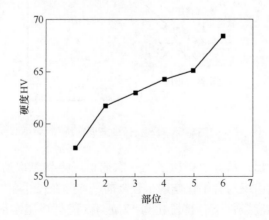

图 6-67　ES 挤压过程中不同部位的显微硬度（HV 误差范围 ±3）

6.2.8 影响 ES 工艺的因素

6.2.8.1 温度

如前所述，随着温度升高，镁合金的晶粒长大。温度对动态再结晶晶粒尺寸的影响可用 Z 参数定性分析。Z 参数随温度升高而减小，与动态再结晶晶粒尺寸的自然对数成反比关系，因而温度升高，则动态再结晶的晶粒尺寸增加。这与前面所得到的不同温度条件下的组织分布是一致的。如挤压比为 12、转角为 120°的 ES 挤压，在 370℃时，合金的平均晶粒尺寸为 6.4μm，温度升高到 400℃时，平均晶粒尺寸增大到 6.9μm，当温度升高到 420℃时，合金的晶粒迅速长大到 10.8μm。

温度对 ES 挤压合金组织的影响还表现在升高温度使合金更易发生动态再结晶。这是由于温度升高，合金发生动态再结晶所需的临界变形量随之降低，因而在其他条件一致时，合金的组织因有更多的晶粒发生动态再结晶而细化，组织变得更加均匀。但动态再结晶是一个形核和长大连续进行的过程，温度升高使晶界的扩散速度增加，动态再结晶新晶粒的长大趋势随之增加。

6.2.8.2 挤压比

挤压比决定了棒材的出口面积，决定了合金在模具中发生的应变大小。挤压比越大，则合金在挤压过程中发生的应变越大。在挤压过程中要发生动态再结晶，则必须达到一临界应变，挤压比越大，则动态再结晶越易发生，挤压后越能获得更细小的组织。实验中，挤压比通过影响普通挤压区合金的组织分布从而最终影响挤出棒材的组织。具有不同挤压比挤压后棒材的平均晶粒尺寸如图6-68 所示。从图中可以看出，无论是不同温度还是不同通道转角，随着挤压比的增加，获得的棒材的平均晶粒尺寸随之降低。由此可以看出，虽然普通挤压区只是 ES 模具的一部分，但它对挤出组织的大小仍然有着重要的作用。

6.2.8.3 转角

ES 模具的特点是一次挤压实现普通挤压和两个道次的等通道挤压，作为 ES 模具的组成部分之一，等通道区的通道转角是模具的重要参数之一，它的大小也直接影响着坯料挤压时产生的应变大小，从而最终影响获得制品的微观组织和力学性能。合金经过普通挤压区的细化后，在等通道区的两次剪切作用下，继续细化。不同转角条件下 ES 挤压后棒材的平均晶粒尺寸如图 6-69 所示。等通道角增大，通道转角处对合金晶粒的破碎作用减弱，合金在转角处的剪切应变变小，因而等通道区的细化效果降低，最终获得棒材的晶粒尺寸增大。

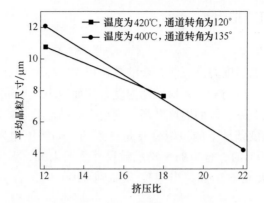

图 6-68　不同挤压比 ES 挤压后的平均晶粒尺寸

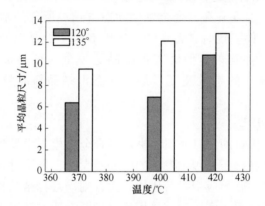

图 6-69　挤压比为 12 时不同转角 ES 挤压后的平均晶粒尺寸

参 考 文 献

［1］Comstock H B. Magnesium and magnesium compounds—A material survey［C］. U. S. Bureau of Mines Information Circular, 1963：128.

［2］Kojima Y. Project of platform science and technology for advanced magnesium alloys［J］. Material Transactions, 2000, 42(7):1154～1159.

［3］Mordik B L, Ebert T. Magnesium properties-applications-potential［J］. Materials Science and Engineering, 2001, 302(1):37～45.

［4］Aghion E, Bronfin B. Magnesium alloys development towards 21st century［J］. Material Science Forum, 2000(350～351):19～28.

［5］刘静安. 镁合金加工技术发展趋势与开发应用前景［J］. 轻合金加工技术, 2004(5):77～83.

［6］高伦. 镁合金成形技术的开发与应用［J］. 轻合金加工技术, 2004(3):5～12.

［7］林翠，李晓刚，李明. Mg 合金 AZ91D 在城市大气环境中的腐蚀行为［J］. 金属学报，

2004(2):191~196.

[8] 周海涛，马春江，等. 变形镁合金材料的研究进展[J]. 材料导报，2003(11):16~18.

[9] 陈振华，夏伟军，程永奇. 镁合金与各向异性[J]. 中国有色金属学报，2005(1):1~11.

[10] Ku K. Magnesium Alloys and Their Applications[M]. Oberursel，FRG：DGM Information Sege-selschaft，1992.

[11] 杨平，胡轶嵩，崔凤娥. 镁合金 AZ31 高温形变机制的织构分析[J]. 材料研究学报，2004(1):52~59.

[12] 刘庆. 镁合金塑性变形机理研究进展[J]. 金属学报，2010，11：1458~1472.

[13] Barnett M R，Beer A G，Atwell D，et al. Influence of grain size on hot working stresses and microstructures in Mg-3Al-1Zn[J]. Scripta Materialia，2004，51：19~24.

[14] Emley E F. Principles of Magnesium Technology[M]. Oxford：Pergamon，1996：122.

[15] 袁广银，孙扬善，张为民. Bi 对铸造镁合金组织和力学性能的影响[J]. 铸造，1998：5.

[16] 袁广银，吕宜振，曾小勤. 添加微量 Sb 对 Mg-9Al-0.8Zn 合金蠕变抗力及微观组织的影响[J]. 金属学报，2001，37(1):23~28.

[17] 袁广银，孙扬善，王震，等. Sb 低合金化对 Mg-9Al 基合金显微组织和力学性能的影响[J]. 中国有色金属学报，1999，9(4):779~784.

[18] 马图哈 K H. 非铁合金的结构与性能[M]. 丁道云，译. 北京：科学出版社，1999.

[19] 陈振华，等. 变形镁合金[M]. 北京：化学工业出版社，2005.

[20] Watanabe H，Tsutsui H，Mukak T. Grain size control of commercial wrought Mg-Al-Zn alloys utilizing dynamic recrystallization[J]. Mater. Trans. JIM，2001，7：1200.

[21] Wiley J. Magnesium and its Alloys[M]. USA：Sons，Inc.，1960：108~125.

[22] 王祝堂，田荣璋. 铝合金及其加工手册[M]. 长沙：中南工业大学出版社，1989.

[23] 《轻金属材料加工手册》编写组. 轻金属材料加工手册（上册）[M]. 北京：冶金工业出版社，1980：200~203.

[24] 王强，张治民. 坯料温度对 AZ31B 镁合金反挤压成形的影响[J]. 材料工程，2006，增刊(1):310~312.

[25] Read W T. Dislocations in Crystals[M]. New York：McGraw Hill，1953.

[26] Chang L L，Wang Y N，Zhao X. Microstructure and mechanical properties in an AZ31 magnesium alloy sheet fabricated by asymmetric hot extrusion[J]. Materials Science and Engineering A，2008，496：512~516.

[27] Chen Y J，Wang Q，Peng J，et al. Effects of extrusion ratio on the microstructure and mechanical properties of AZ31 Mg alloy[J]. Journal of Materials Processing Technology，2007，182(s1~3):281~285.

[28] Hsiang Suhai，Kuo Jerliang. An investigation on the hot extrusion process of magnesium alloy sheet[J]. Journal of Materials Processing Technology，2003，140(9):6~12.

[29] 尹从娟，张星，张治民. 挤压温度和挤压比对 AZ31 镁合金组织性能的影响[J]. 有色金属加工，2008，37(1):44~46.

[30] 黄光胜，汪凌云，范永革. AZ31B 镁合金的挤压工艺研究[J]. 金属成形工艺，2002，20(5):41~44.

[31] 翟秋亚, 王智民, 袁森, 等. 挤压变形对 AZ31 镁合金组织和性能的影响[J]. 西安理工大学学报, 2002, 18(3):254~257.

[32] 李萧, 杨平, 李继忠. 等通道挤压对 AZ80 镁合金的组织和织构的影响[J]. 热加工工艺, 2010, 39(1):85~91.

[33] Wang Q D, Chen Y J, Lin J B, et al. Microstructure and properties of magnesium alloy processed by a new severe plastic deformation method[J]. Mater. Let., 2007, 61(23~24): 4599~4602.

[34] Li B, Joshi S, Azevedo K, et al. Dynamic testing at high strain rates of an ultrafine-grained magnesium alloy processed by ECAP [J]. Materials Science and Engineering A, 2009, 517 (1~2):24~29.

[35] 宋国旸, 穆龙. 等通道转角挤压的工艺特点及应用前景[J]. 热加工工艺, 2009, 38 (21):117~121.

[36] Berbon P B, Furukawa M, Horita Z, et al. The process of grain refinement in equal-channel angular pressing[J]. Acta Mater., 1998, 46(9):3317~3331.

[37] Feng X M, Ai T T. Microstructure evolution and mechanical behavior of AZ31 Mg alloy processed by equal-channel angular pressing[J]. Trans. Nonferrous Met. Soc. China, 2009, 19: 293~298.

[38] Li Y Y, Liu Y, NGAI Tungwai Leo, et al. Effects of die angle on microstructures and mechanical properties of AZ31 magnesium alloy processed by equal channel angular pressing[J]. Trans. Nonferrous Met. Soc. China, 2004, 14: 53~57.

[39] Iwahashi Y, Wang J, Horita Z, et al. Principle of equal-channel angular pressing for the processing of ultrafine-grained materials[J]. Scripta Materialia, 1996, 35(2):143~146.

[40] Furuno K, Akamastu H, Ohishi K, et al. Microstructural development in equal- channel angular pressing using a 60°die[J]. Acta Mater., 2004, 52: 2497.

[41] Masoudpanah S M, Mahmudi R. The microstructure, tensile, and shear deformation behavior of an AZ31 magnesium alloy after extrusion and equal channel angular pressing[J]. Materials and Design, 2010, 31: 3512~3517.

[42] Wang X S, Jin L, Li Y, et al. Effect of equal channel angular extrusion process on deformation behaviors of Mg-3Al-Zn alloy[J]. Materials Letters, 2008, 62: 1856~1858.

[43] Xia K, Wang J T, Wu X, et al. Equal channel angular pressing of magnesium alloy AZ31[J]. Materials Science and Engineering A, 2005, 410~411: 324~327.

[44] Kim W J, Jeong H G. Mechanical properties and texture evolution in ECAP processed AZ61 Mg alloys[J]. Mater. Sci. Forum, 2003, 419~422: 201.

[45] Koike J, Kobayashi T, Mukai T, et al. The activity of non-basal systems and dynamic recovery at room temperature in fine-grained AZ31 B magnesium alloys[J]. Acta Mater., 2003, 51(7): 2055~2065.

[46] Tham Y W, Fu M W, Hng H H, et al. Study of deformation homogeneity in the multi-pass equal channel angular extrusion process[J]. Journal of Materials Processing Technology, 2007 (192~193):121~127.

［47］ 钟春生，韩静涛. 金属塑性变形力计算基础［M］. 北京：冶金工业出版社，1994.

［48］ Mahallawy N E, Farouk A Shehata, Mohamed Abd El Hameed, et al. 3D FEM simulations for the homogeneity of plastic deformation in Al-Cu alloys during ECAP［J］. Materials Science and Engineering A, 2010, 527：1404～1410.

［49］ Aour B, Zairi F, Nait-Abdelaziz M, et al. A computational study of die geometry and processing conditions effects on equal channel angular extrusion of a polymer［J］. International Journal of Mechanical Sciences, 2008, 50：589～602.

［50］ Balasundar I, Raghu T. Effect of friction model in numerical analysis of equal channel angular pressing process［J］. Materials and Design, 2010, 31：449～457.

［51］ Suo T, Li Y L, Guo Y Z, et al. The simulation of deformation distribution during ECAP using 3D finite element method［J］. Materials Science and Engineering A, 2006, 432：269～274.

［52］ Balasundar I, Sudhakara Rao M, Raghu T. Equal channel angular pressing die to extrude a variety of materials［J］. Materials and Design, 2009, 30：1050～1059.

［53］ Cerri E, De Marco P P, Leo P. FEM and metallurgical analysis of modified 6082 aluminum alloys processed by multipass ECAP: Influence of material properties and different process settings on induced plastic strain［J］. Journal of Materials Processing Technology, 2009, 209：1550～1564.

［54］ Xu S B, Zhao G Q, Ma X W, et al. Finite element analysis and optimization of equal channel angular pressing for producing ultra-fine grained materials［J］. Journal of Materials Processing Technology, 2007, 184：209～216.

［55］ Xu S, Zhao G, Ren G, et al. Numerical simulation and experimental investigation of pure copper deformation behavior for equal channel angular pressing/extrusion process［J］. Computational Materials Science, 2008, 44：247～252.

［56］ Yoon S C, Kim H S. Finite element analysis of the effect of the inner corner angle in equal channel angular pressing［J］. Materials Science and Engineering A, 2008, 490：438～444.

［57］ Basavaraj V P, Chakkingal U, Prasanna Kumar T S. Study of channel angle influence on material flow and strain inhomogeneity in equal channel angular pressing using 3D finite element simulation［J］. Journal of Materials Processing Technology, 2009, 209：89～95.

［58］ Figueiredo R B, Cetlin P R, Langdon T G. The processing of diffcult-to-work alloys by ECAP with an emphasis on magnesium alloys［J］. Acta Materialia, 2007, 55：4769～4779.

［59］ Suo T, Li Y L, Deng Q, et al. Optimal pressing route for continued equal channel angular pressing by finite element analysis［J］. Materials Science and Engineering A, 2007, 466：166～171.

［60］ Figueiredo R B, Pinheiro I P, Aguilar M T P, et al. The finite element analysis of equal channel angular pressing (ECAP) considering the strain path dependence of the work hardening of metals［J］. Journal of Materials Processing Technology, 2006, 180：30～36.

［61］ Yoon S C, Seo M H, Krishnaiah A, et al. Finite element analysis of rotary-die equal channel angular pressing［J］. Materials Science and Engineering A, 2008, 490：289～292.

［62］ Xu S B, Zhao G Q, Ren X F, et al. Numerical investigation of aluminum deformation behavior in three-dimensional continuous confined strip shearing process[J]. Materials Science and Engineering A, 2008, 476: 281~289.

[63] Zhang D F, Hu H J, Pan F S, et al. Numerical and physical simulation of new SPD method combining extrusion and equal channel angular pressing for AZ31 magnesium alloy [J]. Trans. Nonferrous Met. Soc. China, 2010, 20: 478~483.

[64] Jin Y G, Son I H, Kang S H, et al. Three-dimensional finite element analysis of multi-pass equal-channel angular extrusion of aluminum AA1050 with split dies[J]. Materials Science and Engineering A, 2009, 503: 152~155.

7 镁合金轧制过程晶粒细化及调控

传统的铸造镁合金已经渐渐无法满足要求,采用挤压、轧制、锻造等塑性加工工艺生产的变形镁合金产品,由于具有更好的力学性能、多样化的结构而越来越受到重视。其中轧制因更容易大规模生产大件型材而受到广大科研工作者的关注[1]。但是,由于镁是密排六方结构,在室温只有 3 个滑移系,不满足5 个滑移系的多晶体塑性变形协调性原则,所以其塑性较低。另外,镁合金的体积热容较小,为1781J/(dm³·K),升温和散热降温都比较快,在塑性变形中温度下降很快,且不均匀,易发生边裂和裂纹。这些因素导致镁合金的轧制成型较铝合金要困难很多。所以研究和改进镁合金的轧制工艺和轧制方式,提高其轧制成型性,以得到力学性能优良、二次成型性好的板材是目前急需解决的问题。本章将分析镁合金轧制成型的特点,通过调整工艺和选择轧制方式来提高镁合金的轧制成型性[2,3]。

7.1 镁合金板材轧制成型的研究进展

7.1.1 镁合金轧制成型的特点

镁属于密排六方晶体结构,在室温下只有 1 个滑移面 (0001),也称基面、底面或密排面,滑移面上有 3 个密排方向,即 $[1\bar{1}20]$,$[\bar{2}110]$ 和 $[1\bar{2}10]$,其塑性比面心和体心立方金属都低,塑性变形需要更多地依赖于滑移与孪生的协调动作。滑移与孪生的协调动作是镁合金塑性变形的一个重要特征。室温下,镁合金的塑性较差,变形困难,且易出现裂纹等变形缺陷,这些都是制约镁合金轧制成型的原因[4,5]。

综上所述,镁合金的轧制成型通常在一定的温度下进行。通过轧制可以得到晶粒相对细小的镁合金组织,从而提高其力学性能。但是,目前镁合金的轧制成型多采用普通的对称轧制,轧制后的组织有强烈的 (0002) 基面织构,不利于后续加工成型。滑移系少、孪生和较强的基面织构导致成型困难,是镁合金轧制成型的重要特点[6,7]。

镁合金轧制成型的另一个特点是轧制过程需要多次退火。由于镁合金的体积热容较小,传热系数较大,升温和散热降温都比较快。且在开放的轧制环境中,合金和空气、轧辊等的传热使得轧件的温度下降很快。为了保证轧件的温度在设定的轧制温度范围,道次间需要对轧件进行加热。还因为轧制过程中孪晶和织构的积累，以及加工硬化导致轧制变形越来越困难，所以为了能够继续变形，需要在道次间对轧件进行加热，从而使大量的孪晶发生再结晶，提高材料的塑性，使材料在后续的轧制中不开裂。因此，多次退火就成了镁合金轧制区别于钢等合金的重要特点[8,9]。另外，镁合金的诸多特性导致它在轧制成型过程中产生其他的特点。例如，镁合金的塑性差导致轧制中道次压下量较钢和铝等小很多；体积热容小，温度分布不均匀导致轧件易产生裂纹等。

7.1.2 提高镁合金轧制成型性的途径

影响镁合金轧制成型的因素主要有：温度下降快，轧制过程中加工硬化，基面织构，退火热处理等。这些因素导致镁合金轧制过程要控制温度，加热退火；压下量小，要多道次轧制等。还需要有效地控制基面织构，提高轧制成型性和二次成型性。通常通过两个途径改善其轧制成型性，分别是工艺调节和轧制方式调整[10~12]。

7.1.2.1 工艺调节

镁合金板材的生产工艺流程依次包括：熔炼、铸造、扁锭、锯切、铣面、一次加热、一次热轧、二次加热、二次热轧、剪切、三次加热、三次热轧、冷轧、酸洗、精轧、成品剪轧、退火、涂漆、固化处理、检查、包装和运输。轧制设备与铝合金相似。镁合金轧制用的坯料可以是铸坯、挤压坯或锻坯。塑性加工性能较好的镁合金如 Mg-Mn（Mn 的质量分数小于 2.5%）和 Mg-Zn 合金可直接用铸锭进行轧制。为了消除枝晶，利于轧制成型，铸锭轧制前一般应在高温下进行长时间的均匀化处理。对含铝量较高的 Mg-Al-Zn 系镁合金，由于枝晶和大量的 $Mg_{17}Al_{12}$ 相，用常规方法生产的铸锭轧制性能较差，因此常采用挤压坯进行轧制[13,14]。

轧制工艺中的主要参数和环节包括：轧制温度、变形量、轧制速度、轧制路径、退火等，通过调整这些参数可以达到改善轧件组织，提高轧制成型性的目的。

A 轧制温度

温度对变形镁合金塑性变形能力具有很大的影响，提高轧制温度可以激活镁合金板材中棱柱面和锥柱面等潜在的滑移系，改善镁合金的塑性，从而大幅度改善镁合金轧制成型能力。但是如果温度过高，易使板材表面严重氧化而损害表面质量。此外，镁合金变形组织对温度非常敏感，当轧制温度过低时，不能通过动态再结晶细化晶粒，粗大的晶粒组织会存在大量的孪晶，而且这时镁合金材料边部容易开裂，材料内部容易存在不均匀变形，同时产生各向异性，对镁合金板材的二次成型加工非常不利。而轧制温度过高时，有可能发生二次再结晶导致晶粒长大，影响轧后材料的性能。因此镁合金轧制时温度制度的确定十分重要。要确定合理的温度制度，通常需要综合考虑合金相图、塑性图、变形抗力图及再结晶图等[15,16]。表7-1是几种常见镁合金的热轧温度。

表7-1 几种常见镁合金的热轧温度

合　金	坯料厚度/mm	加热温度/K	保温时间/h	开始温度/K	结束温度/K	轧辊预热/K
MA1	>15	723 ± 10	4 ~ 5	723	573	
	5 ~ 14	673 ± 10	2 ~ 3	673	573	523
	1 ~ 4	623 ± 10	1.5 ~ 2.5	623	523	
MA3	>15	653 ± 10	6 ~ 8	653		
	5 ~ 14	593 ± 10	3 ~ 4	593	523	523
	1 ~ 4	573 ± 10	1.5 ~ 2.5	573		
MA8	>15	723 ± 10	5 ~ 6	723	573	
	5 ~ 14	673 ± 10	3 ~ 4	673	573	523
	1 ~ 4	623 ± 10	1.5 ~ 2.5	623	523	
AZ31		498 ~ 673	1 ~ 2	498 ~ 673		
ZK60		553 ~ 593	1 ~ 2	553 ~ 593		

按照轧制温度的高低，镁合金的轧制也可分为热轧、温轧、冷轧。当在高于再结晶温度的温度范围内轧制时，即为热轧。热轧过程中会发生动态再结晶，可以细化组织，且热轧得到的板材孪晶较少，所以热轧板材的综合力学性能较好。冷轧通常在室温下进行，冷轧得到的板材组织中含有大量的孪晶，抗拉强度较高。温度高于冷轧温度而低于再结晶温度时进行的轧制是温轧。温轧能在一定范围内提高材料的塑性，降低加工硬化[17~20]。

通过调整轧制温度，可以得到不同性能要求的轧件。轧制过程中可以选择多个轧制温度以控制组织，提高塑性和轧制效率。通常采用先进行热轧，终轧进行冷轧的方式。汪凌云等人在研究 AZ31B 镁合金时，采用 450 ~ 460℃的开轧温度和 260 ~ 300℃的终轧温度成功地获得了性能优良的板材[1]。而陈维平等人研究了 300℃、330℃、360℃ 3 个轧制温度对 AZ31 镁合金组织和硬度的影响[5]，研究表明，在同一变形量下，随着轧制温度的升高，板材的晶粒呈长大趋势，硬度逐步下降，在 330℃轧制时，板材的综合性能较好。

B 变形量

在轧制过程中，变形量是个很关键的参数。如果变形量过大，板材就有可能开裂；变形量太小，效率就会降低，还会影响板材的组织和性能。镁合金的变形能力较差，一般采用多道次小压下量的轧制方式进行轧制。冷轧条件下，AZ31镁合金的最大变形量可达 15%，但一般都采用道次压下小于 5%，两次中间退火的总变形量小于 25% 的工艺。

在较高温度下也可进行大压下量轧制。陈彬等人的研究表明：挤压态 AZ31 镁合金在 300℃或 400℃下进行大压下量轧制，道次压下量可在 46% 以上，最高可达 71%[7]。而且板材在轧制过程中发生了动态再结晶，得到了均匀细小的组织，力学性能良好，同时提高了生产效率。通过温度调节和变形量的控制可以减少轧制道次，显著地提高了轧制效率[15~21]。

C　退火处理

经轧制的镁合金板材组织中有很多孪晶，且加工硬化现象严重，不利于二次加工成型。所以需对镁合金轧制板材进行退火处理，以提高其塑性。另外，镁合金板材在轧制过程中也需进行退火处理，以利于后续轧制。

傅定发[8]和程永奇[9]等人研究了退火处理对镁合金板材组织性能的影响。经退火后，板材组织中的孪晶逐渐消失，形成等轴的再结晶晶粒。晶粒尺寸随退火温度的升高而变大，随退火时间的延长先细化后长大。退火后板材的抗拉强度略有下降，但伸长率和冲压性能有较大改善。AZ31 最佳退火工艺为 200℃退火 1h。

D　轧制路径

轧制路径不同对板材的组织和性能也有很多影响。张文玉等人[10]研究了每道次轧制方向和板正法向均不变、每道次轧制方向不变而板正法向旋转 180°、每道次轧制方向旋转 180°而板正法向不变、每道次板材轧制方向和板正法向均旋转 180°4 种轧制路径在异步轧制中对板材组织和性能的影响。研究发现，以每道次轧制方向旋转 180°而板正法向不变的路径轧制的板材的金相显微组织较好，晶粒细小（约为 20μm），孪晶少，伸长率达到 26%，并且板材的屈服强度、应变硬化指数较高；而按每道次板材轧制方向和板正法向均旋转 180°的路径轧制的板材的塑性应变比值最大。

曲家惠[11]和张青来[12]等人研究了交叉轧制路径对板材组织的影响。单向冷轧的形变量超过 15.37% 即断裂，而交叉冷轧的形变量超过 5.79% 就发生断裂。在相同变形量下，单向轧制的（0001）面各织构组分强度趋向均匀分布，而交叉轧制的（0001）面各织构组分向 {0001}〈2110〉聚集增强。研究还发现，挤压 + 交叉热轧组织是由混晶组织组成还是由含有板条状组织组成，主要取决于挤压板的组织，交叉轧制组织存在挤压组织的遗传性。

因此，可以采用以每道次轧制方向旋转 180°而板正法向不变的路径对板材进行轧制，以提高其塑性，从而提高轧制效率。交叉轧制改变了基面织构，也是一种很好的尝试。

7.1.2.2　轧制方式调整

轧制方式是影响镁合金板材力学性能和轧制成型性的主要因素。轧制方式不同，板材在轧制工程中受的力就可能不同，因而得到的组织也有差异。比如，晶粒大小、基面织构、各向异性等在不同轧制方式下都会有所改变。

通过选择合适的轧制方式，可以有效地细化晶粒和降低织构强度，提高板材的成型性和后续加工性能。研究表明，晶粒尺寸小于 $10\mu m$ 时，镁合金将表现出良好的超塑性；镁合金板材各向异性程度高，力学性能不平均，通过控制织构降低各向异性程度，可有效地提高板材性能。

目前，应用在镁合金板材上的轧制方式主要有：同步轧制、异步轧制、非对称轧制、等径角轧制、双辊连铸连轧、累积叠轧等。研究不同轧制方式下，板材的组织性能，从而选择合适的轧制方式，才能以较高的效率轧得满足要求的板材。

A 同步轧制

同步轧制，即常规轧制，是目前应用最广的轧制方式。以两辊轧机为例，上下辊同步轧制，直径相当，转速相同，转向相反。这种方式得到的镁合金板材，中线以上和中线以下的变形量相当。通过轧制可以得到细小的组织，提高镁合金的强度。但是这种轧制方式下得到的板材基面织构很强，塑性较差。轧制过程中需要反复多道次间退火。T. C. Chang 等人[15]的研究发现，AZ31 镁合金经多道次，反复加热轧制后的平均晶粒尺寸达到 $11.7\mu m$，但是基面织构强烈，且发现了很多孪晶。

B 异步轧制

异步轧制是指两工作辊圆周线速度不同而进行轧制的工艺过程。异步轧制辊速的不同是通过上下轧辊半径不同或是二者转动角速度不一样来实现的。前者称为异径异步轧制，后者称为同径异步轧制。异步轧制技术自 20 世纪 40 年代产生以来，工艺几经改进，其轧制原理已日臻成熟。

实验研究表明[16~20]，在轧制条件相同的情况下，常规轧制与异步轧制 AZ31 镁合金板材的显微组织存在明显区别。与常规轧制相比，异步轧制板材的动态再结晶进行得比较完全，晶粒较细小，且晶粒大小更加均匀。常规轧制板材的显微组织中存在大量孪晶，而异步轧制板材的晶粒组织中孪晶很少。且通过异步轧制能有效地减弱镁合金板材的（0002）基面织构，使搓轧方向改变 5°~10°，使织构得到软化，提高其二次成型性能。

异步轧制可看成拉伸压缩和剪切变形的叠加。异步轧制所产生的织构应是同步轧制产生的织构和纯剪切产生的织构的叠加，这种交互作用的结果使镁合金可以在室温条件下以高达一道次 20% 的形变量轧成薄板而不发生裂纹，表面平整光滑。由于是拉伸压缩和剪切变形的叠加，镁合金在塑性变形时，除基面的滑移和孪生外，柱面的滑移也易开动，导致该合金在室温下有较大的塑性变形而不开裂[21]。

C 等径角轧制

等径角轧制是在等径角挤压的基础上发展的新型轧制方式。程永奇、陈振华

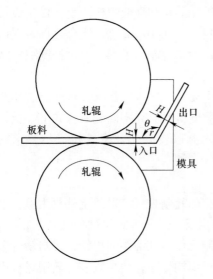

图 7-1 等径角轧制示意图[23]

H—通道宽度；θ—通道转角；r—过渡圆角半径

等人[22]率先在镁合金轧制中应用了等径角轧制的方法。等径角轧制装置如图 7-1 所示。等径角轧制模具安装于普通双辊轧机上，在等径角轧制过程中，板材首先通过轧辊产生一定的轧制变形，然后利用两轧辊与板材表面的摩擦力来提供足够的挤压力使板材通过等径角模具转角，以此来实现板材的连续剪切变形。

经等径角轧制后的板材，晶粒取向由等径角轧制前的（0002）基面取向演化为基面与非基面共存的取向。与等径角轧制前的板材相比，板材晶粒尺寸略有长大并有孪晶出现，但强度却明显提高，单道次轧制的板材，其抗拉强度提高约 15%，屈服强度提高约 24%，而断裂伸长率变化不大。随着等径角轧制道次的增加，板材的强度逐渐降低，但是塑性得到提高，轧制成型性和二次成型性有了明显的改善[23]。

D 累积叠轧

累积叠轧技术最早是由 M. T. Perez-prado 等人[24,25]应用到镁合金中的。累积叠轧过程如图 7-2 所示，分为切割、表面处理、叠垛、预热、轧制几个步骤，可视情况重复进行。轧制过程中改变压下量，可调整轧后板材厚度。

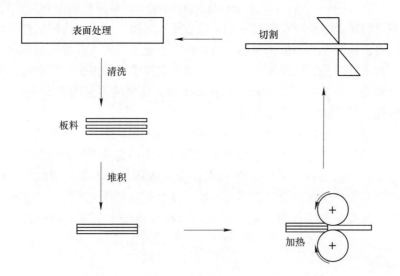

图 7-2 累积叠轧过程[26]

J. A. Del Valle 等人[25]的研究发现，晶粒的大小和轧制温度、道次压下量有关。在较低温度下得到的晶粒尺寸较小。累积轧制得到的晶粒尺寸与其他大变形技术得到的晶粒尺寸相近，但是累积叠轧加工过程中板材的（0002）基面织构很稳定，不利于后续的二次成型。

E 交叉辊轧制

交叉辊轧制方式是将上下轧辊成一定的角度（2θ）而进行的轧制，轧制方式如图 7-3 所示。

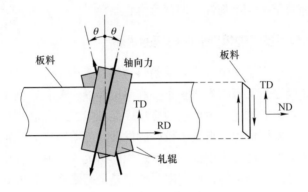

图 7-3 交叉辊轧制示意图[27]

TD—切向；ND—法向；RD—轴向

Y. Chino 等人[28]的研究表明，交叉辊轧制较普通的轧制方式有更好的压力成型性能，这与板材厚度方向应变的方向依赖性减小和宽度方向的拉伸应变有关。另外，（0002）基面织构的密度减小也是塑性提高的一个原因。同时，晶粒细化也使板材的成型性得到了很大的提高。

综上所述，由于柱面滑移的开动，异步轧制可以实现较大的道次压下量，得到的组织比同步轧制更均匀，晶粒更细小，且能够减弱基面织构。等径角轧制最大的优点就是可以有效地减少基面织构，且能使板材的强度提高。而累积叠轧可以有效地细化晶粒，交叉辊轧制能够提高板材的塑性。异步轧制、等径角轧制、交叉辊轧制都可以提高轧制成型性和轧制效率，但是，异步轧制技术相对其他几种轧制技术应用的时间要长，技术相对成熟，且较等径角轧制、交叉辊轧制工序简单，可以实现大规模的在线轧制。

镁合金作为一种新兴的金属结构材料，有着丰富的资源和广阔的应用前景。但是如何提高其轧制成型性，是镁合金进一步发展面临的问题。目前应用最广的常规轧制方法，需要在轧制过程中对板材进行多次道次间退火，以减少加工硬化、孪晶及温度的下降对后续轧制的影响。但是多次的退火处理使工序变得很繁杂，且使晶粒长大，影响板材的性能。

合理地选择轧制方式和进行工艺的调整是提高镇合金板材轧制成型性和板材性能的有效途径。运用异步轧制、等径角轧制、交叉辊轧制等轧制方式，辅以合适的处理工艺，例如选择合理的轧制温度、调整轧制变形量和轧制路径等，就可以实现较大的压下量，或减少甚至不用道次间退火，减少轧制道次，减少工序，提高轧制成型性。但是上述轧制方式尚未在镇合金的实际生产中得到广泛应用，很多技术还处在实验室阶段，不是十分成熟。镇合金板材轧制工艺和方式还需进一步探索和改进，探究镇合金的塑性变形机理和轧制原理，改善轧制工艺或方式，以大规模高效率地生产高性能的镇合金板材。

7.1.3　基于有限元技术的板带轧制研究的进展

金属板带轧制过程是一个非常复杂的热力耦合大变形非线性过程，既有材料非线性、几何非线性，又有边界接触条件和温度非线性变化，变形机理复杂，难以用准确的数学表达式描述。数值模拟方法因能够较好预测轧制过程中力能的变化，且成本低、开发周期短，得到了较好的发展。随着有限元模拟软件的发展和完善，有限元技术被广泛应用于板带轧制过程的研究。轧制过程中板坯和轧辊的应力状态与分布是难以测定的，而有限元技术是最行之有效的方式。它既能模拟轧制过程的力能参数，优化设备和工艺，节省物理模拟和现场试轧的费用，又可以模拟板带材在轧制过程中的组织变化，预测轧后的力学性能，此外，还可以预测轧制过程中出现的裂纹等宏观缺陷。有限元技术已经成为研究板带轧制的重要方法之一。

7.1.3.1　有限元技术在板带轧制中的应用

有限元法始于 1956 年，是人们进行结构力学计算而发展起来的。1973 年，Lee[19] 和 Kobayashi 等人各自以矩阵分析法的名义提出了类似的有限元法。早在20 世纪 80 年代，Mori 等人就尝试着用刚塑性有限元法模拟轧制过程，后来 Liu等人采用三维弹塑性有限元法分析了板带轧制过程。经过几十年的发展，特别是随着计算机技术的发展，许多有限元软件都已经相对完善，可以对板带轧制过程进行各种模拟和分析。最初的有限元法只是分析轧制过程中简单的应力-应变关系，后来逐渐地可以分析温度场、传热条件、摩擦条件、轧辊弹性变形、材料热膨胀等对轧制过程的影响。随着有限元技术的发展，现在已经能够利用它准确快速地模拟各种复杂的应力-应变场的变化，热力耦合变化，微观组织以及各种宏观和微观缺陷的产生和发展[27~29]。

A　轧制过程力能参数模拟

有限元法可以预测轧制过程中轧制力、应力、应变、速度、摩擦力、变形量等，为实际生产提供指导。C. Boldetti 等人[30] 利用有限元技术研究了轧制变形过程中的应变和温度的变化，有限元分析的结果和实际吻合。W. J. Kwak 等人[31] 研究了热轧过程中的轧制力，经验证有限元法得到的结果和实验结果吻合，可以指导在线生产。Z. Y. Jiang 等人[32]用三维有限元模型研究了冷轧薄板过程，得到了薄板宽度方向的速度分布，且对摩擦力对板材成型的影响进行了分析。

B　轧制过程温度变化模拟

轧制过程是复杂的热力耦合过程。塑性变形和摩擦会产生热量，而轧件本身的热量又会通过与轧辊的接触进行传导或者向周围环境散失。所以温度是轧制工艺中需要控制的一个重要参数。Y. H. Ji 等人[33]用有限元方法研究了异步轧制和同步轧制过程中板材的温度变化，研究表明异步轧制产生更多的热量。

目前的有限元模拟中多是按照 T. B. Wertherimer 的理论近似地认为 90% 的变形功转化成了热量。R. B. Mei 等人[34]用有限元方法计算了板材在轧制过程中的温度分布，分析了空冷、水冷等条件下的传热系数，而且更新了 90% 的功热转换理论，他们的研究表明变形功转换的热量受热流密度、工作频率、空气隙以及到边的距离等因素影响。但是在相变比较复杂的合金或者比较复杂的变形机制合金中有多少变形功转化成了热量，以及相变吸收和释放多少热量还值得研究。

C　轧制过程组织变化模拟

随着有限元技术的完善，很多有限元模拟软件已经能够模拟合金显微组织的变化。DEFORM 等软件中已经集成了模拟动态或者静态再结晶的模块。用有限元法模拟组织变化已经成为一种行之有效的研究方式。Z. D. Qu 等人[35]用刚黏塑性模型结合动态、静态再结晶模型和晶粒长大模型研究了轧制过程中 SS400 钢的组织演变。研究发现组织的变化和轧制过程中应力、应变、应变速率等热机械参数有关。M. Seyed Salehi 等人[36]用有限元法结合神经网络法建立了一个能够预测轧制过程中应力应变、应变速率和动态再结晶的模型，而且模拟结果和实验结果吻合。

D　板形控制和缺陷模拟

有限元法已经能够预测轧制过程中板带的形状变化，控制板形，且能预测断裂、边裂、起皱等宏观缺陷。孙林等人[37]运用有限元法建立了中板轧机辊系变形的仿真模型，并计算出辊形、钢板宽度及轧制力等对钢板凸度的影响。从而为中板轧机板形控制系统的开发等提供了必要的理论依据。

Q. W. Dai 等人[38]用三维有限元预测了板的厚/宽比对轧制边裂的影响，预测结果和实验结果能够很好的吻合。S. H. Ju 等人[39]用有限元法研究了轧制过程中导致应力集中的因素，分析了表面断裂形成的原因。M. Ould Ouali 等人[40]用有限元法建立的力学模型，成功地预测了 A1050P 铝板的轧制断裂。Q. Li 等人[41]建立了交叉辊轧制中板材破坏的有限元模型，研究了损伤发展的情况。

E　接触和摩擦分析

轧制过程中，板带被摩擦力带动通过轧辊，达到轧制的效果。轧辊和板带是接触关系，接触面存在摩擦力。动态接触在塑性变形有限元中是较复杂的过程。接触问题要考虑压力或者摩擦力的作用，接触导致的热传导对温度的影响等。接触条件、分离条件和接触容差的设定都会影响模拟的准确性，经常会出现网格渗透或者不收敛等情况。合理的设定有限元分析的步长和适当的划分网格是解决这些问题的有效途径。B. G. Thomas 等人[42]研究得到了轧制模拟中轧件单元的平均尺寸和时间的优化关系式，即

$$\frac{k\Delta t}{\rho c\Delta x^2} = 0.1$$

式中，Δt 为时间步长，s；Δx 为平均单元尺寸，mm。

朱光明等人[43]研究了板带轧制变形区内的摩擦力分布，研究表明，轧辊直径、初始板厚、道次压下量、摩擦系数和张力直接影响变形区摩擦力分布：

（1）由模拟计算结果可以看出，当压下量增加时，摩擦力值增大，停滞区减小，滑动区变大，接触弧变长，同时中性点位置前移。

（2）当改变轧辊直径时，接触弧长度增加，中性点相对后移，但摩擦力最大值变化不大，表明轧制力增大。

（3）当改变摩擦系数时，接触弧长度基本不变，但摩擦力值随摩擦系数的增大而增大，中性点后移。

（4）当前后张力相同时，除了接触弧长度在出口处略有不同和摩擦力最大值不同外，摩擦力的分布趋势基本一致。当前后张力不一样时，中性点位置向张力大的方向偏移。接触条件和摩擦因素对轧制过程具有较大影响，合理的设定才能准确地模拟和预测轧制过程。

7.1.3.2 影响轧制模拟准确性的因素

有限元模拟的准确性一直是众多研究者关注的问题，通常有限元模拟得到的结果要经过实验验证或者修正。而影响其准确性的因素主要有模型的建立、边界和初始条件的设定、收敛条件的设置、网格的划分、本构类型和计算方法等。

（1）合理的轧制模型。有限元模型是根据实际生产条件简化和抽象出的简单的数学模型，它虽经过简化，但是必须能够反映板带轧制过程最主要的内容。由于经验数据往往有误差，材料的基本参数设置务必应用实验得到的应力-应变参数、热导率、热膨胀系数等。现在的材料本构模型多是通过热压缩实验得到的。S. F. Harnish 等人[44]通过高温热压缩实验得到了 AA705X 合金的塑性流变本构关系，并且以此建立了轧制过程的有限元模型。边界条件和初始条件必须严格按照实际情况设置，如果有遗漏将不能够准确地反映实验事实，只有模型精准得到的结果才有参考价值。

（2）收敛条件的设置。收敛条件的设置是影响有限元模型准确性的重要因素。对于轧制过程，收敛条件可以设置成位移收敛、残余应力收敛、变形能收敛

等，或者同时选择几个收敛条件。收敛条件的数值要根据网格划分的尺寸、模型大小、实际情况等进行合理地设定。同时网格单元的类型也是影响模型准确性的一个重要因素。

（3）网格划分。一个有限元模型是否能够快速、准确地得到计算结果，几何模型和网格划分起着至关重要的作用。如何确定单元类型和数量是关键，网格单元太少会影响计算精度，甚至不收敛，但是网格单元如果太多也不能提高计算精度，反而要花费很多的运算时间。网格生成的方法很多，二维平面单元网格的划分方法主要有：覆盖法、前沿法、转换法和扩展法；曲面网格划分方法主要有：覆盖法、前沿法、Patran 曲面网格划分器、扩展法；三维实体网格划分主要有：扩展法和实体网格自动划分方法。合理的划分网格是有限元分析的基础。

（4）合理的本构类型。目前用于有限元分析的金属材料本构关系主要有：弹塑性有限元法、刚塑性有限元法和黏塑性有限元法。对于具体的分析情景，必须选择合适的本构模型。比如塑性加工成型分析采用刚塑性有限元法能够既保证求解精度，又有较高的计算效率，如果分析残余力应采用弹塑性模型等。板带轧制过程一般是大变形，宜选择刚塑性和弹塑性有限元法。

刚塑性有限元法虽无法考虑弹性变形问题和残余应力问题，但计算程序大大简化。在弹性变形较小甚至可以忽略时，采用刚塑性有限元法可达到较高的计算效率。S. Chandra 等人[45]用刚塑性有限元法模拟了温轧工艺，得到了较好的结果。张国民等人[29]用有限元法对板带轧制过程进行了三维耦合分析，轧件塑性变形采用刚塑性有限元法计算，辊系弹性变形采用弹性有限元法计算，经检验，所建立的模型具有良好的精度和较高的效率。

弹塑性有限元法是考虑了包括弹性变形和塑性变形的金属变形全过程的研究方法。在分析金属成型问题时，不仅能按变形路径得到塑性区的发展状况，工件中的应力、应变分布规律和几何形状的变化，而且还能有效地处理卸载问题，计算残余应力。因此，弹塑性有限元法被用于弹性变形无法忽略的成型过程模拟。H. Utsunomiya 等人[46]分别用弹塑性有限元法研究了轧制和冷轧过程，得到了理想的结果。但弹塑性有限元法要以增量方式加载，尤其在大变形弹塑性问题中，采用 Lagrange 或 Euler 法来计算，需花费较长的计算时间，效率较低[28,47]。

7.1.3.3 提高计算效率的途径

随着有限元技术和计算机技术的发展，现在的有限元模型越来越复杂，越来越精细，计算量也非常巨大，如何提高计算效率是有限元模拟面临的一个重要问题。目前，可以从模型、计算方法、材料定义等几个方面提高计算效率。如果主要研究板带的应力应变等，可以将轧辊设置成刚性体，这样就大大减少了计算量，显著提高计算效率，且对计算精度没有太大的影响。根据分析类型，适当地定义材料，如果是大变形，且不考虑残余应力可以选用刚塑性材料定义，这样可以忽略弹性变形,大大减少计算量。目前在离线分析模型和在线控制中,经常把轧辊和板带分开计算,然后通过某种迭代关系将接触力、应力应变、温度等耦合起来,这种方式是提高计算效率的有效途径。显式动力学有限元法无需刚度矩阵的建立和求逆运算,而是采用中心差分法显式求解有限元方程,并通过单点高斯积分和集中质量,极大地提高了计算效率。谢红飙等人[48]采用该方法对板带轧制过程进行了研究,其计算结果与实验值吻合较好。由于运用了多极展开法及自适应交叉近似法等快速算法,边界元法的计算时间和内存需求极大地减少,与未知数的关系由原来的二次方关系变为线性关系。D. Y. Liu 等人[49]研究了多极展开边界元法求解板带轧制问题的可行性。

有限元技术现在发展得越来越成熟,在轧制方面的应用越来越广泛,但是还是有很多问题需要解决。主要体现在以下几个方面:轧制过程的有限元分析主要是集中在板带厚度方向,以二维分析为主,针对宽度方向的三维分析较少。轧制过程中板带与轧辊和环境的传热系数多是以经验数据为主,对这些相关系数的研究和验证需要加强。塑性变形产生热量的多少也需要实验和新的理论支撑。新材料的材料库还需进一步开发和研究,不断完善。有些软件的连接不是很好,不能进行很好的二次开发,且二次开发的难度很大。

虽然目前还有很多问题,但是有限元分析技术正在发展和完善。很多有限元软件已经集成了很多功能,例如 DEFORM6.1 已经集成了再结晶模拟模块,能够方便地进行轧制变形中动态再结晶的模拟。许多学者也正在研究新材料的塑性变形行为,材料库正在逐渐建立。有限元技术正被应用在板带轧制的各个方面,且以其强大的分析能力和对在线生产的良好预测,必将会得到很好的发展。

7.2 初始宽度对 AZ31 轧制板材组织性能的影响

目前少有关于初始宽度对镁合金或其他合金轧制板材组织性能的影响的研究报道。然而,镁合金的体积比热容较小(1781J/(dm³·K)),导热系数较高(155W/(m·K)),约为铁的两倍,轧制过程中热量变化很大,加上镁合金的密排六方结构对塑性成型的影响等,因此研究初始宽度对镁合金轧制板材组织和性能的影响,对板材的轧制成型和二次加工有重大意义。系统地研究不同初始宽度的 AZ31 镁合金板轧制变形后的组织性能,以期得到初始宽度对镁合金轧制板材的影响规律[50~59]。

7.2.1 材料准备和实验方法

实验所用 AZ31 镁合金(Mg-3% Al-1% Zn,质量分数)及主要仪器设备由国家镁合金材料工程技术研究中心提供。试样分别被加工成宽 15mm、30mm、45mm,厚 10mm 和长 30mm。

试样在 320℃ 下加热 30min，然后进行轧制。轧机辊径为 170mm，辊速为 21r/min，轧辊不加热。试样轧后厚度为 6mm。对铸态板坯和轧制后的样品进行硬度测试和金相分析，所用仪器为 HXS-1000AY 数显硬度计，加载力为 0.5N（50gf），加载时间为 20s。金相腐蚀剂配方为苦味酸 4.5g，乙醇 75mL，乙酸 5mL，蒸馏水 10mL，腐蚀 2~3s，然后用 MDS 金相显微镜观察。分别用 Rigaku D/MAX 2500 和 TESCAN 钨灯丝扫描电镜进行了晶体衍射分析和边部裂纹观察。

7.2.2　实验结果和分析

对三块轧制后的板坯进行力学性能的相关测试和组织分析，分析宽度对镁合金轧制板材组织和性能的影响规律，并且对轧制产生的宏观裂纹进行研究。

7.2.2.1　硬度分析

在每块试样上测 20 个点的硬度，然后取平均值，如图 7-4 所示。

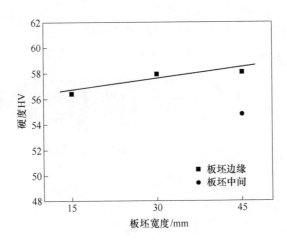

图 7-4　板坯轧制后的硬度分布

测定的铸态 AZ31 的硬度 HV 为 45，轧制后板材的硬度 HV 都在 54 以上，比铸态合金高 11 以上，这是轧制使合金加工硬化的结果。同时，轧制使得疏松缩孔减少，组织更加均匀，也有利于硬度的提高。硬度分布结果显示，随着板坯宽度的增加，轧后板材边缘部位的硬度增加。这表明，随板坯宽度的增加，塑性变形越严重，合金的加工硬化越显著。45mm 板中间的硬度比边缘的硬度小，这和板坯在轧制过程中的塑性变形以及温度不均匀有关。实验采用的是开放式轧机，且轧辊不加热。而镁合金的体积比热容较小，导热系数较高，所以在轧制过程中试样的热量很容易被传导到轧辊和周围环境中，温度骤降。实验测定的结果表明，经轧制后板材温度要降低近 100℃，试样边缘尤为剧烈。因此，由于温度降低没有边缘剧烈，加上塑性变形产生的热量，板坯中间部分发生了动态再结晶，合金的组织被软化；而边缘部分由于温度下降剧烈，加工硬化现象严重，再结晶软化不及加工硬化的作用大，所以板的中间部分的硬度没有边缘部分（或者是距板的边缘近的部分）硬度高[10~12]。

7.2.2.2　显微组织分析

金相分析的结果如图 7-5 所示，实验所用的铸态板坯的晶粒粗大，约为 300μm，且有较多的疏松缩孔。铸态板坯经压下量为 40% 的轧制，发生了动态再结晶。从图 7-5 中可以看到等轴状的细小再结晶晶粒外还可以看到细长的孪晶。这些孪晶相互交割，是镁合金在较低温度下塑性变形的典型特征。图 7-5(b)~(d)都是孪晶和再结晶晶粒共存的组织，差别不大。但是，图 7-5(b)为再结晶和孪晶共存组织，且其中的孪晶细长，分布较多。图 7-5(c)中的孪晶很多已经发生了再结晶，许多等轴的再结晶晶粒串联在一起。图 7-5(d)中的孪晶较少，多是大片等轴的再结晶区域或者在原来孪晶处再结晶的细长的再结晶区域。随着板坯初始宽度的增加，孪晶略有减少，而再结晶也进行得充分些。由于较宽的板的边部的流变更剧烈些，所以图 7-5(b)~(d)对应的硬度值也相差不大。图 7-5(e)中的组织以再结晶晶粒为主，因为再结晶软化，所以其硬度较低。上述现象应该是

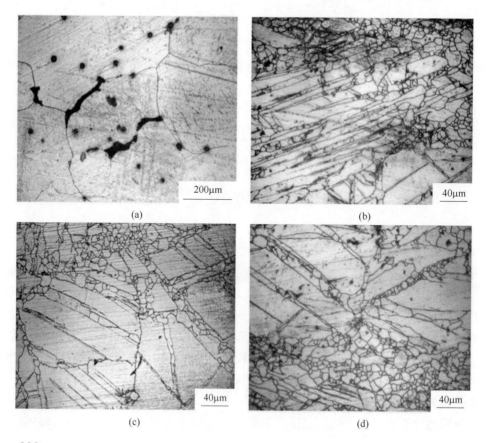

(a)　　　　　　　　　　　　　　　(b)

(c)　　　　　　　　　　　　　　　(d)

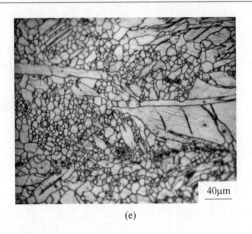

(e)

图 7-5 不同试样的显微组织

(a)铸态组织；(b)15mm 宽处组织；(c)30mm 宽处组织；

(d)45mm 宽处边部组织；(e)45mm 宽处中间部组织

由轧制过程中，板坯的热量被传递给轧机和周围环境引起的。板坯中间的温度要比边缘的温度高，所以再结晶进行得比边缘充分。而板坯越宽，热量越多，热传导引起的温度下降要比窄的板坯小。由于镁合金具有较低的体积比热容和较高的导热系数，这种现象在镁合金中就尤为显著[60]。

7.2.2.3 XRD 分析

为了了解不同宽度板坯轧制对其晶体学取向的影响，进行 XRD 分析，结果如图 7-6 所示。不同初始宽度 AZ31 板坯轧制后并没有物相的变化。合金的晶体

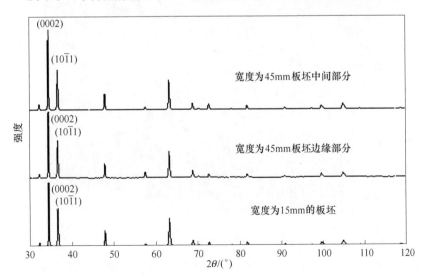

图 7-6 不同宽度板坯轧制后的 XRD 图

取向以（0002）和（10$\bar{1}$1）为主。初始宽度对合金的晶体学取向有一定影响。在板的边部，（0002）基面取向变化不是很显著，略有增加。但是，在初始宽度为45mm的AZ31镁合金板坯轧制后的中间部分，（0002）方向取向比15mm宽的板增加了近30%。这是因为在较宽的板坯中间发生了动态再结晶，在轧制过程中再结晶晶粒按照一定的取向生长和排列造成的。上述结果表明，越宽的板坯轧制后，基面织构越多，尤其是在板的中间部分。这种晶体取向分布对合金后续的二次加工有重要影响。

7.2.2.4 裂纹分析

图7-7所示为板坯轧制后局部边裂处的扫描电镜照片。AZ31镁合金在此实验条件下，40%压下量轧制后的裂纹以层状撕裂为主，这也是合金热轧中常见的一种缺陷形式。这种延性损伤符合现代损伤理学的微空洞形核理论。A处可见明显的空洞，当空洞扩大连接到一起就形成了类似B处的长条状的空隙。这些材料内部的空隙不断地连接扩大（M线），当它们和合金表面的裂纹（N线）连接到一起时，材料就发生了宏观的断裂，板坯的边裂也就产生了。

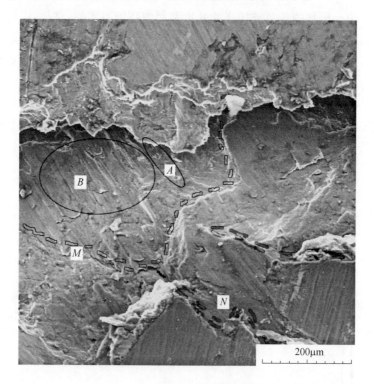

图7-7　边裂的扫描电镜照片

通过对不同初始宽度板坯的轧制实验和金相、硬度、XRD、SEM等分析发现：

（1）随着板坯宽度增加，轧后板材的边部硬度有所增加，再结晶晶粒比例也有所增加，（0002）基面取向更明显。

（2）板材中间和边部的组织和性能有较大差异，中间部分的动态再结晶进行得更加完全，所以硬度比边部低，基面取向也更显著。

鉴于镁合金特有的一些性质，在其生产和科研中应该重视这种板坯初始宽度差异及同一板不同部位的组织和性能差异给材料的使用产生的影响。

7.3　递温镁合金板的轧制实验和数值仿真

镁合金的体积比热容较小，且热导率较大，所以该合金加热升温快，散热降温也快。在轧制过程中，镁合金板料和环境以及轧辊等发生热量传递，板料温度将发生较大的变化。同时，板料变形产生的体积功和板料与轧辊摩擦产生的摩擦热都将使板料温度升高。所以，镁合金轧制过程中温度将发生较大的变化，而温度又是影响变形抗力和板料组织变化的最重要参数之一[61~63]。因此，温度在镁合金板材轧制过程中起着至关重要的作用。

虽然目前对镁合金的研究已经取得了很大的进展，尤其是镁合金的铸件已经广泛用在交通、电子产品外壳等领域，但是对镁合金板材轧制过程中温度变化的研究还不够完善。目前，对镁合金轧制温度的研究多是关于某几个温度下轧制后的镁合金板的组织和力学性能。而对轧制过程温度的变化，以及变形抗力或者轧制力、板料应力分布等的研究还很少；对轧制成型性，特别是轧制板材的边裂研究也少见文献报道。

本章将系统分析轧制过程中的热量产生和散失等变化，建立相应的数学模型。为了研究温度对 AZ31 镁合金板材轧制变形的影响，实验将以带有温度梯度的镁合金板材为研究对象，并利用大型非线性有限元软件 MSC. Marc & Mentat 模拟轧制过程中温度以及应力、轧制力等的变化。

7.3.1　数学模型

轧制过程是一个复杂的热力耦合过程。由于镁合金体积比热容小等特点，其轧制过程更加复杂。其中热量的变化就包括：体积变形功转化为热量的部分；板和轧辊摩擦生成的热量；板和环境产生的热对流和辐射；板和轧辊接触发生的热量传递；镁合金组织变化（位错、孪晶产生和增殖等）产生的组织储能以及其他影响因素，例如轧辊的导热、轧制润滑、水冷、加热等。而热量的变化直接影响着材料的变形行为，直接影响应力、应变，显著地体现在材料变形抗力，进而影响轧制力[64~70]。

轧制过程中板材的热量变化，可以看做是有内热源的三维热传导问题，可表述为方程式（7-1）。其中，内热源就是变形功转化成热量的部分和摩擦产热[28,69~74]。

$$\rho c \frac{\partial T}{\partial t} = \frac{\partial}{\partial x}\left(\lambda \frac{\partial T}{\partial x}\right) + \frac{\partial}{\partial y}\left(\lambda \frac{\partial T}{\partial y}\right) + \frac{\partial}{\partial z}\left(\lambda \frac{\partial T}{\partial z}\right) + \phi_V \tag{7-1}$$

式中，ρ 为密度；c 为比热容；λ 为热传导率；t 为时间；ϕ_V 为内热源。

塑性变形产生的热量可表述为：

$$q_p = \eta_p k \ln\left(\frac{d_1}{d_2}\right) = \eta_p p_m \ln\left(\frac{d_1}{d_2}\right) \tag{7-2}$$

式中，q_p 为塑性变形发热热流；η_p 为塑性变形功转化热能的部分占总塑性变形功的比例，根据 T. B. Wertherimer 的理论一般取 $\eta_p = 0.9$；p_m 为轧件上的平均压力；d_1，d_2 分别为轧制前后轧件厚度。

摩擦生热用方程式（7-3）表述：

$$q_{fr} = MF_{fr}v_r \tag{7-3}$$

式中，q_{fr} 为摩擦力功转化成的表面热流；M 为功热转换系数；F_{fr} 为摩擦力；v_r 为界面相对速度。所以，内热源为：

$$\phi_V = A_1 q_p + A_2 q_{fr} \tag{7-4}$$

式中，A_1，A_2 为面积。

而板料和轧辊的热量传递可以表述为：

$$\alpha = \frac{-\lambda_c\left(\dfrac{\partial T}{\partial y}\right)}{T - T_R} \tag{7-5}$$

式中，α 为等效热传递系数；λ_c 为轧辊和板料的热传导率；T，T_R 分别为板料和轧辊的温度。

板料和环境的对流辐射传热为：

$$q = h(T - T_o) = (h + h_r)(T - T_o) \tag{7-6}$$

$$h_r = \varepsilon\sigma(T + T_o)(T^2 + T_o^2) \tag{7-7}$$

式中，ε 为发散率；σ 为玻耳兹曼常数；T_o 为环境温度；h，h_r 都为对流换热系数。

忽略组织变化对能量的影响和其他影响小的因素，综合以上方程得到热流量为：

$$Q = \phi_V + A_3\alpha\Delta T + A_4 q \tag{7-8}$$

式中，A_3，A_4 为面积；ΔT 为温度差。

轧制过程遵守能量平衡方程和力平衡准则，所以有：

$$\int_V \rho v_i \frac{\partial v_i}{\partial t}\mathrm{d}V + \int_V \frac{\partial \rho}{\partial t}U\mathrm{d}V = \int_V \rho(Q + b_i v_i)\mathrm{d}V + \int_S (P_i v_i - H)\mathrm{d}S \tag{7-9}$$

$$\int_V \rho \left(b_i - \frac{\partial v_i}{\partial t} \right) \mathrm{d}v = \int_S P_i \mathrm{d}S \tag{7-10}$$

式中，v_i 为速率；U 为能量；Q 为体积热流；b_i 为体积力；P_i 为边界上的力；H 为热流密度；V 为体积；S 为边界的长度。

柯西应力准则为：

$$P_j = n_i \sigma_{ij} \tag{7-11}$$

式中，σ_{ij} 为柯西应力分量。

综合以上方程，得到轧制过程的热力耦合平衡方程为：

$$\int_V \sigma_{ij} \frac{\partial \delta u_i}{\partial x_i} \mathrm{d}V = \int_V \rho b_i \delta u_i \mathrm{d}V - \int_V \rho \frac{\partial v_i}{\partial t} \delta u_i \mathrm{d}V \tag{7-12}$$

式中，u_i 为位移。

式（7-12）也是对轧制过程进行有限元分析的数学基础。

7.3.2　实验方法和有限元模拟

为了研究温度对 AZ31 镁合金板材轧制的影响规律，得到较优的轧制温度区间，采用带有温度梯度的 500mm 长的板材作为研究对象，通过加热使板料的一端到另一端呈现 400℃ 到室温 25℃ 的温度梯度。并且将热电偶均匀地焊接在板料上，用多通道温度巡检仪记录温度的变化，响应时间为 1s。实验用轧机为双辊轧制，辊径为 170mm，辊速为 21r/min，实验用板料的原始尺寸是 10mm × 50mm × 500mm。轧制一个道次，轧后板厚为 6mm。

实验所用材料为在 420℃ 挤压成型的 AZ31B 镁合金，其流变应力曲线如图 7-8 所示。镁板与空气的对流换热系数为 0.02W/(m² · ℃)，与轧辊的传热系数为 35W/(m² · ℃)，发散系数为 0.12。

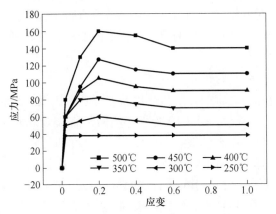

图 7-8　AZ31B 镁合金流变应力曲线

为了研究轧制过程的力-能变化,建立相应的三维有限元模型,如图 7-9 所示。为了节约运算时间,模型按照实验的 1/4 建立,因此模型中运用对称面两个。板料温度按照原始坐标定义了 400℃到 25℃的温度梯度。由于辊径较板料厚度大很多,轧辊温度的变化要小很多,且忽略轧辊的变形,因此轧辊定义为刚性,且温度为 25℃。采用更新的拉格朗日方法计算,步长为 0.005s,且每隔 50步记录一个数据。

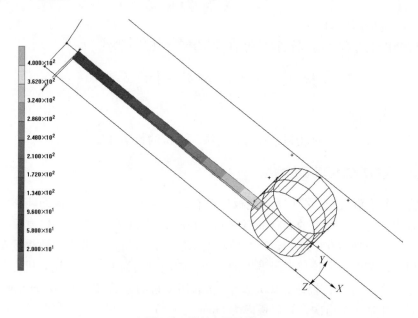

图 7-9　轧制有限元模型

7.3.3　结果与讨论

用有限元方法对轧制过程的温度、轧制力等进行了分析,并在实验中进行验证。结果表明,经过轧制后板料的温度有明显的变化,且轧制力和等效应力均随温度的变化而显著变化。

7.3.3.1　轧制引起的板料温度变化

由于空气对流和与轧辊的接触传热以及变形功等因素,板料的温度发生了较大的变化,如图 7-10 所示。图 7-10 为板料侧面距前端 125mm 处一点的温度变化曲线。在板料从加热炉出来到被咬入轧辊这十多秒的时间里,温度下降约 20℃。这段时间的温度下降主要是由于板料和空气发生对流辐射传热,损失了部分热量。从图 7-10 有限元分析(FEA)的结果可以看到先是一个温度的缓降,紧接着骤降的突变过程。在板料经过轧辊的瞬间,热量的产生主要是由于变形功转化成的热量和摩擦产生的热量,散失是由于板料和轧辊及周围环境的传热,其中和轧辊的接触传热起主要作用。温度陡增是由于板料刚被咬入时变形产热和摩擦生热的总和超出板料和轧辊接触导热很多，或者说是板料在短时间内还没来得及向轧辊传热，所以板料的温度快速升高。随着轧制过程的进行，这点附近和轧辊的接触面积越来越大，变形也越来越小，变形产热变小，而接触散热激增，板料温度骤降。

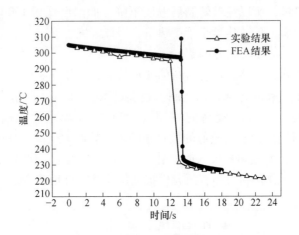

图 7-10　板料侧边某点的温度变化

实验结果中的轧件被咬入前后的温度下降和轧制过程中的温度陡降与有限元分析结果吻合，但是实验测定结果没有温度的陡升。这主要是由于图中结果所示的有限元模拟结果的响应时间是 0.05 s，而实验测定温度的巡检仪响应时间是 1 s，所以实验中很难同时测到温度的陡升和骤降。

图 7-11 所示为板料不同位置的温度变化情况，数据记录间隔时间为 0.25 s。在被咬入之前，板料温度是降低的，根据对流辐射导热的特点，温度梯度越大，

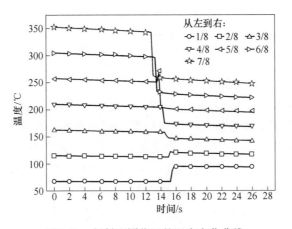

图 7-11　板料不同位置的温度变化曲线

温度下降越明显，当板料温度是室温时就基本没有温度的变化了。温度的变化依然受变形产热、摩擦生热以及板料-轧辊接触导热、与环境对流辐射的影响。由于变形产热、摩擦生热各处温度都会升高，由较低温度处（1/8 和 2/8 处）的温度变化可明显看出，而热量的散失和温度梯度关系很大，这也是由接触传热原理决定的。当温度高于 150℃，即板料和轧辊的温度梯度大于 130℃，散失的热量要大于产生的热量，所以经过轧制后温度下降。而温度低于 150℃ 时，由于温度梯度小，散热就少，且散热量小于产热量，因此温度上升。

7.3.3.2　温度对轧制力的影响

轧制坯料的温度直接影响着材料的变形抗力，从图 7-8 可见，温度越低变形抗力越大，当然变形抗力越大，轧制力也会越大。图 7-12 所示为轧制力变化曲线，从图中可见，当温度较高的一端（400℃）被咬入轧辊时，轧制力只有 50kN。随着轧制进行，温度较低的板料被咬入，轧制力变高。且温度越低轧制力越高，当温度为 20℃ 板料被咬入时，轧制力达到最大约为 140kN，接近 400℃ 时的 3 倍。且实验所测轧制力和有限元模拟结果能够较好地吻合。

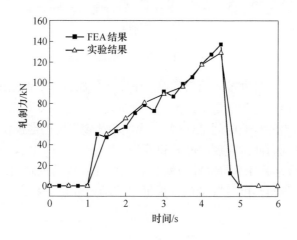

图 7-12　轧制力变化曲线

7.3.3.3　温度对应力的影响

温度不只直接影响变形抗力和轧制力，而且对等效应力的影响也非常明显。图 7-13 所示为温度梯度板料长度方向的等效应力分布。由于是温度梯度板，因此在长度方向的变化即温度变化。随温度的下降，等效应力直线上升。当上升到一定应力值（见图 7-14）时，达到材料的成型极限，发生边裂，且温度越低裂纹越深，如图 7-15 所示。从图 7-14 中可见，临界等效应力值为 160MPa，此时的温度为 210℃，且图中 0～180mm 位置的板料为经过轧辊部分，可以看出轧制使温度降低，甚至比没经过轧辊的低温部分的温度还低。

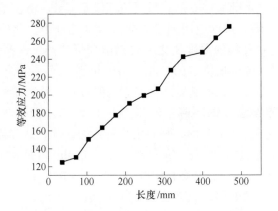

图 7-13 温度梯度板料长度方向的等效应力分布

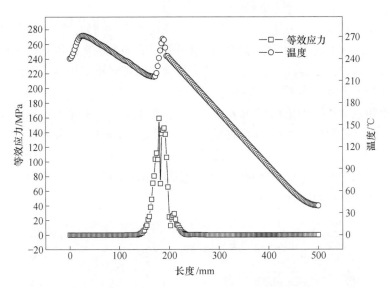

图 7-14 达到轧制极限时的等效应力和温度曲线

图 7-15 轧制极限时板料开裂照片

通过实验验证，本节所建立的有限元仿真模型能够较真实地反应轧制过程的力-能变化，模型准确，可以应用到以后的镁合金轧制中。此外，通过实验和有限元分析验证了轧制过程的温度变化主要是由变形产热、摩擦生热和板料-轧辊接触导热、与环境对流辐射决定的，并且由于板料-轧辊接触导热受温度梯度的影响，因此板料的温度受板和轧辊之间温度差的影响。轧制过程中板料将发生较大的温度变化。随着温度的下降，轧制力和等效应力线性增加。当温度降到210℃，等效应力达到160MPa时，板料将出现边裂缺陷，达到轧制成型极限。因此板料轧制温度应高于210℃。研究发现，开发的 Mg-Zn-Mn 新型变形镁合金可实现在 310℃ 下的挤压成型，并在该温度下发生完全的动态再结晶。固溶及时效处理，特别是双级时效处理，能够显著提高该合金的强度，其最高强度可达到高强变形镁合金 ZK60 的强度水平。

7.3.3.4　压下量对边裂的影响

镁合金因其密排六方结构，变形性能不及钢和铝。例如，镁合金的轧制要小压下量多道次才能轧制到所需厚度，而钢可能只需一个道次。而且因为镁合金的导热系数较高，比热容较低，所以其每个道次之间都要重新加热。因此镁板的轧制比较复杂，而且很容易产生边裂。

实验和数值模拟中采用如图 7-16 所示的楔形板。这种设计是为了研究不同压下量下板材轧制中的塑性-损伤性能，终轧厚度为 3mm。因为当板轧过后将呈现 0～66.9% 不同的压下量，因此在板的边缘每 5mm 做个标记，来记录其不同的初始厚度。轧制前，楔形板在 400℃ 下保温 30min，轧辊为室温（20℃），辊径为170mm，转速为 2.2rad/s。

图 7-16　楔形板照片

将热电偶焊接在板的边缘测量其温度变化，每 0.5s 记录一次。裂纹的微观组织用扫描电子显微镜（SEM）测量。用大型非线性有限元软件 MSC. Marc & Mentat 建立三维的模型来分析整个轧制过程，模型的相关参数和实验一致。所用实验材料为 AZ31B（Mg-3% Al-1% Zn）变形镁合金，将铸件在 400℃ 下挤压，然后切割成特定的形状。所轧材料的密度为 1780kg/m³，轧辊和轧件的摩擦系数为0.4，轧件和环境的热传导系数为 0.02W/(m·K)，塑性变形功热转化率为 0.9，轧件和轧辊的热传导系数为 35W/(m·K)。本节将利用 Crockroft & Latham 损伤理论来研究和预测轧制过程中的损伤。

热传导系数是一个与材料、接触区域、温度梯度等相关的参数。而目前有关镁板和轧辊之间的热传导系数并没有深入的研究，有些报道只是对其做了假设。在有限元模型中运用 0W/(m·K)、15W/(m·K)、35W/(m·K) 作为导热系数计算，并和实验数据进行比较。实验中测定了镁板初始厚度为 45mm 处（压下量 43%）某点的温度。图 7-17 所示为不同热传导系数下有限元模拟和实验结果。

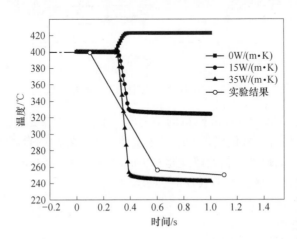

图 7-17　实验和有限元模拟得到的不同热传导系数对应的温度曲线

轧制工艺是一个复杂的热力耦合工艺，轧制材料力学性能会受到温度的影响。为了获得准确的温度，首先需要有准确的热传导系数。从图 7-17 中可以看出 35W/(m·K) 是最接近实验数据的，所以在有限元模型中用 35W/(m·K) 作为热传导系数。

在轧制过程中，变形和摩擦要产生热量，同时轧板和轧辊、轧板和环境之间的热传导又要损失热量。当压下量是 43% 的时候，变形和摩擦使得温度上升 20℃。这从图 7-17 导热系数为 0W/(m·K) 的曲线就可以看出来。但是产生的热量远远小于传导损失的热量。最终在变形、摩擦和热传导的综合作用下，温度下降了 150℃。

越大的压下量将产生越多的热量，因此，初始厚度大的部分将产生更多的热量，但是，最终的温度分布却不是这样的。如图 7-18 所示，随着压下量的增大，热传导损失的热量也越大。在楔形板的轧制过程中，板和轧辊的接触面积是在逐渐增大的，因为热传导是和接触面积相关的，所以热传导的热量增大得更快。因此，随着压下量的增加温度反而降低了。

结合 Crockroft & Latham 理论，将临界值设定为 0.45。图 7-19 所示为数值模

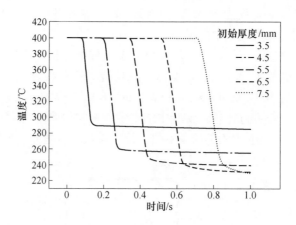

图 7-18 不同初始厚度处对应的温度曲线

拟的结果和实验结果。从数值模拟的结果看，裂纹发生在边部，当损伤值大于0.49，裂纹就会出现。数值模拟的结果跟实验结果很好地吻合了。第一个裂纹出现在第 12 个标记的地方，初始厚度是 6.1mm，压下量是 51.6%。所以，在当前轧制条件下，当压下量大于 51.6% 时，裂纹就会产生。

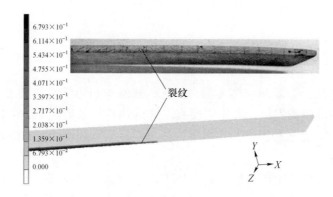

图 7-19 实验和有限元模拟边裂的结果
（照片中的孔是放置热电偶用的，与裂纹不同）

边部裂纹是由最大拉伸主应力和主应变引起的，如图 7-20 所示。当变形超过了应力和应变的极限，应变能超过了临界值，裂纹就产生了。

7.3.3.5 形状（宽高比）对边裂的影响

众所周知，在轧制的时候，板材在轧制方向（RD）将被拉长，在横向（TD）将被扩展。板的初始形状（包括宽度）以及材料性能都是影响板的应力分布的重要参数，并且影响板最终的形状。因此有必要研究宽度对镁板轧制以及边裂的影响。

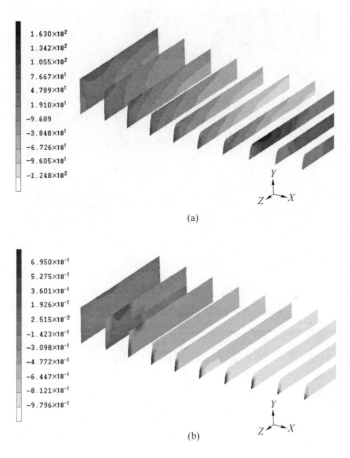

图 7-20　最大拉伸主应力(a)和主塑性应变(b)图

为了研究不同宽度的影响，准备如图 7-21 所示的塔形试样。板的宽度从 5mm 到 60mm 每 5mm 变化一次。除了最窄的部分长度是 30mm，其他不同宽度部分的长度都是 20mm。塔形板的厚度是 10mm。试样在 320℃下保温 20min，然后进行轧制。轧辊径为 170mm，转速为 2121r/min。在其中一些部位焊接热电偶来测量温度的变化。

在数值模拟中，几何形状是用 Unigraphics NX4.0 绘制的。所有的部件包括塔形板、轧辊等都按照实际尺寸模拟。为了减少计算时间，数值模拟采用了 1/4 模型。然后将此模型导入有限元软件 DEFORM-3D v6.1 进行模拟。塔形板被认为是钢塑性，分成 18248 个单元，并采用以下假设：（1）轧辊是刚性的。（2）轧辊的温度为固定温度 25℃。因为板材试样的形状相对于轧辊很小，对轧辊的传热量很少，所以忽略其温度变化。（3）板材和轧辊间的摩擦系数和热传导系数为固定值。

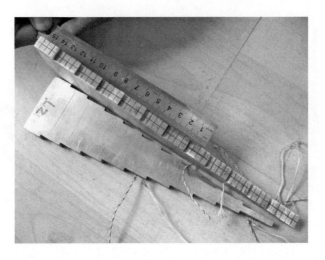

图 7-21   塔形试样

在有限元模型中，应变 ε 为：

$$\varepsilon = \ln \frac{l_f}{l_0} \tag{7-13}$$

式中，ε 为真应变；l_0 为初始长度；l_f 为最终长度。

等效应变定义为：

$$\bar{\varepsilon} = \frac{\sqrt{2}}{3} \sqrt{(\varepsilon_1 - \varepsilon_2)^2 + (\varepsilon_3 - \varepsilon_2)^2 + (\varepsilon_1 - \varepsilon_3)^2} \tag{7-14}$$

式中，$\bar{\varepsilon}$ 为等效应变；ε_1，ε_2，ε_3 为主应变。

DEFORM 用 Von-Mises 应力来定义等效应力，即

$$\bar{\sigma} = \frac{1}{\sqrt{2}} \sqrt{(\sigma_1 - \sigma_2)^2 + (\sigma_3 - \sigma_2)^2 + (\sigma_1 - \sigma_3)^2} \tag{7-15}$$

式中，σ_1，σ_2，σ_3 为主应力。

本节用拉格朗日增量分析方法。模型中引入两个对称面，对称面的热流是零，板材的初始温度为 320℃，轧辊温度为 25℃。轧辊和板材为接触体。塔形板的厚度从 10mm 轧制到 6mm，压下量为 40%。在不同宽度，每一个点代表不同的宽厚比。

按照 Crockroft & Latham 理论，当最大拉伸应力应变引起的能量达到特定值的时候，损伤就发生了，即 $\int_0^{\varepsilon_f} \sigma_{max} d\bar{\varepsilon} = C$。用归一化的 Crockroft & Latham 理论，可表述为：

$$\int^{\bar{\varepsilon}_j} \frac{\sigma^*}{\bar{\sigma}} d\bar{\varepsilon} = 1 \tag{7-16}$$

图7-22所示为数值模拟和实验的结果。从数值模拟的图中可以看到宽厚比大于2.0的地方发生了损伤。综合图7-22（a）～（c）可知，当损伤值大于等于0.15的时候，将有裂纹发生。同时也验证了轧制边裂是遵守 Crockroft & Latham 准则的。

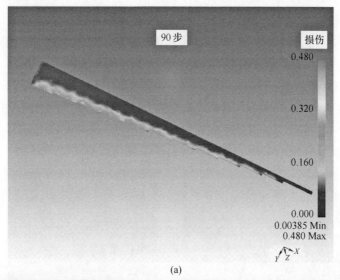

(a)

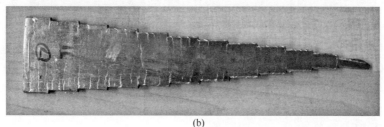

(b)

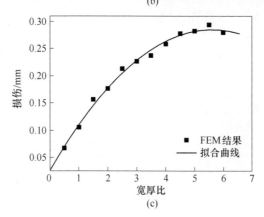

(c)

图7-22 有限元模拟结果和实验裂纹照片

（a）有限元模拟损伤的结果；（b）镁板轧制后的照片；（c）边部的损伤值曲线

根据图 7-22(c)拟合曲线，损伤值可以用式（7-17）表示：

$$D = 0.026 + 0.09X - 0.008X^2 \tag{7-17}$$

式中，D 为损伤；$X = $ 宽/厚，$0 < X < 6$。

因此，当前条件下的轧制边裂可以这样预测，即当 $D \geqslant 0.15$ 时，边裂发生。也可以表述为：

$$D = -0.124 + 0.09X - 0.008X^2 \tag{7-18}$$

当 $D \geqslant 0$ 时，边裂发生。式（7-18）可以用来预测镁板轧制边裂。

7.3.3.6　应力分布

轧制方向（RD）、横向（TD）和法向（ND）的应力分布如图 7-23 所示。在边部有轧向的拉应力，板的中间有轧向的压应力。图 7-23(a)中 A 点和 B 点的拉应力是由轧辊和板的摩擦导致的。此处的摩擦使得板材轧过轧辊，并且导致了

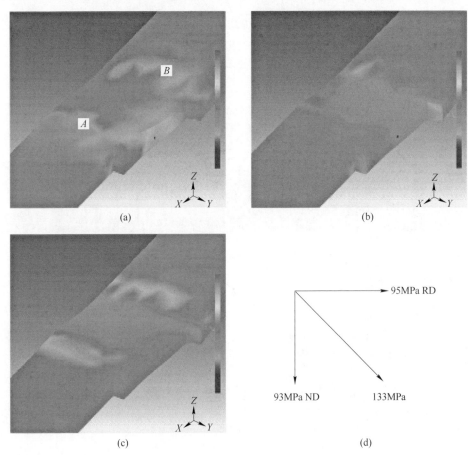

图 7-23　第 95 步的应力分布图

（a）轧制方向的应力分布；（b）法向的应力分布；（c）横向的应力分布；（d）应力合成图

板中间轧向的压应力。轧制还导致板材在横向扩展，从而导致了轧向的拉应力。

如图7-23(b)所示，在法向存在的是压应力。而且在中间的压应力比在边上的大。这是由于两个轧辊的挤压，使板材变薄了。

在横向，同样存在压应力。最大压应力在中间，边上的小。这里的压应力使板变宽。当然，其必须满足体积不变和最小阻力定律。

通过研究图7-23中某点处的应力来研究板边部的受力。此点处，轧向拉应力为95MPa，法向压应力为93MPa，横向很小的压应力为5MPa，如图7-23(d)所示（忽略了横向的压应力）。从图7-23(d)中可以看到，合力与轧向和法向呈45°角且垂直于横向，大小为133MPa。正是此45°方向的合力导致了如图7-24所示的边裂。图中的裂纹也与轧向和法向呈45°，平行于合力的方向，由剪切导致。通常一种材料的剪切强度远小于屈服强度，所以剪切力更容易导致裂纹。

图7-24 边裂

7.3.3.7 宽度对极限应变速率的影响

图7-25所示为轧制中不同宽厚比处的极限应变速率。随着宽厚比的变化，极限应变速率呈现周期性的锯齿变化。有三个最低值分布在宽厚比为1、3.5和5.5的地方。锯齿形曲线每两个单位一个周期，并且，当宽厚比约为2、4、6的

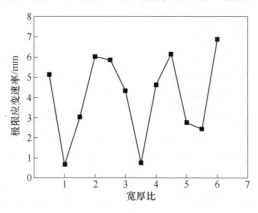

图7-25 不同宽厚比处的极限应变速率

时候将有一个峰值。

利用式（7-19）可以计算再结晶晶粒的尺寸：

$$d = A(\dot{\varepsilon}e^{G/T})^{-b} \tag{7-19}$$

式中，d 为再结晶晶粒尺寸；$\dot{\varepsilon}$ 为应变速率；G 为再结晶激活能；T 为温度；A，b 为常数，且 b 为正数。

从这个方程可以看出，应变速率越高，晶粒尺寸越小。

图 7-26 所示为镁板轧制后不同部位的微观组织，图 7-26(a) 中的再结晶晶粒尺寸是 7.9μm，而图 7-26(b) 中的再结晶晶粒尺寸是 3.5μm。宽度或者宽厚比大的，再结晶晶粒尺寸小。从有限元分析的结果，二者的极限应变速率分别是 $4.2s^{-1}$ 和 $6.2s^{-1}$，这和式（7-19）中晶粒尺寸与应变速率的关系一致，也能间接地用晶粒尺寸证明有限元分析中应变速率的结果。

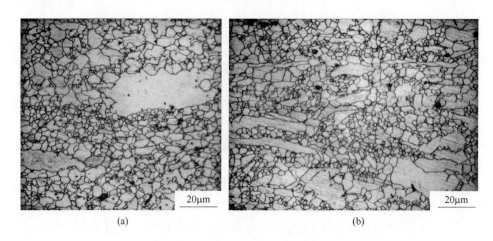

图 7-26　镁板轧制后不同部位的微观组织
(a) 宽厚比为 3；(b) 宽厚比为 4.5

7.3.3.8　初始织构对轧制成型性的影响

实验以 AZ31 镁合金为代表研究镁板的轧制。为了研究初始织构的影响，相同尺寸的试样从挤压镁板上的不同方向切割而来。一类试样（试样 B）沿挤压方向（ED），具有典型的基面织构；另一类试样沿横向（TD），没有基面织构。

为了鉴别不同实验的轧制成型性，所有试样被设计成楔形，最小厚度为 3mm，最大厚度为 8mm，如图 7-27 所示。有效长度是 100mm，在端头有 10mm 长，厚度为 8mm 的稳定区。在板的侧边每 5mm 做一个标记，以区分初始厚度。轧制后可通过这些标记分析边裂出现部位的压下量。

轧制前，试样在 400℃ 下加热保温 30min。轧辊直径为 170mm，转速为 2.2rad/s，轧制前不加热。用 MDS 金相显微镜研究材料的微观组织，用 RIGAKU

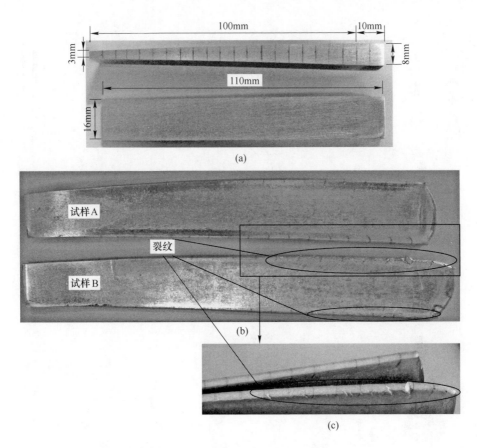

图 7-27　轧制前后的试样及其放大图

(a) 轧制前的试样；(b) 轧制后的试样；(c) 轧后试样 A 和 B 的放大图

D/MAX 2500PC 衍射仪（铜靶）测试获得试样的极图。

图 7-28 说明了试样的织构变化。在轧制前，A 试样几乎没有基面织构，法向（ND）几乎垂直于 HCP 晶格的轴线；而试样 B 具有强烈的基面织构。轧制后，试样 A 和 B 都具有强烈的基面织构，只是强度不同。试样 B 的强度更大些（32），而试样 A 的较小（13）。这是因为试样 A 还有些（0002）织构残余在 TD 方向。

各向异性的织构演化可以解释轧制后试样 A 和 B 的尺寸不同。试样 A 加载方向垂直于 HCP 晶格的 c 轴，变形的初期以孪晶为主，然后是锥面滑移，这都使其沿着 c 轴拉长，最终使 TD 方向变宽。而试样 B 具有强烈的基面织构，在轧制的时候以基面滑移为主，使试样沿着轧制方向（RD）被拉长。同时加载方向垂直于 HCP 晶格所需的孪生和滑移的激活能都相对较小。因此，试样 A 更容易塑性变形，具有好的轧制成型性。

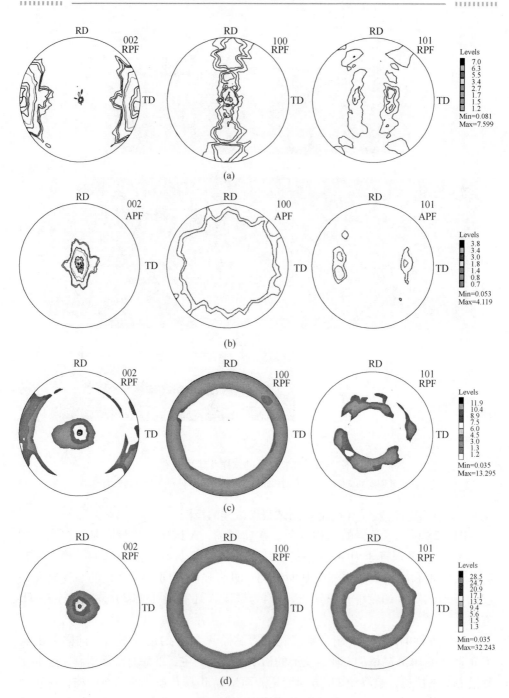

图 7-28　试样极图

（a）轧制前试样 A 的初始织构；（b）轧制前试样 B 的初始织构；

（c）轧制后试样 A 在压下量为 40% 时的织构；（d）轧制后试样 B 在压下量为 40% 时的织构

初始织构不同，两种试样的组织演化也肯定不同，而组织也是影响边裂的一个重要因素。

轧制后试样 A 和 B 的组织如图 7-29 所示，可以看到轧制后，试样 A 和 B 的组织有很大差异。试样 A 较试样 B 有更多的孪晶，特别是在压下量很大的时候，试样 A 依然质量很好，组织中以孪晶为主，兼有很多再结晶晶粒，如图 7-29（e）所示。而出现裂纹的试样 B 的组织是由大晶粒（大于 $100\mu m$）和围绕大晶粒的

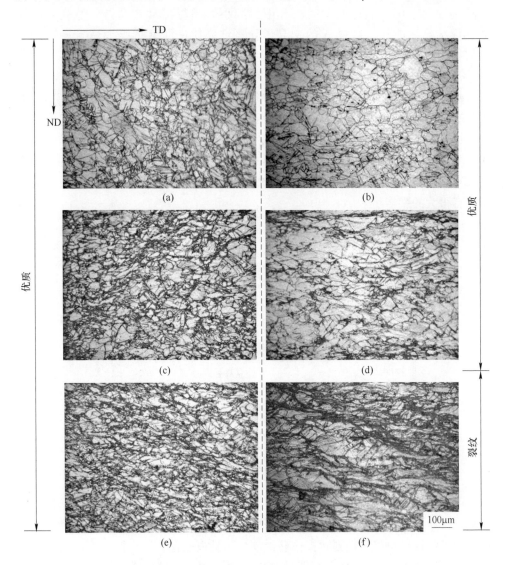

图 7-29　试样 A 和 B 在不同压下量下的组织

（a）试样 A，压下量为 20%；（b）试样 B，压下量为 20%；（c）试样 A，压下量为 40%；

（d）试样 B，压下量为 40%；（e）试样 A，压下量为 60%；（f）试样 B，压下量为 60%

项链状小晶粒（小于$10\mu m$），以及一些孪晶组成的，如图7-29(f)所示。这说明材料变形过程中更多应力不均匀，易发生裂纹。

试样 A 和 B 的组织差异是由不同的初始织构及加载方向造成的。当加载方向垂直于 HCP 晶格的 c 轴，即试样 A 塑性变形中 $\{10\overline{1}2\}$ 孪晶很容易被激活。相比之下，在较小的变形下试样 B 的主孪晶很难激活。随着压下量的增加，动态再结晶（DRX）发生。在 A 试样中，再结晶晶粒多沿着孪晶，是孪晶诱导动态再结晶；而在试样 B 中，细小的晶粒都沿着晶界，是晶界诱导动态再结晶。此外，试样 A 的孪晶诱导再结晶比试样 B 的晶界诱导再结晶要均匀得多。

7.3.3.9 板形和边裂数值模拟

基于弹塑性各向异性理论，利用有限元方法对本节实验进行有限元模拟。如图7-30（轧板的1/2形状）所示，两种不同初始织构试样轧制变形后的形状不同。A 试样轧制后比 B 试样短，但是宽展要大些。而且在轧板末端的形状也不同，A 试样末端的角是向外（TD 方向）突出的，而 B 试样的角是内敛的。这个结果和图7-27的结果是完全一致的，充分说明了板材的初始织构对轧板最终的板形有很大的影响。

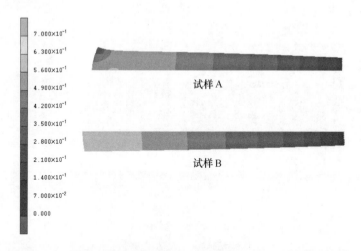

图7-30　有限元模拟各向异性轧制结果图（1/4模型）

用各向异性弹塑性理论结合损伤理论来研究镁板轧制过程中的损伤行为，研究发现，如果用各向异性塑性屈服准则配合损伤理论不能很好地反映材料的损伤行为。说明材料的屈服准则和损伤理论耦合不是很完善，还有待改进。因此，用弹性各向异性集合 Von Mises 屈服准则耦合损伤理论，模拟镁板轧制过程中的损伤行为，结果如图7-31所示。

从图7-31中可以看出两种不同初始取向的镁板轧制后的损伤行为存在很

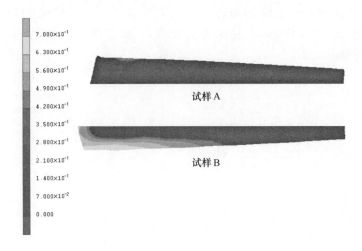

图7-31 各向异性轧制损失分布

大的差别。试样 A，HCP 晶格 c 轴垂直 ND 方向，损伤可能发生在压下量很大部位的边部，损伤值不大。而试样 B 的损伤从压下量 50% 左右的边部开始，随着压下量的增加，损伤的范围增大，当压下量很大的时候扩展到贯穿整个板。

为了能够清楚地表述压下量和裂纹密度的关系，统计压下量及对应的裂纹的数量，用回归方程式（7-20）来表示裂纹数量：

$$Y_d = \{-0.014 + 0.00001\exp[(X_R - 0.034)/0.047]\}\Theta \qquad (7\text{-}20)$$

式中，Y_d 为边裂的数量；X_R 为压下量，而且 $0 < X_R < 63\%$；Θ 为材料参数，当轧制前 ND 向平行于 HCP 晶格的 c 轴时，$\Theta = 1$，当 ND 向垂直于 c 轴时，$\Theta = 0$。

在本实验条件下，试样 A 的 ND 向垂直于 HCP 晶格的 c 轴，边裂的数量是零，即没有边裂发生。而试样 B 的 ND 向平行于 HCP 晶格的 c 轴，具有强烈的基面织构，材料参数 $\Theta = 1$，在轧制刚开始的时候，压下量 X_R 较小，裂纹数量很小几乎是零，但是当压下量 X_R 达到门槛值 53% 时，裂纹数量显著增加，在轧制镁板的边部出现裂纹。

7.3.3.10 微观组织与边裂的相互关系

实验所用材料为 AZ31 镁合金（Mg-3% Al-1% Zn），AZ31 是一种塑性比较好，目前广泛用于镁合金轧制的一种材料。为了获得均匀的组织，采用挤压过的 AZ31 合金作为母料，其初始晶体取向如图 7-32 所示。假设颗粒、析出相、孔洞的分布是均匀的，因此忽略其在边部和中间产生的不同的影响。轧制前挤压 AZ31 被切割成 16mm×30mm×70mm 的长方形。为了保证试样各部温度均匀，轧制前试样先在400℃下加热30min，且在轧制道次之间，试样在400℃回火保温5min。轧辊的辊径为170mm，转速为2.2rad/s，压下量为每道次1mm。轧制10道次后出现宏观裂纹。

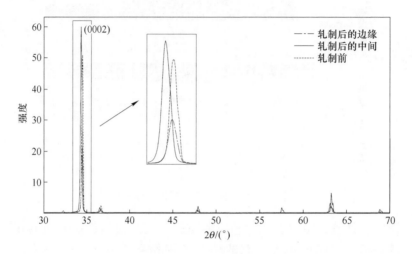

图 7-32　轧制前后的 XRD 结果
（从试样表面发现扫描得到）

　　晶体取向是影响镁合金塑性变形的一个很重要的因素，研究表明，晶体织构对裂纹的发展和阻止裂纹产生有很重要的影响。为了研究镁合金织构对边裂的影响，测量板材边部和中间的晶体取向。虽然轧制后边部和中间都是（0002）取向占主导，但是其在中间的分布要多于在边部。图 7-32 表明，在经历了 10 道次的轧制后，边部和中间的晶体取向差异更明显了。在本质上，是中间大的压力使得晶粒旋转，使 HCP 晶格的轴向垂直于板，而且在轧制方向晶格被拉长，导致了（0002）取向占主导。因为不同的应力分布，这种基面织构在板的中间更明显。因为织构影响裂纹，边部和中间组织取向的不同是边裂产生的一个原因，这是镁合金轧制的一个独特的机制。较 FCC，HCP 结构只有有限的滑移系，且 HCP 的基面是密排面，易激活。在边部，基面织构少，基面平行于板的少，所以轧制中滑移较难发生在边部，从而产生边裂。

　　在 10 道次轧制后，不同区域的代表性组织如图 7-33 所示。由图 7-33(c)可以看到在左上角有个典型的裂纹，其在板上的位置，如图 7-33(a)所示。从图 7-33(f)中可以看到很多由许多的细小晶粒组成的细晶粒带，这种晶粒带是在轧制后在板的中间部分产生的。细晶粒带中的小晶粒都是细小且等轴的，尺寸多小于30μm，最小的不到10μm。一些细晶粒带在表面附近，一些沿着裂纹。

　　相比之下，轧制后，边部的晶粒（非裂纹区域）更大，如图 7-33(d)所示，

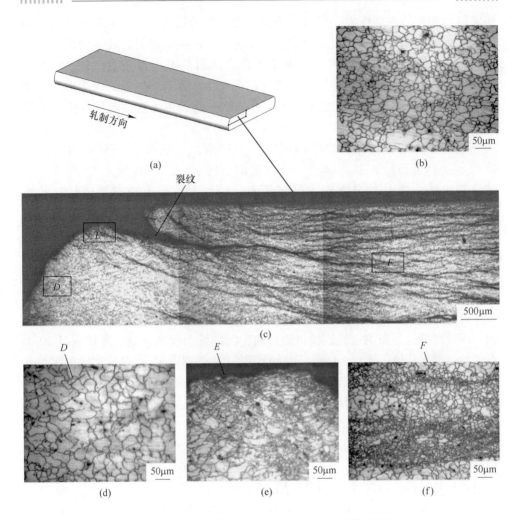

图 7-33　镁板经过 10 道次轧制后的微观组织（道次压下 1mm）

（a）镁板形状及金相观察部位；（b）镁板轧制前组织；（c）轧制后图（a）所示区域的组织；

（d）图（c）中 D 区域的组织；（e）图（c）中 E 区域的组织；（f）图（c）中 F 区域的组织

有些大于 $50\mu m$，甚至比图 7-33（b）中的初始状态的晶粒还大。也有一些细小的晶粒在裂纹的末端（见图 7-33（e））由细小晶粒带组成（见图 7-33（f））。由微观组织可以发现，在 10 道次轧制后发生了动态的再结晶，使得晶粒变得细小等轴。相比之下，在边部没有裂纹的区域没有发生再结晶，道次间的回火加热使晶粒变得粗大。值得注意的是，虽然边部的温度较中间低，但是仍然高于 $200℃$，所以边部晶粒能够长大。

这种细小的晶粒带是镁合金塑性变形中独有的，且不同于钢。在钢的轧制中，边部的晶粒被拉长，且没有这种细小的晶粒带。这种晶粒带是由镁合金的晶体结构和它的物理性质决定的。镁合金的体积比热容小，热传导系数大，容易产生温度的变化。在从边部到中间有一定应力梯度的同时，还从与轧辊的接触面到内部有一定的温度梯度。由于镁合金的再结晶温度较低（约180℃），当经历大的变形时，在这样的温度梯度下将有动态再结晶发生。很多道次叠加之后形成了图7-33（c）所示的在表面附近的细小晶粒带。这就是镁合金的典型特征。

除了与其他金属轧制相同的机械方面的原因，轧板边部和中间的组织演变是镁合金板材轧制边裂的一个重要而独特的原因。如图7-33所示，边部非裂纹区域的晶粒异常粗大，而其他区域由于发生了动态再结晶晶粒细小。因为细小的晶粒组织由于晶界的阻碍作用能阻止裂纹的产生和发展，所以当经历大的变形的时候，边部的粗大晶粒更容易产生裂纹。即在前几个道次轧制中，边部的晶粒长大了，此时裂纹也在颗粒或者孔洞附近产生了，如图7-34所示。随着轧制的进行，边裂增殖并且形成图7-33（c）所示的宏观裂纹。

微观硬度测量能够为材料损伤的评价提供有价值的参考。通常随着损伤的增加，硬度降低，分布测量轧后板材边部和中间的维氏硬度，每个区域测量20个点，然后取平均值，测得10个道次后的硬度 HV 分别为65和71，边部的平均硬度比中间的小。因为板材的轧制是在较高温度下进行而且板材的微观组织几乎是等轴状的，整个板的加工硬化和残余应力都比较小。这表明边部的损伤比中间部分严重，这也是边裂的一个原因。

裂纹在边部发生之后，随着轧制进行，微裂纹长大、合并，如图7-34所示。微裂纹穿过了晶粒 M 和其他晶粒，鉴于裂纹很直，所以裂纹是穿过晶粒的，不是沿着晶界弯曲的。当然裂纹要穿过晶粒需要更大的应力。

另一个有趣的特征是前文提到的沿着裂纹的细小晶粒。当裂纹增殖的时候，裂纹尖端有一个塑性区。当变形在较高温度发生的时候，由于裂纹尖端的应力集中，动态再结晶在尖端发生，细化了晶粒。

因此，通过微观组织的分析，可以认为轧制边裂的发生和扩展是按照以下的步骤进行的：

（1）在应力和温度的综合作用下，裂纹在边部（少基面织构，大晶粒）的颗粒、析出相、孔洞处发生。

（2）随着轧制的进行，在大的应力和变形作用下，微裂纹穿过晶粒，长成边裂。

（3）裂纹的尖端由于应力集中和塑性区，再结晶导致沿着裂纹区域晶粒细化。这不同于表面附近由于大变形和温度梯度形成的细晶粒带，而是晶粒细化和裂纹的相互作用。

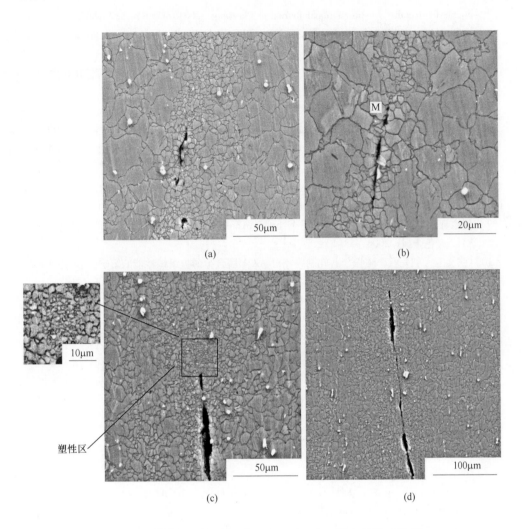

图 7-34 轧制裂纹的扫描电镜照片（从垂直于轧向的截面观察）

（a）裂纹初始（8 道次后），裂纹开始于微孔洞或者颗粒；（b）裂纹生长穿过晶粒 M 和其他晶粒；

（c）裂纹尖端的塑性区；（d）随着道次增加，裂纹长大，周围布满细小晶粒

参 考 文 献

［1］汪凌云，黄光杰，陈林，等．镁合金板材轧制工艺及组织性能分析［J］. 稀有金属材料与

工程，2007，26(5)：910～914.

［2］Dell V J，Perez-prado M T，Ruano O A. Texture evolution during large strain hot rolling of the

AZ61 Mg alloy ［J］. Materials Science and Engineering A，2003，355(1～2)：68～78.

［3］Kalidindi S R. Modeling anisotropic strain hardening and deformation textures in low stacking fault energy fcc metals [J]. International Journal of Plasticity, 2001, 17(6): 837~860.

[4] 李姗. AZ31 变形镁合金板材轧制工艺、组织与性能[D]. 西安：西安建筑科技大学, 2007.

[5] 陈维平, 陈宛德, 詹美燕, 等. 轧制温度和变形量对 AZ31 合金板材组织和硬度的影响[J]. 特种铸造及有色合金, 2007, 27(5): 338~341.

[6] Barnett M R, Navea M D, Bettles C J. Deformation microstructures and textures of some cold rolled Mg alloys [J]. Materials Science and Engineering A, 2004, 386(1~2): 205~211.

[7] 陈彬, 林栋, 曾小勤, 等. AZ31 镁合金大压下率轧制的研究[J]. 锻压技术, 2006(3): 1~3.

[8] 傅定发, 许芳艳, 夏伟军, 等. 退火工艺对轧制 AZ31 镁合金组织和性能的影响[J]. 湘潭大学自然科学学报, 2005, 27(4): 57~61.

[9] 程永奇, 陈振华, 夏伟军, 等. 退火处理对 AZ31 镁合金轧制板材组织与冲压性能的影响[J]. 有色金属, 2006, 58(1): 5~9.

[10] 张文玉, 刘先兰, 陈振华. 轧制路径对 AZ31 镁合金薄板组织性能的影响[J]. 特种铸造及有色合金, 2007, 27(9): 716~719.

[11] 曲家惠, 姚路明, 王福. AZ31 镁合金在不同轧制方式下的织构演变[J]. 轻合金加工技术, 2008, 36(8): 29~32.

[12] 张青来, 胡永学, 王粒粒, 等. 挤压后交叉轧制的镁合金薄板组织研究[J]. 热加工工艺, 2007, 36(9): 1~5.

[13] Kobayashi T, Koike J, Yoshida Y, et al. Grain size dependence of active slip systems in an AZ31 magnesium alloy [J]. Journal of Japan Institute of Light Metals, 2003, 67(4): 149~152.

[14] Kim W J, Chung S W, Chung C S, et al. Superplasticity in thin magnesium alloy sheets and deformation mechanism maps for magnesium alloys at elevated temperatures [J]. Acta Materialia, 2001, 49(16): 3337~3345.

[15] Chang T C, Wang J Y, et al. Grain refining of magnesium alloy AZ31 by rolling [J]. Journal of Materials Processing Technology, 2003, 140: 588~591.

[16] Gao H, Ramalingam S C, Barber G C, et al. Analysis of asymmetrical cold rolling with varying coefficients of friction[J]. Journal of Materials Processing Technology, 2002, 124(1~2): 178~182.

[17] Kim S H, You B S, Yim C D, et al. Texture and microstructure changes in asymmetrically hot rolled AZ31 magnesium alloy sheets [J]. Materials Letters, 2005, 59(29~30): 3876~3880.

[18] Watanabe H, Mukai T, Ishikawa K. Effect of temperature of differential speed rolling on room temperature mechanical properties and texture in an AZ31 magnesium alloy [J]. Journal of Materials Processing Technology, 2007, 182(1~3): 644~647.

[19] Lee S H, Lee D N. Analysis of deformation textures of asymmetrically rolled steel sheets [J]. International Journal of Mechanical Sciences, 2001, 43(9): 1997~2015.

[20] 张文玉, 刘先兰, 陈振华, 等. 异步轧制 AZ31 镁合金板材的组织和晶粒取向[J]. 机械工程材料, 2007, 31(12): 19~23.

［21］ 曲家惠，张正贵，王福，等．AZ31 镁合金室温异步轧制的织构演变［J］．材料研究学报，2007，21(4)：354～358．

［22］ 程永奇，陈振华，夏伟军，等．等径角轧制 AZ31 镁合金板材的组织与性能［J］．中国有色金属学报，2005，15(9)：1369～1375．

［23］ Cheng Y Q，Chen Z H，Xia J W，et al. Effect of channel clearance on crystal orientation development in AZ31 magnesium alloy sheet produced by equal channel angular rolling［J］．Journal of Materials Processing Technology，2007，184：97～101．

［24］ Perez-prado M T，Del V，Ruano O A. Grain refinement of Mg-Al-Zn alloys via accumulative roll bonding［J］．Scripta Materialia，2004，51(11)：1093～1097．

［25］ Del Valle J A，Perez-prado M T，Ruano O A. Accumulative roll bonding of a Mg based AZ61 alloy［J］．Materials Science and Engineering A，2005，410：353～357．

［26］ 常量，曾小勤，丁文江．不同轧制方法制得镁合金板材的组织和织构特点［J］．轻合金加工技术，2007，35(4)：4～8．

［27］ Chino Y，Sassa K，Kamiya A，et al. Enhanced formability at elevated temperature of a cross-rolled magnesium alloy sheet［J］．Materials Science and Engineering A，2006，441(1～2)：349～356．

［28］ Chino Y，Sassa K，Kamiya A，et al. Microstructure and press formability of a cross-rolled magnesium alloy sheet［J］．Materials Letters，2007，61(7)：1504～1506．

［29］ 张国民，肖宏，谢红飙．板带轧制过程的三维耦合有限元分析［J］．塑性工程学报，2004，11(5)：46～49．

［30］ Boldetti C，Pinna C，Howard I C，et al. Measurement of deformation gradients in hot rolling of AA3004［J］．Experimental Mechanics，2005，6(45)：517～525．

［31］ Kwak W J，Kim Y H，Lee J H，et al. Precision on-line model for the prediction of roll force and roll power in hot-strip rolling［J］．Metallurgical and Materials Transactions A，2002，33A：3255～3272．

［32］ Jiang Z Y，Tieu A K，Zhang X M，et al. Finite element simulation of cold rolling of thin strip［J］．Journal of Materials Processing Technology，2003，140(1～3)：542～547．

［33］ Ji Y H，Park J J. Analysis of thermo-mechanical process occurred in magnesium alloy AZ31 sheet during differential speed rolling［J］．Materials Science and Engineering A，2008(485)：299～304．

［34］ Mei R B，Li C S，Lid X H，et al. Analysis of Strip temperature in hot rolling process by finite element method［J］．Journal of Iron and Steel Research International，2010，17(2)：17～21．

［35］ Qu Z D，Zhang S H，Li D Z，et al. Finite element analysis for microstructure evolution in hot finishing rolling of steel strips［J］．Acta Metallurgica Sinica（English Letters），2007，20(2)：79～86．

［36］ Salehi M S，Serajzadeh S. A model to predict recrystallization kinetics in hot strip rolling using combined artificial neural network and finite elements［J］．Journal of Materials Engineering and Performance，2009，18(9)：1209～1217．

［37］ 孙林，张清东，陈先霖，等．中板轧机板形控制性能的研究［J］．钢铁，2002，37(1)：

34～38.

［38］ Dai Q W, Zhang D F, Lan W, et al. Effects of width on AZ31 sheet rolling[J]. Acta Metall. Sin. (Engl. Lett.), 2010, 2(3): 154～160.

［39］ Ju S H, Cha K C. Evaluating stress intensity factors of a surface crack in lubricated rolling contacts[J]. International Journal of Fracture, 1999, 96: 1～15.

［40］ Ould Ouali M, Aberkane M. Micromechanical modeling of the rolling of a A1050P aluminum sheet[J]. Int. J. Mater. Form., 2009, 2: 25～36.

［41］ Li Q, Lovell M. R. The establishment of a failure criterion in cross wedge rolling [J]. Int. J. Adv. Manuf. Technol., 2004(24): 180～189.

［42］ Thomas B G, Samarasekera I V, Brimacome J K. Comparison mumerical modeling techniques for complex, two-dimensional, transient heat-conduction problems[J]. Metall. Trans., 1984, 15B: 307.

［43］ 朱光明, 杜凤山, 孙登月, 等. 板带轧制变形区内摩擦力分布的有限元模拟[J]. 冶金设备, 2002, 134(4): 1～4.

［44］ Harnish S F, Padilla H A, Gore B E, et al. High-temperature mechanical behavior and hot rolling of AA705X [J]. Metallurgical and Materials Transactions A, 2005, 2 (36A): 357～369.

［45］ Chandra S, Dixit U S. A rigid-plastic finite element analysis of temper rolling process[J]. Journal of Materials Processing Technology, 2004, 152(1): 9～16.

［46］ Utsunomiya H, Saito Y, Shinoda T, et al. Elastic-plastic finite element analysis of cold ring rolling process[J]. Journal of Materials Processing Technology, 2002, 125～126: 613～618.

［47］ 闫洪, 鲍乐, 王美艳, 等. 弹塑性有限元法在金属塑性加工中的应用[J]. 模具技术, 2000(5): 12～15.

［48］ 谢红飙, 肖宏, 张国民, 等. 显式动力学有限元法分析板宽对板带轧制压力分布的影响 [J]. 塑性工程学报, 2003, 10(1): 61～64.

［49］ Liu D Y, Shen G X, Yu C X, et al. Study on the multipole boundary element method for three-dimensional elastic contact problem with friction[J]. Advance in Boundary Element Techniques Ⅳ, Queen Mary University of London, 2003: 155～161.

［50］ Schumann S, Friedrich H. Current and future use of magnesium in the automobile industry[J]. Materials Science Forum, 2003, 419～422(1): 51～56.

［51］ Kojima Y. Project of platform science and technology for advanced magnesium alloys[J]. Materials Transactions, 2001, 42(1): 1154～1159.

［52］ Kojima Y, Aizawa T, Kamado S, et al. Progressive steps in the platform science and technology for advanced magnesium alloys [J]. Materials Science Forum, 2003, 419～420(1): 3～20.

［53］ Mwembela A, Konopleva E B, Mcqueen H J. Microstructural development in Mg alloy AZ31 during hot working[J]. Scripta Materialia, 1997, 37(11): 1789～1795.

［54］ Zhang B P, Tu Y F, Chen J Y, et al. Preparation and characterization of as-rolled AZ31 magnesium alloy sheets [J]. Journal of Materials Processing Technology, 2007, 184(1～3):

102 ~ 107.

［55］ Vespa G, Mackenzie L W F, Verma R, et al. The influence of the as-hot rolled microstructure on the elevated temperature mechanical properties of magnesium AZ31 sheet［J］. Materials Science and Engineering A, 2008, 487(1 ~ 2): 243 ~ 250.

［56］ Styczynski A, Hartig C, Bohlen J, et al. Cold rolling textures in AZ31 wrought magnesium alloy［J］. Scripta Materialia, 2004, 50(7): 943 ~ 947.

［57］ Jeong H T, Ha T K. Texture development in a warm rolled AZ31 magnesium alloy［J］. Journal of Materials Processing Technology, 2007(187 ~ 188): 559 ~ 561.

［58］ 陈彬, 林栋, 曾小勤, 等. AZ31 镁合金大压下率轧制的研究［J］. 锻压技术, 2006(3): 1 ~ 3.

［59］ Barnett M R, Navea M D, Bettles C J. Deformation microstructures and textures of some cold rolled Mg alloys［J］. Materials Science and Engineering A, 2004, 386(1 ~ 2): 205 ~ 211.

［60］ Gurson A L. Continuum theory of ductile rupture by void nucleation and growth. Part Ⅰ: Yield criteria and flow rules for porous ductile media［J］. Journal of Engineering Materials and Technology, Transactions of the ASME, 1977, 99(1):2 ~ 15.

［61］ Ochsner A, Gegner J, Winter W, et al. Experimental and numerical investigations of ductile damage in aluminium alloys［J］. Materials Science and Engineering A, 2001, 318(1 ~ 2): 328 ~ 333.

［62］ Besson J. Damage of ductile materials deforming under multiple plastic or viscoplastic mechanisms［J］. International Journal of Plasticity, 2009, 25(11): 2204 ~ 2221.

［63］ Andrade Pires Fm, De Souza Neto Ea, Owen Drj. On the finite element prediction of damage growth and fracture initiation in finitely deforming ductile materials［J］. Computer Methods in Applied Mechanics and Engineering, 2004, 193(48 ~ 51): 5223 ~ 5256.

［64］ Shankar G, Nicholas Z. Computational design of deformation processes for materials with ductile damage［J］. Computer Methods in Applied Mechanics and Engineering, 2003, 192(1 ~ 2): 147 ~ 183.

［65］ Soon W C, Seung J K, Jin H K. Finite element simulation of metal forming and in-plane crack propagation using ductile continuum damage model［J］. Computers and Structures, 2002, 80(23): 1771 ~ 1788.

［66］ Nielsen K L. Ductile damage development in friction stir welded aluminum (AA2024) joints［J］. Engineering Fracture Mechanics, 2008, 75(10): 2795 ~ 2811.

［67］ Jackiewicz J, Kuna M. Non-local regularization for FE simulation of damage in ductile materials［J］. Computational Materials Science, 2003, 28(3 ~ 4): 684 ~ 695.

［68］ Pirondi A, Bonora N. Modeling ductile damage under fully reversed cycling［J］. Computational Materials Science, 2003, 26: 129 ~ 141.

［69］ Khelifa M, Oudjene M, Khennane A. Fracture in sheet metal forming: effect of ductile damage evolution［J］. Computers and Structures, 2007, 85(3 ~ 4): 205 ~ 212.

［70］ Stoffel M. Experimental validation of anisotropic ductile damage and failure of shock wave-loaded plates［J］. European Journal of Mechanics A, 2007, 26(4): 592 ~ 610.

［71］ Mordike B L, Ebert T. Magnesium properties applications potential［J］. Materials Science and Engineering A, 2001, 302(1): 37~45.

［72］ Diem W. Magnesium in different applications［J］. Auto Technology, 2001(1): 40~41.

［73］ 刘正, 张奎, 曾小勤. 镁基轻质合金理论基础及其应用［M］. 北京: 机械工业出版社, 2002.

［74］ 陈振华, 严红革, 陈吉华, 等. 镁合金［M］. 北京: 化学工业出版社, 2004.

8 Mg-Zn-Ca 镁合金的晶粒细化机制及调控

高温抗蠕变镁合金的研究开发一直受到国内外的广泛关注和高度重视，蠕变是一个高温条件下缓慢的塑性变形过程，与常温拉伸过程相比，在微观机制上不仅滑移系增多，还有晶界滑移。镁合金的高温蠕变主要通过位错滑移和晶界滑移（约占总蠕变形变量的 40% ~ 80%）两种方式进行[1~8]。镁合金是密排六方晶体，滑移系较少，只有 4 个独立的滑移系，但在高温条件下可以发生非基面滑移而形成交滑移，而交滑移被认为是弱化镁合金抗高温蠕变性能的重要机制之一。此外，在高温条件下，镁合金晶界上的原子不稳定，容易扩散，受力后容易滑动而使蠕变加速也是导致镁合金蠕变失效的主要原因[9]。很多研究表明，AZ91 合金高温蠕变性能差的主要原因是分布在晶界上的 β 相（$Mg_{17}Al_{12}$）的熔点较低（437℃），在高温条件下易变形，无法钉扎住晶界，导致晶界滑移[9]。基于镁合金的高温蠕变机理，通常采用以下两种方法来提高镁合金的抗高温蠕变性能[8,10]：

（1）基体强化。实现基体强化的主要手段有固溶强化、析出强化和弥散强化。固溶强化是通过在合金中加入溶质元素提高其均匀化温度和弹性模量，减慢扩散和自扩散过程，降低位错攀移的速率，从而提高合金的高温抗蠕变性能。析出时效强化是在时效过程中合金元素的固溶度随温度而降低时形成散布的析出相，析出相与滑移位错之间的交互作用导致合金的屈服强度提高。析出强化提高镁合金耐热性的关键是改善析出相的晶体结构，以降低其与镁基体点阵常数错配度并提高其熔点以降低其扩散性。弥散强化是因弥散相具有很高的熔点并在基体中溶解度很小，从而使合金的强化温度大大提高。

（2）晶界强化。晶界强化主要通过向镁合金中添加合金元素，在晶界处形成合适的金属间化合物，来取代原有的 β 相，通过钉扎住晶界避免晶界滑移来提高镁合金的抗蠕变性能。

Zn 能够增强镁合金的时效强化能力和改善合金的铸造性能，并且可以和 Mg 形成几种稳定的化合物。Ca 不但能细化镁合金的晶粒，还能和 Mg 形成热稳定性高的 Mg_2Ca 相。此外，Zn、Ca 和 Mg 也能形成稳定性高的 $Ca_2Mg_6Zn_3$ 相。因此 Mg-Zn-Ca 基镁合金被认为是一种有发展潜力的高强抗蠕变镁合金。目前，尽管国内外围绕 Mg-Zn-Ca 基镁合金开展了一些研究工作，也取得了一些积极的研究成果，但这些已开展的工作主要集中在少量 Mg-Zn-Ca 基镁合金的组织表征和时效强化行为的研究上，而对于进一步通过合金化和/或微合金化改善合金力学性能的研究还非常少。因此，进一步针对 Mg-Zn-Ca 系镁合金合金化和/或微合金化后的组织和性能控制开展研究，对于高性能新型 Mg-Zn-Ca 系镁合金的成功开发及镁合金应用范围的拓展意义重大。本章主要研究内容包括以下 3 个方面：

（1）设计和/或选择新型的 Mg-Zn-Ca 系镁合金，并研究 Ce、Sn 和 Zr 合金化和/或微合金化对 Mg-Zn-Ca 镁合金铸态组织、抗拉性能和蠕变性能的影响。

（2）基于所设计的 Mg-Zn-Ca 系镁合金，研究 Ce、Sn 和 Zr 合金化和/或微合金化对 Mg-Zn-Ca 镁合金热处理组织和力学性能的影响。

（3）研究分析 Ce、Sn 和 Zr 合金化和/或微合金化对 Mg-Zn-Ca 镁合金组织及性能的影响机制。

Mg-Al 系合金是目前牌号最多，应用最广的系列。以 Mg-Al 合金为基础开发的合金系有：Mg-Al-Zn、Mg-Al-Si、Mg-Al-Ca、Mg-Al-Ca-Sr、Mg-Al-RE 以及 Mg-Al-Ca-RE 等系列。

（1）AZ（Mg-Al-Zn）系。Mg-Al-Zn 系合金中，AZ91（Mg-9Al-0.8Zn）具有易铸造、易加工、高强度、高耐蚀性和低成本等优点，是所有镁合金中应用最广的一个牌号[1]。然而 AZ 系镁合金的高温蠕变性能比常用铝合金低至少一个数量级，使用温度不能高于 120℃。主要原因在于高温蠕变过程中过饱和的 α-Mg 基体在晶界处的非连续析出，使晶界移动和滑移易于进行[10]。目前主要是通过微合金化来改善现有 AZ 系合金，尤其是 AZ91 合金中 β-$Mg_{17}Al_{12}$ 相的形态结构特征或形成新的高熔点、高稳定性的第二相来提高其耐热性。研究发现 Sr、Sn、Ca、RE、Bi、Sb、Te 等元素能改善 AZ 系镁合金中 β 相的形态和晶粒大小[11~15]。在 AZ91 镁合金中加入 0.5% 的 Sn，可使合金时效后在晶界析出弥散分布的 Mg_2Sn 相，有效抑制晶界滑移，使合金高温性能显著提高，尤其是屈服强度提高了近 1 倍。Bi、Sb 的加入使 AZ 系镁合金中析出高热稳定性的 Mg_3Bi_2 相和 Mg_3Sb_2 相，并且在时效过程中阻止粗大不连续析出相的形成，促进晶内与基体具有共格结构的细小连续 $Mg_{17}(Al, Zn, Bi)_{12}$ 和 $Mg_{17}(Al, Sb)_{12}$ 相的析出，从而显著提高合金的耐热性。在 AZ 系镁合金中添加 RE 能形成棒状 $Al_{11}RE_3$ 相，显著提高了合金 150℃时的极限抗拉强度和伸长率。

通过以上这些合金元素的合金化作用，AZ 系镁合金就可以从原来只应用于油阀套、离合器壳体、转向盘轴、凸轮轴以及制动托板支架等常温结构件向变速器、曲轴箱、发动机、油底壳等高温结构件转变，从而使 AZ 系镁合金的用途得到拓宽[16]。

（2）AS（Mg-Al-Si）系。AS 系耐热镁合金的开发始于 20 世纪 70 年代，适合于 150℃以下的场合，目前已用于汽车空冷发动机曲轴箱、风扇壳体和发动机支架等镁合金零部件生产。该系耐热镁合金的强化主要通过在晶界处形成细小弥散

的 Mg_2Si 相来实现。由于 Mg_2Si 相具有高熔点（1085℃）、与基体相近的低密度（1.99g/cm³）、高弹性模量及低热膨胀系数等特点，因而其有利于提高合金的耐高温性能[17~20]。但之前有研究结果表明[21]，当 Si 含量低于 $Mg-Mg_2Si$ 共晶点时，AS 系耐热镁合金蠕变强度的增加有限，只有高 Si（如过共晶合金）才能大幅度改善 AS 系耐热镁合金的蠕变强度。早期开发出的比较典型的 AS 系耐热镁合金主要有 AS41、AS21 等牌号，其中 AS21 合金因铝含量较低，$Mg_{17}Al_{12}$ 相数量减少，其蠕变强度和抗蠕变温度高于 AS41，但其室温抗拉强度、屈服强度以及铸造性较差。而 AS41 在温度达 175℃时的蠕变强度稍高于 AZ91 和 AM60，且具有良好的韧性、抗拉强度和屈服强度[22~28]。

（3）AX(Mg-Al-Ca)系和 AJ(Mg-Al-Sr)系。早在 1960 年，人们就发现将 Ca 加入 Mg-Al 合金中有利于提高合金的抗蠕变性能。近年来，加拿大开发了一种名为 AX51（Mg-5Al-0.8Ca）的镁合金，强化相为 Al_2Ca，其抗蠕变性能和耐蚀性能分别与 AE42 和 AZ91D 相当，但这种合金在模铸时容易粘模和热裂[29]。研究结果表明[30~33]，对于 AX 系耐热镁合金，当 Ca 含量超过 0.3% 时，铸造不良率相当高，特别是 Ca 含量在 1% 左右时，冷隔、粘模和热裂铸造缺陷相当严重，而当 Ca 含量超过 2% 时，铸造缺陷有可能获得大幅度改善。加拿大诺兰达公司在 AM50 合金的基础上，通过添加碱土金属元素 Sr 和 Mn 开发出了 AJ 耐热镁合金系，如 AJ50X、AJ51X、AJ52X、AJ62X 和 AJ62LX 等牌号，其中 AJ52X 已被成功用于生产油盘及阀门盖等薄壁镁合金零件[34,35]。研究结果表明[34,35]，AJ52X 耐热镁合金的最高工作温度可达 175℃，并且在高温条件下，其拉伸强度、蠕变强度均比传统压铸镁合金好。目前限制 AJ 系耐热镁合金进一步应用的主要问题之一是该系合金的熔化及浇注温度较高，造成压铸条件苛刻，使得目前采用的压铸设备很难进行该系合金的生产。

（4）AE(Mg-Al-RE)系及 Mg-Al-Ca-RE 系。1972 年有研究发现[36]，在 Mg-Al 合金中加入 1% 的混合稀土可提高合金的抗蠕变性能，特别是当 Al 含量低于 4% 时。该系合金的强化机理一方面在于 RE 与合金中的 Al 结合生成 $Al_{11}RE_3$ 等 Al-RE 化合物而减少了 β-$Mg_{17}Al_{12}$ 相的数量，有利于提高合金的高温性能；另一方面在于 RE 与合金中的 Al 结合生成 $Al_{11}RE_3$ 等 Al-RE 化合物具有较高的熔点（如 $Al_{11}RE_3$ 的熔点可达 1200℃等），而且这些化合物在镁基体中的扩散速度慢，具有很高的热稳定性，可有效钉扎晶界而阻碍晶界滑动从而使合金的高温性能得到提高[30,31]。目前，经优化设计的 AE 系耐热镁合金的主要牌号有 AE21、AE41 和 AE42，其中 AE42 具有最好的耐热性，适用于 150℃环境下使用的工件，该合金已被 GM 用于生产汽车用变速箱[16]。但是 AE 系合金仍然存在不少的问题需要解决[30,31]：

1）由于合金的铝含量相对较低，并且与 RE 元素形成的 Al-RE 化合物还会进一步损耗基体中的含铝量，因此流动性差，压铸时粘模倾向严重，铸造性能不好。

2) 由于冷却速度慢时将导致粗大的 $REAl_2$ 等 Al-RE 化合物生成，使合金的力学性能降低，因此仅适用于冷却速率较快的压铸件，而无法用于砂型铸造等工艺。

3) 由于稀土添加量较大，熔体处理复杂，使成本较高。

为减少 AE 合金的成本，可将 Ca 加入合金中，以部分替代昂贵稀土元素，由此开发了一些新型的 Mg-Al-Ca-RE 耐热镁合金，如日本开发的 ACM522（Mg-5Al-2Ca-2RE-0.3Mn）及大众汽车开发的 MRI153。ACM522 合金在晶界分布着 Al-Ce、Mg-Ca、Al-Ca 等化合物，因此合金的耐热性能和抗蠕变性能得到较大提高。据报道[30,31,37,38]，该合金在 150℃ 时的 0.1% 蠕变强度达 100MPa，比 AE42 合金高 67%，是 AZ91D（11MPa）的 9 倍，几乎与 A384 铝合金的蠕变强度相等，此外 ACM522 合金的疲劳强度也相当高，抗腐蚀性能也比较强。但是，其较高的成本，非常低的延展性（2% ~ 3%）和冲击强度（4 ~ 5J），以及合金中含有 2% 的 Ca，将使壁厚小于 2.5 ~ 3mm 且形状复杂的铸件产生热裂，都使得该合金的应用前景不容乐观。另有报道[39]，MRI153 合金能在 150℃ 高温环境及 50 ~ 80MPa 高负荷下长时间使用，并且可以在不改变原有模具浇道系统及产品设计条件下，生产出变速箱及离合器壳体。

目前国内外对 Mg-Al 系合金研究较多，而对 Mg-Zn 系合金研究较少，其原因是 Al 含量增加后合金的铸造性能很好，而含量增加却导致合金在铸造时产生热裂倾向和显微疏松，因此在工业上很少应用[40]。但 Mg-Zn 系合金有一个明显的优点，就是可以通过时效强化来显著地改善合金的强度[40~43]，因此，Mg-Zn 系合金的进一步发展，就需要寻找第三种合金元素，以细化晶粒，并减少显微缩孔倾向。

（1）Mg-Zn-Cu 系。Mg-Zn-Cu 合金是迄今商业化应用比较成功的 Mg-Zn 系耐热合金，在 150℃ 以下的高温性能较好，可用于汽车发动机部件和推进器等。Mg-Zn-Cu 合金的典型牌号如 ZC62、ZC63、ZC71 及 ZC622-F 在 150℃ 时的抗拉和屈服强度高于 AS21-F、ZC71-T6，在 100 ~ 177℃ 范围内的抗拉和屈服强度都高于 AE42。但是这类合金的耐腐蚀性能较差[44]。

（2）Mg-Zn-Ca 系。在 Mg-Zn 二元合金中加入 Ca，可望提高合金的高温性能。众所周知，与其他元素相比，Ca 具有较低的密度（$1.55g/cm^3$），且价格低廉。少量的 Ca 能显著影响 Mg-Zn 合金时效过程，可以细化时效析出物，形成一种具有复杂结构的析出物，该析出物有较好的高温稳定性，从而可以显著提高镁合金抗蠕变性能[45]。

Ca 能明显细化镁合金晶粒的原因可用 Ca 抑制组织晶粒生长的理论加以解

释。在镁及其合金中加入少量的 Ca 元素，在生长的固-液界面前沿的扩散层内产生成分过冷，由于溶质元素 Ca 的扩散较慢而限制晶粒的生长速度。此外，在扩散层内的界面前沿处，成分过冷区中的形核剂可能被活化，导致进一步形核而细化晶粒[5,46]。根据这一原理，Ca 元素抑制晶粒生长的程度可用生长限制因子（growth restriction factor，GRF）加以说明。利用 Mg-Ca 二元合金相图可以计算出 Ca 元素的生长限制因子 GRF 值为 11.9，其晶粒细化能力较强[46]，但这个理论并没有给出最适宜的 Ca 含量。另外，也有研究表明，在镁合金中添加 Ca，可提高镁合金的耐腐蚀性[47~49]。根据 Mg-Zn-Ca 三元合金相图，当 Zn/Ca 的比率小于 1.2 时形成的共晶相为 α-Mg + Mg_2Ca + $Ca_2Mg_6Zn_3$；而当 Zn/Ca 的比率大于 1.2 时形成的共晶相则为 α-Mg + $Ca_2Mg_6Zn_3$。Zhang 等人[50]研究了少量 Ca 对 Mg-Zn-Mn-Ca 镁合金组织与性能的影响，结果表明，添加低于 0.5% Ca 对 Mg-Zn-Mn-Ca 镁合金具有明显的晶粒细化作用，并在 Zn/Ca 的原子比率大于 1~1.2 时形成的共晶相为 α-Mg + $Ca_2Mg_6Zn_3$，此外，Ca 含量为 0.3%~0.5% 时合金的抗拉强度和伸长率增长迅速，而当 Ca 含量进一步增长到 1% 时，合金的极限抗拉强度和伸长率则迅速下降。

为提高镁合金的抗高温蠕变性能，国内外的主要研究集中在 Mg-Zr 系和 AZ 系合金，但对 Mg-Zn-Ca 系镁合金的研究则相对较少[51,52]。Ca 在 Mg-Zn-Ca 镁基合金中作为可强化镁合金的碱土元素之一，在镁合金中扩散能力相对于其他元素较低，因此强化作用显著。Ca 密度为 1.55 g/cm^3（Ca 的摩尔质量约是 Sr 和 Y 的一半），与大多数合金元素相比更能体现镁合金低密度特点，与其他外加合金元素一起能够形成镁、钙和复杂合金化合物强化相，从而改善合金室温和高温性能。然而加入过量的 Ca 元素对合金的室温性能不利，因为其在晶界处形成了脆性化合物[46]。此外，Mg-Zn-Ca 镁基合金的 Zn 元素在镁中固溶度大，且随温度降低而下降，存在时效强化效应。但相对于三元的 Mg-Zn-Ca 合金，二元的 Mg-Zn 合金时效析出过程缓慢且合金力学性能只略有提高。因此，合金化就成了提高二元 Mg-Zn 合金性能的必要手段。如在 C. L. Mendis 等人[53]的研究中，Mg-2.4Zn-Ca（摩尔分数,%）在 160℃ 下时效 120h 才达到峰值强度，且只提高了 18HV。而加入微量（摩尔分数,%）的 Ag 和 Ca 后的 Mg-2.4Zn-0.1Ag（MZA）和 Mg-2.4Zn-0.1Ag-0.1Ca（MZAC）后则近似提高到了两倍（HV 为 35）和 2.5 倍（HV 为 45）。同时添加少量 Ag 的 MZA 合金和复合添加少量 Ag 及 Ca 的 MZAC 达到峰值强度的时间则分别减至 96h 和 72h。这表明提升强化效果的不是仅为 Ca 元素，而是复合添加的 Ca 和 Ag 元素。Ca 的价格低于稀土元素，并且 Ca 的添加对提高合金的抗氧化性有利[54]。L. B. Tong 等人[55]发现在 Mg-5.12Zn-0.32Ca 的镁合金中经等径角挤压后的平均晶粒尺寸仅为 0.7μm，且由于第二相（$Ca_2Mg_6Zn_3$）破裂并沿晶界分布，限制了晶粒在等径角挤压过程中的长大。合金伸长率提高到 18.2%，而室温下的屈服强度和抗拉强度则低于挤压态的合金。

Zr 是 Mg-Zn 基合金中最有效的晶粒细化元素，并能减缓合金元素的扩散速度，阻止晶粒长大。在 Mg-Zn 合金中添加 0.6% ~ 0.8% 的 Zr，其晶粒尺寸可降至 0.65 ~ 6.50μm。Zr 不仅能通过提高合金纯度来提高合金的耐蚀性，而且可以通过晶粒细化来提高合金的耐蚀性[56]。此外，Zr 也是阻燃镁合金的主要添加元素，Ca 和 Zr 同时加入镁合金中能起到有效的阻燃作用[54~56]。近几年的研究发现将 Ca 和 Zr 复合添加到 Mg-Zn 基合金中可使晶粒细化、圆整，室温力学性能显著提高。Ca 和 Zr 复合加入且含量均大于 1% 时，效果更为显著[46]。其原因是 Ca 加入镁合金中可以形成 CaO，阻止了 MgO 的形成，使 Zr 更有效地溶解到镁合金中[56]。这些含有丰富 Ca 和 Zr 的合金（如 Mg-6.3Zn-1.6Ca-1.0Zr），在高温时非常稳定，其硬度随时效时间几乎不发生任何变化[46]。研究表明 Mg-1.0Ca-1.0Zn-0.6Zr 合金的拉伸强度和塑性均优于 AZ91 合金[56,57]。这种合金的蠕变强度远大于 AZ91 合金在 150℃，100h 下的蠕变强度。并且 Mg-1.0Ca-1.0Zn-0.6Zr 合金的屈服强度和蠕变抗力可以通过加入 Nd 得到进一步的提高。Mg-1.0Ca-1.0Zn-0.6Zr 和 Mg-1.0Zn-1.0Nd-0.6Zr 良好的蠕变抗力和强度及良好的塑性使其有望在汽车上得到应用，尤其是高温下的应用[58]。

W. W. Park 等人[3,59]对添加 Ca 或 Zr 的快速凝固 MCZC 合金（Mg-6Zn-5Ca-2Co）和 MCZZ 合金（Mg-6Zn-5Ca-0.5Zr）的研究表明，MCZC 具有比 MCZZ 更高的热稳定性。在铸态 MCZC 合金中，化合物相为 Mg-Ca 和 Mg-Co-Zn 沉淀，经 150℃，1h 时效后，沿晶界析出了大量更细小的 Mg-Ca-Zn-Co 相，使合金得到进一步强化。

在镁合金中添加 Ca 可以产生晶粒细化作用并形成一种密排六方结构的高温相 Mg_2Ca。另外在较低温度下（低于 350℃）Zn、Ca 和 Mg 可能形成比 Mg_2Ca 更为稳定的金属间化合物 $Ca_2Mg_6Zn_3$，且合金的时效强化与这种金属间化合物 $Ca_2Mg_6Zn_3$ 的析出有联系[60~62]，因此，很多研究者对 Mg-Zn-Ca 系投以广泛关注[63]。近几年，添加稀土的镁合金由于良好的抗蠕变性成为科学研究中颇有吸引力的课题。因此 Ce 被考虑添加到合金中以便进一步改善 Mg-Zn-Ca 系合金高温条件下的力学性能[62,63]。T. Zhou 等人[63]对快速凝固的 Mg-6Zn-5Ca-3Ce 的研究表明，合金由 Mg、Mg_2Ca、$Ca_2Mg_6Zn_3$、$Mg_{12}Ce$ 和少量的 $Mg_{51}Zn_{20}$、Mg_2Zn_3、$MgZn_2$ 组成。Ce 的加入对 Mg-Zn-Ca 镁合金的热稳定性有利，特别是对 Mg-6Zn-5Ca-3Ce 镁合金的热稳定性有利。Mg-6Zn-5Ca-3Ce 镁合金在 200℃ 退火 1h 表现出了可观的时效强化行为，其 HV 强度峰值可达 162.4 ± 5.5。Mg-6Zn-5Ca-3Ce 合金的时效强化主要来自 $Ca_2Mg_6Zn_3$ 在晶粒内的均匀分布。而分布在晶界的稳定析出物 Mg_2Ca，$Mg_{12}Ce$ 可能对提高合金的热稳定性有利。另外也有研究表明，Ce

和 Ca 联合加入时的阻燃效果较单一加入时好，镁合金的阻燃温度可达 950℃以上[54]，对解决镁合金熔炼时易燃烧起火的问题也有好处。

国内外研究结果表明，在镁合金中加入 Sn 对提高室温和高温强度都有益[3,64]。Sn 对镁的强化作用不因温度的升高而消失。在高温下合金强度随 Sn 合金的变化趋势为：合金的屈服强度和抗拉强度随 Sn 含量的增加而上升，且在 Sn 的质量分数达到 3% 时达到峰值[3]。与 Zn 在共晶温度时在 Mg 中具有较高的固溶度类似，Sn 在共晶温度时的质量分数达到了 14.6%[65]。在 Mg-Sn 系中，当合金的 Sn 的质量分数超过 0.45% 时显微组织中出现了高熔点的 Mg_2Sn 相（772℃），大量的 Mg_2Sn 颗粒分布于基体的晶界，可以有效地阻止高温拉伸时晶界的滑移，从而使合金的耐热性能得到改善[3]。Mg-Sn-Zn 镁合金在时效时首先析出半连续的 MgZn 相，随后 Mg_2Sn 相析出。这两种均匀分布在镁基体的相有两种形态，即棒状和盘状。但是，研究表明在 175℃ 下时效时由于 Mg-Sn-Zn 镁合金特有的快速析出，导致这类合金缺乏结构的稳定性[65]。N. Hort 等人[66]的研究结果表明 Mg-5Sn-(0，0.5，1.5，2)Ca 合金中 CaMgSn 的体积分数随 Ca 的增加而增加。在 Mg-Sn 系中添加 Ca 似乎抑制了 Mg_2Sn 的形成，且 CaMgSn 相当稳定，在 500℃ 下 6h 固溶处理后并未进入固溶体中。

8.1　实验材料及实验方法

实验采用如图 8-1 所示的研究技术路线。

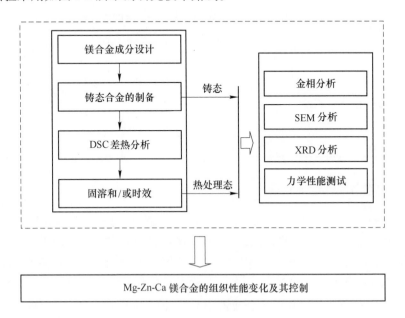

图 8-1　研究技术路线

8.1.1　实验合金的成分设计

基于 Mg-Zn-Ca 耐热镁合金的研究现状，设计如表 8-1～表 8-3 所示的三种不同系列的 Mg-Zn-Ca 实验镁合金。

表 8-1　Mg-3.8Zn-2.2Ca-*x*Ce 实验镁合金的成分设计　　　　　（%）

实验合金	合金元素（质量分数）			
	Zn	Ca	Ce	Mg
Mg-3.8Zn-2.2Ca	3.8	2.2	—	余量
Mg-3.8Zn-2.2Ca-0.5Ce	3.8	2.2	0.5	余量
Mg-3.8Zn-2.2Ca-1.0Ce	3.8	2.2	1.0	余量
Mg-3.8Zn-2.2Ca-2.0Ce	3.8	2.2	2.0	余量

表 8-2　Mg-3.8Zn-2.2Ca-*x*Sn 实验镁合金的成分设计　　　　　（%）

实验合金	合金元素（质量分数）			
	Zn	Ca	Sn	Mg
Mg-3.8Zn-2.2Ca	3.8	2.2	—	余量
Mg-3.8Zn-2.2Ca-0.5Sn	3.8	2.2	0.5	余量
Mg-3.8Zn-2.2Ca-1.0Sn	3.8	2.2	1.0	余量
Mg-3.8Zn-2.2Ca-2.0Sn	3.8	2.2	2.0	余量

表 8-3　Mg-3.8Zn-2.2Ca-*x*Zr 实验镁合金的成分设计　　　　　（%）

实验合金	合金元素（质量分数）			
	Zn	Ca	Zr	Mg
Mg-3.8Zn-2.2Ca	3.8	2.2	—	余量
Mg-3.8Zn-2.2Ca-0.5Zr	3.8	2.2	0.5	余量
Mg-3.8Zn-2.2Ca-1.0Zr	3.8	2.2	1.0	余量
Mg-3.8Zn-2.2Ca-1.5Zr	3.8	2.2	1.5	余量

8.1.2　实验合金的熔炼制备

基于所设计的 Mg-3.8Zn-2.2Ca 镁合金，选用的原材料为：纯度均为 99.96% 的 Mg、Zn、Sn 以及 Mg-19.43Ca、Mg-29.24Ce、Mg-31.27Zr 的中间合金。

实验合金的熔炼在井式实验电阻炉里进行。熔炼时，首先把坩埚预热到 300℃左右，然后加入纯镁块，待其完全熔化后升温到 740℃，加入已预热的其他金属和/或中间合金并将其压入金属液中，搅拌后保温 10～20min，然后用 C_2Cl_6 变质剂进行精炼处理。整个熔炼过程中要严格控制炉温，避免温度过高引起金属燃烧和氧化。如果在熔炼过程中合金液表面发现有白色亮点出现，可用覆盖剂将其扑灭，并及时扒去浮渣直至完成整个熔炼过程。精炼完毕后搅拌合金液，并将合金液在740℃下保温10~20min，然后将其浇入金属铸型中得到如图8-2所示的铸坯。合金熔化后浇铸时要保证合金液流动平稳，避免飞溅。镁合金铸锭的热裂倾向较大，因此要控制好铸时的结晶速度。最后在铸锭中相应位置取样并加工成如图8-3所示的试样做抗拉性能和蠕变性能测试。为了保证材料的纯洁度，原料在使用前都要经过适当的处理后才能使用。由于镁合金极为活泼，在高温下与水极易发生反应，所以所有原材料在熔炼前都要经过预热烘烤，以去除所含水汽。采用上述熔炼和铸造获得的 Mg-3.8Zn-2.2Ca-xCe、Mg-3.8Zn-2.2Ca-xSn 和 Mg-3.8Zn-2.2Ca-xZr 三个系列成分的实验合金铸锭。所有铸锭表面光亮无氧化发黑、发白现象，铸锭内部无缩松，成分均匀。

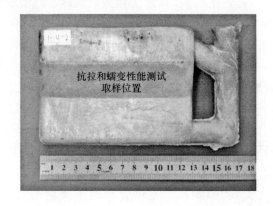

图8-2　实验镁合金的浇铸

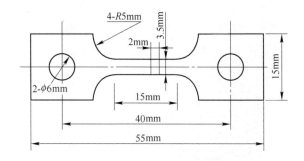

图8-3　抗拉和蠕变性能测试样品的尺寸

8.1.3　实验合金的热处理

为了清楚地显示合金的晶界，对实验合金进行 T4 热处理。本实验在查阅大量相关文献资料的基础上，制定了实验合金的 T4 热处理工艺。而在热处理时为了保证合金不自燃，将铸锭放入事先装满石墨粉的坩埚中进行热处理。实验合金的 T4 热处理工艺如下：固溶处理 300℃下 24h，450℃下 12h；然后进行淬水。此外，为了了解时效工艺对实验合金的影响，还对部分实验合金进行了 T6 热处理。实验合金的 T6 热处理工艺如下：经 T4 处理后（300℃下 12h；450℃下 12h 经淬水），175℃下 1h、4h、8h、12h、16h 然后空冷。

8.1.4　组织与性能测试方法

组织与性能测试方法包括：

（1）金相实验。金相显微分析在重庆理工大学的 Olympus 光学显微镜上进行。对于铸态样品，首先在图 8-2 所示位置截取试样。将所取试样用金相磨砂纸从粗到细（砂纸型号顺序为 400 号、800 号、1000 号、1200 号、1400 号、1600 号、2000 号）至表面光滑无明显划痕，用清水将试样表面冲洗干净后再用腐蚀液进行腐蚀。铸态合金选用硝酸水溶液（8% HNO_3 + 蒸馏水）进行腐蚀，而对固溶处理和时效处理后的合金用苦味酸溶剂（苦味酸 1.5g、乙醇 15mL、乙酸 5mL、蒸馏水 10mL）进行腐蚀。最后用酒精将金相表面冲洗干净。用吹风机将试样吹干后，在 Olympus 光学显微镜上进行 50 倍、100 倍、200 倍和 500 倍的观察并拍照。此外，还针对固溶处理样品，在 Olympus 体视显微镜上用线分析法测量合金的晶粒大小。

（2）差热分析实验（DSC）。差热分析的主要目的在于确定在加热熔化和凝固结晶过程中的相变及发生相变时的吸热、放热情况，为热处理工艺的制定及组织分析提供依据。在距铸棒下端大约 20mm 处截取大约 10g 的薄片，经过水磨成质量为 20~40mg 的块状样品。在重庆大学的 STA 449C 型综合热分析仪上进行实验。升温过程由 30℃升到 700℃，在 700℃保温 5min，然后降温至 100℃，随后炉冷，升温、降温速率均为 15K/min（见图 8-4），保护气体为高纯氩气。

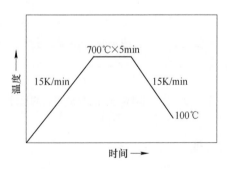

图 8-4　DSC 分析工艺曲线

（3）扫描电镜（SEM）及能谱分析（EDS）。扫描电镜（SEM）及能谱分析（EDS）在重庆理工大学的 JSM-6460LV 型扫描电镜上进行。对于铸态样品，首先在图 8-2 所示位置截取试样，将所取试样用金相磨砂纸从粗到细（砂纸型号顺序为 400 号、800 号、1000 号、1200 号、1400 号、1600 号、2000 号）至表面光滑无明显划痕，用清水将试样表面冲洗干净后再用腐蚀液进行腐蚀。铸态合金选用硝酸水溶液（8% HNO_3 + 蒸馏水）进行腐蚀后用酒精将金相表面冲洗干净。随后用吹风机将试样吹干后在扫描电镜上观察和拍照，并用 Oxford 能谱仪（EDS）进行微区成分分析。而对于热处理样品（固溶处理和时效处理后的合金样品）用苦味酸溶剂（苦味酸 1.5g、乙醇 15mL、乙酸 5mL、蒸馏水 10mL）进行腐蚀后用酒精将金相表面冲洗干净并用吹风机将试样吹干，然后在扫描电镜上进行组织观察和拍照。

（4）XRD 分析。XRD 分析在重庆理工大学的 DX-2500 型 X 射线衍射仪上进行。实验时扫描角度为 20°～80°，扫描速度为 0.05°/min，靶材为 Cu 靶，加速电压为 40kV，灯丝电流为 30mA，石墨单色器滤波。

（5）拉伸和蠕变性能测试实验。在 Css-221 型电子万能材料实验机做常温和 150℃ 高温拉伸实验（拉伸速率为 3mm/min），需要注意的是线切割后的试样要将试样标距部分的切割痕迹仔细磨光，以免拉伸过程中成为应力集中之处。高温拉伸性能测试时，对开式炉子的温度波动范围控制在 ±2℃，并采用 CO_2 气体保护。此外，蠕变性能测试在重庆理工大学的 GWTA 高温蠕变实验机上进行，实验条件为 150℃ 和 50MPa，持续时间为 100h。蠕变应变由直接连接在试样表面的引伸计测量。此外，蠕变实验时对开式炉子的温度波动范围控制在 ±2℃，并采用 CO_2 气体保护。

（6）显微硬度测试。显微硬度测定在 HX-1000 显微硬度计上进行。测试条件为：施加载荷为 0.98N，加载时间为 15s。每个试样测 5 个显微硬度值，并且去掉一个最大值和一个最小值，然后计算剩余 3 个显微硬度值的平均值，最后得到试样的显微硬度值。

8.2　实验结果与分析

8.2.1　Mg-3.8Zn-2.2Ca-xCe 镁合金的组织和性能

图 8-5 所示为实验 Mg-3.8Zn-2.2Ca-xCe 镁合金铸态组织的 XRD 结果。从图中可以看到，三元的 Mg-3.8Zn-2.2Ca 镁合金的铸态组织主要由 α-Mg、Mg_2Ca 和 $Ca_2Mg_6Zn_3$ 三种相组成。在 Mg-3.8Zn-2.2Ca 镁合金中分别添加 0.5% Ce、1.0% Ce 及 2.0% Ce 后，合金组织中均形成了 $Mg_{12}Ce$ 相。这说明在 Mg-3.8Zn-2.2Ca 镁合金中添加 0.5% Ce、1.0% Ce 及 2.0% Ce 对 Mg-3.8Zn-2.2Ca 镁合金组织中合金相的类型有影响。此外可以发现，随着 Ce 添加量从 0.5% 增加到 2.0%，$Mg_{12}Ce$

相的峰值强度逐渐增大，说明合金组织中 $Mg_{12}Ce$ 相的数量在逐渐增加。但是，这还需要进一步确认。

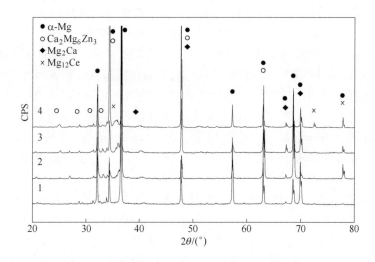

图 8-5 Mg-3.8Zn-2.2Ca-xCe 铸态镁合金的 XRD 结果

1—无 Ce；2—0.5%Ce；3—1.0%Ce；4—2.0%Ce

对于 Mg-3.8Zn-2.2Ca 镁合金中 Mg_2Ca 和 $Ca_2Mg_6Zn_3$ 相的形成，可以从实验合金的 DSC 结果得到初步的证实。图 8-6 所示为部分 Mg-3.8Zn-2.2Ca-xCe 镁合金的 DSC 冷却曲线。从图中可以看到，未添加 Ce 和添加 Ce 的 Mg-3.8Zn-2.2Ca 镁合金的 DSC 冷却曲线比较相似，其在约 610℃、430℃ 和 400℃ 处均分别有 3 个放热峰存在。很显然，这 3 个放热峰可能分别联系着 α-Mg 基体凝固和第二相的转变。基于 Mg-Zn-Ca 三元镁合金相图并结合先前的调查可以推断[61,67,68]，在 Mg-3.8Zn-2.2Ca 镁合金凝固过程中，初生 α-Mg 相首先形核和生长，然后当温度下降到大约 430℃ 和 400℃ 时分别发生 L→α-Mg + Mg_2Ca 和 L→α-Mg + $Ca_2Mg_6Zn_3$ 二元共晶反应。由于 Mg-3.8Zn-2.2Ca 镁合金残留液相中 Zn/Ca 摩尔比小于 1.2，

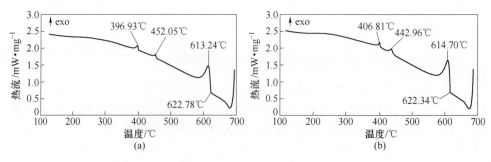

图 8-6 铸态 Mg-3.8Zn-2.2Ca-xCe 镁合金的 DSC 冷却曲线

(a) 无 Ce；(b) 1.0%Ce

使得 L→α-Mg + Mg$_2$Ca + Ca$_2$Mg$_6$Zn$_3$ 三元共晶反应并没有在合金凝固过程中出现[68]。因此，实验合金最后的组织主要由 α-Mg、Mg$_2$Ca 和 Ca$_2$Mg$_6$Zn$_3$ 相组成。尽管在 Mg-3.8Zn-2.2Ca-xCe 镁合金的 XRD 结果中发现存在 Mg$_{12}$Ce 相，但在合金的 DSC 冷却曲线中并没有发现与其对应的峰出现，这可能与合金组织中 Mg$_{12}$Ce 相的数量相对较少有关。

图 8-7 所示为 Mg-3.8Zn-2.2Ca-xCe 实验镁合金铸态组织的金相照片。从图中可以看到，所有实验合金均呈枝晶状组织特征。然而未添加 Ce 的 Mg-3.8Zn-2.2Ca 镁合金的枝臂间距和晶粒尺寸都相对较大，而添加 0.5% Ce、1.0% Ce 及2.0% Ce 的 Mg-3.8Zn-2.2Ca 镁合金的枝臂间距和晶粒尺寸都有变小，并且表现出了明显的等轴化趋势，说明添加 0.5% ~2.0% Ce 能够细化 Mg-3.8Zn-2.2Ca 镁合金的组织，并且随着 Ce 含量从 0.5% 增加到 2.0%，Mg-3.8Zn-2.2Ca 镁合金的组织越来越细小，说明细化效果逐渐增加。这一结论可以从图 8-8 所示的 Mg-3.8Zn-2.2Ca-xCe 实验镁合金的固溶组织得到进一步的证实。经测量未添加 Ce 的

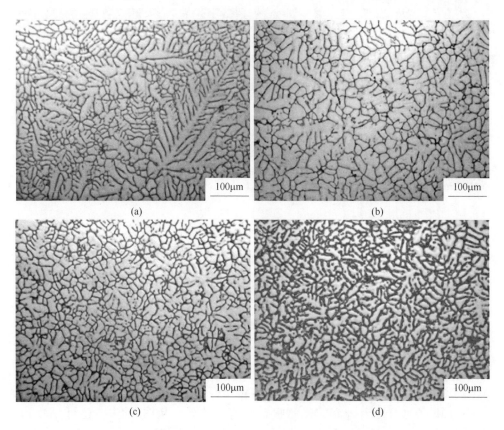

(a)　　　　　　　　　　　　　　　(b)

(c)　　　　　　　　　　　　　　　(d)

图 8-7　Mg-3.8Zn-2.2Ca-xCe 镁合金铸态组织的金相照片

(a) 无 Ce；(b) 0.5% Ce；(c) 1.0% Ce；(d) 2.0% Ce

Mg-3.8Zn-2.2Ca 铸态镁合金的平均晶粒尺寸为 234μm，而添加 0.5% Ce、1.0% Ce 及 2.0% Ce 后，实验合金的平均晶粒尺寸分别为 112μm、71μm 和 46μm。很显然，随着 Ce 含量的增加，其对 Mg-3.8Zn-2.2Ca 合金的晶粒细化效率增加。

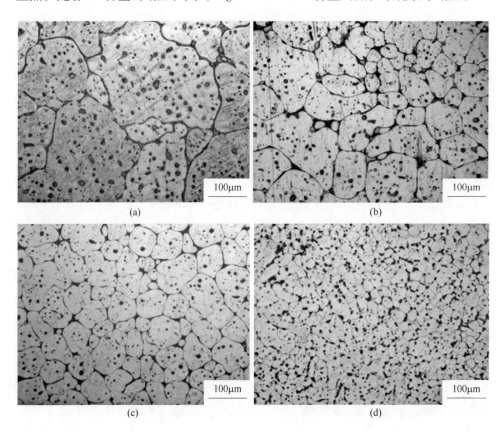

图 8-8 Mg-3.8Zn-2.2Ca-xCe 镁合金固溶组织的金相照片

(a) 无 Ce；(b) 0.5% Ce；(c) 1.0% Ce；(d) 2.0% Ce

图 8-9 和图 8-10 所示为 Mg-3.8Zn-2.2Ca-xCe 镁合金铸态组织的低倍和高倍 SEM 照片。从图 8-9 和图 8-10 中可以看到，实验合金的铸态组织主要由 α-Mg 以及连续和/或准连续以及零散分布的金属间化合物相所组成。结合 XRD 结果和 EDS 结果（见图 8-11）可知这些金属间化合物为 Mg_2Ca 和 $Ca_2Mg_6Zn_3$ 及 $Mg_{12}Ce$ 相，其主要分布在晶界，但也有少量的 $Ca_2Mg_6Zn_3$ 相被发现位于晶粒内部。同时，从图中还可以看到部分连续的三元相 $Ca_2Mg_6Zn_3$ 相被 Mg_2Ca 相阻断，而这与其他相关的 Mg-Zn-Ca 合金研究的文献报道相符。此外，从图 8-10 中还可以看到，在 Mg-3.8Zn-2.2Ca 镁合金中添加 0.5% ~ 2.0% Ce 后，合金组织中的共晶 $Ca_2Mg_6Zn_3$ 相的形貌发生明显的变化，其由最初粗大的连续和/或准连续块状变

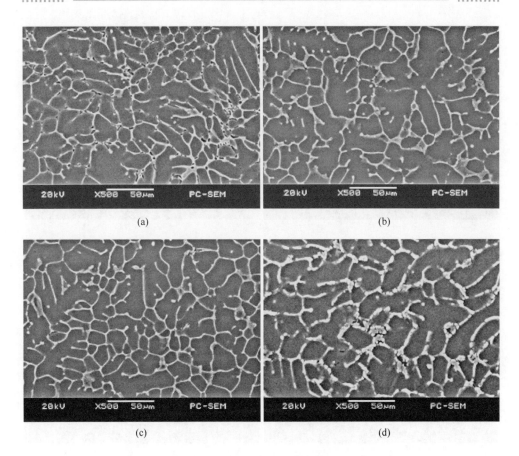

图 8-9 Mg-3.8Zn-2.2Ca-xCe 镁合金铸态组织的低倍 SEM 照片

(a) 无 Ce；(b) 0.5% Ce；(c) 1.0% Ce；(d) 2.0% Ce

为相对细小的颗粒状。然而，目前对于 Ce 添加导致 Mg-3.8Zn-2.2Ca 镁合金中 Ca$_2$Mg$_6$Zn$_3$ 相形态发生变化的原因仍然不明，对此现象将在今后的工作中做进一步的研究。从图 8-9 中还可以看到，添加 2.0% Ce 后，Mg-3.8Zn-2.2Ca 镁合金组织中的部分 Ca$_2$Mg$_6$Zn$_3$ 和 Mg$_{12}$Ce 相被混合在一起，并且 Ca$_2$Mg$_6$Zn$_3$ + Mg$_{12}$Ce 混合相的形貌主要呈粗大的准连续块状。

表 8-4 列出了铸态 Mg-3.8Zn-2.2Ca-xCe 镁合金在室温和中温（150℃）条件下的抗拉性能和蠕变性能。从表 8-4 中可以看到，Mg-3.8Zn-2.2Ca 镁合金在添加 0.5% Ce、1.0% Ce 和 2.0% Ce 后，在室温和 150℃ 下的抗拉性能均得到一定程度的提高，这其中又以添加 1.0% Ce 对合金抗拉性能的改善最为明显。添加 0.5% Ce、1.0% Ce 和 2.0% Ce 还可以有效改善 Mg-3.8Zn-2.2Ca 镁合金的抗蠕变性能，并且随着 Ce 含量从 0.5% 逐渐增加到 2.0%，合金的最小蠕变速率逐渐减小，说明合金的抗蠕变性能逐渐增加。对比不同实验合金的抗拉性能和抗蠕变性能发

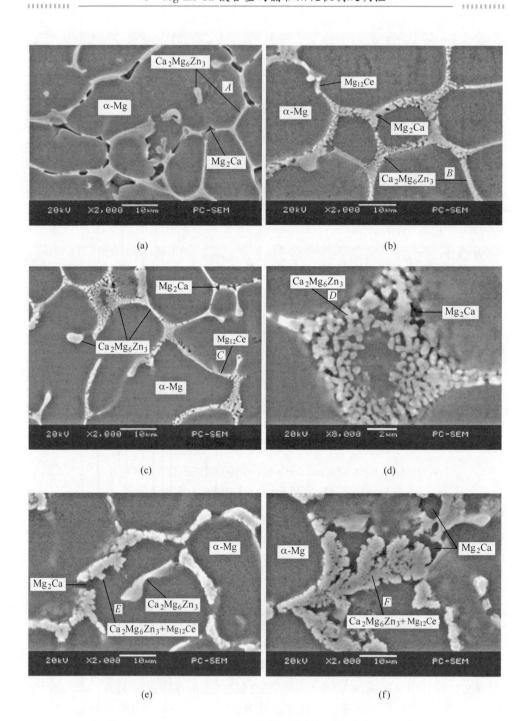

图 8-10　Mg-3.8Zn-2.2Ca-xCe 镁合金铸态组织的高倍 SEM 照片

（a）无 Ce；（b）0.5%Ce；（c），（d）1.0%Ce；（e），（f）2.0%Ce

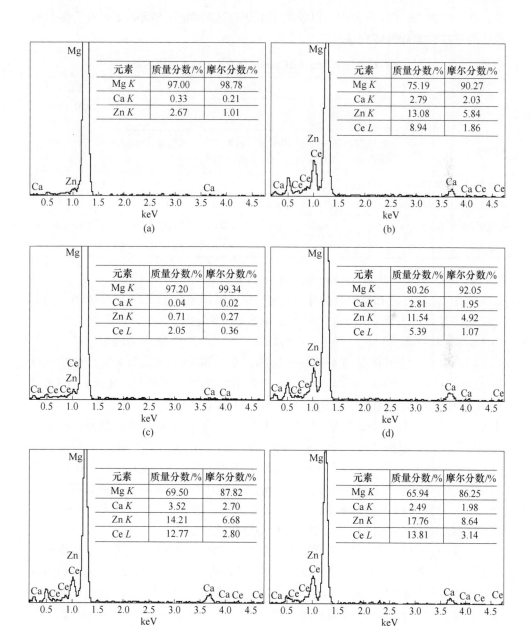

图 8-11 Mg-3.8Zn-2.2Ca-*x*Ce 镁合金铸态组织的 EDS 结果

（a）图 8-10（a）中位置 *A* 的 EDS 结果；（b）图 8-10（b）中位置 *B* 的 EDS 结果；

（c）图 8-10（c）中位置 *C* 的 EDS 结果；（d）图 8-10（d）中位置 *D* 的 EDS 结果；

（e）图 8-10（e）中位置 *E* 的 EDS 结果；（f）图 8-10（f）中位置 *F* 的 EDS 结果

现，在 3 个含 Ce 实验合金中，以添加了 1.0% Ce 的 Mg-3.8Zn-2.2Ca 镁合金具有较佳的抗拉性能和抗蠕变性能。

表 8-4　Mg-3.8Zn-2.2Ca-xCe 镁合金的铸态力学性能

实验合金	抗拉性能						蠕变性能
	室温			150℃			150℃ + 50MPa ×100h
	最大抗拉强度/MPa	屈服强度/MPa	伸长率/%	最大抗拉强度/MPa	屈服强度/MPa	伸长率/%	最小蠕变速率/s^{-1}
Mg-3.8Zn-2.2Ca	123.8	96.7	2.4	110.9	87.0	5.8	2.83×10^{-8}
Mg-3.8Zn-2.2Ca-0.5Ce	134.0	104.0	2.8	120.0	95.0	6.4	1.75×10^{-8}
Mg-3.8Zn-2.2Ca-1.0Ce	146.1	119.2	3.5	132.6	108.7	9.9	0.90×10^{-8}
Mg-3.8Zn-2.2Ca-2.0Ce	132.0	121.0	2.2	117.0	112.0	5.2	0.78×10^{-8}

由 Mg-3.8Zn-2.2Ca-xCe 镁合金的组织分析可知，Ce 添加改善 Mg-3.8Zn-2.2Ca 镁合金的室温和高温抗拉性能可能与 Ce 添加细化了 Mg-3.8Zn-2.2Ca 镁合金的晶粒有关。当然，也可能与 Ce 添加影响了 Mg-3.8Zn-2.2Ca 镁合金组织中 $Ca_2Mg_6Zn_3$ 相的形貌和尺寸有关。众所周知，在晶界存在细小和均匀的第二相对于工程合金的力学性能是有益的。很显然，三元 Mg-3.8Zn-2.2Ca 镁合金中连续和/或准连续的块状 $Ca_2Mg_6Zn_3$ 相对于合金的力学性能是不利的。相反，含 Ce 的 Mg-3.8Zn-2.2Ca 镁合金中 $Ca_2Mg_6Zn_3$ 相的形貌和尺寸则有利于力学性能的提高。此外，含 Ce 的 Mg-3.8Zn-2.2Ca 镁合金中的 $Mg_{12}Ce$ 相主要分布在晶界，其能够抑制攀爬运动，因而可在合金抗拉强度和伸长率的改善方面发挥积极作用。然而，如果添加过量的 Ce，则容易引起粗大的 $Ca_2Mg_6Zn_3 + Mg_{12}Ce$ 混合相形成（见图 8-10），这些粗大的 $Ca_2Mg_6Zn_3 + Mg_{12}Ce$ 混合相有可能在拉伸时会成为裂纹源，从而导致合金的性能较低。如表 8-4 所示，随着 Ce 含量从 0.5% 增加到 2.0%，合金的抗拉强度和伸长率首先增加然后减小。

对于 Mg-3.8Zn-2.2Ca-xCe 镁合金在铸态力学性能上的差异还可以从实验合金的室温拉伸断口得到进一步的证实。图 8-12 所示为铸态 Mg-3.8Zn-2.2Ca-xCe 镁合金室温拉伸断口的 SEM 形貌。从图中可以看到，所有实验合金的拉伸断口比较相似，均能观察到解理面和河流状花纹，说明添加 0.5% ~ 2.0% Ce 对 Mg-3.8Zn-2.2Ca 镁合金的断裂模式并没有明显影响，均呈解理和/或准解理断裂。然而，如图 8-12(a) 所示，三元 Mg-3.8Zn-2.2Ca 镁合金拉伸断口表面的解理面相对较大（图 8-12(a) 中的位置 A），而含 Ce 的 Mg-3.8Zn-2.2Ca 镁合金拉伸断口表面的解理面则相对较小。同时从图 8-12(d) 中发现，在添加了 2.0% Ce 的 Mg-3.8Zn-2.2Ca 镁合金拉伸断口表面存在一些小的裂纹（图 8-12(d) 中的位置 A）。图 8-13 所示为铸态 Mg-3.8Zn-2.2Ca-xCe 镁合金室温拉伸后纵断面的金相照片。

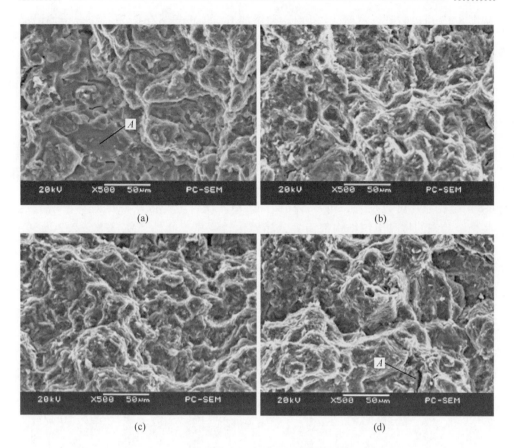

图 8-12　铸态 Mg-3.8Zn-2.2Ca-xCe 镁合金室温拉伸断口的 SEM 形貌

（a）无 Ce；（b）0.5% Ce；（c）1.0% Ce；（d）2.0% Ce

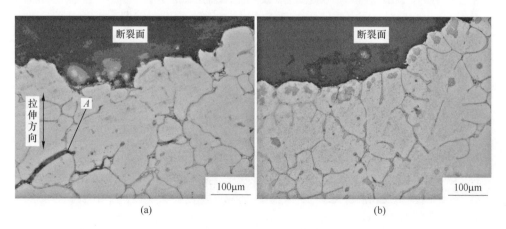

图 8-13　铸态 Mg-3.8Zn-2.2Ca-xCe 镁合金室温拉伸后纵断面的金相照片

（a）无 Ce；（b）1.0% Ce

从图 8-13 可以看到，尽管未添加 Ce 和添加 Ce 的 Mg-3.8Zn-2.2Ca 镁合金均沿晶界断裂，但裂纹似乎更容易沿粗大 $Ca_2Mg_6Zn_3$ 颗粒和 α-Mg 基体间的界面扩展（图 8-13（a）中的位置 A）。

Ce 的添加对 Mg-3.8Zn-2.2Ca 镁合金抗蠕变性能的影响，可由以下因素进行解释。由于镁合金的抗蠕变性能主要与合金在高温下的组织稳定性有关，因此含 Ce 实验合金抗蠕变性能的改善可能与合金中热稳定性高的 $Mg_{12}Ce$ 相的形成有关。而 Ce 含量增加导致抗蠕变性能的改善越明显则可能与合金中 $Mg_{12}Ce$ 相数量的增加有关。

Mg-3.8Zn-2.2Ca-xCe 实验镁合金固溶组织的金相照片结果如图 8-8 所示。对比不同 Mg-3.8Zn-2.2Ca-xCe 镁合金的铸态组织（见图 8-7）和固溶组织（见图 8-8）金相照片可以发现，Mg-3.8Zn-2.2Ca-xCe 镁合金经固溶热处理后，所有这些合金铸态的枝晶组织结构都消失，晶界比较明显。此外，Mg-3.8Zn-2.2Ca-xCe 镁合金经固溶热处理后，残留的第二相在晶界或者在晶粒内部均有分布。同时，合金的晶粒尺寸随着含 Ce 量增加而不断减小，且合金晶粒的等轴化趋势不断增强。图 8-14 和图 8-15 所示为 Mg-3.8Zn-2.2Ca-xCe 实验镁合金固溶组织的低倍和

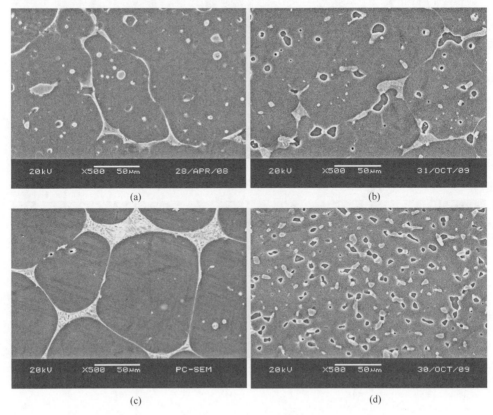

图 8-14　Mg-3.8Zn-2.2Ca-xCe 镁合金固溶组织的低倍 SEM 照片
（a）无 Ce；（b）0.5% Ce；（c）1.0% Ce；（d）2.0% Ce

高倍 SEM 照片。从图 8-14 和图 8-15 中可以看到 Mg-3.8Zn-2.2Ca-xCe 实验镁合金固溶组织中的残留第二相的分布随着 Ce 含量增加而变得更为均匀和分散，尤其是添加了 2.0% Ce 的合金中残留的 $Ca_2Mg_6Zn_3$ 相，这可能与 Ce 添加导致合金组织中 $Ca_2Mg_6Zn_3$ 相的数量减少和 $Mg_{12}Ce$ 相的数量增加有关。

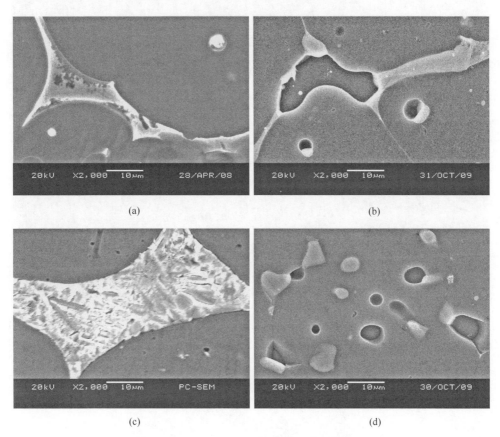

图 8-15　Mg-3.8Zn-2.2Ca-xCe 镁合金固溶组织的高倍 SEM 照片
(a) 无 Ce；(b) 0.5% Ce；(c) 1.0% Ce；(d) 2.0% Ce

图 8-16 所示为 Mg-3.8Zn-2.2Ca 实验镁合金经 175℃下 1h、4h、8h、12h 和 16h 时效处理后组织的金相照片。从图 8-16 判断可知，合金经 T6 热处理后可能在晶内存在大量的第二相析出。随着时效时间的增加，这些析出第二相所占的体积分数有增加的趋势，且合金晶界处化合物的形貌也有一定的变化。关于 Mg-3.8Zn-2.2Ca 镁合金时效处理后组织的变化情况，还需要通过透射电镜分析等手段进一步加以研究。

图 8-17 所示为 Mg-3.8Zn-2.2Ca-1.0Ce 实验镁合金经 175℃下 1h、4h、8h、12h 和 16h 时效处理后组织的金相照片。从图中可以看到，经时效处理后，合金

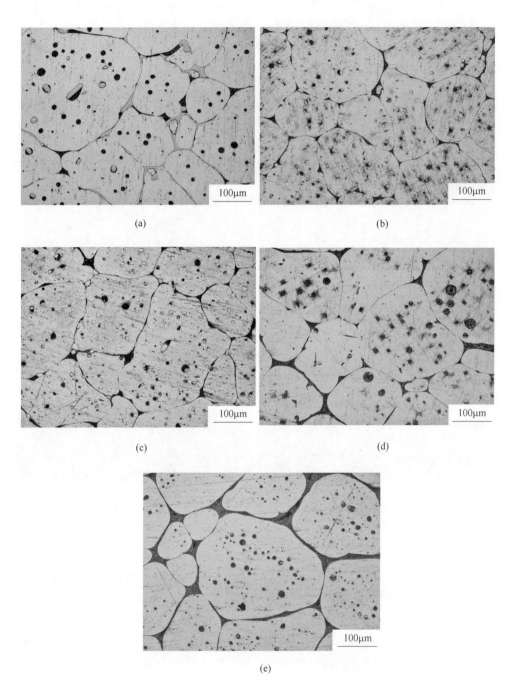

图 8-16   Mg-3.8Zn-2.2Ca 镁合金时效组织的金相照片

（a）1h；（b）4h；（c）8h；（d）12h；（e）16h

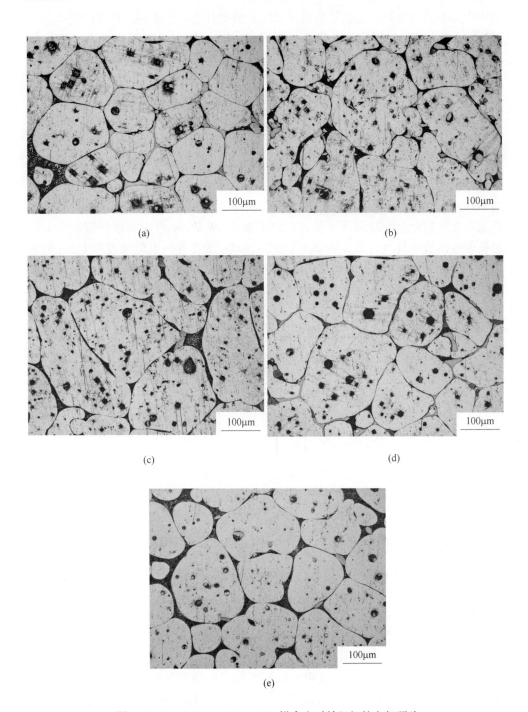

图 8-17 Mg-3.8Zn-2.2Ca-1.0Ce 镁合金时效组织的金相照片
（a）1h；（b）4h；（c）8h；（d）12h；（e）16h

组织中原有的残留第二相仍然清楚可见。此外对比含 Ce 和不含 Ce 的 Mg-3.8Zn-2.2Ca 合金时效后组织照片的颜色可以看到，Ce 添加似乎对 Mg-3.8Zn-2.2Ca 镁合金时效过程中相析出的影响不是很明显。这同样需要通过透射电镜分析等手段作进一步证实。

图 8-18 所示为固溶处理对 Mg-3.8Zn-2.2Ca-*x*Ce 镁合金显微硬度的影响。从图中可以看出，Ce 添加对合金固溶处理后的显微硬度值存在明显影响，即随着 Ce 含量的增加而不断提高，但添加 0.5% 的 Ce 只比未添加 Ce 的合金硬度 HV 增加了约 3，添加 1.0% 的 Ce 也只比添加 0.5% Ce 时增加了约 1。但是添加 2.0% 的 Ce 却使合金的显微硬度 HV 值明显提升，比未添加 Ce 时增加了约 12，也比添加 1.0% Ce 时增加了约 7。这表明在 Mg-3.8Zn-2.2Ca 合金中添加 Ce 可以有效提升固溶处理后合金的显微硬度值，而且添加 2.0% 的 Ce 对于固溶处理后合金的显微硬度值增长最为明显。Mg-3.8Zn-2.2Ca-*x*Ce 镁合金的显微硬度随着 Ce 的增加而不断提升可能与 Ce 的增加能有效细化晶粒以及第二相的种类、数量和形态有关。当然，也有可能是由于阻碍了 Zn 和 Ca 原子扩散从而影响了 Zn 和 Ca 元素在镁基体中的固溶度。

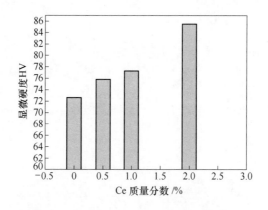

图 8-18　Mg-3.8Zn-2.2Ca-*x*Ce 镁合金固溶处理后的显微硬度

图 8-19 所示为 Ce 添加对 Mg-3.8Zn-2.2Ca 镁合金时效处理后显微硬度的影响。从图中可以看到，Mg-3.8Zn-2.2Ca-1.0Ce 镁合金和 Mg-3.8Zn-2.2Ca 镁合金时效处理后的硬度变化呈现出较为不同的规律。对于 Mg-3.8Zn-2.2Ca 镁合金，硬度随时效时间先增加，在时效 1h 后基本达到了较高的值，此后时效时间增加似乎对硬度的影响不是很明显。而对于 Mg-3.8Zn-2.2Ca-1.0Ce 镁合金，硬度随时效时间先减小，在时效 4h 后开始逐渐增加，达到 12h 后又开始减小。此外，在大多数时效时间内，含 Ce 镁合金的显微硬度都要高于不含 Ce 的三元镁合金的显微硬度，并且含 Ce 镁合金的时效 1h 时的硬度与固溶时相比变化不大，但是 1h 的时效时间却使得未添加 Ce 合金的显微硬度与未时效时相比有了明显的提

升。另外，还可以看到 Mg-3.8Zn-2.2Ca 三元镁合金以及 Mg-3.8Zn-2.2Ca-1.0Ce 镁合金经时效 4h 后的显微硬度均低于它们时效 1h 后的显微硬度。当时效时间达到 8h 的时候，Mg-3.8Zn-2.2Ca 镁合金的显微硬度仍在降低，但是 Mg-3.8Zn-2.2Ca-1.0Ce 镁合金显微硬度 HV 却开始有了明显的增加，达到约 95。此后这两个合金都在时效 12h 后达到了较高的值，但 Mg-3.8Zn-2.2Ca-1.0Ce 镁合金显微硬度值要比 Mg-3.8Zn-2.2Ca 镁合金显微硬度 HV 值高出约 13，最后在经历了 16h 的时效后实验合金的显微硬度 HV 值几乎同时达到了 82.5。

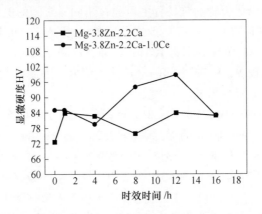

图 8-19 Ce 添加对 Mg-3.8Zn-2.2Ca 镁合金时效处理后显微硬度的影响

8.2.2 Mg-3.8Zn-2.2Ca-xSn 镁合金的组织和性能

图 8-20 所示为实验 Mg-3.8Zn-2.2Ca-xSn 镁合金铸态组织的 XRD 结果。从图

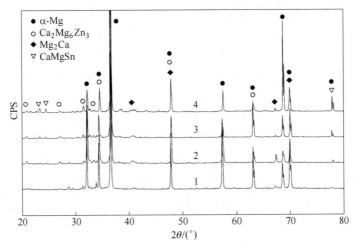

图 8-20 铸态 Mg-3.8Zn-2.2Ca-xSn 镁合金的 XRD 结果

1—无 Sn；2—0.5% Sn；3—1.0% Sn；4—2.0% Sn

中可以看到，三元的铸态 Mg-3.8Zn-2.2Ca 镁合金主要由 α-Mg、Mg$_2$Ca 和 Ca$_2$Mg$_6$Zn$_3$ 三种相组成。在 Mg-3.8Zn-2.2Ca 镁合金中分别添加 0.5% Sn 及 1.0% Sn 和 2.0% Sn 后生成了 CaMgSn 新相。此外，从图中还可以发现，随着 Sn 添加量从 0.5% 增加到 2.0%，CaMgSn 相的峰值强度逐渐增大，说明合金组织中 CaMgSn 相的数量在逐渐增加。以上结果表明在 Mg-3.8Zn-2.2Ca 镁合金中添加 0.5% Sn、1.0% Sn 和 2.0% Sn 对合金组织中合金相的类型有影响。然而，一般在 Mg-Sn 二元合金中存在的 Mg$_2$Sn 相，在 Mg-3.8Zn-2.2Ca-xSn 镁合金中并没有被发现。一般而言，形成化合物的难易程度可通过不同元素间的电负性差值进行大致的评价，电负性差值越大，越容易形成化合物。根据已有的报道[69]，Mg、Zn、Ca 和 Sn 四个元素的电负性分别为 1.31、1.65、1.00 和 1.96。很显然，Ca 和 Sn 之间的电负性差值较 Mg 和 Sn 之间的电负性差值大，因而 CaMgSn 相较 Mg$_2$Sn 相在合金凝固过程中更容易形成。

图 8-21 所示为部分 Mg-3.8Zn-2.2Ca-xSn 镁合金的 DSC 冷却曲线。从图中可以看到，未添加 Sn 和添加 Sn 的 Mg-3.8Zn-2.2Ca 镁合金的 DSC 冷却曲线比较相似，其在 610℃、430℃ 和 400℃ 分别有 3 个放热峰存在，其分别联系着 α-Mg 基体凝固和第二相转变。与含 Ce 的 Mg-3.8Zn-2.2Ca 镁合金的凝固过程分析相类似，在 Mg-3.8Zn-2.2Ca 镁合金凝固过程中，初生 α-Mg 相首先形核和生长，然后当温度下降到大约 430℃ 和 400℃ 时分别发生 L→α-Mg + Mg$_2$Ca 和 L→α-Mg + Ca$_2$Mg$_6$Zn$_3$ 二元共晶反应。由于 Mg-3.8Zn-2.2Ca 镁合金残留液相中 Zn/Ca 原子比小于 1.2，使得 L→α-Mg + Mg$_2$Ca + Ca$_2$Mg$_6$Zn$_3$ 三元共晶反应并没有在合金凝固过程中出现。因此，实验合金最后的组织主要由 α-Mg、Mg$_2$Ca 和 Ca$_2$Mg$_6$Zn$_3$ 相组成。然而，对比未添加 Sn 和添加 Sn 的 Mg-3.8Zn-2.2Ca 镁合金的 DSC 冷却曲线可以发现，含 Sn 的 Mg-3.8Zn-2.2Ca 镁合金在 500℃ 左右存在一个放热峰。根据 Mg-Sn-Ca 三元镁合金相图[70]，在 Mg-Sn-Ca 合金凝固过程中通过 L + CaMgSn 区域时将首先形成初生 CaMgSn 相，然后随着凝固温度的降低，在 638℃ 和 514℃ 附近分别发生 L + CaMgSn→α-Mg + CaMgSn 准二元共晶反应和 L→α-Mg + CaMgSn + Mg$_2$Ca 三元

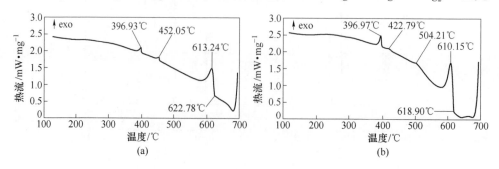

图 8-21　铸态 Mg-3.8Zn-2.2Ca-xSn 镁合金的 DSC 冷却曲线
(a) 无 Sn；(b) 1.0% Sn

共晶反应。而这则可能与含 Sn 合金组织中 CaMgSn 相的形成相关。

　　图 8-22 所示为 Mg-3.8Zn-2.2Ca-xSn 实验镁合金铸态组织的金相照片。从图中可以看到，所有 Mg-3.8Zn-2.2Ca-xSn 试验合金中有大量的枝晶状组织。未添加 Sn 的 Mg-3.8Zn-2.2Ca 镁合金的枝臂间距和晶粒都相对较大，而添加 0.5% Sn 及 1.0% Sn 和 2.0% Sn 后，Mg-3.8Zn-2.2Ca 镁合金的枝臂间距和晶粒都相对变小，说明添加 0.5%～2.0% Sn 能够细化 Mg-3.8Zn-2.2Ca 镁合金的组织。然而，随着 Sn 含量从 0.5% 增加到 2.0%，Mg-3.8Zn-2.2Ca 镁合金的组织先变细然后又开始逐渐变粗大，说明细化效果先增加然后又减小。对比不同 Sn 添加量的合金，以添加 1.0% Sn 的细化效果最好，其次依次是添加 0.5% Sn 和 2.0% Sn。添加 0.5%～2.0% Sn 细化 Mg-3.8Zn-2.2Ca 镁合金组织的结果及不同细化效率差异还可以从图 8-23 所示的 Mg-3.8Zn-2.2Ca-xSn 实验合金固溶组织的金相照片中得到进一步的证实。经过对晶粒的晶粒度测量，未添加 Sn 的 Mg-3.8Zn-2.2Ca 镁合金

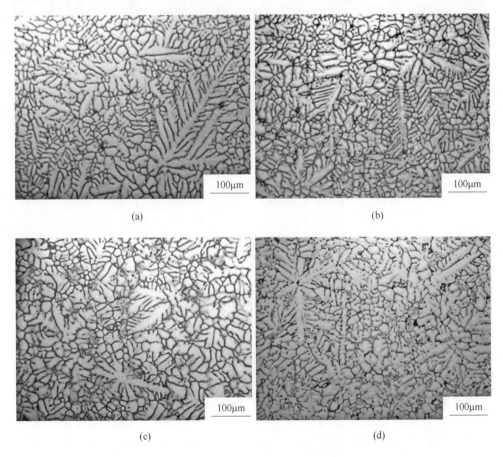

图 8-22　Mg-3.8Zn-2.2Ca-xSn 镁合金铸态组织的金相照片
（a）无 Sn；（b）0.5% Sn；（c）1.0% Sn；（d）2.0% Sn

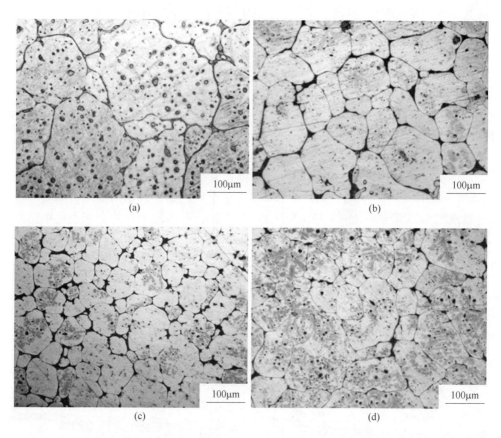

图 8-23　Mg-3.8Zn-2.2Ca-xSn 镁合金固溶组织的金相照片
（a）无 Sn；（b）0.5%Sn；（c）1.0%Sn；（d）2.0%Sn

的平均晶粒尺寸为 234μm，而添加 0.5%Sn、1.0%Sn 和 2.0%Sn 后，Mg-3.8Zn-2.2Ca 镁合金的平均晶粒尺寸分别变为 105μm、82μm 和 94μm。很显然，添加 1.0%Sn 具有最佳的晶粒细化效果。关于不同 Sn 添加量对 Mg-3.8Zn-2.2Ca 镁合金的晶粒细化效果差异，将结合面扫描结果及化合物的形成等作深入的分析。

图 8-24 和图 8-25 所示为 Mg-3.8Zn-2.2Ca-xSn 镁合金铸态组织的低倍和高倍 SEM 照片。从图中可以看到，实验镁合金的铸态组织主要由黑色的 α-Mg 基体、黑白相间的共晶相和白色的第二相所组成。根据 EDS 结果（见图 8-26）并结合 XRD 结果可以确定 Mg-3.8Zn-2.2Ca-xSn 镁合金组织中的第二相，并且被标注在图 8-25 中。添加 0.5% ~ 2.0%Sn 对 Mg-3.8Zn-2.2Ca 镁合金中 $Ca_2Mg_6Zn_3$ 相的形貌和尺寸存在较大影响，使其由最初的连续/准连续块状变为准连续和/或断续的块状。同时，添加 0.5% ~ 2.0%Sn 到 Mg-3.8Zn-2.2Ca 镁合金中形成的 CaMgSn 相主要呈棒状或/和条状，其主要分布

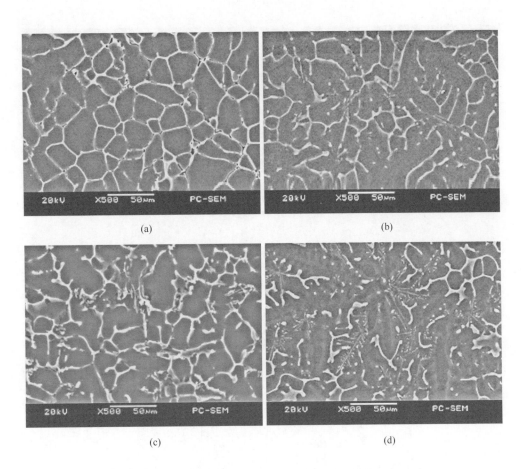

(a)

(b)

(c)

(d)

图 8-24　Mg-3.8Zn-2.2Ca-xSn 镁合金铸态组织的低倍 SEM 照片

（a）无 Sn；（b）0.5%Sn；（c）1.0%Sn；（d）2.0%Sn

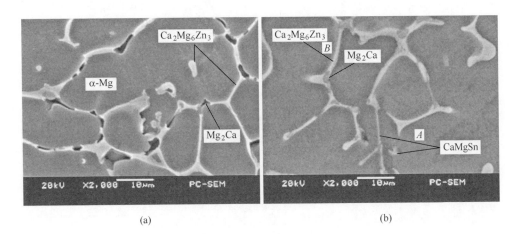

(a)

(b)

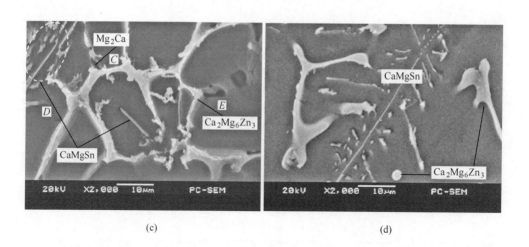

(c)　　　　　　　　　　　　　　　(d)

图 8-25　Mg-3.8Zn-2.2Ca-xSn 镁合金铸态组织的高倍 SEM 照片

（a）无 Sn；（b）0.5%Sn；（c）1.0%Sn；（d）2.0%Sn

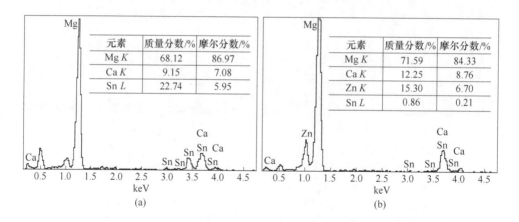

元素	质量分数/%	摩尔分数/%
Mg K	68.12	86.97
Ca K	9.15	7.08
Sn L	22.74	5.95

(a)

元素	质量分数/%	摩尔分数/%
Mg K	71.59	84.33
Ca K	12.25	8.76
Zn K	15.30	6.70
Sn L	0.86	0.21

(b)

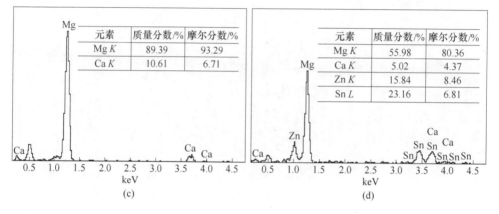

元素	质量分数/%	摩尔分数/%
Mg K	89.39	93.29
Ca K	10.61	6.71

(c)

元素	质量分数/%	摩尔分数/%
Mg K	55.98	80.36
Ca K	5.02	4.37
Zn K	15.84	8.46
Sn L	23.16	6.81

(d)

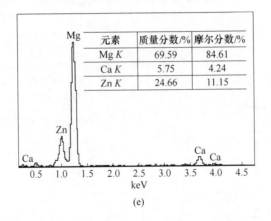

元素	质量分数/%	摩尔分数/%
Mg K	69.59	84.61
Ca K	5.75	4.24
Zn K	24.66	11.15

(e)

图 8-26　Mg-3.8Zn-2.2Ca-xSn 镁合金铸态组织的 EDS 结果

(a) 图 8-25（b）中位置 A 的 EDS 结果；（b）图 8-25（b）中位置 B 的 EDS 结果；

(c) 图 8-25（c）中位置 C 的 EDS 结果；（d）图 8-25（c）中位置 D 的 EDS 结果；

(e) 图 8-25（c）中位置 E 的 EDS 结果

在晶界和/或晶粒内部，并且随着 Sn 添加量从 0.5% 增加到 2.0%，合金组织中的 CaMgSn 相的数量逐渐增加，其尺寸似乎也越来越大，这在添加了 2.0% Sn 的合金中表现得尤为明显。而与此相反的是 Mg-3.8Zn-2.2Ca-xSn 镁合金组织中 $Ca_2Mg_6Zn_3$ 相和 Mg_2Ca 相的数量相对减小。这主要在于 CaMgSn 相的形成消耗了较多的 Ca，从而导致 CaMgSn 相和 Mg_2Ca 相数量的减少。很显然，Mg-3.8Zn-2.2Ca-xSn 镁合金组织中存在的 $Ca_2Mg_6Zn_3$ 相、Mg_2Ca 相和 CaMgSn 相的数量及其形态和尺寸的变化必然会导致 Mg-3.8Zn-2.2Ca-xSn 镁合金的抗拉性能和蠕变性能等发生变化，而这一点在力学性能测试结果上可得到进一步的确认。

表 8-5 列出了铸态 Mg-3.8Zn-2.2Ca-xSn 镁合金在不同条件下的抗拉性能和蠕变性能。从表中可以看到，Mg-3.8Zn-2.2Ca-xSn 镁合金经添加 0.5% Sn、1.0% Sn 和 2.0% Sn 后，合金在室温和 150℃ 下的抗拉性能均得到一定程度的提高，这其中又以添加 0.5% Sn 对合金抗拉性能的改善最为明显。还可以看出，添加 0.5% Sn、1.0% Sn 和 2.0% Sn 还可明显改善合金的高温屈服强度。此外，添加 0.5%~2.0% Sn 到 Mg-3.8Zn-2.2Ca 镁合金中能够有效改进合金在 150℃、50MPa、100h 下的抗蠕变性能，并且随着 Sn 含量从 0.5% 增加到 2.0%，合金的抗蠕变性能改善得越明显。通过比较发现，在三个含 Sn 实验合金中，以添加了 1.0% Sn 的 Mg-3.8Zn-2.2Ca 镁合金具有较佳的抗拉性能和抗蠕变性能。

表 8-5　Mg-3.8Zn-2.2Ca-xSn 镁合金的铸态力学性能

| 实 验 合 金 | 抗 拉 性 能 | | | | | | 蠕变性能 |
| | 室 温 | | | 150℃ | | | 150℃ +50MPa ×100h |
	最大抗拉强度/MPa	屈服强度/MPa	伸长率/%	最大抗拉强度/MPa	屈服强度/MPa	伸长率/%	最小蠕变速率/s^{-1}
Mg-3.8Zn-2.2Ca	123.8	96.7	2.4	110.9	87.0	5.8	2.83×10^{-8}
Mg-3.8Zn-2.2Ca-0.5Sn	149.0	106.0	3.9	132	94	9.8	2.03×10^{-8}
Mg-3.8Zn-2.2Ca-1.0Sn	134.3	117.8	3.0	121.2	104.4	7.8	1.14×10^{-8}
Mg-3.8Zn-2.2Ca-2.0Sn	122.0	117.0	2.0	101.0	106.0	5.1	0.68×10^{-8}

由组织分析可以看到，与 Ce 改善 Mg-3.8Zn-2.2Ca 镁合金的力学性能相类似，Sn 添加改善 Mg-3.8Zn-2.2Ca 镁合金的抗拉性能可能与 Sn 细化了合金的晶粒有关。当然，Sn 添加影响了合金组织中 $Ca_2Mg_6Zn_3$ 相的形貌和尺寸也是一个可能的原因。众所周知，在晶界存在细小和均匀的第二相对于工程合金的力学性能是有益的。很显然，三元 Mg-3.8Zn-2.2Ca 镁合金中连续和/或准连续的块状 $Ca_2Mg_6Zn_3$ 相对于合金的力学性能是不利的。相反，添加 0.5% Sn 和 1.0% Sn 合金中 $Ca_2Mg_6Zn_3$ 相的形貌和尺寸则有利于力学性能的提高。然而，以上提及的机理并不适合于添加了 2.0% Sn 的 Mg-3.8Zn-2.2Ca 镁合金，并且也不能解释添加 0.5% Sn 和 1.0% Sn 两个 Mg-3.8Zn-2.2Ca 合金的抗拉性能的差异。添加了 0.5% Sn 的 Mg-3.8Zn-2.2Ca 镁合金中的 CaMgSn 相主要分布在晶界，其可以抑制攀爬运动因而可在合金抗拉强度和延伸率的改善方面发挥积极作用。然而，当添加 1.0% Sn 和 2.0% Sn 后，合金组织中的 CaMgSn 相主要分布在晶界和晶内，并且其数量和尺寸较添加 0.5% Sn 增加较大。根据已有 Mg-Sn-Ca 镁合金的调查结果，Mg-Sn-Ca 镁合金中粗大的 CaMgSn 相对合金的力学性能存在有害影响。基于此，可以初步推断添加 2.0% Sn 的 Mg-3.8Zn-2.2Ca 镁合金力学性能较差以及添加 0.5% Sn 和 1.0% Sn 两个 Mg-3.8Zn-2.2Ca 合金抗拉性能存在差异的原因可能与含 Sn 合金中 CaMgSn 相的形成有关。实际上，铸态 Mg-3.8Zn-2.2Ca-xSn 镁合金在力学性能上的差异还可以从合金的拉伸断口得到进一步的证实。图 8-27 所示为铸态 Mg-3.8Zn-2.2Ca-xSn 镁合金室温拉伸断口的 SEM 形貌。从图中可以看到，所有实验合金的拉伸断口比较相似，均能观察到解理面和河流状花纹，说明添加 0.5% Sn、1.0% Sn 和 2.0% Sn 对 Mg-3.8Zn-2.2Ca 镁合金的断裂形式并没有明显影响，均呈解理和/或准解理断裂。然而，如图 8-27(a)所示，三元 Mg-3.8Zn-2.2Ca 镁合金拉伸断口表面的解理面相对较大，而含 Sn 的 Mg-3.8Zn-2.2Ca 镁合金拉伸断口表面的解理面则相对较小。同时在添加了 1.0% Sn 和 2.0% Sn 的 Mg-3.8Zn-2.2Ca 镁合金拉伸断口表面存在一些可能与 CaMgSn 相有关的小裂纹。至于 Mg-3.8Zn-2.2Ca-xSn

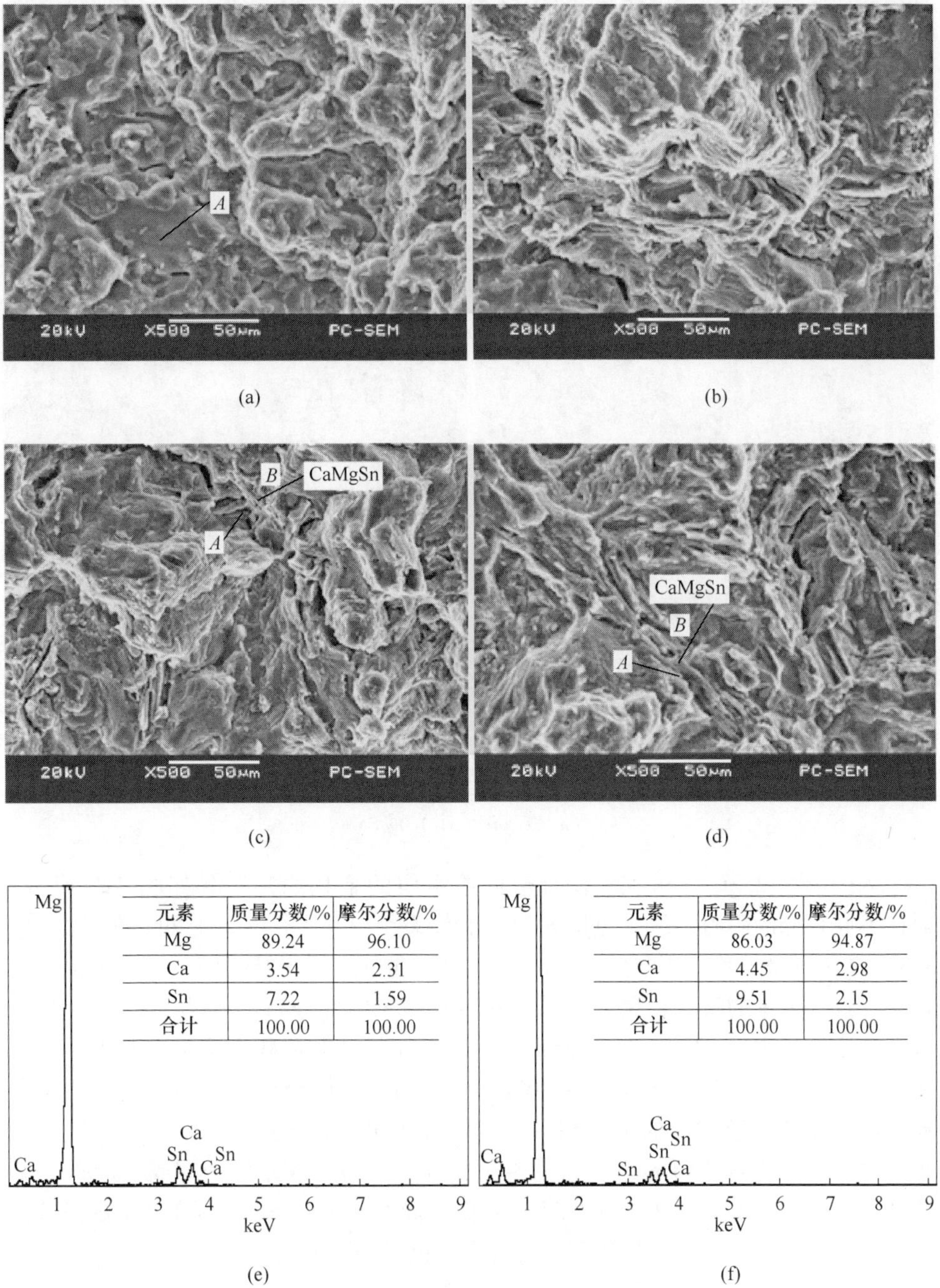

元素	质量分数/%	摩尔分数/%
Mg	89.24	96.10
Ca	3.54	2.31
Sn	7.22	1.59
合计	100.00	100.00

元素	质量分数/%	摩尔分数/%
Mg	86.03	94.87
Ca	4.45	2.98
Sn	9.51	2.15
合计	100.00	100.00

图 8-27 铸态 Mg-3.8Zn-2.2Ca-*x*Sn 镁合金室温拉伸断口的 SEM 形貌

(a) 无 Sn；(b) 0.5% Sn；(c) 1.0% Sn；(d) 2.0% Sn；

(e) 图 8-27(c)中位置 *B* 的 EDS 结果；(f) 图 8-27(d)中位置 *B* 的 EDS 结果

镁合金屈服强度差异，可能与合金中 CaMgSn 相的数量和/或尺寸变化有关。图 8-28 所示为部分铸态 Mg-3.8Zn-2.2Ca-xSn 镁合金室温拉伸后纵断面的金相照片。从图 8-28 可以看到，尽管未添加 Sn 和添加 Sn 的 Mg-3.8Zn-2.2Ca 镁合金均沿晶界断裂，但裂纹似乎更容易沿粗大 $Ca_2Mg_6Zn_3$ 颗粒和 α-Mg 基体间以及 CaMgZn 颗粒和 α-Mg 基体的界面扩展（图 8-28(a) 和图 8-28(b) 中的位置 A）。由于镁合金的抗蠕变性能主要与合金在高温下的组织稳定性有关，因此含 Sn 实验镁合金抗蠕变性能的改善可能与合金中热稳定性高的 CaMgSn 相的形成有关。而 Sn 含量增加导致抗蠕变性能的改善更明显则可能与合金中 CaMgSn 相数量的增加有关。

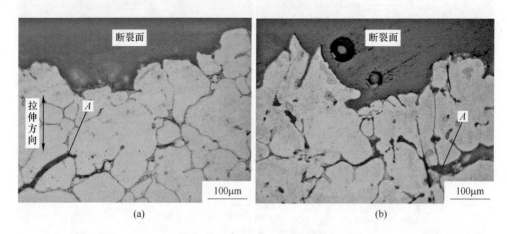

图 8-28　铸态 Mg-3.8Zn-2.2Ca-xSn 镁合金室温拉伸后纵断面的金相照片
(a) 无 Sn；(b) 1.0% Sn

　　Mg-3.8Zn-2.2Ca-xSn 实验镁合金固溶组织的金相照片结果如图 8-23 所示。对比不同合金的固溶组织（见图 8-23）和铸态组织（见图 8-22）可以发现，Mg-3.8Zn-2.2Ca-xSn 实验镁合金经固溶处理后，其枝晶组织结构消失，形成晶粒结构，并且合金中的第二相颗粒在晶界或者在晶粒内部分布。但是，未添加 Sn 的合金和添加 0.5% ~ 2.0% Sn 的合金相比，晶粒尺寸和晶粒内部第二相的尺寸都相对显得粗大，而且对于所有 Mg-3.8Zn-2.2Ca-xSn 镁合金固溶组织的晶界和晶粒内部均存在大量残留的第二相，尤其以含 2.0% Sn 合金内部保留的多。经分析，这些在固溶后残留的第二相主要包括 Mg_2Ca、$Ca_2Mg_6Zn_3$ 和/或 CaMgSn 相。此外，通过进一步对比还可以发现，Mg-3.8Zn-2.2Ca-1.0Sn 实验镁合金的晶粒尺寸最小，其晶粒的等轴化趋势在所有合金中也是最明显的。

　　图 8-29 和图 8-30 所示为 Mg-3.8Zn-2.2Ca-xSn 实验镁合金固溶组织的低倍和高倍 SEM 照片。根据 EDS 结果并结合合金的铸态组织可以确定 Mg-3.8Zn-2.2Ca-xSn 镁合金固溶组织中残留的第二相主要包括 Mg_2Ca、$Ca_2Mg_6Zn_3$ 和/或 CaMgSn 相。从图中可以看到，Mg-3.8Zn-2.2Ca-xSn 镁合金的固溶组织中残留第二相的形

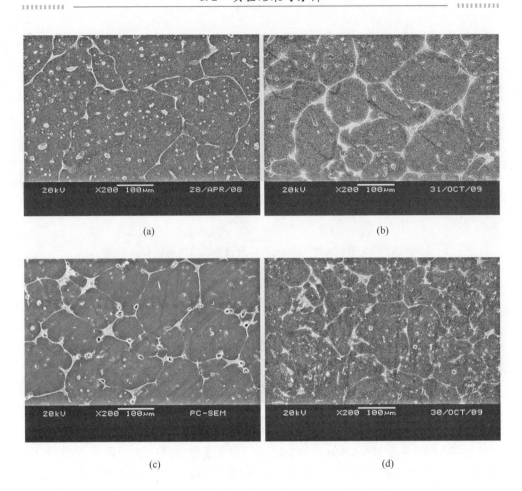

(a)　　　　　　　　　　　　　　　(b)

(c)　　　　　　　　　　　　　　　(d)

图 8-29　Mg-3.8Zn-2.2Ca-xSn 镁合金固溶组织的低倍 SEM 照片

（a）无 Sn；（b）0.5% Sn；（c）1.0% Sn；（d）2.0% Sn

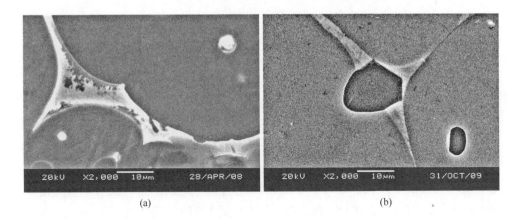

(a)　　　　　　　　　　　　　　　(b)

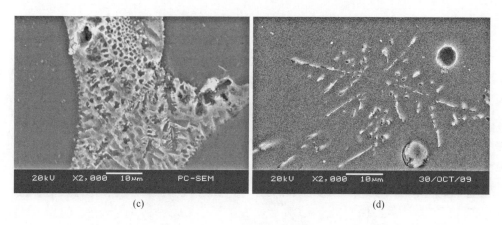

(c)　　　　　　　　　　　　　　　　　(d)

图 8-30　Mg-3.8Zn-2.2Ca-xSn 镁合金固溶组织的高倍 SEM 照片

（a）无 Sn；（b）0.5%Sn；（c）1.0%Sn；（d）2.0%Sn

态存在一些相似性，如所有合金固溶组织中晶界的 $Ca_2Mg_6Zn_3$ 相均呈断续和/或颗粒状分布，而残留的 Mg_2Ca 相也主要呈颗粒状分布。然而，对比不同合金的低倍 SEM 照片可以看到，含 Sn 合金中残留的 $Ca_2Mg_6Zn_3$ 相的数量相对较少，而 CaMgSn 相的数量相对较多，尤其是添加了 2.0%Sn 的合金。此外，添加了 Sn 和未添加 Sn 的 Mg-3.8Zn-2.2Ca 镁合金固溶组织中晶内残留的 $Ca_2Mg_6Zn_3$ 相第二相数量也存在一定差异，且随着 Sn 含量从 0.5% 增加到 2.0%，实验镁合金固溶后晶内残留的 $Ca_2Mg_6Zn_3$ 相第二相数量逐渐减少。

　　图 8-31 所示为 Mg-3.8Zn-2.2Ca-1.0Sn 实验镁合金经 175℃ 下 1h、4h、8h、12h 和 16h 时效处理后组织的金相照片。从图中可以看到，合金经时效处理后，合金组织中原有残留的第二相仍然清楚可见。同时，与合金固溶组织相比发现晶粒尺寸增大，但这种增加趋势似乎与时效时间的关联性不大。此外，对比含 Sn 和不含 Sn 的 Mg-3.8Zn-2.2Ca 合金时效后组织照片的颜色可以看到，Sn 添加似乎对 Mg-3.8Zn-2.2Ca 镁合金时效过程中相析出存在较为明显的影响。这一结果需要通过透射电镜分析等手段作进一步证实。

　　图 8-32 所示为固溶处理对 Mg-3.8Zn-2.2Ca-xSn 镁合金显微硬度的影响。从图中可以看出，随着 Sn 含量从 0% 增加到 0.5%，Mg-3.8Zn-2.2Ca 合金的显微硬度 HV 有了明显增加，增加了约 12，固溶处理后添加 0.5%Sn 时的显微硬度与添加 2.0%Ce 时的合金显微硬度非常接近（HV 只低了 0.27）。而后，随着合金中 Sn 含量从 0.5% 增加到 1.0%，合金的显微硬度 HV 却下降了约 7，但是仍然比未添加 Sn 的合金硬度要高。当合金中的 Sn 含量从 1.0% 增加到 2.0% 时，合金的显微硬度继续下降，甚至略低于未添加 Sn 的合金。这一结果可能与实验测量误差和/或添加 1.0% ~ 2.0%Sn 合金中大量 CaMgSn 相的生成有关。

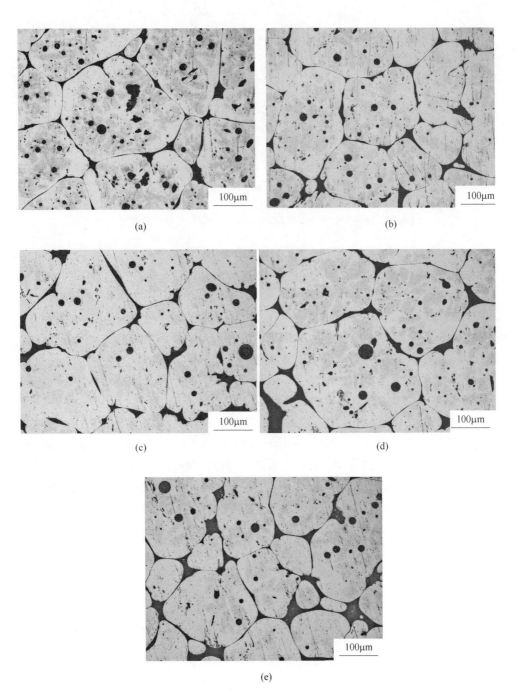

图 8-31　Mg-3.8Zn-2.2Ca-1.0Sn 镁合金时效组织的金相照片

（a）1h；（b）4h；（c）8h；（d）12h；（e）16h

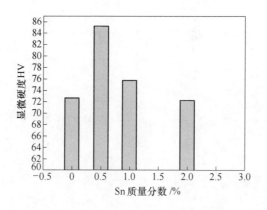

图 8-32　固溶处理对 Mg-3.8Zn-2.2Ca-xSn 镁合金显微硬度的影响

图 8-33 所示为 Sn 添加对 Mg-3.8Zn-2.2Ca 镁合金时效处理后显微硬度的影响。从图中可以看到，含 Sn 和未添加 Sn 的镁合金时效处理后的硬度变化呈现出较为相似的规律。硬度随时效时间先增加，在时效 1h 后基本达到了较高值，此后随着时效时间增加，显微硬度逐渐降低，在时效 8h 后达到最小值，而后时效 12h 及 16h 后显微硬度又有所回升，但是仍没超过时效 1h 时的显微硬度。总体来讲，Mg-3.8Zn-2.2Ca-1.0Sn 合金时效硬度均低于 Mg-3.8Zn-2.2Ca 合金的时效硬度，且合金在时效后的显微硬度并未有显著增加，初步表明 Sn 添加对 Mg-3.8Zn-2.2Ca 镁合金的时效强化效果改善不明显。根据 Mg-Sn 二元相图，Mg 的共晶转变温度在 561.2℃ 处，Sn 在 Mg 中的饱和固溶度为 14.85%，温度降到 400℃ 时饱和固溶度快速降到 4.4%，200℃ 时饱和固溶度仅有 0.45%。Sn 在 Mg 中的饱和固溶度随温度下降快速减少，有利于时效处理促进 Mg$_2$Sn 相析出，获得弥散强化的组织，从而使合金的性能得到改善。然而，从研究结果看，Sn 添加到 Mg-3.8Zn-2.2Ca 合金中并未发挥出这种时效强化效应，这可能与 Sn 添加形成了热稳

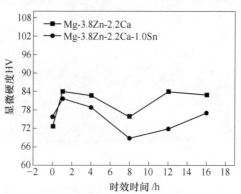

图 8-33　Sn 添加对 Mg-3.8Zn-2.2Ca 镁合金时效处理后显微硬度的影响

定性较高的 CaMgSn 相有关。因为大量 CaMgSn 相的形成必然导致镁基体中固溶的 Sn 原子较少，从而难以在后续时效过程析出弥散强化的 Mg_2Sn 相。

8.2.3 Mg-3.8Zn-2.2Ca-xZr 镁合金的组织和性能

图 8-34 所示为实验 Mg-3.8Zn-2.2Ca-xZr 镁合金铸态组织的 XRD 结果。从图中可以看到，三元的 Mg-3.8Zn-2.2Ca 铸态镁合金主要由 α-Mg、Mg_2Ca 和 $Ca_2Mg_6Zn_3$ 三种相组成。此外，分别添加 0.5%Zr、1.0%Zr 及 1.5%Zr 后在 Mg-3.8Zn-2.2Ca 中没有生成其他合金相，说明添加 0.5%Zr、1.0%Zr 及 1.5%Zr 对 Mg-3.8Zn-2.2Ca 镁合金合金相的类型没有影响。与上文分析相似，结合含 Zr 合金的 DSC 冷却曲线（见图 8-35），可对含 Zr 的 Mg-3.8Zn-2.2Ca 镁合金的显微组织形成作类似的分析。

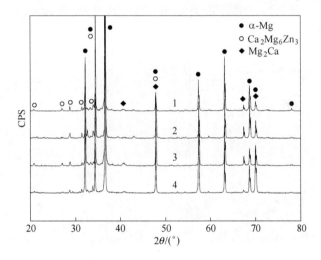

图 8-34 Mg-3.8Zn-2.2Ca-xZr 铸态镁合金的 XRD 结果

1—无 Zr；2—0.5%Zr；3—1.0%Zr；4—1.5%Zr

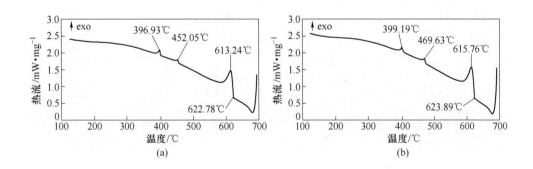

图 8-35 铸态 Mg-3.8Zn-2.2Ca-xZr 镁合金的 DSC 冷却曲线

（a）无 Zr；（b）1.0%Zr

　　图 8-36 所示为 Mg-3.8Zn-2.2Ca-xZr 实验镁合金铸态组织的金相照片。从图中可以看到，所有实验镁合金均呈枝晶状组织特征。然而未添加 Zr 的 Mg-3.8Zn-2.2Ca 镁合金的枝臂间距和晶粒尺寸都相对较大，而添加 0.5%Zr、1.0%Zr 及 1.5%Zr 的 Mg-3.8Zn-2.2Ca 镁合金的枝臂间距和晶粒尺寸都有变小，并且表现出了明显的等轴化趋势，说明添加 0.5%~1.5%Zr 能够细化 Mg-3.8Zn-2.2Ca 镁合金的组织，并且随着 Zr 含量从 0.5% 增加到 1.5%，Mg-3.8Zn-2.2Ca 镁合金的组织越来越细小，说明细化效果逐渐增加。这一结论可以从图 8-37 所示的 Mg-3.8Zn-2.2Ca-xZr 实验镁合金固溶组织的金相照片中得到进一步的证实。经测量未添加 Zr 的 Mg-3.8Zn-2.2Ca 铸态镁合金的平均晶粒尺寸为 234μm，而添加 0.5%Ce、1.0%Ce 及 1.5%Zr 后，实验镁合金的平均晶粒尺寸分别为 92μm、54μm 和 39μm。很显然，随着 Zr 含量的增加，其对 Mg-3.8Zn-2.2Ca 合金的晶粒细化效率增加。

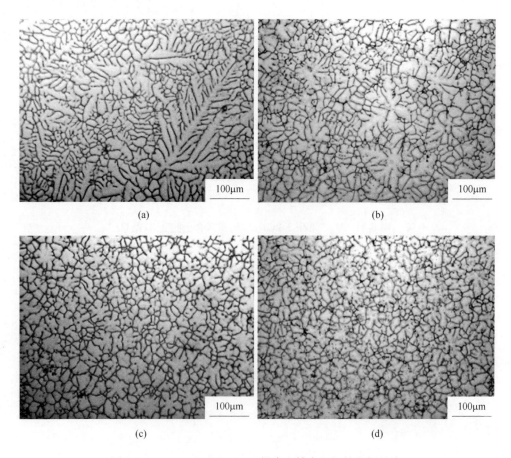

图 8-36　Mg-3.8Zn-2.2Ca-xZr 镁合金铸态组织的金相照片
（a）无 Zr；（b）0.5%Zr；（c）1.0%Zr；（d）1.5%Zr

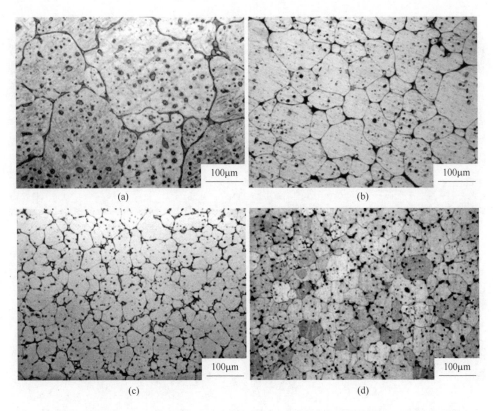

图 8-37　Mg-3.8Zn-2.2Ca-xZr 镁合金固溶组织的金相照片

（a）无 Zr；（b）0.5%Zr；（c）1.0%Zr；（d）1.5%Zr

图 8-38 和图 8-39 所示为 Mg-3.8Zn-2.2Ca-xZr 镁合金铸态组织的低倍和高倍 SEM 照片。从图中可以看到，实验镁合金的铸态组织主要由 α-Mg、连续和/或准连续以及零散分布的金属间化合物相所组成。结合 XRD 结果和 EDS 结果（见图 8-40）可知这些金属间化合物为 Mg_2Ca 和 $Ca_2Mg_6Zn_3$ 相，其主要分布在晶界，但也有少量的 $Ca_2Mg_6Zn_3$ 相位于晶粒内部。进一步可以看到，在 Mg-3.8Zn-2.2Ca 镁合金中添加 0.5% ~ 1.5%Zr 后，合金组织中的 $Ca_2Mg_6Zn_3$ 相从最初的连续和/或准连续状变为准连续和/或断续状。此外，从图中还发现含 Zr 合金中 $Ca_2Mg_6Zn_3$ 相的数量与未添加 Zr 的合金相比似乎减少了，尤其是添加了 1.5%Zr 的合金。然而，目前对于此现象出现的相应原因并不是十分清楚。

表 8-6 列出了铸态 Mg-3.8Zn-2.2Ca-xZr 镁合金在不同条件下的抗拉性能和蠕变性能。从表 8-6 可以看到，分别添加 0.5%Zr、1.0%Zr 及 1.5%Zr 的镁合金在室温和 150℃下的抗拉性能均得到一定程度的提高。此外，Mg-3.8Zn-2.2Ca 镁合金经分别添加 0.5%Zr、1.0%Zr 及 1.5%Zr 均使 Mg-3.8Zn-2.2Ca 镁合金的抗蠕变性能下降。

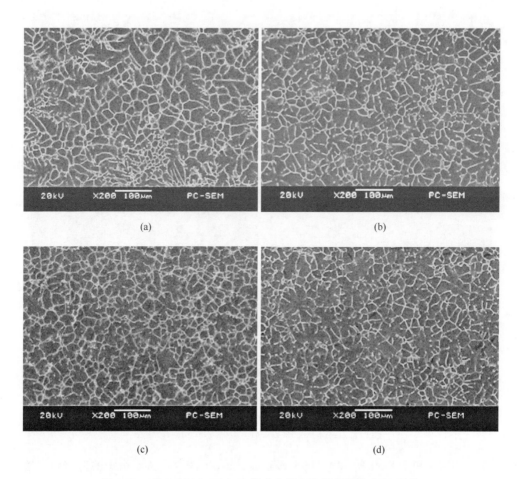

图 8-38　Mg-3. 8Zn-2. 2Ca-xZr 镁合金铸态组织的低倍 SEM 照片

(a) 无 Zr；（b）0. 5% Zr；（c）1. 0% Zr；（d）1. 5% Zr

表 8-6　Mg-3. 8Zn-2. 2Ca-xZr 镁合金的铸态力学性能

| 实验合金 | 抗拉性能 | | | | | | 蠕变性能 |
| | 室温 | | | 150℃ | | | 150℃ +50MPa ×100h |
	最大抗拉强度/MPa	屈服强度/MPa	伸长率/%	最大抗拉强度/MPa	屈服强度/MPa	伸长率/%	最小蠕变速率/s⁻¹
Mg-3. 8Zn-2. 2Ca	124	96. 7	2. 4	111	87	5. 8	$2. 83 \times 10^{-8}$
Mg-3. 8Zn-2. 2Ca-0. 5Zr	135	107	3. 1	118	96	8. 2	$2. 94 \times 10^{-8}$
Mg-3. 8Zn-2. 2Ca-1. 0Zr	153	124	3. 9	140	110	12. 5	$3. 19 \times 10^{-8}$
Mg-3. 8Zn-2. 2Ca-1. 5Zr	165	139	4. 2	146	118	14. 3	$2. 89 \times 10^{-8}$

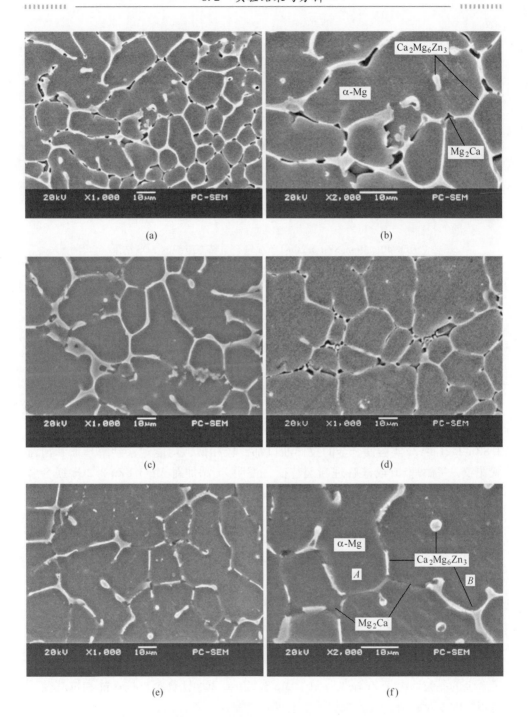

图 8-39　Mg-3.8Zn-2.2Ca-*x*Zr 镁合金铸态组织的高倍 SEM 照片

（a），（b）无 Zr；（c）0.5% Zr；（d）1.0% Zr；（e），（f）1.5% Zr

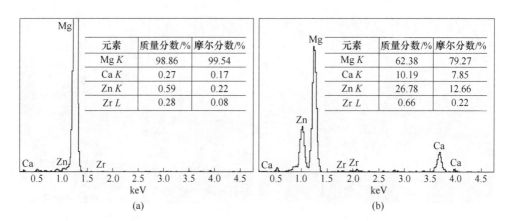

图 8-40　Mg-3.8Zn-2.2Ca-1.5Zr 镁合金铸态组织的 EDS 结果

(a) 图 8-39(f)中位置 *A* 的 EDS 结果；(b) 图 8-39(f)中位置 *B* 的 EDS 结果

众所周知，细小的晶粒对于工程合金的抗拉性能是非常有利的。很显然，Zr 添加改善 Mg-3.8Zn-2.2Ca 镁合金的抗拉性能可能与 Zr 细化了合金的晶粒有关。当然，Zr 添加影响了合金组织中 $Ca_2Mg_6Zn_3$ 相的形貌和尺寸也是可能的原因之一。正如上文所述，三元 Mg-3.8Zn-2.2Ca 镁合金中连续和/或准连续的块状 $Ca_2Mg_6Zn_3$ 相对于力学性能是不利的。相反，添加 0.5% ~ 1.5% Zr 合金中 $Ca_2Mg_6Zn_3$ 相的形貌和尺寸则有利于力学性能的提高。图 8-41 所示为铸态 Mg-3.8Zn-2.2Ca-*x*Zr 镁合金室温拉伸断口的 SEM 形貌。从图中可看到，所有 Mg-3.8Zn-2.2Ca-*x*Zr 实验镁合金的拉伸断口都比较相似，均能观察到解理面和河流状花纹，呈解理和/或准解理断裂特征，说明 Zr 添加对 Mg-3.8Zn-2.2Ca 镁合金的断裂模式并没有明显影响。然而，如图 8-41(a)所示，三元 Mg-3.8Zn-2.2Ca 镁合金拉伸断口表面的解理面相对较大，而含 Zr 的 Mg-3.8Zn-2.2Ca 合金拉伸断口表面的解理面相对较小。添加 Zr 对 Mg-3.8Zn-2.2Ca 镁合金的断裂模式没有明显影响，这可从图 8-42 所示的铸态 Mg-3.8Zn-2.2Ca-*x*Zr 镁合金室温拉伸后纵断面的金相照片中看出。从图 8-42 可以看到，添加 Zr 的以及未添加 Zr 的 Mg-3.8Zn-2.2Ca 的实验镁合金均沿晶界断裂。但裂纹似乎更容易沿粗大 $Ca_2Mg_6Zn_3$ 颗粒和 α-Mg 基体间的界面扩展（图 8-42(a)中的位置 *A*）。众所周知，由于晶界滑移的减小，工程合金在蠕变过程中的速率会随着晶粒尺寸的增加而减小。因此，Zr 添加降低了 Mg-3.8Zn-2.2Ca 镁合金的抗蠕变性能的原因可能在于其细化了合金的晶粒。由于 Zr 添加导致了 Mg-3.8Zn-2.2Ca 镁合金抗拉性能和抗蠕变性能不同的变化趋势，因此在加入量上有必要综合平衡。

Mg-3.8Zn-2.2Ca-*x*Zr 实验镁合金固溶组织的金相照片如图 8-37 所示。对比不同合金的固溶组织（见图 8-37）和铸态组织（见图 8-36）可以发现，Mg-

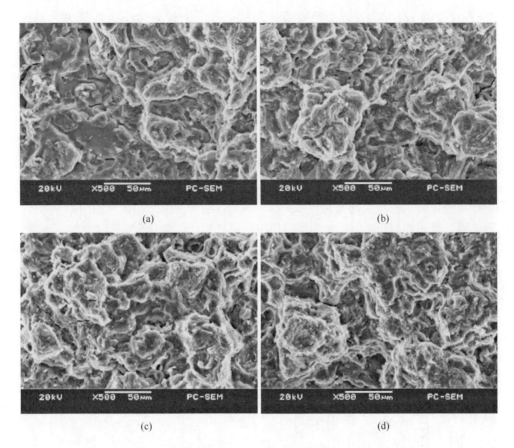

图 8-41 铸态 Mg-3.8Zn-2.2Ca-*x*Zr 镁合金室温拉伸断口的 SEM 形貌

（a）无 Zr；（b）0.5% Zr；（c）1.0% Zr；（d）1.5% Zr

图 8-42 铸态 Mg-3.8Zn-2.2Ca-*x*Zr 镁合金室温拉伸后纵断面的金相照片

（a）无 Zr；（b）1.0% Zr

3.8Zn-2.2Ca-xZr 实验镁合金经固溶处理后，合金的枝晶组织结构消失，形成晶粒结构，并且合金中的第二相颗粒在晶界或者在晶粒内部分布。同时，合金的晶粒结构尺寸随 Zr 含量的增加不断减小，合金的等轴化趋势也在不断地增强。对比添加 Zr、Ce 以及 Sn 三组不同系列的合金，可以发现 Zr 元素比 Ce 元素和 Sn 元素更能细化 Mg-3.8Zn-2.2Ca 合金的晶粒组织。Mg-3.8Zn-2.2Ca-xZr 实验镁合金固溶组织的低倍和高倍 SEM 照片结果如图 8-43 和图 8-44 所示。根据 EDS 结果并结合合金的铸态组织可以确定 Mg-3.8Zn-2.2Ca-xZr 镁合金固溶组织中的残留第二相主要包括 Mg_2Ca 和/或 $Ca_2Mg_6Zn_3$ 相。进一步从图中可以看到，添加 0.5%～1.5% Zr 使得 Mg-3.8Zn-2.2Ca 镁合金的固溶组织中的第二相形态和分布发生了较大的变化。添加 0.5% Zr 合金中的第二相比未添加 Zr 时更为不连续，且添加 1.0% Zr 合金固溶组织中的第二相比添加 0.5% Zr 时变得不连续。但是添加 1.5% Zr 合金固溶组织中的第二相较添加 0.5% Zr 和 1.0% Zr 更为均匀和分散，且其第二相的形态也更为细化和圆整。此结果表明，Zr 添加到 Mg-3.8Zn-2.2Ca 镁合金中有可能会影响合金中 $Ca_2Mg_6Zn_3$ 相的稳定性，当然，也有可能与 Zr 添加影响了 Mg-3.8Zn-2.2Ca 镁合金中 $Ca_2Mg_6Zn_3$ 相的形成从而导致其数量减少有关。

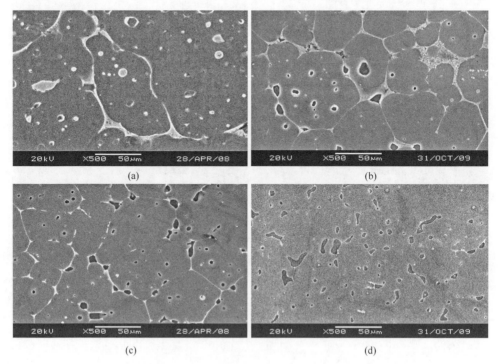

图 8-43 Mg-3.8Zn-2.2Ca-xZr 镁合金固溶组织的低倍 SEM 照片
(a) 无 Zr；(b) 0.5% Zr；(c) 1.0% Zr；(d) 1.5% Zr

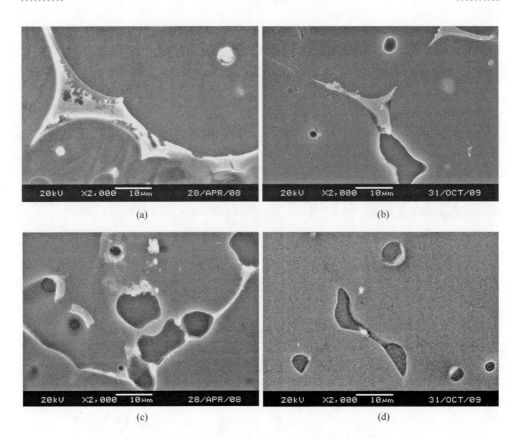

图 8-44 Mg-3. 8Zn-2. 2Ca-*x*Zr 镁合金固溶组织的高倍 SEM 照片

(a) 无 Zr；(b) 0. 5% Zr；(c) 1. 0% Zr；(d) 1. 5% Zr

图 8-45 所示为 Mg-3. 8Zn-2. 2Ca-1. 0Zr 镁合金在 175℃ 条件下保温不同时间后时效组织的金相照片。从图中可以看到，合金经时效处理后，合金组织中原有的残留第二相仍然清楚可见。此外，对比图 8-45 和图 8-16 含 Zr 和不含 Zr 的 Mg-3. 8Zn-2. 2Ca 合金时效后的组织照片可以看到，Zr 添加对 Mg-3. 8Zn-2. 2Ca 镁合金时效过程中相析出可能存在较为明显的影响。正如对 Mg-3. 8Zn-2. 2Ca-*x*Zr 合金的铸态组织和固溶组织的分析可以看到，含 Zr 合金中 $Ca_2Mg_6Zn_3$ 相的数量与未添加 Zr 的合金相比似乎减少了，而相应多余的 Zn 原子有可能固溶到镁基体中。很显然，这对于合金的时效强化是有利的。当然，实际情况还需要通过透射电镜分析等手段作进一步证实。

图 8-46 所示为 Zr 含量变化对 Mg-3. 8Zn-2. 2Ca 基固溶态镁合金显微硬度的影响。从图中可以看到，当合金中的 Zr 含量从 0% 增加到 0. 5% ，以及从 0. 5% 增加到 1. 0% 时，其显微硬度都是在不断增加的。通过显微硬度的实际测量值比较发现，Mg-3. 8Zn-2. 2Ca-1. 0Zr 镁合金的显微硬度 HV 比 Mg-3. 8Zn-2. 2Ca 合金的显

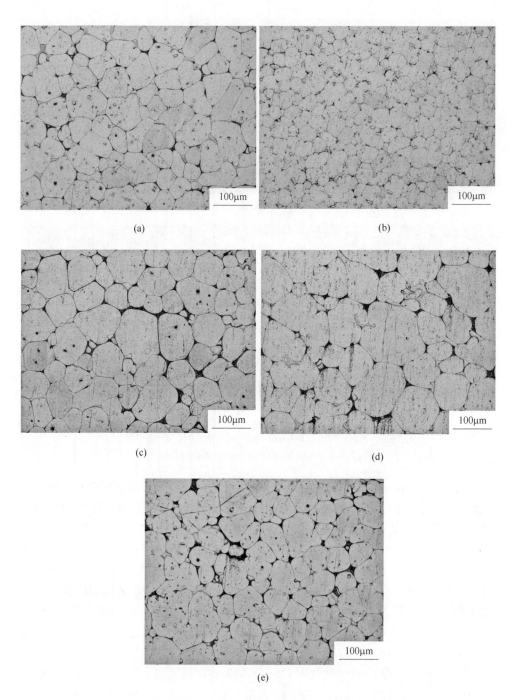

图 8-45　Mg-3.8Zn-2.2Ca-1.0Zr 镁合金时效组织的金相照片

（a）1h；（b）4h；（c）8h；（d）12h；（e）16h

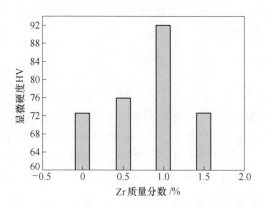

图 8-46 固溶处理对 Mg-3.8Zn-2.2Ca-xZr 镁合金显微硬度的影响

微硬度值高出了大约 20。然而，当合金中的 Zr 含量增加到 1.5% 时，合金的显微硬度却发生了明显下降，出现与未添加 Zr 时的显微硬度基本相同的现象。图 8-47 所示为 Zr 添加对 Mg-3.8Zn-2.2Ca 镁合金时效处理后显微硬度的影响，从图中可以看到，含 1.0% Zr 合金经历 1h 时效后合金的显微硬度比未经时效时合金的显微硬度有了非常明显的降低，而 Mg-3.8Zn-2.2Ca 合金经历 1h 时效后合金的显微硬度却比未经时效时合金的显微硬度有了较明显的增加。含 1.0% Zr 合金和 Mg-3.8Zn-2.2Ca 合金经历 4h 时效后的显微硬度都略低于其时效 1h 时的显微硬度。随后，随着时效时间的逐步增加，含 1.0% Zr 合金的显微硬度不断增加，在时效 12h 后达到最大值，而时效 16h 后合金的显微硬度又略有降低。Mg-3.8Zn-2.2Ca 合金从经历 4h 时效到 8h 时效之间的显微硬度仍然继续降低，但在 8~12h 的时效阶段其显微硬度逐渐上升。目前，Mg-3.8Zn-2.2Ca-xZr 镁合金热处理后的显微硬度变化与上文的组织分析还有些存在矛盾的地方。此外，合金时效后的显微硬度变化规律与工程合金常规时效处理后的硬度变化情况相比也存在一些不相

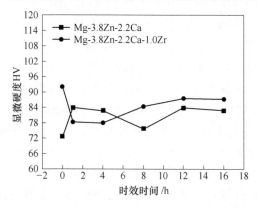

图 8-47 Zr 添加对 Mg-3.8Zn-2.2Ca 镁合金时效处理后显微硬度的影响

符合的地方。这些存在的问题，可能与实验时存在误差有关，当然也可能与其他因素有关，因此，有必要作进一步深入的研究。

8.2.4 分析与讨论

8.2.4.1 Ce、Sn 和 Zr 细化 Mg-3.8Zn-2.2Ca 镁合金晶粒的分析

从上文中的组织分析结果可以看到，在实验的 Mg-3.8Zn-2.2Ca-xCe、Mg-3.8Zn-2.2Ca-xSn 和 Mg-3.8Zn-2.2Ca-xZr 三种 Mg-3.8Zn-2.2Ca 镁基合金中添加少量的 Ce、Sn 和 Zr，均可以细化合金的晶粒，从而导致合金的力学性能得到一定程度的提高。金属凝固后的晶粒大小对铸锭（件）的性能有显著影响。在室温条件下，对一般金属材料而言，晶粒越细小，其强度、硬度、塑性都可能越高。通常晶粒的大小用单位体积中晶粒数目 Z 来表示，晶粒的大小取决于凝固过程中形核率 N 和长大速度 G，三者之间的关系为：

$$Z = 0.9\left(\frac{N}{G}\right)^{3/4} \tag{8-1}$$

由式（8-1）可知晶粒大小随形核率的增大而减小，随长大速度的增加而增大。控制晶粒大小主要从这两个因素着手[71]。Johnson 在 1993 年关于 Al_2Ti_2B 晶粒细化剂对铝合金的细化行为研究所立的溶质晶粒细化理论，被认为是晶粒细化理论的重要发展。该理论基于传统形核理论，将溶质偏析和形核质点对晶粒尺寸的影响有机地结合到了整个晶粒细化过程中。该理论认为偏析能力良好的溶质和有效的形核质点是晶粒细化过程必不可少的两个因素，溶质偏析的作用导致枝晶生长的液-固界面前沿产生成分过冷区，从而阻碍了枝晶的生长并提供了激活成分过程区内形核质点的驱动力，而形核质点的形核能力决定了凝固开始及成分过冷区内有效晶核的数量[72]。生长限制因子（GRF）[73]值越大，说明该溶质原子抑制晶粒长大能力越强，即晶粒细化效果越好（详见 9.5 节）。

图 8-48 所示为 Mg-3.8Zn-2.2Ca-xCe 铸态镁合金的面扫描结果。从图中可以看到，Ce 原子主要分布在晶界。因此，Ce 细化 Mg-3.8Zn-2.2Ca 镁合金的晶粒很可能联系着凝固过程中 Ce 原子在界面前沿的富集，而这种富集引起了固液界面前沿液相的成分过冷，从而有助于加速枝晶的生长并最终导致晶粒细化。此外，由于 Mg-3.8Zn-2.2Ca-xCe 镁合金中形成了热稳定性高的 $Mg_{12}Ce$ 化合物，其在高温下能够阻碍 α-Mg 相的生长，也会导致合金的晶粒细化。

有关 Sn 对合金细化晶粒的影响的研究较少。袁广银和孙扬善等人[14,19] 较为系统地研究了合金元素 Bi、Sn、Sb 对 Mg-Al-Zn 系合金的组织与性能的影响。研究结果表明经 Bi、Sn、Sb 合金化后，Mg-Al-Zn 系合金的组织明显细化，在晶界处出现了大量稳定的弥散强化相，这些强化相在晶内也有少量分布。图 8-49 所示为 Mg-3.8Zn-2.2Ca-xSn 铸态镁合金的面扫描结果。从图中可以看到，Sn 原子

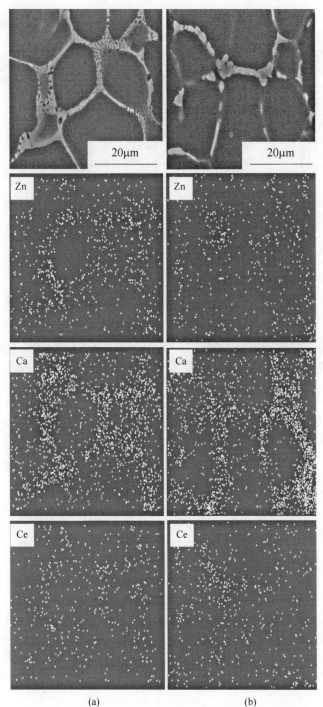

(a)   (b)

图 8-48 Mg-3.8Zn-2.2Ca-xCe 铸态镁合金的面扫描结果

（a）1%Ce；（b）2%Ce

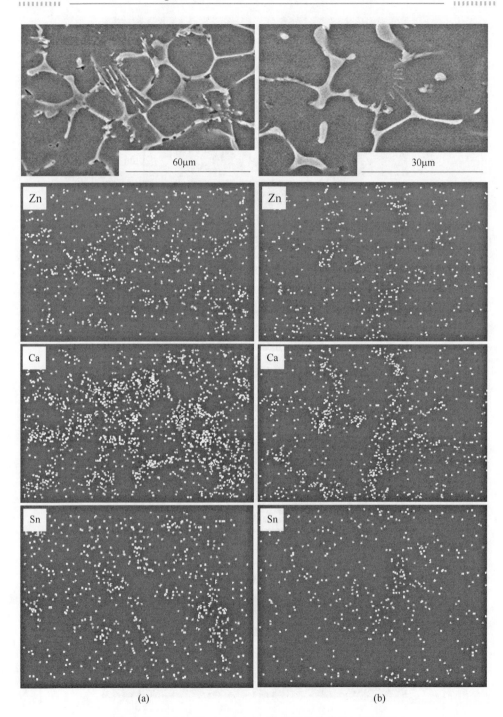

图 8-49　Mg-3.8Zn-2.2Ca-xSn 铸态镁合金的面扫描结果

（a）1%Sn；（b）2%Sn

主要分布在晶界。因此，Sn 细化 Mg-3.8Zn-2.2Ca 镁合金的晶粒很可能联系着凝固过程中 Sn 原子在界面前沿的富集，而这种富集引起了固液界面前沿液相的成分过冷，从而有助于加速枝晶的生长并最终导致晶粒细化。此外，由于 Mg-3.8Zn-2.2Ca-xSn 镁合金中形成了热稳定性高的 CaMgSn 化合物，其在高温下能够阻碍 α-Mg 相的生长，也会导致合金的晶粒细化。然而，过量的 Sn 会导致在晶内生成大量的 CaMgSn 化合物，而这会消耗大量的 Sn，从而使得晶粒细化效果变差。因此，随着 Sn 含量从 0.5% 增加到 2.0%，Mg-3.8Zn-2.2Ca-xSn 镁合金的晶粒细化效果先增加，然后逐渐减小。

从上文的组织分析结果可以看到，在实验的 Mg-3.8Zn-2.2Ca 镁合金中添加的 0.5%Zr、1.0%Zr 及 1.5%Zr 均可以明显细化合金的晶粒，从而导致合金的力学性能得到一定程度的提高。众所周知，Zr 是不含铝元素镁合金最强有力的铸态晶粒细化剂，Zr 在镁中的最大固溶度为 0.6%，向镁合金中添加 Zr 能起到显著的细化作用[74]。Mg-Zr 二元合金相图（见图 8-50）中富 Mg 端（Zr 含量不小于 0.58%）为包晶型。Emley 提出的"包晶反应理论"指出：Zr 和 Mg 都是六方晶系，两者的共格常数接近（Zr 的共格常数为 $a = 0.1323$nm，$c = 0.1514$nm；Mg 的共格常数为 $a = 0.1320$nm，$c = 0.1520$nm），两者晶格的点阵错配度小，因此在 645℃下 Mg 与 Zr 发生包晶反应形成的大量弥散 α-Zr 质点可作为 α-Mg 的非均质形核核心，从而导致晶粒细化[75,76]。但这种观点对一些现象却无法作出合理解释，目前有关对 Mg-Zr 二元合金的研究表明，晶粒显著细化的镁合金中最大含 Zr 量只有 0.32%，小于 Mg 与 Zr 发生包晶反应时的 0.56% 的含 Zr 量。因此一些研

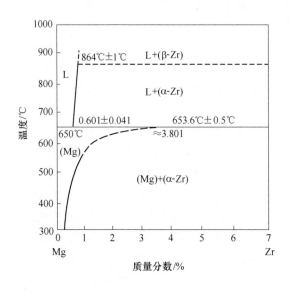

图 8-50　Mg-Zr 二元合金相图

究者认为此情况下 Zr 很难以异质核心的形式存在，Zr 细化镁合金晶粒的机理更可能是由于其抑制晶粒生长的结果，并且这一结果从反映溶质元素作用的生长限制因子 GRF 角度出发也能得到合理的解释。计算出 Zr 的 GRF 值是最大的（详见9.5 节），其细化晶粒度能力最高，但其仅适用于低浓度水平的合金元素，因此添加少量的 Zr 即可获得很强的晶粒细化效果。实验中添加 1.5% 的 Zr 元素也能极大地细化合金中的晶粒组织，而且 Zr 元素主要分布在晶界和第二相周围，并未以异质核心的形式存在，这从生长限制因子 GRF 的角度出发则得到了合理的解释。

8.2.4.2　Mg-3.8Zn-2.2Ca-Ce(Sn,Zr)镁合金的性能差异分析

根据上文分析，实验的 Mg-3.8Zn-2.2Ca-xCe、Mg-3.8Zn-2.2Ca-xSn 和 Mg-3.8Zn-2.2Ca-xZr 三种 Mg-3.8Zn-2.2Ca 镁合金的力学性能均存在较大的差异，说明在通过合金化和/或微合金化进一步提高 Mg-3.8Zn-2.2Ca 镁合金的性能时需要考虑合金元素的添加种类。如前文所述，在铸态条件下，Mg-3.8Zn-2.2Ca-xZr 镁合金无论是在室温还是在 150℃ 下都基本上拥有最佳的抗拉强度、屈服强度和伸长率以及塑性（相对于 Mg-3.8Zn-2.2Ca-xCe、Mg-3.8Zn-2.2Ca-xSn 在相同的元素添加量上而言），但是这组合金在 150℃ +50MPa×100h 下的蠕变性能却远低于 Mg-3.8Zn-2.2Ca-xCe 和 Mg-3.8Zn-2.2Ca-xSn 这两组合金。这可能是因为 Zr 元素虽然是不含 Al 镁合金最强有力的铸态晶粒细化剂，且在室温条件下，对一般金属材料而言，晶粒越细小，其强度、硬度、塑性都可能越高，但是在高温下，当使用温度高于等温强度时，粗晶粒组织才具有较高的蠕变抗力[3]。同时，Mg-3.8Zn-2.2Ca-xCe、Mg-3.8Zn-2.2Ca-xSn 和 Mg-3.8Zn-2.2Ca-xZr 三组合金的相组成和相的形态也有所不同。Mg-3.8Zn-2.2Ca-xCe 组中含 Ce 的铸态镁合金中检测到了 $Mg_{12}Ce$ 的存在，而 Mg-3.8Zn-2.2Ca-xSn 这组含 Sn 的镁合金中检测到了 CaMgSn 相的存在，而且其形态以短棒状或条状存在，且 Mg-3.8Zn-2.2Ca-xCe 组中含 Ce 的和 Mg-3.8Zn-2.2Ca-xZr 中含 Zr 的铸态镁合金中 $Ca_2Mg_6Zn_3$ 相也较 Mg-3.8Zn-2.2Ca-xSn 这组含 Sn 的镁合金中 $Ca_2Mg_6Zn_3$ 相的分布更为弥散和细化，但其原因仍需进行进一步的研究。此外，在 Mg-3.8Zn-2.2Ca-xSn 这组含 Sn 的镁合金热处理态金相组织中均可以观察到合金的晶粒内部都保留有类似与其铸态合金组织中枝晶组织痕迹的残留，在 Mg-3.8Zn-2.2Ca-xCe 中含 Ce 的热处理态组织中也可以观察到类似的现象，而这在 Mg-3.8Zn-2.2Ca-xZr 中含 Zr 的热处理态组织中未能观察到，但是这些现象存在的原因仍需进行进一步的研究。从上文实验结果还可发现，基本上 Mg-3.8Zn-2.2Ca 和 Mg-3.8Zn-2.2Ca-1.0Ce（或 Mg-3.8Zn-2.2Ca-1.0Sn、Mg-3.8Zn-2.2Ca-1.0Zr）都在 12h 时达到了时效峰值，但是，它们的显微硬度却存在很大差异，且 Mg-3.8Zn-2.2Ca-1.0Sn 在所有的时效时间内的强度均低于

Mg-3. 8Zn-2. 2Ca 时效时的强度。但导致这种现象发生的原因还不是很清楚，还需要作进一步深入的研究。

综合性能结果及分析可知，在 Mg-3. 8Zn-2. 2Ca-xCe、Mg-3. 8Zn-2. 2Ca-xSn 和 Mg-3. 8Zn-2. 2Ca-xZr 三个不同的镁合金中，Mg-3. 8Zn-2. 2Ca-xCe 镁合金和 Mg-3. 8Zn-2. 2Ca-xSn 镁合金较 Mg-3. 8Zn-2. 2Ca-xZr 镁合金在开发耐热镁合金方面具有更大的发展潜力。而 Mg-3. 8Zn-2. 2Ca-xZr 镁合金相对于 Mg-3. 8Zn-2. 2Ca-xCe 和 Mg-3. 8Zn-2. 2Ca-xSn 合金在室温下的应用则更有发展潜力。

参 考 文 献

[1] 刘正，张奎，曾小勤. 镁基轻质合金理论基础及其应用[M]. 北京：机械工业出版社，2002.

[2] Chandrasekaran M, John Y M S. Effect of materials and temperature on the forward extrusion of magnesium alloys[J]. Mater. Sci. Eng. , 2004, A381: 308 ~ 319.

[3] 陈振华. 耐热镁合金[M]. 北京：化学工业出版社，2007.

[4] 杨明波，沈佳，等. 含 Sc 镁基合金的研究现状及进展[J]. 铸造，2008，57(5): 433 ~ 435.

[5] 艾延龄，罗承萍，刘江文，等. 含 Ca 及 Si 镁合金的显微组织及力学性能[J]. 中国有色金属学报，2004，14(11): 1844 ~ 1849.

[6] 徐培好，闵光辉，于化顺，等. 钙对 ZA85 镁合金显微组织和性能的影响[J]. 机械工程材料，2007，31(1): 50 ~ 52.

[7] 王渠东，曾小勤，吕宜振，等. 高温铸造镁合金的研究与应用[J]. 材料导报，2000，3(14): 21 ~ 23.

[8] 丁文江，袁广银. 新型镁合金的研究开发与应用[J]. 有色金属加工，2002，31(3): 27 ~ 32.

[9] 刘海峰，侯峻，刘耀辉，等. 压铸镁合金高温蠕变研究现状及进展[J]. 铸造，2002，51(6): 330 ~ 335.

[10] 刘子利，丁文江，袁广银，等. 镁铝基耐热铸造镁合金的进展[J]. 机械工程材料，2001，25(11): 1 ~ 4.

[11] Yuan G Y, Sun Y S, Ding W J. Effects of Bismuth and Antimony Additions on the Microstructure and Mechanical Properties of AZ91 Magnesium Alloy [J]. Materials Science and Engineering A, 2001, 308: 38 ~ 44.

[12] 闵学刚，朱旻，孙扬善，等. Ca 对 AZ91 合金显微组织及力学性能的影响[J]. 材料科学与工艺，2002，10(1): 93 ~ 96.

[13] 闵学刚，孙扬善，杜温文，等. Ca、Si 和 RE 对 AZ91 合金的组织和性能的影响[J]. 东南大学学报（自然科学版），2002，32(3): 1 ~ 6.

[14] 孙扬善，翁坤忠，袁广银. Sn 对镁合金显微组织和力学性能的影响[J]. 中国有色金属学报，1999，9(1): 55 ~ 60.

[15] 袁广银，刘满平，朱燕萍，等. Te 对 AZ91 铸造镁合金组织和力学性能的影响[J]. 中国

有色金属学报，2002，12(3)：76~79.

[16] 关绍康，王迎新. 汽车用高温镁合金的研究进展[J]. 汽车工艺与材料，2003(4)：3~8.

[17] Yuan G Y, Liu Z L, Wang Q D, et al. Microstructure refinement of Mg-Al-Zn-Si alloys[J]. Materials Letters, 2002, 56：53~58.

[18] 黄正华，郭学峰，张忠明，等. Si 对 AZ91 镁合金显微组织与力学性能的影响[J]. 材料工程，2004，6：28~32.

[19] 袁广银，孙扬善. Bi 对铸造镁合金组织和力学性能的影响[J]. 铸造，1998，5：5~7.

[20] 张诗昌，段汉桥，等. 主要合金元素对镁合金组织和性能的影响[J]. 铸造，2001，50(6)：310~314.

[21] 杨智超. 轻量化新镁合金材料之发展[J]. 工业材料杂志，1992，198：81~85.

[22] 王渠东，丁文江. 镁合金及其成型技术的国内外动态与发展[J]. 世界科技研究与发展，2004，26(6)：39~46.

[23] 汪之清. 国外镁合金压铸技术的发展[J]. 铸造，1997，5：48~51.

[24] Zhang P. Creep behavior of the die-cast Mg-Al alloy AS21[J]. Scripta Materialia, 2005, 52：277~282.

[25] Rudajevova A, Lukac P. Comparison of the thermal properties of AM20 and AS21 magnesium alloys[J]. Materials Science and Engineering A, 2005, 397：16~21.

[26] Evangelista E, Gariboldi E, Lohne O, et al. High-temperature behaviour of as die-cast and heat treated Mg-Al-Si AS21X magnesium alloy[J]. Materials Science and Engineering A, 2004, 387~389：41~45.

[27] 刘文辉，刘海峰，等. 高强度耐高温压铸镁合金的开发[J]. 汽车工艺材料，2003，4：12~15.

[28] Kim J J, Kim D H, Shin K S, et al. Modification of Mg$_2$Si morphology in squeeze cast Mg-Al-Zn-Si alloy by Ca or P addition[J]. Scripta Materialia, 1999, 41(3)：333~340.

[29] 张新明，彭卓凯，陈健美，等. 耐热镁合金及其研究进展[J]. 中国有色金属学报，2004，14(9)：1443~1450.

[30] Luo A A. Recent magnesium alloy development for elevated temperature applications[J]. International Materials Reviews, 2004, 49(1)：13~30.

[31] Pekguleryuz M O, Arslan Kaya A. Creep resistant magnesium alloys for powertrain applications [J]. Advanced Engineering Materials, 2003, 5(12)：866~878.

[32] Pekgularyuz M, Renand J. Creep Resistance in Mg-Al-Ca Casting Alloys[C]. The Minerals, Metals & Materials Society (TMS), 2000：279~284.

[33] Ninomiya R, Ojiro T, Kubota K. Improved heat resistance of Mg-Al alloys by the Ca addition [J]. Acta Materiala, 1995, 43(2)：669~674.

[34] Labelle P, Pekgularyuz M, Letebrre M. New Aspects of Temperature Behavior of AJ52X, Creep Resistant Magnesium Alloy[J]. SAE Technological Paper, 2001-01-0424.

[35] Baril E, Labelle P, Pekguleryuz M O. Elevated temperature Mg-Al-Sr：creep resistance, mechanical properties, and microstructure[J]. JOM, 2003, 55(11)：34~39.

［36］张诗昌，魏伯康，林汉同. 耐热高温压铸镁合金的发展及研究现状［J］. 中国稀土学报，2003，21（增刊）：150～152.

［37］王祝堂. 新型耐热镁合金——ACM522［J］. 轻合金加工技术，2001，29（1）：51.

［38］吴全兴. 耐热镁合金（ACM522）的开发［J］. 稀有金属快报，2002，9：10～11.

［39］王军，魏霞，向冬霞，等. 汽车动力系统用新牌号镁合金［J］. 中国镁业，2003（4）：18～24.

［40］司乃潮，傅明喜. 有色金属材料及制备［M］. 北京：化学工业出版社，2006.

［41］Ben-Hamu G，Eliezer D，Shin K S. The role of Mg$_2$Si on the corrosion behavior of wrought Mg-Zn-Mn alloy［J］. Intermetallics，2008，16：860～867.

［42］Buha J. Mechanical perities of naturally aged Mg-Zn-Cu-Mn alloy［J］. Materials Science and Engineering A，2008，489：127～137.

［43］Ben-Hamu G，Eliezer D，Shin K S. The role of Si and Ca on new wrought Mg-Zn-Mn based alloy［J］. Materials Science and Engineering A，2006，447：35～43.

［44］张静，潘复生，李忠盛. 耐热镁合金材料的研究和应用现状［J］. 铸造，2004，53（10）：770～774.

［45］曹林锋，杜文博，苏学宽，等. Ca 合金化在镁合金中的作用［J］. 铸造技术，2006，27（2）：182～184.

［46］刘生发，范晓明，王仲范. 钙在铸造镁合金中的作用［J］. 铸造，2003，52（4）：246～248.

［47］刘兆晶，李凤珍，张莉，等. 镁及其合金燃点和耐蚀性的研究［J］. 哈尔滨理工大学学报，2000，5（6）：56～59.

［48］Wasiur-Rahman S，Medraj M. Critical assessment and thermodynamic modeling of the binary Mg-Zn，Ca-Zn and ternary Mg-Ca-Zn systems［J］. Intermetallics，2009，17：847～864.

［49］Oh J C，Ohkubo T，Mukai T，et al. TEM and 3DAP characterization of an age-harened Mg-Ca-Zn alloy［J］. Scripta Materialia，2005，53：675～679.

［50］Zhang E，Yang L. Microstructure，mechanical properties and bio-corrosion properties of Mg-Zn-Mn-Ca alloy for biomedical application［J］. Materials Science and Engineering A，2009.

［51］Chang S Y，Shin D H，et al. Growth of primary αPhase in the Semi-State Mg-Zn-Ca-Zr Alloys［J］. Materials Transactions，2000，41：1337～1341.

［52］Cadek J，Sustek V，et al. Threshold creep behavior of an Mg-Zn-Ca-Ce-La alloy processed by rapid solidification［J］. Materials Science and Engineering A，1996，215：73～83.

［53］Mendis C L，Ohishi K，Hono K. Enhanced age hardening behaviour in a Mg-2.4 at.% Zn by trace additions of Ag and Ca［J］. Scripta Materialia，2007，57：485～488.

［54］崔红卫，李红，等. 合金化阻燃镁合金的研究进展［J］. 铸造技术，2006，27（5）：528～531.

［55］Tong L B，Zheng M Y，Chang H，et al. Microstructure and mechanical properties of Mg-Zn-Ca alloy processed by Equal Channel Angular Pressing［J］. Materials Science and Engineering A，2009.

［56］陈增，张密林，等. 锆在镁及镁合金中的作用［J］. 铸造技术，2007，28（6）：820～822.

［57］ Zhu S M, Gao X, Nie J F. Strain burst in creep of Mg-1Ca-0. 5Zn-0. 6Zr alloy［J］. Materials Science and Engineering A, 2004, 384: 270 ~ 274.

［58］ Gao X, Zhu S M, Muddle B C, et al. Precipitation-hardened Mg-Ca-Zn alloys with superior creep resistance［J］. Scripta Materialia, 2005, 53: 1321 ~ 1326.

［59］ Park W W, You B S, Lee H R. Precipitation hardening and microstructures of rapidly solidified Mg-Zn-Ca-X alloys［J］. Metals and Materials International, 2002, 8: 135 ~ 138.

［60］ Bambercer M, Levi G, Vander Sande J B. Precipitation hardening in Mg-Ca-Zn alloys［J］. Metallurgical and Materials Transactions A, 2006, 37: 481 ~ 487.

［61］ Levi G, Avraham S, Zilberov A, et al. Solidification, solution treatment and age hardening of a Mg-1. 6wt. % Ca-3. 2wt. % Zn alloy［J］. Acta Materialia, 2006; 54: 523 ~ 530.

［62］ Chen Z H, Zhou T, et al. Microstructure characterisation and mechanical properties of rapidly solidified Mg-Zn-Ca alloys with Ce addition［J］. Materials Science and Technology, 2008, 24: 848 ~ 854.

［63］ Zhou T, et al. Investigation on microstructures and properties of rapidly solidified Mg-6wt. % Zn-5wt. % Ca-3wt. % Ce alloy ［J］. Journal of Alloys and Compounds. 2008.

［64］ Jihua C, Zhenhua C, Hongge Y, et al. Effect of Sn and Ca addition on microstructures, mechanical properties, and corrosion resistance of the as-cast Mg-Zn-Al Alloys ［J］. Materials and corrosion, 2008, 59: 1 ~ 8.

［65］ Harosh S, Miller L, Levi G. Microstructure and properties of Mg-5. 6% Sn-4. 4% Zn-2. 1% Al alloy［J］. Journal of Materials Science, 2007, 42: 9983 ~ 9989.

［66］ Hort N, Huang Y, et al. Microstructural investigations of the Mg-Sn-xCa system ［J］. Advanced Engineering Materials, 2006, 8: 359 ~ 364.

［67］ Brubaker C O, Liu Z K. A computational thermodynamic model of the Ca-Mg-Zn system［J］. Journal of Alloys and Compounds, 2004, 370: 114 ~ 122.

［68］ Zhang E L, Yang L. Microstructure, mechanical properties and bio-corrosion properties of Mg-Zn-Mn-Ca alloy for biomedical application［J］. Materials Science and Engineering A, 2008, 497: 111 ~ 118.

［69］ Xiao W L, Jia S S, Wang J, et al. Effects of cerium on the microstructure and mechanical properties of Mg-20Zn-8Al alloy ［J］. Materials Science and Engineering A, 2008, 474: 317 ~ 322.

［70］ Kozlov A, Ohno M, Abuleil T, et al. Phase equilibria, thermodynamics and solidification microstructures of Mg-Sn-Ca alloys, Part 2: Prediction of phase formation in Mg-rich Mg-Sn-Ca cast alloys［J］. Intermetallics, 2008, 16: 316 ~ 321.

［71］ 李松瑞, 周善初. 金属热处理［M］. 长沙: 中南大学出版社, 2003.

［72］ Mark E, David S. Grain Refinement of Aluminum Alloys［J］. Metallurgical and Materials Transactions A, 1999, 30(6): 1613 ~ 1633.

［73］ 刘子利, 沈以赴. 铸造镁合金的晶粒细化技术［J］. 材料科学与工程学报, 2004, 22 (1): 146 ~ 149.

［74］ Luo Z P, Song D Y, Zhang S Q. Effect of heat treatment on the stability of the quasi crystal in a Mg-Zn-Zr-Y alloy[J]. Materials Let. ters. , 1994, 21(1): 85 ~ 88.

[75] Watanabe H, Mukai T. High strain rate super plasticity at low temperature in a ZK61 magnesium alloy produced by powder metallurgy[J]. Scripta Materialia, 1999, 41(2): 209 ~ 213.

[76] Watanabe H, Mukai T. Realization of highst rain rate super plasticity at low temperatures in a Mg-Zn-Zr alloy[J]. Materials Science and Engineering A, 2001, 307: 119 ~ 128.

9 稀土元素对耐热镁合金的晶粒细化作用机制

镁合金作为新一代的轻质工程结构材料在交通、航空航天等领域有着广阔的应用前景，但是目前已经开发的镁合金在高温条件下的力学性能都不高，还不能满足工业生产的需要。所以，开发新型的高性能耐热镁合金成为研究学者广泛关注的课题。目前，在 Mg-Zn-Ca 系耐热镁基合金的开发和研究方面已经开展了一定量的工作，但是有关成功开发 Mg-Zn-Ca 镁合金应用方面的报道还很少，特别是在 Mg-Zn-Ca 中添加 Sr、Gd 及 Y 后合金化及微合金化对组织影响的研究较少。此外，对 Mg-Zn-Ca-xSr/Gd/Y 镁合金热处理后（固溶时效处理）合金的力学性能变化规律以及合金中相的形态、种类和分布的变化规律方面的研究还不够充分和完善。因此，通过深入研究合金化以及微合金化对 Mg-3.8Zn-2.2Ca 镁合金的组织及性能的影响，将为新型高性能的 Mg-3.8Zn-2.2Ca 镁合金的开发提供思路和依据，具有重要的理论研究价值和实际指导意义。

图 9-1 所示[1~8]为几种常见的 Mg-RE 合金力学性能与温度的关系。从图中可以发现[9]，镁合金在高温条件下的强度稳定性较差，因而作为高温长时间使用的

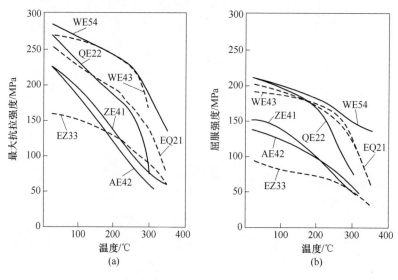

图 9-1　常见 Mg-RE 合金高温拉伸性能

（a）最大抗拉强度；（b）屈服强度

零部件难以长期使用。目前针对耐热镁合金的开发主要提出两方面的工作[6]：一是耐热镁合金的制备与塑性变形，主要包括铸造工艺的改善、半固态成型技术、快速凝固技术和耐热镁合金的塑性变形过程；二是对耐热镁合金的热处理研究，主要包括固溶处理工艺、固溶处理＋人工时效工艺、热水中淬火＋人工时效和氢化处理工艺。

9.1 耐热镁合金

蠕变过程是指材料在高温条件下发生的缓慢的塑性变形过程，与常温短时间的拉伸过程所不同的是，微观机制表现为在晶界的滑移且滑移系增多，而镁合金的高温蠕变包括位错攀移控制蠕变和晶界滑移两种方式[10]。

刘洋等人[11]研究了 Mg-Zn 系耐热铸造镁合金，提出了为提高镁合金的抗高温蠕变性能，应该从提高镁合金的耐热性及强度出发对合金的基体和晶界进行强化的观点。基体强化的主要方法为析出强化、固溶强化和弥散强化，而目前对于晶界强化的研究较少，其强化措施主要有 3 点：

（1）晶界处形成的大量细小析出硬化相可以提高晶界的强度。

（2）加入表面活性元素使得这些元素富集于晶界位置和晶粒表面，从而使晶界处的晶格空位填充，同时晶界附近的组织形态得到改善。

（3）增大晶粒尺寸从而使原子的扩散间距增大。虽然根据 Hall-Petch 公式晶粒尺寸的增大会降低合金的力学性能，但是当合金使用温度高于等温强度，晶界强度会低于晶内强度，因而，较大晶粒尺寸的镁合金也可以有较好的耐热性能。

按照以上提高镁合金耐热性和强度的设计思路，国际上已经设计和开发出了含稀土（RE）、硅（Si）、钍（Th）和银（Ag）的多个系列的耐热镁合金。目前，Mg-Al、Mg-Zn、Mg-RE 系等作为常用的耐热镁合金系使用，其中又以 Mg-RE 系合金的耐热性能最好，迄今为止，含有 Y 和 Nd 的 WE54（Mg-5.1% Y-3.3% Nd-0.5% Zr）和 WE43（Mg-4.0% Y-3.3% Nd-0.5% Zr）合金是发展最成功的高强度、耐热性镁基合金。它们具有很高的室温和高温强度，耐热温度可达 250℃，而且经过热处理后，其耐蚀性能优于其他高温镁合金[4,12,13]。

目前工业应用最广的铸造镁合金 AZ91 在室温时拉伸屈服强度可以达到 100～150MPa，但是在 150℃ 以上高温，其蠕变强度不到 80MPa[14]。其主要原因是 Al 在高温下析出，使细小的 γ-Mg$_{17}$Al$_{12}$ 相溶解到基体中，未形成沉淀强化，降低了 Al 在 α-Mg 基体的固溶强化效应，从而导致合金高温性能恶化[15]。有研究表明将 Mg-Al 合金从室温加热到 200℃ 时，Mg$_{17}$Al$_{12}$ 相的硬度减少到 50%～60%，其最高使用温度只有 150℃。所以，开发新型耐热镁合金就成了开发可以取代 Al 的铸造镁合金，一个可能的选择就是以 Zn 和 Ca 来代替 Al[1,16]。研究 Mg-Zn 二元合金相图发现共晶温度时 Zn 在 Mg 中的固溶度为 8.4%，300℃ 时为 6.0%，

250℃时为 3.3%，200℃时为 2.0%，150℃时为 1.7%，室温下小于 1.0%。因此，在共晶温度以下，Zn 在镁中的溶解度减小，有 Mg-Zn 化合物沉淀。Mg-Zn 二元合金的晶粒尺寸粗大，力学性能较低而且容易形成微孔，因而在工业上的应用很少，但 Mg-Zn 二元合金可以通过时效强化的方式使得合金的强度得到提高[17~19]。因此，为了进一步提高 Mg-Zn 系镁合金的性能，就需要通过合金化和/或微合金化来细化合金晶粒和减少显微缩孔倾向，这些合金元素主要分为三类：一是稀土元素 RE；二是 Ca、Sr 等碱土金属；三是第Ⅳ、第Ⅴ族元素如 Si、Sn、Sb 等。目前开发的 Mg-Zn-RE 合金主要有 ZE33、ZE41、ZE53、ZE63 合金，其中 ZE41 和 ZE33 合金分别在 200℃和 250℃时仍具有较高的强度。Si 和 Ca 是 Mg-Zn 系镁合金中常用的合金化元素，有研究发现在 Mg-6Zn-1Si 合金的基础上加入 1% 的 Ca 可以细化粗大的汉字状 Mg_2Si 相，使得 Mg_2Si 相变为弥散分布的颗粒状从而提高合金的高温力学性能[20~22]。

国内外对耐热镁合金的研究和开发主要集中在 Mg-Al-RE 系、Mg-Al-碱土系、Mg-Al-Si 系等含 Al 耐热镁合金和 WE、ZE、QE 等不含 Al 的耐热镁合金[24~40]。

9.2 合金元素对镁合金组织和性能的影响

9.2.1 Sr 对镁合金组织和性能的影响

Sr 是一种提高镁合金高温性能（大于 300℃）的合金化元素，在合金中添加适量的 Sr，有利于提高合金的抗热裂性能。Sr 可以提高 Mg 固溶体的熔点，它具有较低的密度而且在镁合金中扩散缓慢，微量 Sr 的加入能够细化变质镁合金的组织和改善其高温性能[4]。T. V. Larionova 等人[41]通过热力学计算发现 Sr 的加入可以使合金的过冷度增加从而细化合金晶粒；X. G. Liu 等人[42]则认为，Sr 是"表面活性元素"，在晶粒生长界面上会形成含 Sr 的吸附膜，导致晶粒生长速率降低，使得合金凝固时有更充足的时间产生更多的晶核而使晶粒细化；薛山等人[43]研究了 Sr 对 AE42 合金蠕变性能的影响，发现 Sr 的加入可以使针状的 $Al_{11}La_3$ 逐渐被 Al_4Sr 金属间化合物以及少量的 Al_2La 取代，而 Al_4Sr 相主要分布在晶界处，有很高的热稳定性，这就阻碍了镁合金高温下晶界的滑动，提高了 AE42 合金的抗蠕变性能[44,45]。对于 $MgSr_6Mn_1$ 和 $MgSr_{15}Mn_1$ 两种合金的研究发现它们已经具备应用于压铸的技术条件，通过 X 射线衍射和能量散射 X 射线显微分析证实了 Mg_2Sr 相的析出，Mg-Sr-Mn 新型合金的抗拉强度比 WE43 的相关数据要低，但是当 Sr 量较高时，Mg-Sr-Mn 合金的拉伸屈服强度和 WE43 相当，此外含 Sr 的四元合金 Mg-Sr-Ce-Mn、Mg-Gd-Sr-Mn 和 Mg-Y-Sr-Mn 也具有高的抗蠕变性能[46,47]。

对于 AJ 系合金的研究结果发现，合金的微观组织特别是相组成会随着 Sr/Al 含量比产生一定程度的变化，当 Sr/Al < 0.3 时，合金中仅发现唯一含 Sr 的 Al_4Sr 相。而当 Sr/Al > 0.3 时，在形成 Al_4Sr 相的基础上还会形成三元的 Mg-Al-Sr 金属间化合物相。Sr/Al 比还可影响 AJ 合金中 β 相的形成和数量。当 Sr/Al 比很小时，合金中的 Al 不能完全与 Sr 结合形成 Al_4Sr 相，剩余的 Al 将与 Mg 形成 β 相，且 Sr/Al 比越小 β 相含量越多。目前应用最广的 AJ 系合金是 AJ51、AJ52 和 AJ62，其中 AJ52 的抗蠕变性能最好。研究发现[48]，AJ52 和 AJ62 合金具有优异的抗蠕变性能的主要原因是：

（1）Sr 和 Mg-Al 合金中的 Al 元素具有很强的结合力，加入 Sr 后可减少组织中 β 相的含量。

（2）Sr 与 Al 可以在晶界处形成热稳定性高的 Al_4Sr 相以及与 Mg、Al 之间形成的三元的 Mg-Al-Sr 金属间化合物。

9.2.2　Gd 对镁合金组织和性能的影响

Gd 在 Mg 中的最大固溶度为 23.5%（质量分数），且 Gd 元素在 Mg 中的固溶度会随着温度的降低快速下降，Mg-Gd 合金通过固溶时效等热处理工艺可以提高其性能，使得其在室温和高温下都具有很高的强度[49~53]。Rokhlin[54] 发现 Mg-20%Gd 合金的高温强度优于传统耐热镁合金 WE54A。已经开发的 Mg-9.3Gd-4.8Y-0.6Mn 合金，在室温条件下的抗拉强度可达 450MPa，在 350℃ 高温条件下抗拉强度经测量为 160MPa，因此该合金可作为在室温和高温（小于 350℃）下工作的耐热镁合金应用，但这种合金稀土含量大，成本比较高。为了降低成本，研究者从合金钢开发中的"多元少量"规律中吸取经验，研究了少量 Gd 的添加对镁合金组织和性能的影响，并取得了一定的成果。B. Q. Shi[55] 等人研究了微量 Gd 对 Mg-5Sn-1Ca 合金的相组织及力学性能的影响，发现添加质量分数为 0.76% 的 Gd 元素有利于 Sn 和 Ca 元素从液态镁中析出，为 CaMgSn 相形成提供核心，从而抑制 Mg_2Sn 相生长，使 CaMgSn 相体积分数增加并且有弥散强化作用，Gd 元素的添加可以提高镁合金室温和高温时的力学性能。K. Zhang 等人[56] 研究了 Gd 的添加量对 Mg-Y-Zr 合金组织和性能的影响，发现随着 Gd 添加量的增加可以明显地细化 Mg-Y-Zr 合金的组织，提高 Mg-Y-Zr 的力学性能和伸长率，同时通过挤压时效处理之后 Mg-4.56Y-1.31Nd-7.09Gd-0.52Zr 的合金有最佳的力学性能。李克杰等人[57] 研究了 Gd 对 AZ81 镁合金显微组织的影响，结果表明 Gd 通过非自发形核作用可以细化 AZ81 镁合金的微观组织，使合金组织明显细化。Mordike 等人研究发现在 Mg-Gd 合金中加入少量的 Sc、Mn，得到的 Mg-5Gd-1Mn-0.3Sc 合金在 300℃，40MPa 下有较好的抗蠕变性能。

9.2.3　Y 对镁合金组织和性能的影响

Y 与 Mg 的晶体结构都为密排六方，Y 元素在 Mg 中的质量固溶度高达 12%，而且 Y 原子与 Mg 的原子尺寸相差较大，在降温过程中 Y 在 Mg 中的固溶度会随温度的降低而逐渐减小，因而添加 Y 的镁合金有良好的固溶和时效强化效果[58~63]。Y 作为一种提高镁合金高温性能比较有效的元素，在高强镁合金的开发上得到了广泛的应用。20 世纪 80 年代，Drits 在 Mg-10Gd-0.6Mn 合金中加入 6% 的 Y，使合金的室温强度由 340MPa 提高到 440MPa，300℃ 下的强度由 170MPa 提高到 230MPa[64]。目前 WE54 合金是商业化合金中耐热性能最好的，能够在 300℃ 高温中长期使用，同时该合金的室温、高温拉伸性能和蠕变性能优良，具有良好的时效硬化效果和耐腐蚀性能。由于稀土元素 Y 价格高昂，在 WE54 合金基础上适当减少 Y 的含量开发出的 WE43 合金比 WE54 合金的高温强度略微下降，不过在 250℃ 下仍有较好的力学性能和韧性，目前 WE43 合金已经广泛应用于赛车和航空飞行器的变速箱壳体[6]。Rokhlin[54] 使用了价格较便宜，密度较小，在镁中固溶度较低的 Y 代替部分 Gd 发展了 Mg-Gd-Y 合金，已经研究的 Mg-7Gd-3Y 合金在室温和高温条件下具有较好的力学性能。也有研究发现[65]，在 Mg-Gd-Y 合金系基础上添加微量 Zr 的 Mg-10Gd-5Y-0.4Zr 合金经过峰值时效后，室温和 250℃ 下的最大抗拉强度、屈服强度分别为 302MPa、289MPa 和 340MPa、267MPa[66]，Mg-10Gd-0.6Mn-Y 合金随着 Y 含量增加至 8%，强度一直提高，伸长率却一直下降，加入 8%Y 的合金的伸长率下降到未加 Y 时的 50%，为了同时保持强度和伸长率，Mg-10Gd-0.6Mn-Y 合金的 Y 含量最好为 4%~6%。也有研究发现对 Mg-8Gd-0.6Zr-xNd-yY（$x+y=3$）合金中添加 Y 可以提高韧性，且随着 Y 含量的增加，沿着晶界的共晶区域增大[67]。谢飞等人[68] 研究了稀土 Y 含量对铸造 Mg-Al-Ca-Ti 镁合金组织和性能的影响，发现加入 0.5%~1.0% 的 Y 可以改变铸造 Mg-Al-Ca-Ti 镁合金的相结构和组织形态，Y 的加入改善了合金中第二相的形态、大小和分布，增加了 β 相的析出，使 β 相更加稳定，从而显著提高了 Mg-Al-Ca-Ti 合金的性能。

Yang 等人[69,70] 系统地研究了 Zr、Sn 以及 Ce 等元素添加对铸造 Mg-3.8Zn-2.2Ca 合金组织和力学性能的影响，得到以下结论：

（1）Zr、Sn 以及 Ce 元素的添加可以明显改善合金的显微组织和力学性能。

（2）添加 0.5%~2.0% Ce、0.5%~2.0% Sn、0.5%~1.5% Zr 能有效细化 Mg-3.8Zn-2.2Ca 镁合金的晶粒，并且随着元素增加量的增加，合金的晶粒尺寸逐渐减小。

（3）添加质量分数为 0.5%~2.0% Ce、0.5%~2.0% Sn、0.5%~1.5% Zr 的 Mg-3.8Zn-2.2Ca 合金中相的类型和形貌发生了改变，Ce 的添加可以使 $Ca_2Mg_6Zn_3$ 相从连续块状向细小的颗粒状转变，且在添加 2.0% Ce 的合金中发现了 $Mg_{12}Ce$ 相的存在。Sn 的添加在合金中形成了 CaMgSn 新相，Zr 的添加并没有引起任何新相形成但可以使得 $Ca_2Mg_6Zn_3$ 相由最初的连续/准连续块状变为准连续和/或断续块状。

（4）添加质量分数为 0.5% ~ 2.0% Ce、0.5% ~ 2.0% Sn、0.5% ~ 1.5% Zr 也能够改善合金的室温和高温的力学性能，其中添加了 1.0% Ce、1.0% Sn、1.5% Zr 的 Mg-3.8Zn-2.2Ca 合金显示出了较好的抗拉强度和蠕变性能。综合对比发现添加 0.6% Zr、1.0% Ce 和 1.0% Sn 都能够有效地细化 Mg-3.8Zn-2.2Ca 合金晶粒，其细化晶粒作用也依次从强到弱。

尽管以上合金元素添加对 Mg-Zn-Ca 镁合金组织和性能的研究已经取得了一些进展，但是在 Mg-Zn-Ca 镁合金中系统地加入不同数量的 Sr、Y 和 Gd 的铸态及热处理组织及其分析并不多见。

Mg-Zn-Ca 镁合金由于具有成本较低和高温条件下力学性能较好的优点，其研究和开发工作已经受到国内外研究者的广泛关注。目前，针对 Mg-Zn-Ca 系耐热镁基合金的研究和开发已经开展了一系列的研究工作，但是关于 Mg-Zn-Ca 系镁合金成功开发和应用的报道还不多，仅有一些关于快速凝固 Mg-6% Zn-5% Ca-2% Co 合金和快速凝固 Mg-6% Zn-5% Ca-0.5% Zr 合金的报道[4,41]。已有研究者研究了合金化和/或微合金化中合金元素 Sr、Gd 和 Y 对镁合金组织和性能的影响，这些研究结果都表明合金元素 Sr、Gd 和 Y 的添加对镁合金的组织和性能的影响较大。但是，目前国内外对于在 Mg-3.8Zn-2.2Ca 镁合金中系统添加 Sr、Gd 和 Y 以及 Sr、Gd 和 Y 的含量变化对 Mg-3.8Zn-2.2Ca 组织和性能的影响的报道却不多，特别是在 Mg-3.8Zn-2.2Ca-Sr/Gd/Y 镁合金的热处理工艺（固溶时效处理）对镁合金的显微组织和力学性能影响的研究以及合金元素的添加对固溶时效过程中合金组织中合金相种类、形态和分布的变化规律及力学性能影响的变化规律方面的研究做的工作还非常少，而且不够透彻。因此，对 Mg-3.8Zn-2.2Ca-Sr/Gd/Y 镁合金的合金化和/或微合金化过程中组织和性能变化规律方面开展深入研究，可以在成分设计的组织控制方面为新型高性能的 Mg-Zn-Ca 系镁合金的开发提供依据，而且 Sr、Gd 和 Y 对镁合金组织和性能的影响机制也可以从 Mg-3.8Zn-2.2Ca-Sr/Gd/Y 镁合金的研究成果中获得[4]。本章将主要围绕合金元素 Sr、Gd 和 Y 的添加及含量的变化对 Mg-3.8Zn-2.2Ca-Sr/Gd/Y 镁合金组织和性能变化的影响开展工作，同时研究 T4 和 T6 热处理工艺对合金组织和性能的影响以及合金中相的种类和数量的变化。

基于组织控制研究方面 Mg-Zn-Ca 基耐热镁合金存在的不足，通过合金化和/或微合金化、金相分析（OM）、扫描电镜（SEM）、X 射线衍射（XRD）、能谱分析（EDS）、差热分析（DSC）和热处理工艺优化等手段，研究合金成分和热处理工艺等对合金组织中合金相的形态、分布、大小和数量以及合金力学性能的影响规律，从而为进一步开发新型 Mg-Zn-Ca 合金和研究 Sr、Gd 和 Y 添加对 Mg-Zn-Ca 镁合金组织和性能的影响规律提供理论依据。本章的具体研究内容如下：

（1）在已有的 Mg-3.8Zn-2.2Ca 镁合金基础上，设计和/或选择新型的 Mg-3.8Zn-2.2Ca-Sr/Gd/Y 镁合金，并研究 Sr、Gd、Y 和/或 Zr 合金化和/或微合金化以及其含量的变化对 Mg-3.8Zn-2.2Ca 镁合金铸态组织、冷却过程中 DSC 相变和力学性能的影响。

（2）研究 Sr、Gd、Y 和/或 Zr 合金化和/或微合金化以及其含量的变化对热处理（固溶和时效处理）后 Mg-3.8Zn-2.2Ca 镁合金组织和力学性能的影响。

（3）探讨和分析 Sr、Gd、Y 和 Zr 四种元素在合金化和/或微合金化及热处理过程中对 Mg-3.8Zn-2.2Ca-Sr/Gd/Y 镁合金组织及性能的影响机制，并讨论合金元素 Sr、Gd、Y 对 Mg-3.8Zn-2.2Ca 镁合金晶粒细化的影响。

9.3　实验材料和实验方法

在研究内容的基础上制定如图 9-2 所示的研究技术路线。

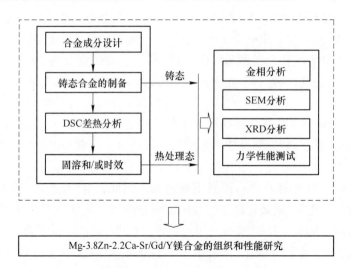

图 9-2　研究技术路线

9.3.1　Mg-3.8Zn-2.2Ca-Sr/Gd/Y 镁合金的成分设计

Mg-3.8Zn-2.2Ca-Sr/Gd/Y 实验合金的成分设计方案见表 9-1～表 9-3。合金元素的主要变化为 Sr、Gd、Y 含量的变化，添加 Sr 的作用是因为 Sr 可以提高合金的抗热裂性能和提高 Mg 的熔点，同时 Sr 作为一种表面活性元素可以增加合金的过冷度，而添加 Gd 的作用是可以使合金组织成分均匀，细化晶粒同时改善第二相的形态，添加 Y 是为了细化枝晶组织以提高合金的力学性能。最终目的是为了考察 Sr、Gd 和 Y 合金化和/或微合金化对 Mg-3.8Zn-2.2Ca 镁合金组织和性能的影响。

表 9-1　Mg-3.8Zn-2.2Ca-*x*Sr 镁合金的成分设计　　　　　　（%）

实 验 合 金	合金元素（质量分数）			
	Zn	Ca	Sr	Mg
Mg-3.8Zn-2.2Ca	3.8	2.2	—	余量
Mg-3.8Zn-2.2Ca-0.45Sr	3.8	2.2	0.45	余量
Mg-3.8Zn-2.2Ca-0.75Sr	3.8	2.2	0.75	余量
Mg-3.8Zn-2.2Ca-1.20Sr	3.8	2.2	1.20	余量

表 9-2　Mg-3.8Zn-2.2Ca-*x*Gd 镁合金的成分设计　　　　　　（%）

实 验 合 金	合金元素（质量分数）				
	Zn	Ca	Gd	Zr	Mg
Mg-3.8Zn-2.2Ca	3.8	2.2	—	—	余量
Mg-3.8Zn-2.2Ca-0.5Gd	3.8	2.2	0.5	—	余量
Mg-3.8Zn-2.2Ca-2.0Gd	3.8	2.2	2.0	—	余量
Mg-3.8Zn-2.2Ca-2.0Gd-0.6Zr	3.8	2.2	2.0	0.6	余量
Mg-3.8Zn-2.2Ca-3.0Gd	3.8	2.2	3.0	—	余量

表 9-3　Mg-3.8Zn-2.2Ca-*x*Y 镁合金的成分设计　　　　　　（%）

实 验 合 金	合金元素（质量分数）				
	Zn	Ca	Y	Zr	Mg
Mg-3.8Zn-2.2Ca	3.8	2.2	—	—	余量
Mg-3.8Zn-2.2Ca-0.5Y	3.8	2.2	0.5	—	余量
Mg-3.8Zn-2.2Ca-1.0Y	3.8	2.2	1.0	—	余量
Mg-3.8Zn-2.2Ca-2.0Y	3.8	2.2	2.0	—	余量
Mg-3.8Zn-2.2Ca-2.0Y-0.6Zr	3.8	2.2	2.0	0.6	余量
Mg-3.8Zn-2.2Ca-3.0Y	3.8	2.2	3.0	—	余量

9.3.2　Mg-3.8Zn-2.2Ca-Sr/Gd/Y 镁合金的熔炼制备

根据设计的 Mg-3.8Zn-2.2Ca-Sr/Gd/Y 镁合金，按成分配制实验所需合金，实验过程中的原材料为：纯 Mg（99.96%）、纯 Zn（99.96%）、Mg-19.7% Ca、Mg-37% Sr、Mg-30.29% Y、Mg-24.05% Gd、Mg-31.38% Zr 的中间合金。实验过程中采用的熔炼设备为井式电阻炉，坩埚为石墨坩埚。

熔炼制备过程为：

（1）把坩埚、浇注过程中使用的工具、模具以及中间合金和/或其他金属在200℃下进行预热，充分去除其中的水汽，防止在浇注过程中与合金发生反应造成危险。

（2）将石墨坩埚放在井式电阻炉中预热，待温度升到300℃左右时加入纯镁块，然后迅速升温到740℃，直到纯镁完全熔化。

（3）加入已预热的中间合金和/或其他金属，其中具有晶粒细化作用以及微量合金元素的中间合金最后加入，并将其充分压入金属液中，待所加的合金完全熔化后搅拌保温10～20min。

（4）用C_2Cl_6变质剂进行精炼处理，并将合金液在740℃下保温10～20min，充分搅拌合金熔体之后小心地将合金熔体浇注到金属铸型中。最终得到的合金的铸坯形状如图9-3所示。制备过程中需要注意的问题有：

1）控制浇注时的速度，防止镁合金铸锭的热裂，因此在浇注过程中需要保证合金液平稳地流动，避免飞溅。

2）原料在使用之前一定要进行烘干处理，同时要在放入所需的合金原料之前对合金表面的氧化膜进行打磨，防止对铸锭的组织和性能产生不利影响。

3）熔炼过程中，严格防止带有水分或者水汽的材料进入坩埚，因为镁合金的性质特别活泼，高温条件下会与水发生剧烈反应造成危险。

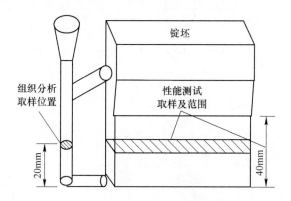

图9-3 性能测试和组织分析取样位置示意图

按照上述实验操作要求熔炼制备出表面质量较高，铸锭内部成分均匀，无缩松的三个系列的实验合金，即Mg-3.8Zn-2.2Ca-xSr、Mg-3.8Zn-2.2Ca-xY和Mg-3.8Zn-2.2Ca-xGd合金。

9.3.3 Mg-3.8Zn-2.2Ca-Sr/Gd/Y镁合金的热处理

对所有的Mg-3.8Zn-2.2Ca-Sr/Gd/Y合金进行T4固溶处理和T6时效处理工艺，T4处理工艺为：300℃下24h，420℃下12h，淬水，目的在于清楚地显示合金的晶界。时效热处理包括T61等温时效工艺（300℃下48h；420℃下24h，淬水；200℃下4h、8h、16h、24h、32h空冷）和T62等时间时效工艺（300℃下48h；480℃下24h，淬水；175℃、200℃、225℃、250℃下，24h空冷），主要针对 Mg-3.8Zn-2.2Ca-0.75Sr、Mg-3.8Zn-2.2Ca-2.0Gd 和 Mg-3.8Zn-2.2Ca-1.0Y 镁合金进行，其目的是为了研究时效过程中的时效硬化效应以及固溶时效处理对合金中第二相的形态、大小和分布的影响。热处理工艺的制定根据相关文献资料的报道并结合 DSC 实验数据得出。热处理在 SKRPA-12-16 箱式电阻炉内进行，热处理过程中为了防止镁合金自燃，铸锭需要用石墨粉覆盖。

9.3.4 组织与性能检测方法

组织与性能检测方法包括：

（1）金相分析。对于铸态和热处理态的试样，需要对其组织进行金相观察，金相显微分析实验设备为：重庆理工大学的蔡斯光学显微镜。实验过程为：按照图 9-3 所示在组织分析取样位置截取试样，用砂轮将表面打磨平整无毛刺后用金相砂纸从粗到细水磨至表面光滑无明显划痕之后再用蒸馏水将试样表面冲洗干净，最后用腐蚀液进行腐蚀。实验铸态合金的腐蚀液为：8% HNO$_3$ + 蒸馏水，固溶处理和时效处理后的合金腐蚀液为：乙醇 15mL、乙酸 5mL、苦味酸 1.5g、蒸馏水 10mL。样品腐蚀完成后，用酒精将合金表面冲洗干净，再用吹风机将试样吹干。在光学显微镜上进行 100 倍、200 倍和 500 倍的金相观察并拍照。另外，针对固溶处理后合金的晶粒大小，用线分析法在 Olympus 体视显微镜中测量。

（2）DSC 差热分析。对实验 Mg-3.8Zn-2.2Ca-Sr/Gd/Y 镁合金进行 DSC 差热分析，其目的主要在于为热处理工艺的制定及组织分析提供依据，同时讨论合金元素 Sr、Gd、Y 对 Mg-3.8Zn-2.2Ca-Sr/Gd/Y 镁合金在凝固结晶过程和加热熔化过程中的相变温度的影响规律，并且统计相变过程中的放热峰和吸热峰的情况。DSC 差热分析在重庆理工大学的耐驰 STA 449F3 型综合热分析仪上进行，其具体操作过程为：在距离铸棒下端大概 20mm 处截取厚度为 3mm 的薄片，之后在半径 1/2 的位置取样，通过水磨过后使其成为质量为 20 ~ 40mg 的小块，然后以 15K/min 的升温速率由 30℃ 升到 700℃，保温 5min，然后以 15K/min 的降温速率降温至 100℃，随后炉冷（见图 9-4），用高纯氩气保护。

（3）扫描电镜和能谱分析。扫描电镜及能谱分析的目的是为了观察高倍下合金显微组织中第二相的分布、大小及形态以及微区成分分析和拉伸断口分析。扫描电子显微镜使用设备为重庆理工大学的日本电子 JSM-

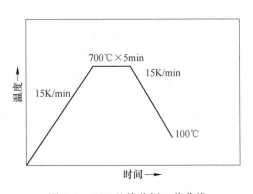

图 9-4　DSC 差热分析工艺曲线

6460LV 设备。截取试样用砂轮将表面打磨平整无毛刺后，用金相砂纸从粗到细水磨至表面光滑无明显划痕之后，再用蒸馏水将试样表面冲洗干净，最后用腐蚀液进行腐蚀。对于铸态和热处理态的合金的腐蚀液分别为：8% HNO_3 + 蒸馏水和苦味酸 1.5g + 乙醇 15mL + 乙酸 5mL + 蒸馏水 10mL，样品腐蚀完成后，用酒精将合金表面冲洗干净，再用吹风机将试样吹干，在扫描电镜上观察和拍照，并用 Oxford 能谱仪（EDS）进行微区成分分析。

（4）X 射线衍射分析。X 射线衍射（XRD）的目的在于进行物相分析。实验设备为：重庆大学的日本理学 D/MAX-1200 型 X 射线衍射仪，实验过程中参数设置为：扫描速度为 1°/min；扫描角度为 20°~90°；靶材为 Cu 靶；加速电压为 40kV；灯丝电流为 30mA；单色滤波器为石墨。

（5）力学性能测试。对实验 Mg-3.8Zn-2.2Ca-Sr/Gd/Y 镁合金的拉伸性能的测定在 Css-221 型电子万能材料实验机上进行，实验步骤为：

1）按照图 9-5 所示抗拉和蠕变性能测试样品的尺寸截取试样。

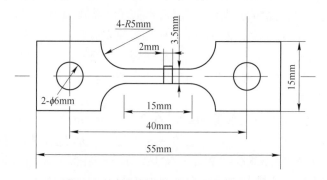

图 9-5 抗拉和蠕变性能测试样品的尺寸

2）为了防止线切割后的试样在拉伸过程中因为应力集中造成样品非正常断裂，需要将试样标距部分的切割痕迹仔细磨光。

3）拉伸速率设置为 3mm/min，每种类型合金测量 3 个试样后求平均值。

需要注意的问题有：高温拉伸性能测试时，需要对开式炉子 CO_2 气体进行保护，同时温差范围应该控制在 ±2℃ 以内。蠕变性能测试过程在高温蠕变试验机 GWTA 上进行，具体实验条件要求为：温度为 150℃，施加载荷为 50MPa，时间为 100h，保护气体为 CO_2 气体，炉子控温精度为 ±2℃，连接在试样表面的引伸计直接测量蠕变应变。

（6）硬度测试。显微硬度的测试设备为 HVS-1000 显微硬度计。实验设备参数要求：加载的力为 200g，加载的时间为 15s。按照实验设备操作方法在每个 Mg-3.8Zn-2.2Ca-Sr/Gd/Y 实验镁合金试样表面分别选取不同的分析面测量 6 组，删除一个最大值和一个最小值，计算所剩下的 4 个显微硬度的平均值，最终得到每个试样的显微硬度。

9.4 实验结果

9.4.1 Sr 添加对 Mg-3.8Zn-2.2Ca 镁合金组织和性能的影响

Mg-3.8Zn-2.2Ca-xSr 试验镁合金铸态组织的 XRD 结果如图 9-6 所示。通过 XRD 的分析结果可以看到，所有 Mg-3.8Zn-2.2Ca-xSr 实验镁合金的铸态组织均主要由 α-Mg、三元的 $Ca_2Mg_6Zn_3$ 相和 Mg_2Ca 相组成。综合对比添加 0.45% Sr、0.75% Sr 及 1.20% Sr 后的 Mg-3.8Zn-2.2Ca 镁合金的 XRD 结果，可以发现在含 Sr 合金中有少量 $Mg_{17}Sr_2$ 新相的形成。根据已有的 Mg-3.8Zn-2.2Ca 三元镁合金的 XRD 结果[4,69,70]可知，Mg-3.8Zn-2.2Ca 三元镁合金主要由 α-Mg、Mg_2Ca 和三元的 $Ca_2Mg_6Zn_3$ 相组成，很显然，上述结果说明添加 0.45% Sr、0.75% Sr 及 1.20% Sr（质量分数）到 Mg-3.8Zn-2.2Ca 镁合金中，主要的合金相类型并没有发生变化，只是 Sr 的添加在合金组织中额外形成了少量的 $Mg_{17}Sr_2$ 新相。

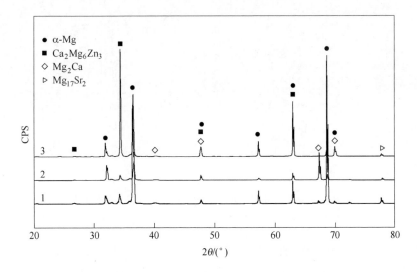

图 9-6　Mg-3.8Zn-2.2Ca-xSr 镁合金铸态组织的 XRD 结果

1—0.45% Sr；2—0.75% Sr；3—1.20% Sr

铸态 Mg-3.8Zn-2.2Ca-xSr 镁合金的金相照片如图 9-7 所示。从图 9-7 中可以看到，所有铸态 Mg-3.8Zn-2.2Ca-xSr 镁合金的组织都呈树枝晶状。从图中对比可以发现，没有添加 Sr 的 Mg-3.8Zn-2.2Ca 镁合金和添加 0.45% Sr、0.75% Sr 及 1.20% Sr 的 Mg-3.8Zn-2.2Ca 镁合金的枝臂间距和晶粒尺寸都发生了一定程度的改变，其中没有添加 Sr 的 Mg-3.8Zn-2.2Ca 合金晶粒尺寸和枝臂间距相对较大，而 0.45% Sr、0.75% Sr 及 1.20% Sr 添加的合金晶粒尺寸和枝臂间距不断减小，并且等轴化趋势不断增强，这说明在 Mg-3.8Zn-2.2Ca 镁合金中添加 0.45% Sr、

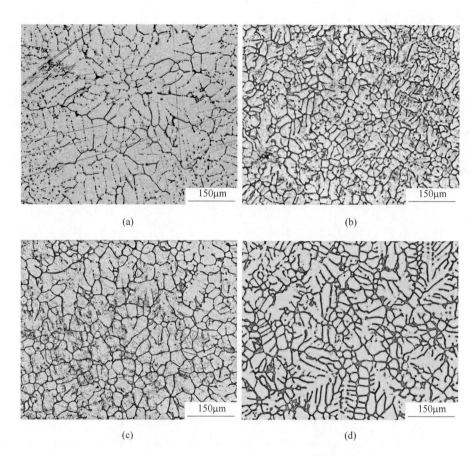

图 9-7 Mg-3.8Zn-2.2Ca-*x*Sr 镁合金铸态组织的金相照片
(a) 无 Sr；(b) 0.45% Sr；(c) 0.75% Sr；(d) 1.20% Sr

0.75% Sr 及 1.20% Sr 能够细化其铸态组织，并且，铸态 Mg-3.8Zn-2.2Ca 镁合金的组织会随着 Sr 含量的增加越来越细化。图 9-8 所示为 Mg-3.8Zn-2.2Ca-*x*Sr 镁合金固溶组织（T4）的金相照片，从图中可以看出合金元素 Sr 添加量的增加使得 Mg-3.8Zn-2.2Ca 镁合金固溶组织晶粒细化效果增加。经过进一步的测量可以发现：Sr 的添加量为 0% 的 Mg-3.8Zn-2.2Ca 铸态镁合金平均晶粒尺寸是 234μm[4]，Sr 的添加量为 0.45%、0.75% 及 1.20% 的 Mg-3.8Zn-2.2Ca 实验镁合金平均晶粒尺寸分别是 127μm、108μm 和 93μm，即随着 Sr 含量的增加，其对 Mg-3.8Zn-2.2Ca 合金的晶粒细化效果越发明显，这一结论与上述 Sr 的添加对铸态 Mg-3.8Zn-2.2Ca 镁合金晶粒的影响一致。关于 Sr 添加对 Mg-3.8Zn-2.2Ca 镁合金晶粒细化的影响，将结合过冷度计算和扫描电镜的面扫描结果作深入的分析。

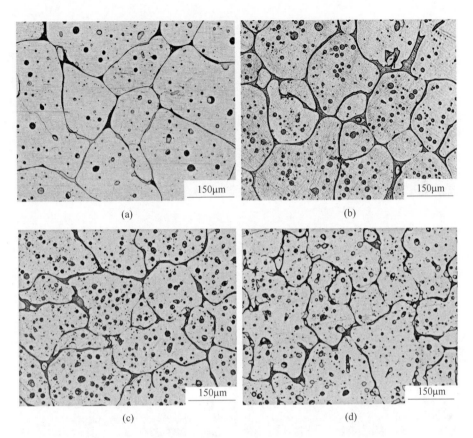

图 9-8　Mg-3.8Zn-2.2Ca-xSr 镁合金固溶组织的金相照片

（a）无 Sr；（b）0.45% Sr；（c）0.75% Sr；（d）1.20% Sr

　　Mg-3.8Zn-2.2Ca-xSr 镁合金铸态组织的低倍和高倍扫描电镜（SEM）照片分别如图 9-9 和图 9-10 所示。从图中可以看到，实验 Mg-3.8Zn-2.2Ca-xSr 镁合金的

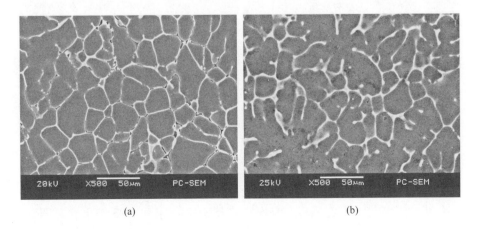

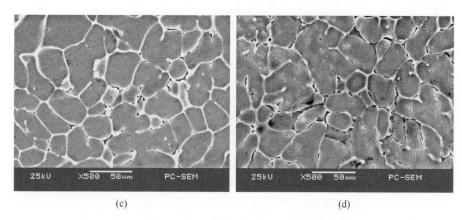

(c)　　　　　　　　　　　(d)

图 9-9　Mg-3.8Zn-2.2Ca-xSr 镁合金铸态组织的低倍 SEM 照片
（a）无 Sr；（b）0.45%Sr；（c）0.75%Sr；（d）1.20%Sr

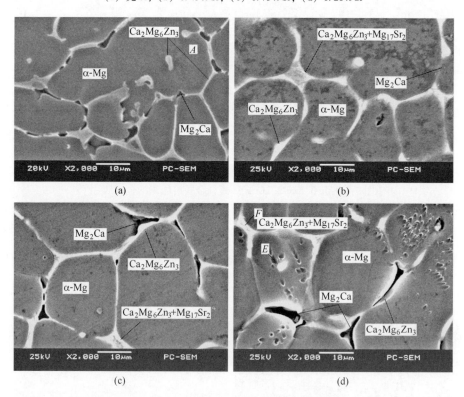

图 9-10　Mg-3.8Zn-2.2Ca-xSr 镁合金铸态组织的高倍 SEM 照片
（a）无 Sr；（b）0.45%Sr；（c）0.75%Sr；（d）1.20%Sr

铸态组织主要由 α-Mg 基体以及金属间化合物相所组成，其中金属间化合物主要
呈连续和/或半连续分布在晶界和晶内。结合 XRD 结果和 EDS 结果（见图 9-11）

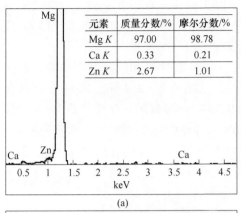

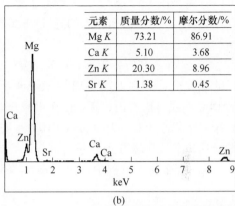

(a)

(b)

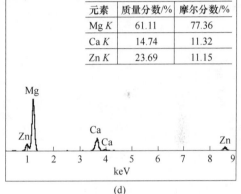

(c)

(d)

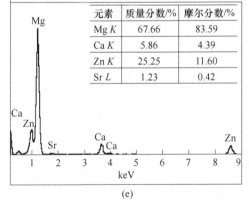

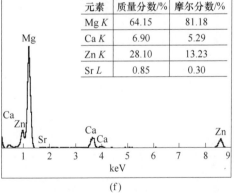

(e)

(f)

图 9-11 Mg-3.8Zn-2.2Ca-xSr 镁合金铸态组织的 EDS 结果

可知这些金属间化合物为 Mg_2Ca、$Ca_2Mg_6Zn_3$ 和 $Mg_{17}Sr_2$ 相,这些第二相主要分布在晶界,但少量的 $Ca_2Mg_6Zn_3$ 相也分布在晶粒内部。

从图 9-10 中还可以看到部分连续的 $Ca_2Mg_6Zn_3$ 三元相被 Mg_2Ca 相阻断,而这一现象与其他相关的 Mg-Zn-Ca 文献的报道相一致[69,70]。此外,从图 9-10 中还可以看到，在 Mg-3.8Zn-2.2Ca 镁合金中添加 0.45% ~ 1.20% Sr 后，合金组织中 Ca₂Mg₆Zn₃ 相的形态由粗大的连续和/或准连续块状变为相对细小的准连续和/或断续块状。

实验 Mg-3.8Zn-2.2Ca-xSr 镁合金的加热和冷却 DSC 曲线及其吸热峰、放热峰的温度统计分别如图 9-12 和表 9-4 所示。从实验 Mg-3.8Zn-2.2Ca-xSr 镁合金的 DSC 曲线可以看出，无 Sr、0.45% Sr、0.75% Sr 和 1.20% Sr 添加的 Mg-3.8Zn-2.2Ca 合金的 DSC 冷却曲线在 610℃、430℃ 和 400℃ 附近均分别有 3 个放热峰存在。这 3 个放热峰分别联系着 α-Mg 基体的凝固和第二相的转变。在 Mg-3.8Zn-2.2Ca 镁合金凝固过程中，初生 α-Mg 相首先形核和生长，然后当温度下降到大

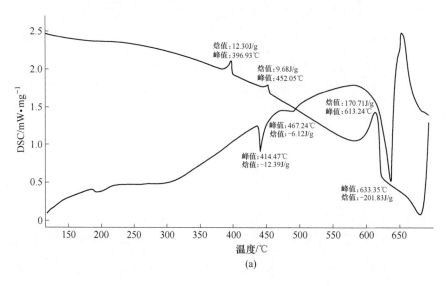

(a)

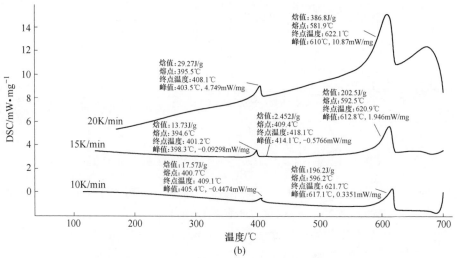

(b)

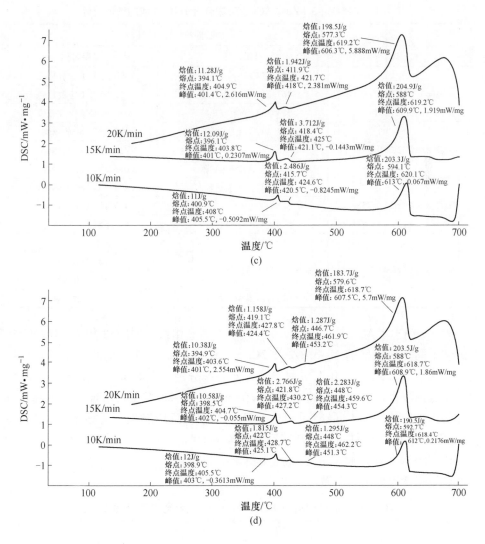

图 9-12 铸态 Mg-3.8Zn-2.2Ca-xSr 镁合金的 DSC 加热和/或冷却曲线

(a) 无 Sr；(b) 0.45％Sr；(c) 0.75％Sr；(d) 1.20％Sr

约430℃和400℃时分别发生 L→α-Mg + Mg₂Ca 和 L→α-Mg + Ca₂Mg₆Zn₃ 二元共晶反应，由于 Mg-3.8Zn-2.2Ca 镁合金残留液相中 Zn/Ca 摩尔比小于1.2，使得 L→α-Mg + Mg₂Ca + Ca₂Mg₆Zn₃ 三元共晶反应并没有在合金凝固过程中出现[4,37]。因此，实验合金最后的组织主要由 α-Mg、Mg₂Ca 和 Ca₂Mg₆Zn₃ 相组成。对于图 9-12(d) 的 Mg-3.8Zn-2.2Ca-1.20Sr 合金，其在450℃左右有一个放热峰的存在可能是 Sr 的增加使得 Mg₁₇Sr₂ 相的数量增加导致合金中相变过程发生变化。

表 9-4　实验 Mg-3.8Zn-2.2Ca-*x*Sr 镁合金 DSC 曲线的峰形统计

实 验 合 金	DSC 曲线特征（15K/min）	
	升温过程	降温过程
Mg-3.8Zn-2.2Ca	414.47℃ 1 个吸热峰	396.93℃ 1 个放热峰
	467.24℃ 1 个吸热峰	452.05℃ 1 个放热峰
	633.35℃ 1 个吸热峰	613.24℃ 1 个放热峰
Mg-3.8Zn-2.2Ca-0.45Sr	417.2℃ 1 个吸热峰	398.3℃ 1 个放热峰
	—	414.1℃ 1 个放热峰
	626.5℃ 1 个吸热峰	612.8℃ 1 个放热峰
Mg-3.8Zn-2.2Ca-0.75Sr	421.7℃ 1 个吸热峰	405.5℃ 1 个放热峰
	—	420.5℃ 1 个放热峰
	626.6℃ 1 个吸热峰	613.0℃ 1 个放热峰
Mg-3.8Zn-2.2Ca-1.20Sr	419.6℃ 1 个吸热峰	403℃ 1 个放热峰
	—	425.1℃ 1 个放热峰
	—	451.3℃ 1 个放热峰
	623.4℃ 1 个吸热峰	612℃ 1 个放热峰

　　表 9-5 列出了 Mg-3.8Zn-2.2Ca-*x*Sr 镁合金铸态组织不同冷却速度的 DSC 冷却曲线和不同冷却速率的 Mg-3.8Zn-2.2Ca-*x*Sr 镁合金 DSC 曲线的峰形统计，可以发现对 Mg-3.8Zn-2.2Ca-0.45Sr 镁合金冷却速率分别为 10K/min 和 20K/min 时仅有两个放热峰存在，而冷却速率为 15K/min 时，在 420℃ 左右出现了一个峰，这可能是由于冷却速率不同导致的 L→α-Mg + Mg$_2$Ca 反应发生变化导致。对于 Mg-3.8Zn-2.2Ca-0.75Sr 镁合金冷却速率为 10K/min 时比冷却速率为 20K/min 的合金的 DSC 曲线峰值温度略高，这可能是由于冷却速率不同对合金过冷度的影响从而使合金相变温度不同所致。

表 9-5　不同升温速率下 Mg-3.8Zn-2.2Ca-*x*Sr 镁合金 DSC 曲线的峰形统计

实 验 合 金	DSC 曲线特征					
	升温速率					
	10K/min		15K/min		20K/min	
	升温过程	降温过程	升温过程	降温过程	升温过程	降温过程
Mg-3.8Zn-2.2Ca-0.45Sr	418.9℃ 1 个吸热峰	405.4℃ 1 个放热峰	417.2℃ 1 个吸热峰	398.3℃ 1 个放热峰	420.6℃ 1 个吸热峰	403.5℃ 1 个放热峰
	—	—	—	414.1℃ 1 个放热峰	—	—
	627.3℃ 1 个吸热峰	617.1℃ 1 个放热峰	626.5℃ 1 个吸热峰	612.8℃ 1 个放热峰	630.8℃ 1 个吸热峰	610.0℃ 1 个放热峰

实验合金	DSC 曲线特征					
	升温速率					
	10K/min		15K/min		20K/min	
	升温过程	降温过程	升温过程	降温过程	升温过程	降温过程
Mg-3.8Zn-2.2Ca-0.75Sr	421.7℃ 1 个吸热峰	405.5℃ 1 个放热峰	421.7℃ 1 个吸热峰	405.5℃ 1 个放热峰	423℃ 1 个吸热峰	401.4℃ 1 个放热峰
	—	420.5℃ 1 个放热峰	—	420.5℃ 1 个放热峰	—	418℃ 1 个放热峰
	626.6℃ 1 个吸热峰	613.0℃ 1 个放热峰	626.6℃ 1 个吸热峰	613.0℃ 1 个放热峰	629.1℃ 1 个吸热峰	606.3℃ 1 个放热峰
Mg-3.8Zn-2.2Ca-1.20Sr	419.6℃ 1 个吸热峰	403℃ 1 个放热峰	419.6℃ 1 个吸热峰	403℃ 1 个放热峰	421.7℃ 1 个吸热峰	401.0℃ 1 个放热峰
	—	425.1℃ 1 个放热峰	441.1℃	425.1℃ 1 个放热峰	—	424.4℃ 1 个放热峰
	—	451.3℃ 1 个放热峰	480.7℃	451.3℃ 1 个放热峰	—	453.3℃ 1 个放热峰
	623.4℃ 1 个吸热峰	612℃ 1 个放热峰	623.4℃ 1 个吸热峰	612℃ 1 个放热峰	629.0℃ 1 个吸热峰	607℃ 1 个放热峰

　　铸态 Mg-3.8Zn-2.2Ca-xSr 镁合金在室温和中温（150℃）条件下的抗拉性能和蠕变性能见表 9-6。从表 9-6 中可以看到，Mg-3.8Zn-2.2Ca 镁合金在添加0.45％Sr、0.75％Sr 和 1.20％Sr 后，Mg-3.8Zn-2.2Ca 镁合金在室温和 150℃下的抗拉性能均得到一定程度的提高，这其中又以添加 1.20％Sr 对合金室温和中温

表 9-6　Mg-3.8Zn-2.2Ca-xSr 镁合金的铸态力学性能

实验合金	抗拉性能						蠕变性能
	室温			150℃			150℃ + 50MPa × 100h
	最大抗拉 强度/MPa	屈服强度 /MPa	伸长率 /％	最大抗拉 强度/MPa	屈服强度 /MPa	伸长率 /％	最小蠕变 速率/s^{-1}
Mg-3.8Zn-2.2Ca	123.8	96.7	2.4	110.9	87.0	5.8	2.83
Mg-3.8Zn-2.2Ca-0.45Sr	131.7	102.2	2.9	120.3	94.3	6.3	1.45
Mg-3.8Zn-2.2Ca-0.75Sr	140.6	110.5	3.1	131.6	102.6	9.2	0.91
Mg-3.8Zn-2.2Ca-1.20Sr	146.2	117.3	3.5	141.7	117.0	10.0	0.83

（150℃）的抗拉性能的改善最为明显。还可以看到，添加 0.45% Sr、0.75% Sr 和 1.20% Sr 能够有效改善 Mg-3.8Zn-2.2Ca 镁合金的抗蠕变性能，并且合金的最小蠕变速率随着 Sr 含量的增加而逐渐减小，这说明 Sr 的添加使得 Mg-3.8Zn-2.2Ca 镁合金的抗蠕变性能逐渐提高。综合对比 Mg-3.8Zn-2.2Ca-xSr 实验合金的铸态力学性能可以发现，Mg-3.8Zn-2.2Ca-1.20Sr 镁合金的抗拉性能和抗蠕变性能比其他 Mg-3.8Zn-2.2Ca-xSr 镁合金要好。

图 9-13 所示为铸态 Mg-3.8Zn-2.2Ca-xSr 镁合金室温拉伸断口的扫描电镜照片。从图中可以看到，添加 0.45% Sr、0.75% Sr 及 1.20% Sr 的 Mg-3.8Zn-2.2Ca 实验合金的拉伸断口都可以观察到解理面和河流状花纹，说明添加 0.45% Sr、0.75% Sr 及 1.20% Sr 对 Mg-3.8Zn-2.2Ca-xSr 镁合金的断裂形式并没有明显影响，其断裂形成均呈解理和/或准解理断裂。图 9-13(a) 三元 Mg-3.8Zn-2.2Ca 镁合金拉伸断口表面的解理面相对较大（图 9-13(a) 中的位置 A），而含 Sr 的 Mg-3.8Zn-2.2Ca 镁合金拉伸断口表面的解理面则相对较小。图 9-14 和图 9-15 所示为铸态 Mg-3.8Zn-2.2Ca-xSr 镁合金室温拉伸后纵断面的低倍金相照片和其高倍金相照

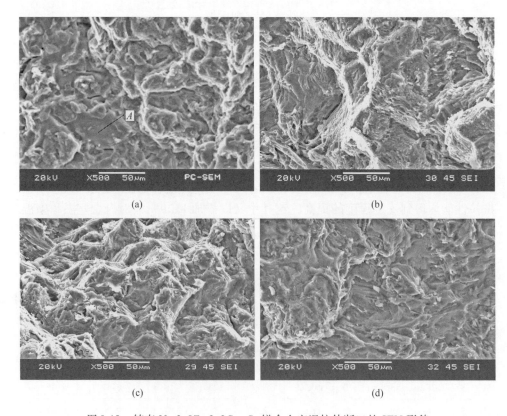

(a)　(b)

(c)　(d)

图 9-13　铸态 Mg-3.8Zn-2.2Ca-xSr 镁合金室温拉伸断口的 SEM 形貌

(a) 无 Sr；(b) 0.45% Sr；(c) 0.75% Sr；(d) 1.20% Sr

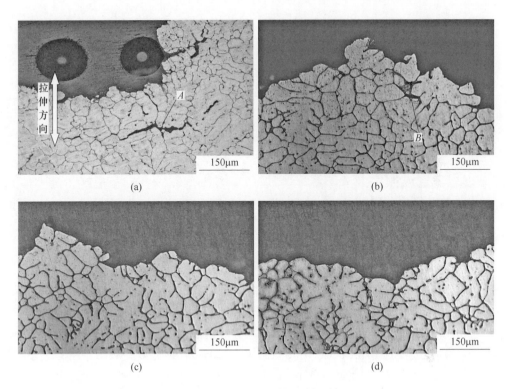

图 9-14 铸态 Mg-3.8Zn-2.2Ca-xSr 镁合金室温拉伸后纵断面的低倍金相照片

（a）无 Sr；（b）0.45% Sr；（c）0.75% Sr；（d）1.20% Sr

片。从图 9-14 中可以看到，未添加 Sr 和添加 Sr 的 Mg-3.8Zn-2.2Ca 镁合金均发生沿晶断裂，但裂纹更容易沿着 α-Mg 基体和粗大的 $Ca_2Mg_6Zn_3$ 相颗粒间的界面扩展（如图 9-14 中的位置 A 和 B）。基于上面的组织分析结果可知，添加 0.45% ～1.2% Sr 对 Mg-3.8Zn-2.2Ca 镁合金抗拉性能的影响可能与合金晶粒的细

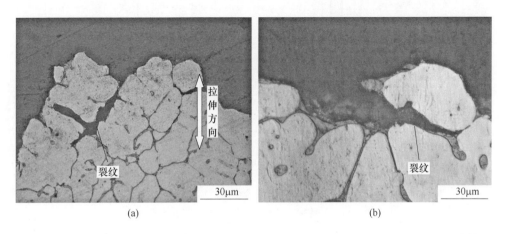

（a）　　　　　　　　　　　　　　　　（b）

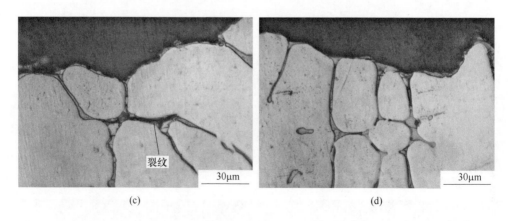

(c) (d)

图 9-15 铸态 Mg-3.8Zn-2.2Ca-xSr 镁合金室温拉伸后纵断面的高倍金相照片

(a) 无 Sr；(b) 0.45% Sr；(c) 0.75% Sr；(d) 1.20% Sr

化有关，而对合金抗蠕变性的影响则可能与 Sr 添加影响了 Mg-3.8Zn-2.2Ca 镁合金组织中 $Ca_2Mg_6Zn_3$ 相的形态及尺寸等有关。

Mg-3.8Zn-2.2Ca-xSr 实验合金 T4 固溶处理后的 XRD 结果如图 9-16 所示，1、2、3 分别代表添加 0.45% Sr、0.75% Sr 和 1.20% Sr 的合金。从图中可以看到，实验合金固溶处理后仍然均主要由 α-Mg、Mg_2Ca、$Ca_2Mg_6Zn_3$ 和 $Mg_{17}Sr_2$ 相组成，说明 Mg-3.8Zn-2.2Ca-xSr 合金组织中的 Mg_2Ca、$Ca_2Mg_6Zn_3$ 和 $Mg_{17}Sr_2$ 相在固溶处理过程中并没有完全溶入基体，显示出了较高的热稳定性，而这无疑对于合金的抗蠕变性能是有益的。

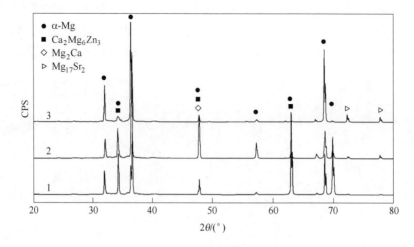

图 9-16 Mg-3.8Zn-2.2Ca-xSr 镁合金 T4 固溶处理后的 XRD 结果

1—0.45% Sr；2—0.75% Sr；3—1.20% Sr

实验 Mg-3. 8Zn-2. 2Ca-xSr 镁合金 T4 固溶处理后的金相照片结果如图 9-17 所示。对比不同 Mg-3. 8Zn-2. 2Ca-xSr 合金的铸态组织和固溶组织可以发现，Mg-3. 8Zn-2. 2Ca-xSr 镁合金经固溶热处理后，所有这些合金铸态的枝晶组织都消失了，晶界比较明显。此外，还发现这些 Mg-3. 8Zn-2. 2Ca-xSr 镁合金经固溶热处理后残留第二相，在晶界或者在晶粒内部均有分布。同时可以发现合金的晶粒尺寸随着含 Sr 量增加而不断减小，且合金晶粒的等轴化趋势不断增强。图 9-17 和图 9-18 所示为实验 Mg-3. 8Zn-2. 2Ca-xSr 镁合金固溶组织的低倍和高倍 SEM 照片。从图 9-17 和图 9-18 中可以看到，Mg-3. 8Zn-2. 2Ca-xSr 实验镁合金固溶组织中的残留第二相的分布随着含 Sr 量增加变得更为分散和均匀，特别是添加了 1. 2% Sr 的合金中残留的 $Ca_2Mg_6Zn_3$ 相。

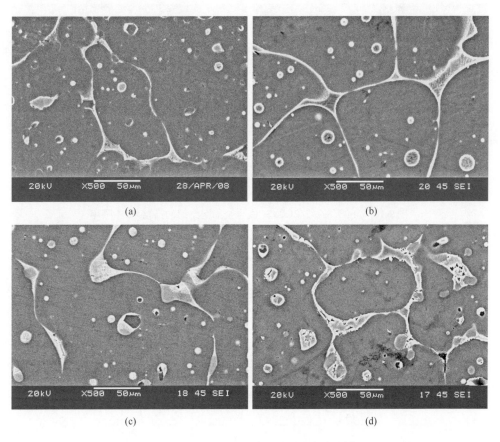

图 9-17　Mg-3. 8Zn-2. 2Ca-xSr 镁合金固溶组织的低倍 SEM 照片
(a) 无 Sr；(b) 0. 45% Sr；(c) 0. 75% Sr；(d) 1. 20% Sr

图 9-19 所示为不同工艺条件下 Mg-3. 8Zn-2. 2Ca-0. 75Sr 镁合金的 XRD 结果，从图中可以看到，Mg-3. 8Zn-2. 2Ca-0. 75Sr 镁合金在铸态、T4 固溶处理状态和

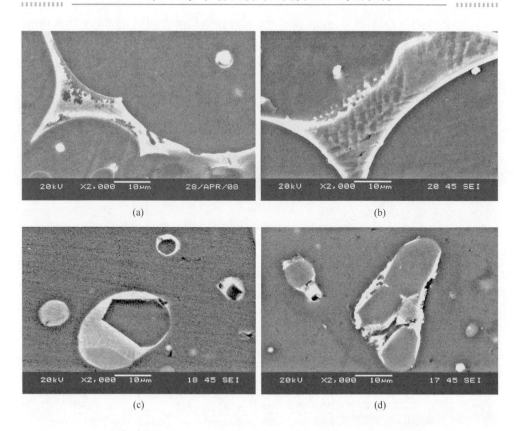

图 9-18　Mg-3.8Zn-2.2Ca-xSr 镁合金固溶组织的高倍 SEM 照片

（a）无 Sr；（b）0.45% Sr；（c）0.75% Sr；（d）1.20% Sr

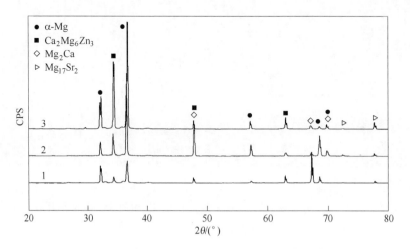

图 9-19　不同工艺条件下 Mg-3.8Zn-2.2Ca-0.75Sr 镁合金的 XRD 结果

1—铸态；2—T4 固溶处理；3—T61 工艺 200℃ ×4h 时效处理

T61 工艺 200℃ ×4h 时效处理后的组织主要均由 α-Mg、Mg_2Ca、$Ca_2Mg_6Zn_3$ 和少量的 $Mg_{17}Sr_2$ 相组成，进一步可以发现，不同工艺条件下第二相的峰值会发生一定的变化，固溶时效处理后第二相的峰值增大，说明时效处理后的第二相的析出数量有所增加，而这对合金力学性能的提高是有益的。

图 9-20 和图 9-21 所示为 Mg-3.8Zn-2.2Ca-0.75Sr 实验合金经 T61 时效

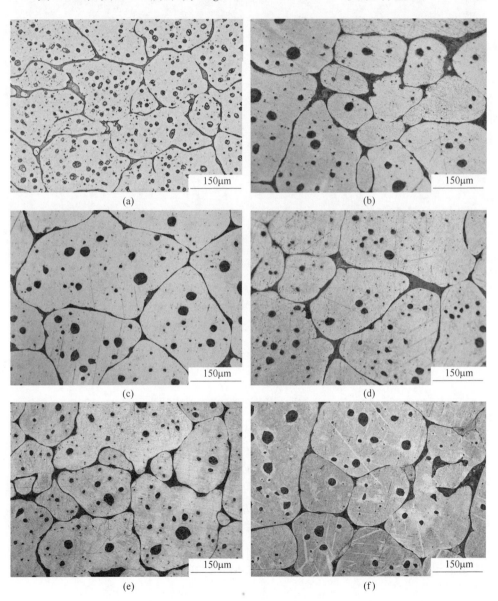

图 9-20　Mg-3.8Zn-2.2Ca-0.75Sr 镁合金不同时效时间下组织的金相照片

(a) 0h；(b) 4h；(c) 8h；(d) 16h；(e) 24h；(f) 32h

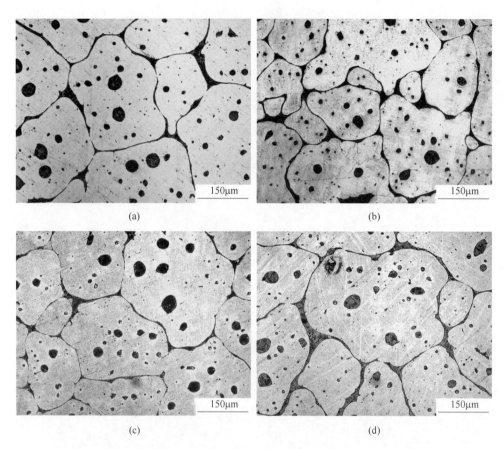

(a)　　　　　　　　　　　　　(b)

(c)　　　　　　　　　　　　　(d)

图9-21　Mg-3.8Zn-2.2Ca-0.75Sr 镁合金不同时效温度下组织的金相照片

(a) 175℃；(b) 200℃；(c) 225℃；(d) 250℃

（175℃下 0h、4h、8h、16h、24h、32h）和 T62（175℃、200℃、225℃、250℃下各 24h）处理后组织的金相照片。从图 9-20 中的组织初步判断，合金经 T61 热处理后在晶内存在大量的第二相析出。随着时效时间的增加，合金晶界处化合物的形貌也有一定的变化，而且第二相所占体积分数有增加的趋势。从图 9-21 中可以看到随着时效温度的增加，合金晶粒尺寸不断增大，在时效温度为 250℃时晶粒尺寸最大，同时从组织颜色也可以初步判断随着时效温度的增加，时效过程中析出相的数量也不断增大。目前，对于 Sr 影响 Mg-Zn-Ca 基镁合金时效组织的研究还非常少，加之本章的研究重点在于 Sr 含量变化对 Mg-3.8Zn-2.2Ca 镁合金铸态组织的影响，因此对于 Sr 影响 Mg-3.8Zn-2.2Ca 镁合金的时效组织未作过多的研究。

图 9-22 所示为 Mg-3.8Zn-2.2Ca-xSr 镁合金固溶处理后的显微硬度。从图 9-22 中可以看出，Sr 的添加对 T4 固溶处理后 Mg-3.8Zn-2.2Ca-xSr 镁合金显微硬

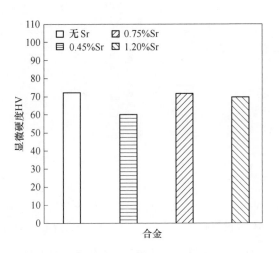

图 9-22　Mg-3.8Zn-2.2Ca-xSr 镁合金固溶处理后的显微硬度

度影响不大，添加 0.45% Sr 后使得 Mg-3.8Zn-2.2Ca 镁合金的硬度略微下降，但是随着 Sr 含量的进一步增加硬度又逐渐恢复到固溶处理后 Mg-3.8Zn-2.2Ca 的显微硬度水平。从图 9-22 中还可以看出，Mg-3.8Zn-2.2Ca-xSr 镁合金显微硬度随着 Sr 含量的增加先减小后增加，添加 0.45% Sr 的硬度 HV 最小，为 60，添加 0.75% Sr 的合金具有最高的硬度 HV 为 71.6，而添加 1.20% Sr 的合金硬度 HV 为 70 左右。这表明在 Mg-3.8Zn-2.2Ca 合金中添加 Sr 可以在一定条件下改善固溶处理后合金的显微硬度值，添加 0.45% Sr 合金固溶处理之后硬度降低了，而添加 0.75% 的 Sr 和 1.20% 对于固溶处理后合金的显微硬度比较有利。

图 9-23 所示为时效时间对 Mg-3.8Zn-2.2Ca-0.75Sr 镁合金显微硬度的影响。从图中可以看到，时效温度为 200℃ 时，随着时效时间的增加硬度先增大再减小，其中在时效时间为 4h 时合金的硬度 HV 值最大达到 74，随着时效时间的增加硬度持续下降，当达到 16h 时硬度 HV 下降到最低，仅为 64，但是当时效时间从 16h 增加到 32h 的时候硬度逐渐增加。图 9-24 所示为 24h 不同时效温度对 Mg-3.8Zn-2.2Ca-0.75Sr 镁合金显微硬度的影响。当时效温度增加时 Mg-3.8Zn-2.2Ca-0.75Sr 合金的硬度先增加后减小，在时效温度为 200℃ 时硬度 HV 最大，为 70，当时效温度增加到 225℃ 时硬度 HV 下降了 2，当时效温度提高到 250℃ 时硬度明显下降，此时的硬度 HV 仅为 55。上述结果表明：与 Mg-3.8Zn-2.2Ca 镁合金类似[4]，含 Sr 的 Mg-3.8Zn-2.2Ca 镁合金也存在一定的时效硬化效应，而时效时间和温度对合金硬度的影响则可能与合金时效过程中的析出相的类型、数量及尺寸等变化有关。

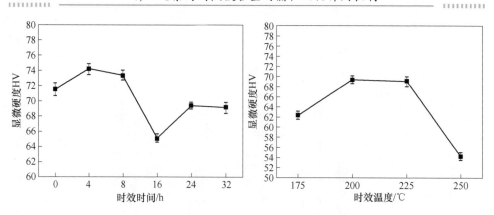

图 9-23 时效时间对 Mg-3.8Zn-2.2Ca-0.75Sr
镁合金显微硬度的影响

图 9-24 时效温度对 Mg-3.8Zn-2.2Ca-0.75Sr
镁合金显微硬度的影响

9.4.2 Gd 添加对 Mg-3.8Zn-2.2Ca 镁合金组织和性能的影响

图 9-25 所示为铸态 Mg-3.8Zn-2.2Ca-xGd 实验镁合金组织的 XRD 结果。从图 9-25 中可以看到，所有的实验合金均主要由 α-Mg、Mg_2Ca 和 $Ca_2Mg_6Zn_3$ 三种相组成。对比 Mg-3.8Zn-2.2Ca 三元镁合金的 XRD 结果[4,69,70]，并进一步从图 9-25 中可以看到，在 Mg-3.8Zn-2.2Ca 镁合金中分别添加 0.5% Gd、2.0% Gd、2.0% Gd + 0.6% Zr 和 3.0% Gd 后生成了 Mg_5Gd 新相。此外还可以发现，随着 Gd 添加量的增加，合金中 Mg_5Gd 相的峰值强度逐渐增大，说明合金组织中 Mg_5Gd 相的数量在逐渐增加。

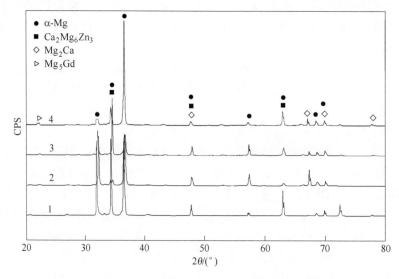

图 9-25 Mg-3.8Zn-2.2Ca-xGd 镁合金铸态组织的 XRD 结果

1—0.5% Gd；2—2.0% Gd；3—2.0% Gd + 0.6% Zr；4—3.0% Gd

铸态 Mg-3. 8Zn-2. 2Ca-xGd 实验镁合金的金相组织照片如图 9-26 所示。从图 9-26 中可以看到，所有 Mg-3. 8Zn-2. 2Ca-xGd 实验合金中有大量的枝晶状组织。未添加 Gd 的 Mg-3. 8Zn-2. 2Ca 镁合金的晶粒和枝臂间距都相对较大，而添加了 0. 5% Gd、2. 0% Gd、2. 0% Gd + 0. 6% Zr 和 3. 0% Gd 后，Mg-3. 8Zn-2. 2Ca 镁合金的晶粒和枝臂间距都相对较小，说明添加 0. 5% ~ 3. 0% Gd 和 2. 0% Gd + 0. 6% Zr 能够细化 Mg-3. 8Zn-2. 2Ca 镁合金的组织。对比不同 Gd 添加量的合金，以添加

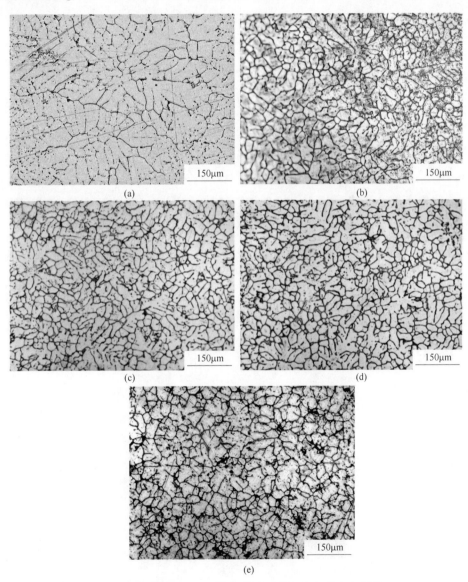

图 9-26　Mg-3. 8Zn-2. 2Ca-xGd 镁合金铸态组织的金相照片

（a）无 Gd；（b）0. 5% Gd；（c）2. 0% Gd；（d）2. 0% Gd + 0. 6% Zr；（e）3. 0% Gd

3.0%Gd 合金的细化晶粒效果最明显，其次依次是添加 2.0%Gd + 0.6%Zr、2.0%Gd 和 0.5%Gd 合金。图 9-27 所示为 Mg-3.8Zn-2.2Ca-xGd 实验合金的固溶组织金相照片，进一步证实了合金元素 Gd 的添加可以细化 Mg-3.8Zn-2.2Ca 镁合金组织，而且随着合金元素添加量的变化细化效率也存在差异。经过对晶粒的晶粒度测量，未添加 Gd 的 Mg-3.8Zn-2.2Ca 镁合金的平均晶粒尺寸为 234μm[4]，而添加 0.5%Gd、2.0%Gd、2.0%Gd + 0.6%Zr 和 3.0%Gd 后，Mg-3.8Zn-2.2Ca 镁

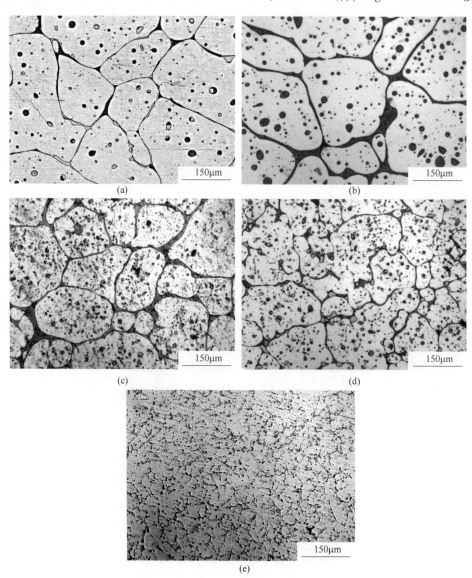

图 9-27　Mg-3.8Zn-2.2Ca-xGd 镁合金固溶组织的金相照片

（a）无 Gd；（b）0.5%Gd；（c）2.0%Gd；（d）2.0%Gd + 0.6%Zr；（e）3.0%Gd

合金的平均晶粒尺寸分别变为 157μm、123μm、94μm 和 84μm，显然添加 3.0% Gd 具有最佳的晶粒细化效果。关于 Gd 单独添加以及 Gd + Zr 复合添加对 Mg-3.8Zn-2.2Ca 镁合金晶粒细化的影响，将结合扫描电镜的面扫描结果作深入分析和讨论。

Mg-3.8Zn-2.2Ca-xGd 镁合金铸态组织在低倍和高倍条件下的 SEM 照片如图 9-28 和图 9-29 所示。实验合金的铸态组织主要由黑色的 α-Mg 基体、黑白相间的

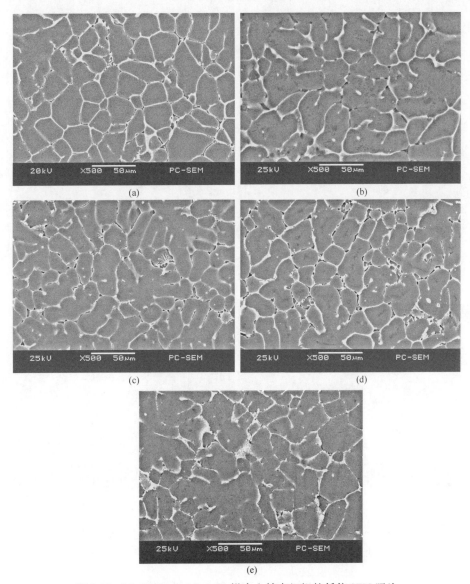

图 9-28 Mg-3.8Zn-2.2Ca-xGd 镁合金铸态组织的低倍 SEM 照片

(a) 无 Gd；(b) 0.5%Gd；(c) 2.0%Gd；(d) 2.0%Gd+0.6%Zr；(e) 3.0%Gd

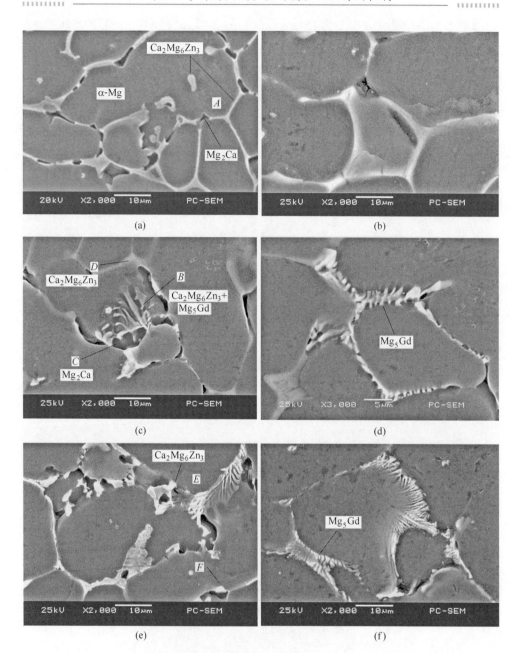

图 9-29　Mg-3.8Zn-2.2Ca-xGd 镁合金铸态组织的高倍 SEM 照片

（a）无 Gd；（b）0.5%Gd；（c），（d）2.0%Gd；（e）2.0%Gd+0.6%Zr；（f）3.0%Gd

共晶相和白色的第二相所组成。根据 EDS 结果（见图 9-30）并结合 XRD 结果可以确定 Mg-3.8Zn-2.2Ca-xGd 镁合金组织中的第二相，并且标注在图中。添加

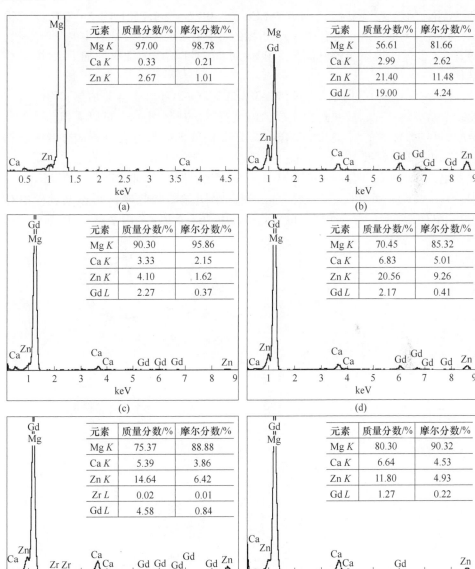

图 9-30 Mg-3.8Zn-2.2Ca-xGd 镁合金铸态组织的 EDS 结果

(a) 图 9-29(a) 中位置 A 的 EDS 结果; (b) 图 9-29(c) 中位置 B 的 EDS 结果;

(c) 图 9-29(c) 中位置 C 的 EDS 结果; (d) 图 9-29(c) 中位置 D 的 EDS 结果;

(e) 图 9-29(e) 中位置 E 的 EDS 结果; (f) 图 9-29(e) 中位置 F 的 EDS 结果

0.5% ~ 3.0% Gd 和 2.0% Gd + 0.6% Zr 对 Mg-3.8Zn-2.2Ca 中 Ca$_2$Mg$_6$Zn$_3$ 相的形貌和尺寸的影响较大, 使其形貌由最初的连续/准连续块状变成相对细小的准连续

和/或断续的块状。同时，添加 0.5%Gd 、2.0%Gd 、2.0%Gd + 0.6%Zr、3.0%
Gd 的 Mg-3.8Zn-2.2Ca 合金中 Mg$_5$Gd 相的形态在 Gd 含量较低时主要呈骨骼状，
随着 Gd 含量的进一步的升高到 3.0% 后，Mg$_5$Gd 相变为细小的羽毛状和/或纤
维状。

图 9-31 和表 9-7 所示为实验 Mg-3.8Zn-2.2Ca-xGd 镁合金的加热和冷却 DSC
曲线及其吸热过程、放热过程中峰值温度统计。观察图 9-31 可以看出，随着合
金中 Gd 的添加量的增加，实验合金的 DSC 曲线的峰形存在一定的差异。添加
0.5%Gd 、2.0%Gd 、2.0%Gd + 0.6%Zr 和 3.0%Gd 使得合金的熔化和凝固温
度发生不同程度的变化。从图 9-31 中可以看出：四种不同成分合金的 DSC 曲线
中，升温曲线在 620℃ 左右时都会出现一个明显的吸热峰，而降温过程中在
600℃ 左右时都会出现一个明显的放热峰，由于这个温度范围是在 α-Mg 基体的熔

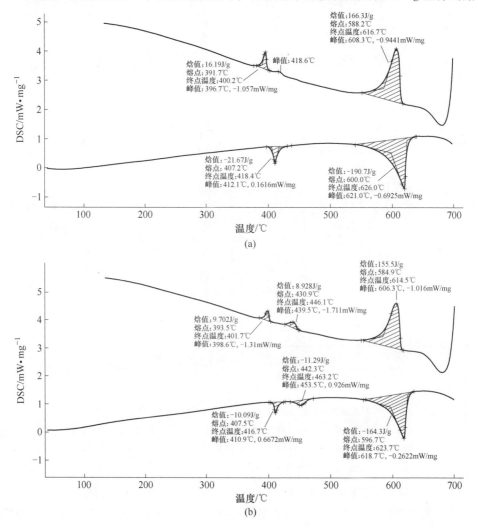

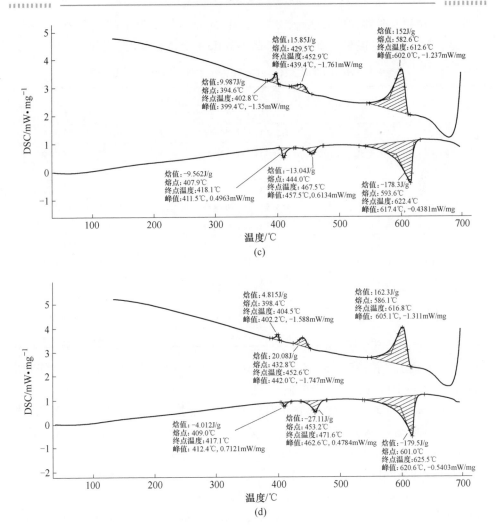

图 9-31　实验 Mg-3.8Zn-2.2Ca-xGd 镁合金的 DSC 分析结果
（a）0.5% Gd；（b）2.0% Gd；（c）2.0% Gd + 0.6% Zr；（d）3.0% Gd

化温度范围内，因此可以判定与上述吸热峰和放热峰所对应温度范围内发生的过程分别是合金的熔化和凝固过程[71]。此外还可以看到，实验 Mg-3.8Zn-2.2Ca-xGd 镁合金的 DSC 曲线基本相似。其中在升温过程中，随着温度的升高，四种合金试样各在 412.1℃、410.9℃、411.5℃、412.4℃出现了一个吸热峰；而在降温过程中，随着温度的降低，四组实验合金各在 396.7℃、398.6℃、399.4℃、402.2℃出现了一个放热峰，熔化过程和凝固过程完全对应[71]。可见，四种合金中第二相吸热峰的范围为 410.9 ~ 412.4℃，这与图中 Mg-3.8Zn-2.2Ca-xGd 的 DSC 分析结果相一致，此时发生的相变过程为 L→α-Mg + Mg₂Ca。此外降温过程中在 418~442℃ 时存在的放热峰，结合图中 Mg-3.8Zn-2.2Ca-xGd 的 DSC 分析结果和 Mg-Zn-Ca 三元相图可知此处发生 L→α-Mg + Ca$_2$Mg$_6$Zn$_3$ 二元共晶反应。

表 9-7　Mg-3.8Zn-2.2Ca-xGd 镁合金 DSC 曲线的峰形统计

实 验 合 金	DSC 曲线特征	
	升温过程	降温过程
Mg-3.8Zn-2.2Ca-0.5Gd	412.1℃ 1 个吸热峰	396.7℃ 1 个放热峰
	437.2℃ 1 个吸热峰	418.6℃ 1 个放热峰
	621.0℃ 1 个吸热峰	608.3℃ 1 个放热峰
Mg-3.8Zn-2.2Ca-2.0Gd	410.9℃ 1 个吸热峰	398.6℃ 1 个放热峰
	453.5℃ 1 个吸热峰	439.5℃ 1 个放热峰
	618.7℃ 1 个吸热峰	606.3℃ 1 个放热峰
Mg-3.8Zn-2.2Ca-2.0Gd-0.6Zr	411.5℃ 1 个吸热峰	399.4℃ 1 个放热峰
	457.5℃ 1 个吸热峰	439.4℃ 1 个放热峰
	617.4℃ 1 个吸热峰	602.0℃ 1 个放热峰
Mg-3.8Zn-2.2Ca-3.0Gd	412.4℃ 1 个吸热峰	402.2℃ 1 个放热峰
	462.6℃ 1 个吸热峰	442℃ 1 个放热峰
	620.6℃ 1 个吸热峰	605.1℃ 1 个放热峰

表 9-8 列出了铸态 Mg-3.8Zn-2.2Ca-xGd 镁合金在不同条件下的抗拉性能和蠕变性能。从表中可以看到，经单独和/或复合添加 0.5%~3.0% Gd 及 0.6% Zr 后的 Mg-3.8Zn-2.2Ca-xGd 镁合金在室温和 150℃ 下的抗拉性能均得到一定程度的提高，其中以复合添加 2.0% Gd + 0.6% Zr 合金抗拉性能提升较高。此外，添加 0.5%~3.0% Gd 及 0.6% Zr 后还可以明显地改善合金的高温屈服强度。随着合金中 Gd 添加量的增加能够有效改进合金在 150℃、50MPa、100h 下的抗蠕变性能，在 Gd 添加量为 3.0% 时，合金的抗蠕变性能改善最为明显。通过比较发现，在四组添加 Gd 的实验合金中，以复合添加 2.0% Gd + 0.6% Zr 的 Mg-3.8Zn-2.2Ca 镁合金具有较好的抗拉伸性能和抗蠕变性能。

表 9-8　Mg-3.8Zn-2.2Ca-xGd 镁合金的铸态力学性能

实 验 合 金	抗 拉 性 能						蠕变性能
	室　温			150℃			150℃ + 50MPa × 100h
	最大抗拉强度/MPa	屈服强度/MPa	伸长率/%	最大抗拉强度/MPa	屈服强度/MPa	伸长率/%	最小蠕变速率/s^{-1}
Mg-3.8Zn-2.2Ca	123.8	96.7	2.4	110.9	87.0	5.8	2.83
Mg-3.8Zn-2.2Ca-0.5Gd	131.3	102.5	3.1	121.3	93.7	6.2	2.04
Mg-3.8Zn-2.2Ca-2.0Gd	129.7	107.5	2.9	125.0	100.2	7.5	1.52
Mg-3.8Zn-2.2Ca-2.0Gd-0.6Zr	141.5	110.3	4.2	130.7	113.5	8.2	1.05
Mg-3.8Zn-2.2Ca-3.0Gd	133.7	106.0	3.0	121.5	108.4	7.3	0.67

　　图 9-32 和图 9-33 所示为合金拉伸断口横断面的 SEM 照片及纵断面的金相照片。从图中可以看到，所有实验合金均发生沿晶断裂，并且拉伸断口比较相似，均能观察到解理面和河流状花纹，说明添加 0.5% ~ 3.0% Gd 对 Mg-3.8Zn-2.2Ca 镁合金的断裂形式并没有明显影响，均呈解理和/或准解理断裂。基于以上组织

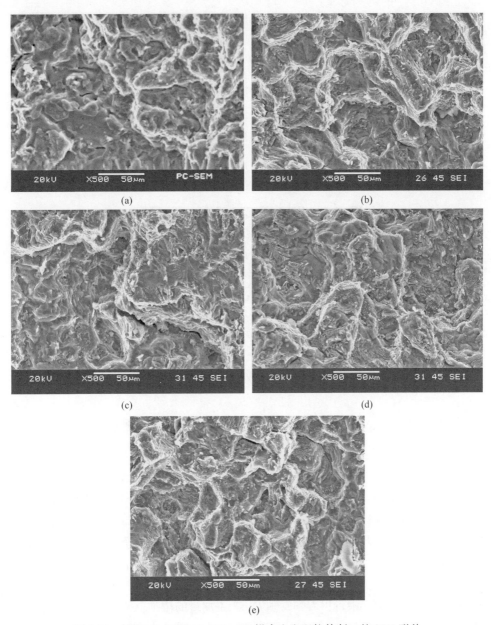

图 9-32　铸态 Mg-3.8Zn-2.2Ca-xGd 镁合金室温拉伸断口的 SEM 形貌

（a）无 Gd；（b）0.5% Gd；（c）2.0% Gd；（d）2.0% Gd + 0.6% Zr；（e）3.0% Gd

分析结果可知，单独添加 0.5% ~ 3.0% Gd 以及复合添加 2.0% Gd + 0.6% Zr 对 Mg-3.8Zn-2.2Ca 镁合金抗拉性能的影响可能与合金晶粒的细化有关，而对合金抗蠕变性的影响则可能与合金中形成了热稳定性高的 Mg_5Gd 相以及 Gd 添加影响了 Mg-3.8Zn-2.2Ca 镁合金组织中 $Ca_2Mg_6Zn_3$ 相的形态及尺寸等有关。

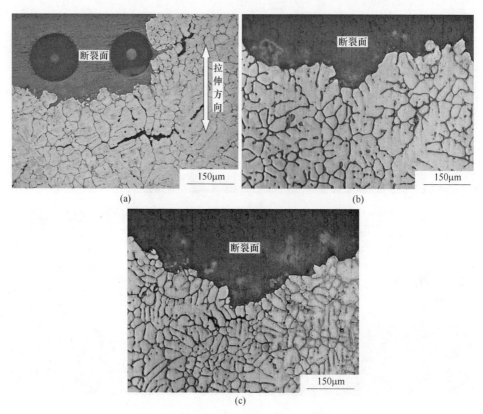

图 9-33 铸态 Mg-3.8Zn-2.2Ca-xGd 镁合金室温拉伸后断口纵断面的金相照片
(a) 无 Gd；(b) 0.5% Gd；(c) 2.0% Gd

Mg-3.8Zn-2.2Ca-xGd 实验合金 T4 固溶处理后的 XRD 结果如图 9-34 所示。从图中可以看到，经过 T4 固溶处理之后，合金中的化合物相仍然由 α-Mg、$Ca_2Mg_6Zn_3$、Mg_2Ca 以及 Mg_5Gd 相组成，说明 Mg-3.8Zn-2.2Ca-xGd 合金组织中的 Mg_2Ca、$Ca_2Mg_6Zn_3$ 和 Mg_5Gd 相在固溶处理过程中并没有完全溶入基体，显示出了较高的热稳定性，而这无疑对于合金的抗蠕变性能是有益的。

Mg-3.8Zn-2.2Ca-xGd 实验镁合金固溶组织的低倍和高倍 SEM 照片如图 9-35 和图 9-36 所示，从图中可以看到，随着 Gd 添加量的增加，固溶处理后合金的晶粒尺寸逐渐变小，残留第二相在晶界和晶内的分布更加均匀，尤其是添加 3.0% Gd 的合金。

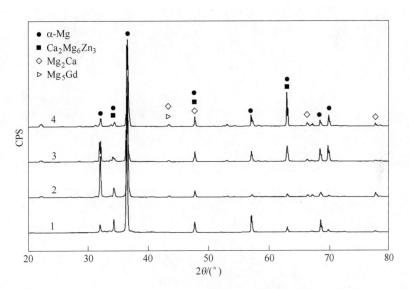

图 9-34　Mg-3.8Zn-2.2Ca-*x*Gd 镁合金固溶处理后的 XRD 结果

1—0.5% Gd；2—2.0% Gd；3—2.0% Gd＋0.6% Zr；4—3.0% Gd

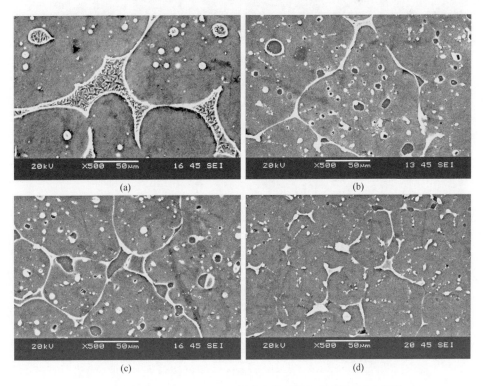

图 9-35　Mg-3.8Zn-2.2Ca-*x*Gd 镁合金固溶组织的低倍 SEM 照片

（a）0.5% Gd；（b）2.0% Gd；（c）2.0% Gd＋0.6% Zr；（d）3.0% Gd

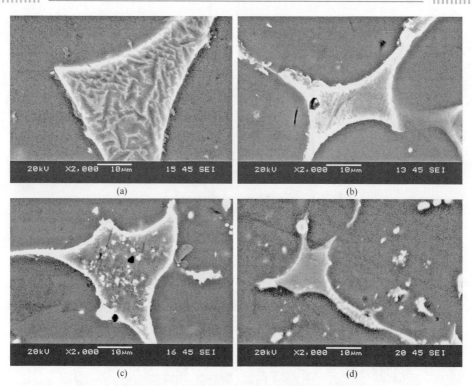

图 9-36　Mg-3.8Zn-2.2Ca-xGd 镁合金固溶组织的高倍 SEM 照片

（a）0.5%Gd；（b）2.0%Gd；（c）2.0%Gd+0.6%Zr；（d）3.0%Gd

图 9-37 所示为不同工艺条件下 Mg-3.8Zn-2.2Ca-2.0Gd 镁合金 XRD 结果，从

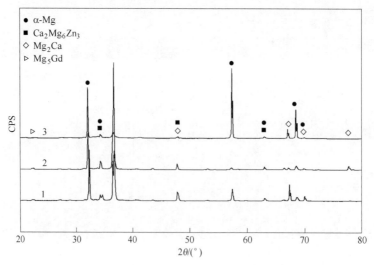

图 9-37　不同工艺条件下 Mg-3.8Zn-2.2Ca-2.0Gd 镁合金的 XRD 结果

1—铸态；2—T4 固溶处理；3—T62 工艺 200℃×32h 时效处理

图中可以看到，Mg-3.8Zn-2.2Ca-2.0Gd 镁合金在铸态、T4 固溶处理状态和 T61 工艺 200℃ ×32h 时效处理后的组织主要均由 α-Mg、Mg$_2$Ca、Ca$_2$Mg$_6$Zn$_3$ 和少量的 Mg$_5$Gd 相组成。此外，不同工艺条件下第二相的峰值会发生一定的变化，固溶时效处理后第二相的峰值增大，说明时效处理后的第二相的析出数量有所增加，而这对合金力学性能的提高是有益的。

图 9-38 所示为 Mg-3.8Zn-2.2Ca-2.0Gd 实验镁合金经 200℃ ×4h、200℃ ×

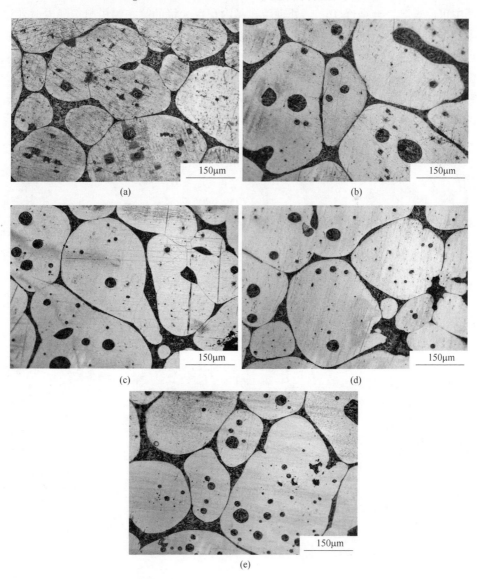

图 9-38 Mg-3.8Zn-2.2Ca-2.0Gd 镁合金等温时效的金相照片

（a）4h；（b）8h；（c）16h；（d）24h；（e）32h

8h、200℃×16h、200℃×24h 和 200℃×32h 时效处理后组织的金相照片。从图中可以看到，添加 2.0% Gd 的 Mg-3.8Zn-2.2Ca 合金经过时效处理后原有的残留的第二相仍然清楚可见。同时，与合金固溶组织对比发现晶粒尺寸增大，其中200℃×4h 试验合金的晶粒尺寸相对较小，随着时效时间由 4h 增加到 32h，合金的晶粒尺寸增大。图 9-39 所示为 Mg-3.8Zn-2.2Ca-2.0Gd 实验合金经 T62 处理（175℃×24h、200℃×24h、225℃×24h、250℃×24h）后组织的金相照片。从图中可以看到，合金经 T62 热处理后在晶内存在大量的第二相析出。随着时效温度的增加，合金析出第二相所占体积分数不断增加，且合金晶界处化合物的形貌也有一定的变化。另外，分布在晶粒间的不连续的树枝状化合物的数量在逐渐减少，晶粒尺寸也有增大的趋势，并且合金的等轴化趋势也在不断增强。已有的研究结果表明[57,58]，稀土元素 Gd 添加到镁合金中会明显影响合金时效过程中的析出相。显然，Gd 的添加对 Mg-3.8Zn-2.2Ca 镁合金时效过程中析出相的类型和尺

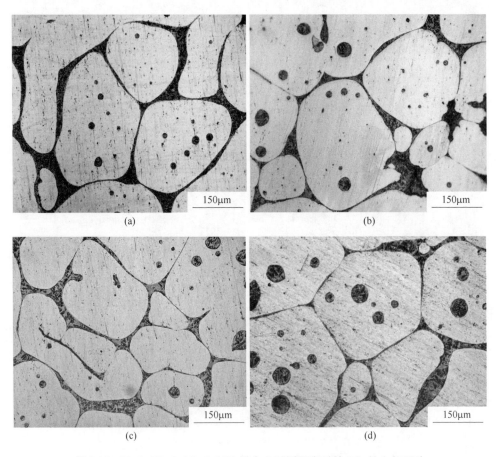

图 9-39　Mg-3.8Zn-2.2Ca-2.0Gd 镁合金不同温度时效 24h 的金相照片

(a) 175℃；(b) 200℃；(c) 225℃；(d) 250℃

寸也应该存在明显的影响，这还需要在后续的工作中借助透射电镜分析等手段来做进一步证实。

固溶处理对 Mg-3.8Zn-2.2Ca-xGd 镁合金显微硬度的影响如图 9-40 所示。从图中可以看出，合金元素的变化，可以影响到合金的显微硬度值。此外，Gd 和/或 Zr 的添加对合金的显微硬度的影响并不是很大，只是 0.5% Gd 的添加使 Mg-3.8Zn-2.2Ca-xGd 镁合金显微硬度略微有所下降，但添加 2.0% Gd 以及 2.0% Gd + 0.6% Zr 可以使 Mg-3.8Zn-2.2Ca-xGd 合金的显微硬度得到一定提升，其中添加 2.0% Gd + 0.6% Zr 时合金的显微硬度 HV 达到最大，为 73.7，随后当 Gd 的含量增加时显微硬度有所下降。对于添加 2.0% Gd + 0.6% Zr 合金具有最高的硬度，可能是由于 Gd 量的增加对合金中形成的第二相的数量和形态产生一定的影响，以及 Zr 的添加细化晶粒等作用的影响。这表明在 Mg-3.8Zn-2.2Ca 合金中添加 Gd 能提升合金固溶处理后合金的显微硬度值，而且复合添加 2.0% Gd + 0.6% Zr 对于固溶处理后合金的显微硬度值增长最为明显。

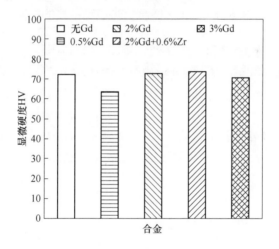

图 9-40　固溶处理对 Mg-3.8Zn-2.2Ca-xGd 镁合金显微硬度的影响

图 9-41 所示为时效时间对 Mg-3.8Zn-2.2Ca-2.0Gd 镁合金显微硬度的影响。从图中可以看到，时效温度为 200℃时，随着时效时间的增加硬度先减小再增大，其中在时效时间从 4h 增加到 8h 时硬度 HV 由 73 下降到 69，随后随着时效时间的增加硬度呈现增加的趋势，在 32h 时效达到最大硬度 HV 约为 82。图 9-42 所示为 24h 时效下不同时效温度对 Mg-3.8Zn-2.2Ca-2.0Gd 镁合金显微硬度的影响。当时效温度增加时，Mg-3.8Zn-2.2Ca-2.0Gd 合金的硬度先增加后减小，在时效温度为 200℃时硬度 HV 最大，为 78，随着时效温度增加到 225℃时，硬度 HV 下降了 6，当时效温度提高到 250℃时硬度明显下降，此时的硬度 HV 仅为 67。硬度下降的原因可能与合金时效析出相的类型、数量及尺寸变化等有关。

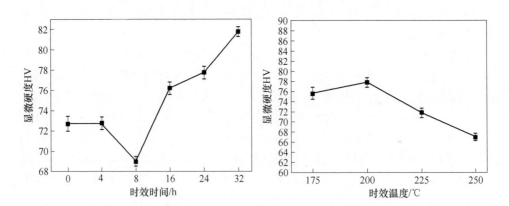

图 9-41　时效时间对 Mg-3.8Zn-2.2Ca-2.0Gd
　　　　镁合金显微硬度的影响

图 9-42　时效温度对 Mg-3.8Zn-2.2Ca-2.0Gd
　　　　镁合金显微硬度的影响

9.4.3　Y 添加对 Mg-3.8Zn-2.2Ca 镁合金组织和性能的影响

图 9-43 所示为 Mg-3.8Zn-2.2Ca-xY 实验镁合金铸态组织的 XRD 结果。观察发现，与三元 Mg-3.8Zn-2.2Ca 镁合金相类似[4]：Mg-3.8Zn-2.2Ca-xY 镁合金的铸态组织主要由初生相 α-Mg、Mg_2Ca 和 $Ca_2Mg_6Zn_3$ 三种相组成。分别添加 0.5% Y、1.0% Y、2.0% Y、2.0% Y +0.6% Zr 及 3.0% Y 后在合金中生成了 $Mg_{24}Y_5$ 新相。此外，还可以发现，随着 Y 添加量从 0.5% 增加到 3.0%，$Mg_{24}Y_5$ 相的峰值强度逐渐

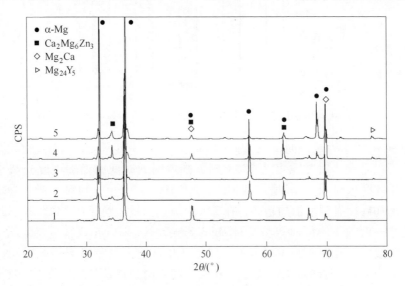

图 9-43　Mg-3.8Zn-2.2Ca-xY 镁合金铸态组织的 XRD 结果
1—0.5% Y；2—1.0% Y；3—2.0% Y；4—2.0% Y +0.6% Zr；5—3.0% Y

增大，说明合金组织中 $Mg_{24}Y_5$ 相的数量在逐渐增加。

    图 9-44 所示为 Mg-3.8Zn-2.2Ca-xY 实验镁合金铸态组织的光学金相照片。从图可以看到所有实验合金组织特征均呈树枝晶状。仔细对比观察可以发现，没有添加稀土 Y 元素的 Mg-3.8Zn-2.2Ca 镁合金的枝臂间距以及晶粒尺寸都相对较大，而在 Mg-3.8Zn-2.2Ca 镁合金中添加了 0.5%Y、1.0%Y、2.0%Y、2.0%Y + 0.6%Zr 及 3.0%Y 之后合金的枝臂间距和晶粒尺寸都有变小，并且合金的等轴化

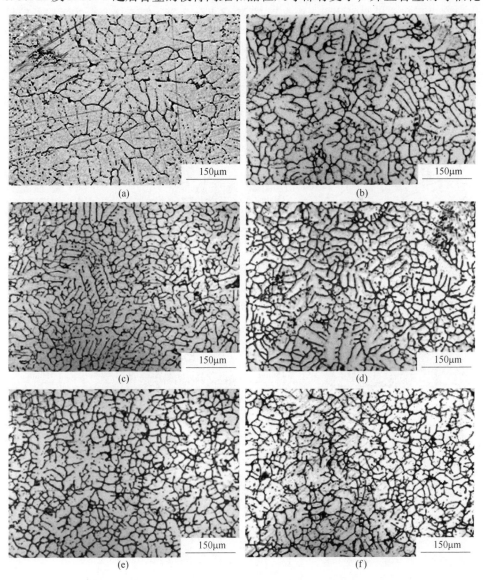

图 9-44　Mg-3.8Zn-2.2Ca-xY 镁合金铸态组织的金相照片

（a）无 Y；（b）0.5%Y；（c）1.0%Y；（d）2.0%Y；（e）2.0%Y + 0.6%Zr；（f）3.0%Y

趋势不断增强。在这 5 组合金中以复合添加 2.0% Y +0.6% Zr 的晶粒细化效果最明显，说明添加 0.5% ~ 3.0% Y 和 2.0% Y +0.6% Zr 能够细化 Mg-3.8Zn-2.2Ca 镁合金的组织，并且随着 Y 含量从 0.5% 增加到 3.0% 的过程中，Mg-3.8Zn-2.2Ca 镁合金的组织变得更加细小，即其对合金晶粒的细化效果逐渐增加。图 9-45 所示为 Mg-3.8Zn-2.2Ca-xY 实验合金固溶组织的金相照片，进一步证实了稀土元素 Y 的添加可以细化 Mg-3.8Zn-2.2Ca 镁合金组织，而且随着添加量的变化细化效率也存在差异。经测量未添加 Y 的 Mg-3.8Zn-2.2Ca 铸态镁合金的平均晶粒尺寸为 234μm[4]，而添加 0.5% Y、1.0% Y、2.0% Y、2.0% Y +0.6% Zr 及 3.0% Y

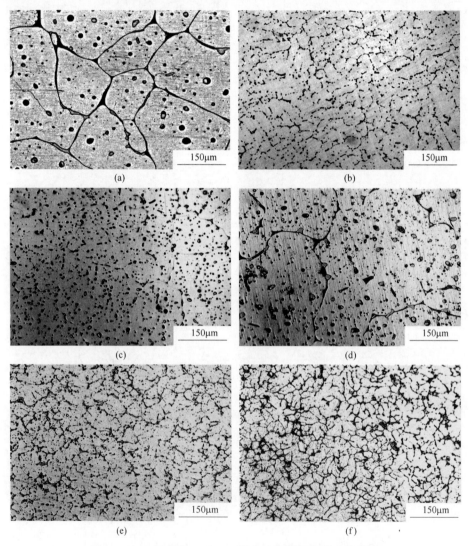

图 9-45　Mg-3.8Zn-2.2Ca-xY 镁合金固溶组织的金相照片

(a) 无 Y；(b) 0.5% Y；(c) 1.0% Y；(d) 2.0% Y；(e) 2.0% Y +0.6% Zr；(f) 3.0% Y

后，实验合金的平均晶粒尺寸分别为 187μm、153μm、146μm、78μm 和 67μm，即随着 Y 添加量的增加，其对 Mg-3.8Zn-2.2Ca 镁合金的晶粒细化效率不断增加。关于 Y 元素单独添加以及 Y + Zr 复合添加之后对 Mg-3.8Zn-2.2Ca 镁合金晶粒细化的影响，将结合扫描电镜的面扫描结果作深入的分析和讨论。

图 9-46 和图 9-47 所示为 Mg-3.8Zn-2.2Ca-*x*Y 镁合金铸态组织的低倍和高倍

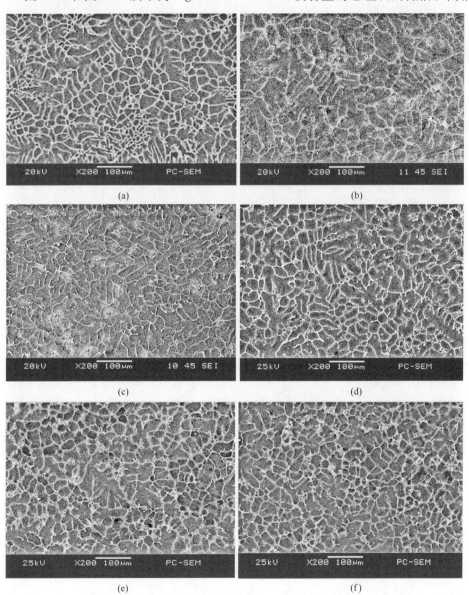

图 9-46 Mg-3.8Zn-2.2Ca-*x*Y 镁合金铸态组织的低倍 SEM 照片

（a）无 Y；（b）0.5%Y；（c）1.0%Y；（d）2.0%Y；（e）2.0%Y+0.6%Zr；（f）3.0%Y

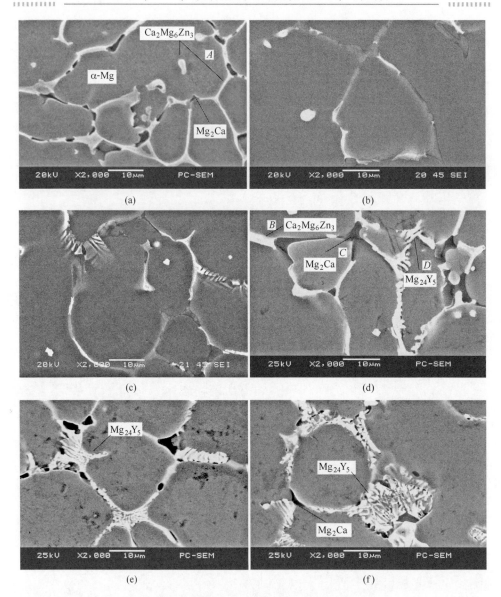

图 9-47　Mg-3.8Zn-2.2Ca-xY 镁合金铸态组织的高倍 SEM 照片

（a）无 Y；（b）0.5%Y；（c）1.0%Y；（d）2.0%Y；（e）2.0%Y+0.6%Zr；（f）3.0%Y

扫描电镜照片。实验合金的铸态组织主要由 α-Mg 基体以及连续和/或准连续以及零散分布的第二相所组成。结合 XRD 结果和 EDS 结果（见图 9-48）可知，这些金属间化合物为 Mg_2Ca 和 $Ca_2Mg_6Zn_3$ 及 $Mg_{24}Y_5$ 相，其主要分布在晶界，但也有少量的 $Ca_2Mg_6Zn_3$ 相被发现位于晶粒内部。同时，从图中还可以看到部分连续的三元相 $Ca_2Mg_6Zn_3$ 被 Mg_2Ca 相阻断，而这与其他相关的 Mg-Zn-Ca 文献的报道相符[69,70]。

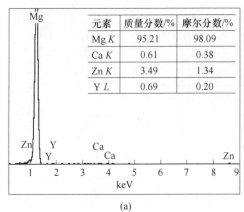

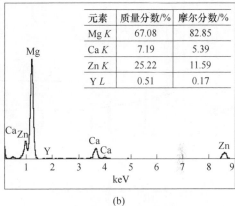

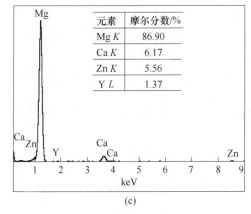

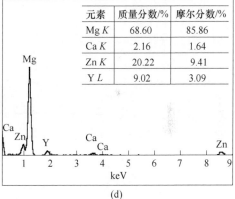

图 9-48 Mg-3.8Zn-2.2Ca-xY 镁合金铸态组织的 EDS 结果

（a）图 9-47（a）中位置 A 的 EDS 结果；（b）图 9-47（d）中位置 B 的 EDS 结果；

（c）图 9-47（d）中位置 C 的 EDS 结果；（d）图 9-47（d）中位置 D 的 EDS 结果

从图 9-47 中还可以看到，在 Mg-3.8Zn-2.2Ca 镁合金中复合添加 0.5% ~ 3.0%Y 和/或 0.6%Zr 后，合金组织中的共晶 $Ca_2Mg_6Zn_3$ 相的形貌发生明显的变化. 其由最初粗大的连续和/或准连续块状变为相对细小的准连续和/或断续块状。从图 9-47（d）中还可以看到，添加 2.0%Y 后，Mg-3.8Zn-2.2Ca 镁合金组织中的部分 $Ca_2Mg_6Zn_3$ 和 $Mg_{24}Y_5$ 被混合，并且混合相的形貌主要呈粗大的准连续块状。

图 9-49 和表 9-9 所示为实验 Mg-3.8Zn-2.2Ca-xY 镁合金铸态组织的加热和冷却 DSC 曲线及其吸热峰和放热峰的温度统计。从表 9-9 可以看到，随着合金成分及含量的变化，实验合金的 DSC 曲线的峰形存在一定的差异。从实验 Mg-3.8Zn-2.2Ca-xY 镁合金的 DSC 曲线吸热峰和放热峰的温度可以看出，添加 0.5%Y、1.0%Y、2.0%Y、2.0%Y+0.6%Zr 及 3.0%Y 都使得合金的熔化和凝固温度发

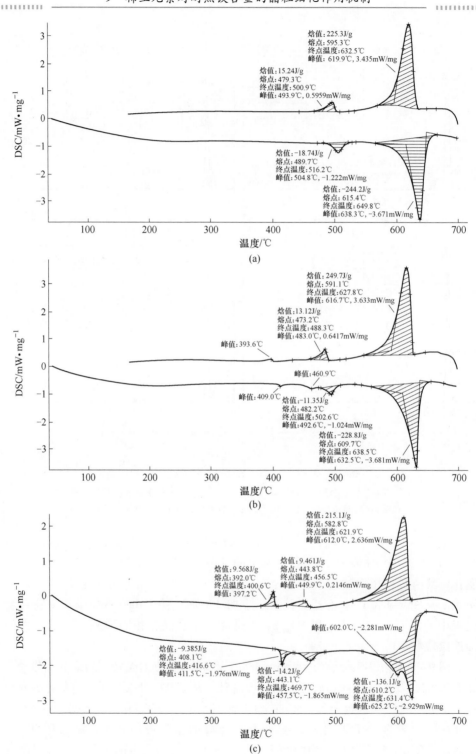

（a）

（b）

（c）

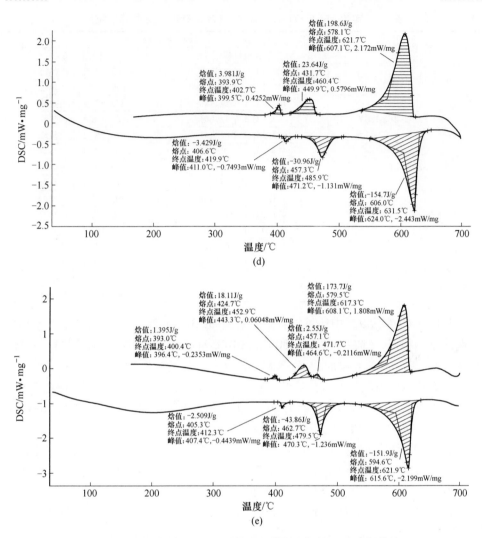

图 9-49　Mg-3.8Zn-2.2Ca-xY 镁合金铸态组织的 DSC 冷却曲线
（a）0.5%Y；（b）1.0%Y；（c）2.0%Y；（d）2.0%Y+0.6%Zr；（e）3.0%Y

生不同程度的变化。五组不同成分合金的加热和冷却 DSC 曲线中，升温过程中在 602～638℃时都会出现一个明显的吸热峰，而降温过程中在 607～619.9℃时都会出现一个明显的放热峰。由于这个温度范围是在 α-Mg 基体的熔化温度范围内，因此可以认为与此吸热峰和放热峰相对应的温度范围内发生的是合金的熔化和凝固过程[71]。此外可以发现在降温过程中 2.0%Y+0.6%Zr 和 3.0%Y 添加的 Mg-3.8Zn-2.2Ca 合金比 0.5%Y、1.0%Y 和 2.0%Y 添加的 Mg-3.8Zn-2.2Ca 合金的凝固温度要低 10℃左右，随着 Y 含量的增加，合金的凝固峰值温度呈下降趋势。

表 9-9　实验 Mg-3.8Zn-2.2Ca-xY 镁合金 DSC 曲线的峰形统计

实验合金	DSC 曲线特征	
	升温过程	降温过程
Mg-3.8Zn-2.2Ca-0.5Y	504.8℃ 1 个吸热峰	493.9℃ 1 个放热峰
	638.3℃ 1 个吸热峰	619.9℃ 1 个放热峰
Mg-3.8Zn-2.2Ca-1.0Y	409.0℃ 1 个吸热峰	393.6℃ 1 个放热峰
	492.6℃ 1 个吸热峰	483.0℃ 1 个放热峰
	632.5℃ 1 个吸热峰	616.7℃ 1 个放热峰
Mg-3.8Zn-2.2Ca-2.0Y	411.5℃ 1 个吸热峰	397.2℃ 1 个放热峰
	457.5℃ 1 个吸热峰	499.9℃ 1 个放热峰
	625.2℃ 1 个吸热峰	612.0℃ 1 个放热峰
Mg-3.8Zn-2.2Ca-2.0Y-0.6Zr	411.0℃ 1 个吸热峰	399.5℃ 1 个放热峰
	471.2℃ 1 个吸热峰	449.9℃ 1 个放热峰
	624.0℃ 1 个吸热峰	607.1℃ 1 个放热峰
Mg-3.8Zn-2.2Ca-3.0Y	407.4℃ 1 个吸热峰	396.4℃ 1 个放热峰
	470.3℃ 1 个吸热峰	443.3℃ 1 个放热峰
		464.6℃ 1 个放热峰
	615.6℃ 1 个吸热峰	608.1℃ 1 个吸热峰

从图 9-49 和表 9-9 中还可以看到，实验 Mg-3.8Zn-2.2Ca-xY 镁合金的差热分析曲线基本相似，都在 400℃、480℃ 和 610℃ 左右有 3 个相对应的吸热峰和放热峰的存在，但 0.5% Y 添加的 Mg-3.8Zn-2.2Ca 合金是个例外，该合金在 400℃ 左右并没有检测到有吸热和放热峰的存在，对于这种情况的出现可能是由于差热分析实验误差所致。在 400℃ 和 450~480℃ 温度附近发生的相变很可能与 L→α-Mg + Mg$_2$Ca 和 L→α-Mg + Ca$_2$Mg$_6$Zn$_3$ 二元共晶反应有关。

表 9-10 列出了铸态 Mg-3.8Zn-2.2Ca-xY 镁合金在不同条件下的抗拉性能和蠕变性能。从表中可以看出，Mg-3.8Zn-2.2Ca-xY 镁合金经单独和/或复合添加 0.6% Zr 及 0.5%~3.0% Y 后，合金在室温和 150℃ 下的力学性能均得到一定程度的提高，这其中又以复合添加 2.0% Y + 0.6% Zr 对合金力学性能的改善最为明显。

表 9-10　Mg-3.8Zn-2.2Ca-xY 镁合金的铸态力学性能

实验合金	抗拉性能						蠕变性能
	室温			150℃			150℃ + 50MPa×100h
	最大抗拉强度/MPa	屈服强度/MPa	伸长率/%	最大抗拉强度/MPa	屈服强度/MPa	伸长率/%	最小蠕变速率/s^{-1}
Mg-3.8Zn-2.2Ca	123.8	96.7	2.4	110.9	87.0	5.8	2.83
Mg-3.8Zn-2.2Ca-0.5Y	128.3	101.6	2.8	116.3	91.2	6.0	2.13
Mg-3.8Zn-2.2Ca-1.0Y	130.2	107.0	3.1	119.2	95.7	6.2	1.65
Mg-3.8Zn-2.2Ca-2.0Y	137.4	113.2	3.6	123.1	102.5	6.5	1.20
Mg-3.8Zn-2.2Ca-2.0Y-0.6Zr	145.7	120.5	4.2	130.5	110.3	7.1	0.86
Mg-3.8Zn-2.2Ca-3.0Y	136.5	116.5	3.6	124.6	104.6	6.3	1.34

对于 Mg-3.8Zn-2.2Ca-xY 镁合金在铸态力学性能上的差异还可以从合金的拉伸断口得到进一步的证实。图 9-50 所示为铸态 Mg-3.8Zn-2.2Ca-xY 镁合

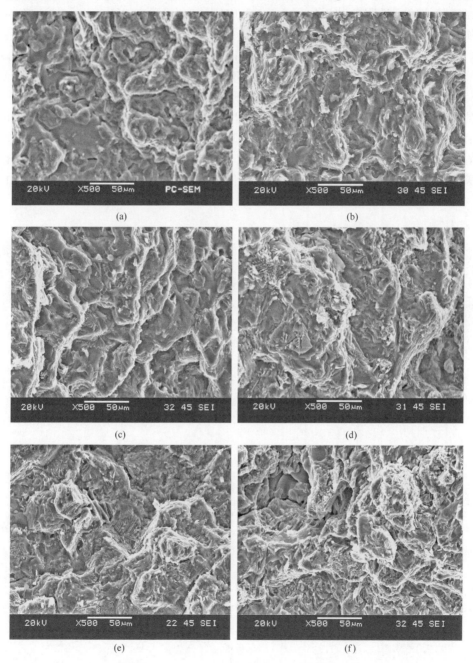

图 9-50　铸态 Mg-3.8Zn-2.2Ca-xY 镁合金室温拉伸断口的 SEM 形貌

（a）无 Y；（b）0.5%Y；（c）1.0%Y；（d）2.0%Y；（e）2.0%Y+0.6%Zr；（f）3.0%Y

金室温拉伸断口的 SEM 形貌。结合之前对 Mg-3.8Zn-2.2Ca 镁合金的研究结果可以看到[4]：所有实验合金的拉伸断口都比较相似，均能观察到解理面和河流状花纹，说明单独添加 0.5% ~ 3.0% Y 和复合添加 2.0% Y + 0.6% Zr 对 Mg-3.8Zn-2.2Ca-xY 镁合金的断裂形式并没有明显影响，均呈解理和/或准解理断裂。单独添加 0.5% ~ 3.0% Y 和复合添加 2.0% Y + 0.6% Zr 对 Mg-3.8Zn-2.2Ca-xY 镁合金的断裂形式没有明显影响。图 9-51 所示为铸态 Mg-3.8Zn-2.2Ca-xY 镁合金室温拉伸后纵断面的金相照片，从图中可以看出，单独添加 0.5% ~ 3.0% Y 和复合添加 2.0% Y + 0.6% Zr 的实验合金均沿晶界断裂。基于以上组织分析结果可知，单独添加 0.5% ~ 3.0% Y 和复合添加 2.0% Y + 0.6% Zr 对 Mg-3.8Zn-2.2Ca 镁合金抗拉性能的影响可能与合金晶粒的细化有关，而对合金抗蠕变性的影响则可能与合金中形成了热稳定性高的 $Mg_{24}Y_5$ 相，以及 Y 的添加影响了 Mg-3.8Zn-2.2Ca 镁合金组织中 $Ca_2Mg_6Zn_3$ 相的形态及尺寸等有关。

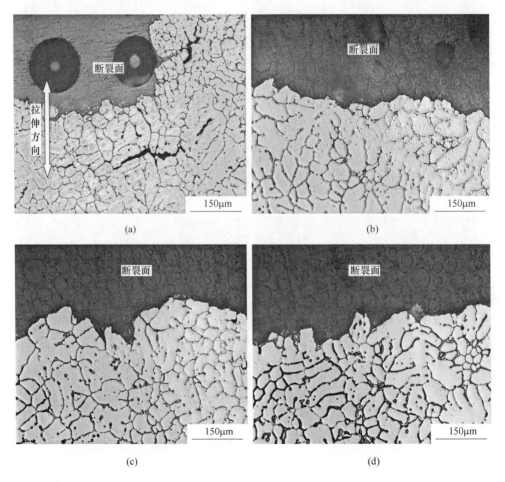

(a)

(b)

(c)

(d)

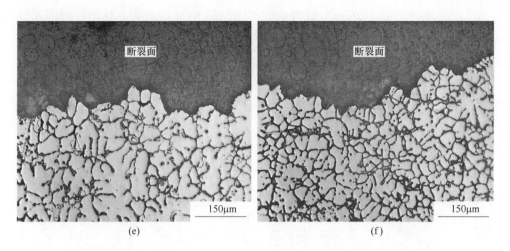

图 9-51　铸态 Mg-3.8Zn-2.2Ca-xY 镁合金室温拉伸后断口纵断面的金相照片

（a）无 Y；（b）0.5% Y；（c）1.0% Y；（d）2.0% Y；（e）2.0% Y+0.6% Zr；（f）3.0% Y

图 9-52 所示为 Mg-3.8Zn-2.2Ca-xY 实验合金 T4 固溶处理后的 XRD 结果。从图中可以看到 T4 固溶处理后的 Mg-3.8Zn-2.2Ca-xY 实验合金合金相的组成均主要由 Mg_2Ca、$Ca_2Mg_6Zn_3$ 和 $Mg_{24}Y_5$ 三种相组成，说明固溶处理后 Mg-3.8Zn-2.2Ca-xY 合金组织中的 Mg_2Ca、$Ca_2Mg_6Zn_3$ 和 $Mg_{24}Y_5$ 相并没有完全溶入基体，显示出了较高的热稳定性，而这些稳定的第二相对于合金在高温条件下的抗蠕变性能是有益的。

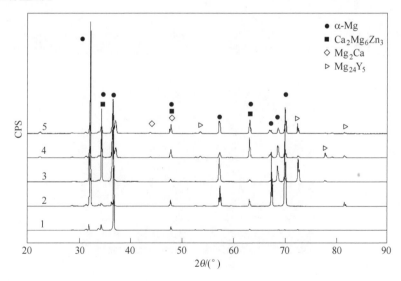

图 9-52　Mg-3.8Zn-2.2Ca-xY 镁合金 T4 固溶处理后的 XRD 结果

1—0.5% Y；2—1.0% Y；3—2.0% Y ；4—2.0% Y+0.6% Zr；5—3.0% Y

实验 Mg-3.8Zn-2.2Ca-xY 镁合金固溶组织的 SEM 低倍和高倍照片如图 9-53 和图 9-54 所示。可以看到不同 Y 添加量的 Mg-3.8Zn-2.2Ca-xY 实验镁合金经过 T4 固溶处理后，组织中残留第二相的分布仍可明显观察到，进一步研究可以发现，在 T4 固溶组织后 Mg-3.8Zn-2.2Ca-xY 实验镁合金中，残留第二相的数量随

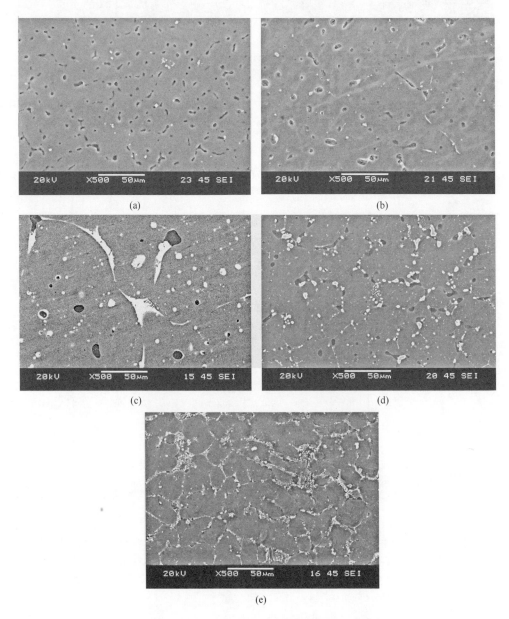

图 9-53　Mg-3.8Zn-2.2Ca-xY 镁合金固溶组织的低倍 SEM 照片
(a) 0.5%Y；(b) 1.0%Y；(c) 2.0%Y；(d) 2.0%Y+0.6%Zr；(e) 3.0%Y

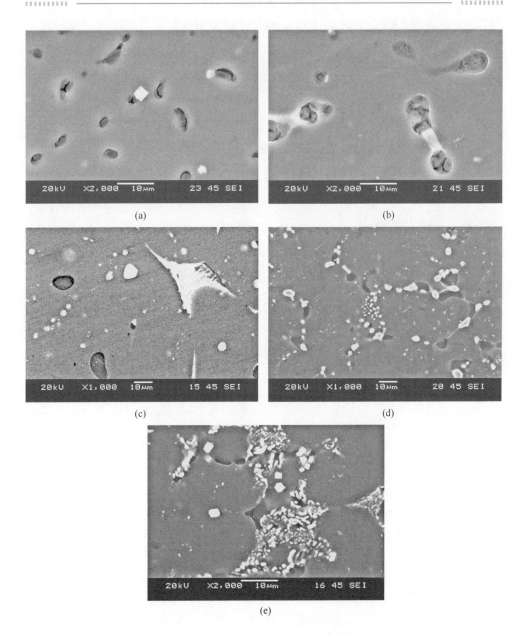

图9-54 Mg-3.8Zn-2.2Ca-xY 镁合金固溶组织的高倍 SEM 照片

（a）0.5%Y；（b）1.0%Y；（c）2.0%Y；（d）2.0%Y+0.6%Zr；（e）3.0%Y

着 Y 含量的增加而不断地增加，同时残留第二相的分布也更为均匀和分散，在 0.5%Y 和 1.0%Y 添加的 Mg-3.8Zn-2.2Ca-xY 合金中，残留第二相的分布数量较少，白亮色的 $Ca_2Mg_6Zn_3$ 相的数目并不是很多，但是当 Y 的添加量从 2.0% 增加到 3.0% 过程中，Mg-3.8Zn-2.2Ca-xY 实验镁合金中残留第二相的尺寸变得细小且数目明显增多。

图 9-55 所示为不同工艺条件下 Mg-3.8Zn-2.2Ca-1.0Y 镁合金 XRD 结果。从图中可以看到，Mg-3.8Zn-2.2Ca-1.0Y 镁合金在铸态、T4 固溶处理状态和 T61 工艺 200℃×16h 时效处理后的组织主要均由 α-Mg、Mg$_2$Ca、Ca$_2$Mg$_6$Zn$_3$ 和少量的 Mg$_{24}$Y$_5$ 相组成。此外，不同工艺条件下第二相的峰值会发生一定的变化，固溶时效处理后第二相的峰值增大，说明时效处理后的第二相的析出数量有所增加，而这对合金力学性能的提高是有益的。

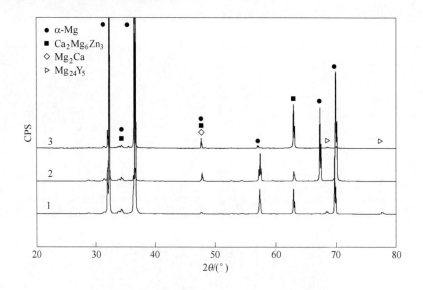

图 9-55 不同工艺条件下 Mg-3.8Zn-2.2Ca-1.0Y 镁合金 XRD 结果
1—铸态；2—T4 固溶处理；3—T61 工艺 200℃×16h 时效处理

图 9-56 和图 9-57 所示为 Mg-3.8Zn-2.2Ca-1.0Y 实验合金经 T61 时效（175℃，4h、8h、16h、24h、32h）和 T62（175℃、200℃、225℃、250℃，24h）时效处理后组织的金相照片。从图 9-56 中可以发现，经 T61 热处理后的 Mg-3.8Zn-2.2Ca-1.0Y 合金在晶内有大量的第二相析出，这可以从组织金相照片的颜色初步判断。当时效温度为 175℃，随着时效时间由 4h 增加到 32h，Mg-3.8Zn-2.2Ca-1.0Y 实验合金晶界处化合物的形貌发生了一定程度的变化并且析出第二相所占体积分数有所增加。已有的研究结果表明[61~63]，稀土元素 Y 添加到镁合金中对合金时效过程中的析出相会有明显影响。显然，时效时间的增加也会明显影响 Mg-3.8Zn-2.2Ca-1.0Y 镁合金时效过程中析出相的类型和尺寸。最终研究结果还需要借助透射电镜（TEM）等手段做进一步分析证实。

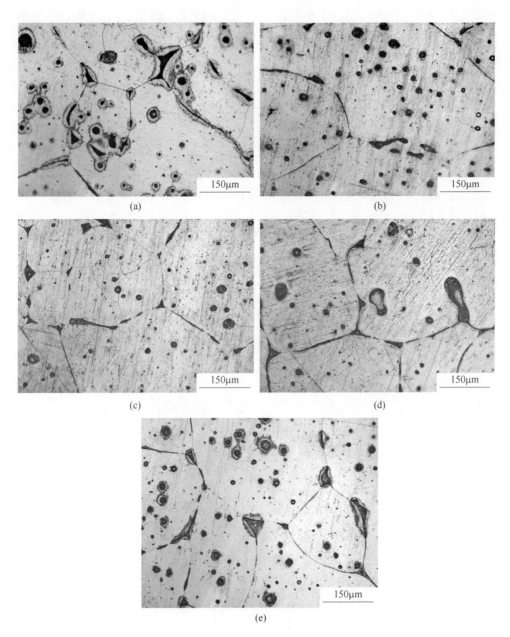

图 9-56　Mg-3.8Zn-2.2Ca-1.0Y 镁合金等温时效的金相照片
(a) 4h；(b) 8h；(c) 16h；(d) 24h；(e) 32h

Mg-3.8Zn-2.2Ca-xY 镁合金经过 T4 固溶处理后的显微硬度变化如图 9-58 所示，可以看出，合金的显微硬度值会随着 Y 添加量的变化而变化。Mg-3.8Zn-2.2Ca-xY 镁合金的显微硬度并没有随着 Y 含量的增加而产生明显的增加，相反

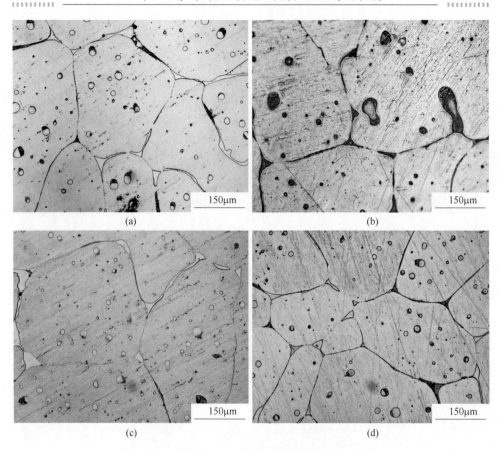

图 9-57 Mg-3.8Zn-2.2Ca-1.0Y 镁合金不同温度时效 24h 的金相照片

（a）175℃；（b）200℃；（c）225℃；（d）250℃

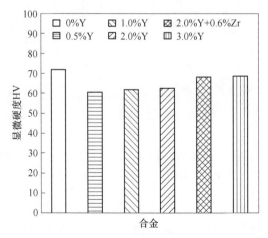

图 9-58 固溶处理对 Mg-3.8Zn-2.2Ca-xY 镁合金显微硬度的影响

0.5% ~ 2.0% Y 的添加会使得合金的显微硬度略微下降而低于 Mg-3.8Zn-2.2Ca 合金的显微硬度，但是 Mg-3.8Zn-2.2Ca-xY 的显微硬度会随着 Y 的添加量由 0.5% 增加到 3.0% 而增加，最终达到与 Mg-3.8Zn-2.2Ca 基础合金同等的硬度。此外，复合添加 2.0% Y + 0.6% Zr 的合金的硬度比单独添加 2.0% 的 Y 合金的硬度 HV 增加了 6，达到了 68。这说明在 Mg-3.8Zn-2.2Ca 合金中复合添加 Y 和 Zr 可以有效提升合金固溶处理后的显微硬度值。使固溶处理后合金显微硬度值增长最为明显的复合添加为 2.0% Y + 0.6% Zr。

时效时间和时效温度对 Mg-3.8Zn-2.2Ca-1.0Y 镁合金显微硬度的影响分别如图 9-59 和图 9-60 所示。图 9-59 结果表明，开始阶段 Mg-3.8Zn-2.2Ca-1.0Y 镁合金的硬度随着时效时间的增加而增加，在时效时间为 16h 时硬度 HV 达到最大值，为 75，之后硬度随着时效时间从 16h 增加到 32h 而呈下降趋势。从图 9-60 可以看到随着时效温度的增加 Mg-3.8Zn-2.2Ca-1.0Y 镁合金硬度先增后减小，在时效温度从 175℃ 增加到 200℃ 时硬度 HV 增加达到最大值，为 74.5，随后当时效温度从 200℃ 增加到 250℃ 时硬度是下降的，图 9-57 中不同温度时效 24h 的金相组织照片很好地解释了这一现象。此外，也可以从上文对于添加 0.75% Sr、2.0% Gd 的 Mg-3.8Zn-2.2Ca 实验合金不同温度时效 24h 的显微硬度的影响图中得到相同的结论，镁合金在时效温度为 200℃、时效时间为 24h 的工艺条件下硬度最高。

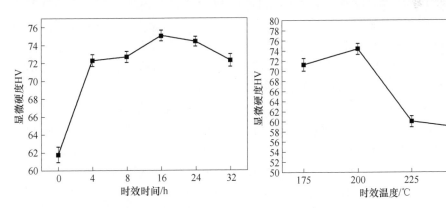

图 9-59　时效时间对 Mg-3.8Zn-2.2Ca-1.0Y
镁合金显微硬度的影响

图 9-60　时效温度对 Mg-3.8Zn-2.2Ca-1.0Y
镁合金显微硬度的影响

9.5　分析与讨论

9.5.1　Sr 对 Mg-3.8Zn-2.2Ca 镁合金晶粒细化的影响分析

由上节实验结果表明，在 Mg-3.8Zn-2.2Ca 镁基合金中添加一定量的 Sr 可以细化合金晶粒，且能提高合金的力学性能。众所周知，生长限制因子（GRF）指的是溶质原子在固-液界面前沿形成成分过冷，通过减慢溶质原子的扩散抑制晶粒长大，溶质元素的生长限制因子数学表达式为：

$$\text{GRF} = \sum_i m_i c_{o,i} (k_i - 1) \tag{9-1}$$

式中，m_i 为二元相图的液相线斜率；$c_{o,i}$ 为合金中元素的初始含量；k_i 为溶质的分配系数。

溶质原子抑制晶粒长大的能力与生长限制因子的值成正比，生长限制因子值越大，晶粒细化效果越好。表 9-11 列出的镁合金中溶质元素的生长抑制系数 $m(k-1)$ 是根据二元合金相图确定的[71,72]。

表 9-11　镁合金中溶质元素的生长抑制系数

元　素	m_i	k_i	$m_i(k_i - 1)$	合金系
Zr	6.9	6.55	38.29	包晶
Ca	-12.67	0.05	11.94	共晶
Sr	-3.53	0.006	3.51	共晶
Zn	-6.04	0.12	5.31	共晶
Y	-3.04	0.5	1.70	共晶

根据金属凝固结晶理论，作为结晶晶核的元素只有当形核基底元素与镁基体之间的晶格常数的错配度小于 9% 时才可以进行，而 Mg 与 Sr 或含 Sr 化合物的晶格错配度很大，因此选择 Sr 作为结晶晶核是不适合的。另外，本实验中的含 Sr 相主要分布在晶界周围，也可论证，Sr 对合金组织的细化作用可能并不是因为 Sr 在合金凝固过程中作为形核质点，增加形核率的作用。计算可得出，相比元素 Zr、Ca 等，Y 的 GRF 值较高，但 Sr 的值较小，这与前面得到的 Sr 在 Mg-3.8Zn-2.2Ca 镁合金中具有较小的晶粒细化能力的实验结果是吻合的[72~74]。

对于 Sr 是如何细化镁合金的组织，目前主要有两种观点。其中一种可能的晶粒细化机理是从热力学角度出发的，该观点认为由于合金中加入了 Sr，从而对合金液过冷度产生了影响。

由 Kurfman 的研究可知，在不含 Sr 的镁合金的凝固过程中会产生 $\Delta T = 0.6℃$ 的过冷度。对比之下，含 Sr 的镁合金的凝固曲线相对比较平滑（见图 9-61）。这说明 Sr 使得合金液的过冷度增加了，从而细化了晶粒[73]。

根据经典凝固理论，临界形核半径 r^* 与过冷度 ΔT 间的关系可表示为：

$$r^* = \frac{2\sigma \times T_m}{L_m \times \Delta T} \tag{9-2}$$

$$\Delta T = T_m - T_1$$

式中，σ 为界面能；T_m 为平衡结晶温度；T_1 为液相线温度；L_m 为热焓。

随着 T_1 的减小，过冷度增大，临界形核半径减小，形核率增加，从而导致晶粒和化合物细化。添加 0.45% ~ 1.20% Sr 到 Mg-3.8Zn-2.2Ca 镁合金中，都降低了合金的开始结晶温度，添加 0.45% Sr、0.75% Sr 和 1.20% Sr 的 Mg-3.8Zn-

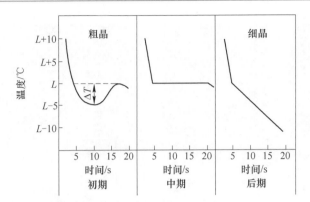

图 9-61 Sr 对镁合金过冷度的影响

2.2Ca 镁合金的开始结晶温度从未添加 Sr 的 Mg-3.8Zn-2.2Ca 的 622.78℃降低到 620.9℃、619.2℃和 618.7℃，增加了合金的过冷度，这一结论可以有效解释合金的晶粒细化。

另一种是从动力学角度出发，Sr 元素在 Mg 中的溶解度比较小只有 0.11%，因此，在凝固过程中，不能溶解的 Sr 元素会在固-液生长界面上富集形成 Sr 的吸附膜，这层膜会使晶粒表面或晶粒生长方向遭到破坏，降低晶粒生长速率，因此熔体有足够时间产生更多的晶核，从而细化了晶粒[74]。图 9-62 所示为 Mg-3.8Zn-2.2Ca-

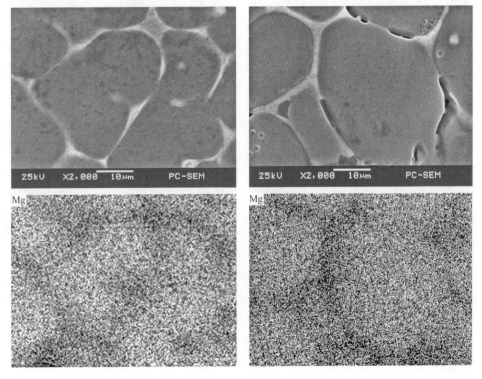

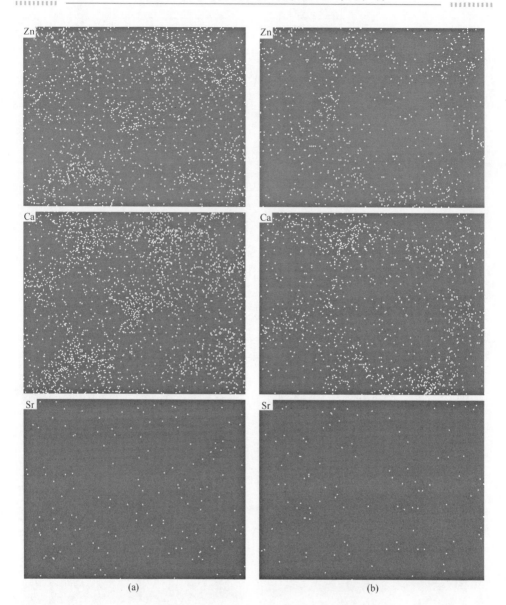

图 9-62　Mg-3.8Zn-2.2Ca-xSr 铸态镁合金的面扫描结果
（a）0.45%Sr；（b）1.20%Sr

xSr 铸态镁合金的 SEM 面扫描结果。图像表明 Sr 原子主要分布在晶界及枝晶周围的第二相中。这说明[72~75]：Sr 在生长界面前沿的液相富集使晶粒生长受到限制是 Sr 对 Mg-3.8Zn-2.2Ca-xSr 镁合金合金组织细化产生差异的可能原因，Lee 等人的研究结果表明，生长限制因子 GRF 可以解释 Sr 对晶粒的生长限制，GRF 值越大晶粒越不容易生长，细化效果越明显，这也与上文的实验结果相吻合。

9.5.2 Gd 和 Y 对 Mg-3.8Zn-2.2Ca 镁合金晶粒细化的影响分析

在 Mg-3.8Zn-2.2Ca 镁基合金中添加一定量的 Gd 和 Y，都可以细化合金晶粒并提高合金的力学性能。Gd 在 Mg 中的平衡固溶度较大，并且其固溶度随着温度的降低而急剧下降，符合时效强化的基本条件。虽然在 Mg-Gd 合金中单独添加 Zr 后对合金的耐热性能无明显改善，但在上述三元合金的基础上进一步添加 Zn 和 Ca 后所构成的五元合金具有良好的析出强化效果和优异的耐热性能，这一点可以通过实验结果看出。这可能是由于在 Mg-3.8Zn-2.2Ca 合金的基础上复合添加 2.0%Gd 和 0.6%Zr 后，合金在时效处理后析出了大量细小的基面析出相，从而使合金的耐热性能得到大幅度的提高。

Y 是 Mg 中一种重要的稀土合金元素，它在 Mg 中具有较大的固溶度；Y 既可与 Mg 组成 Mg-Y 二元合金，也可与 Mg-Al-Zn 等元素组成多元合金。Mg-Y 合金的蠕变应变-时间关系曲线与 Mg-Al 合金相似，蠕变机制受位错攀移所控制，对于 Y 含量高的合金蠕变曲线会呈现明显不同的特征，其蠕变机制以黏性滑动为主。Mg-Y 合金的高温蠕变强度远高于 Mg-Al 和 Mg-Mn 合金，且其抗蠕变性能随着 Y 含量的增加而增加。同时，实验结果还显示 Gd + Zr 和 Y + Zr 复合添加分别较单独添加 Gd 和 Y 能使 Mg-3.8Zn-2.2Ca 镁合金获得更佳的晶粒细化效果。

图 9-63 和图 9-64 所示为 Mg-3.8Zn-2.2Ca-2.0Gd 和 Mg-3.8Zn-2.2Ca-1.0Y 铸

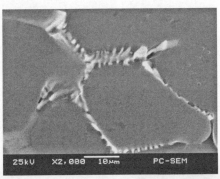

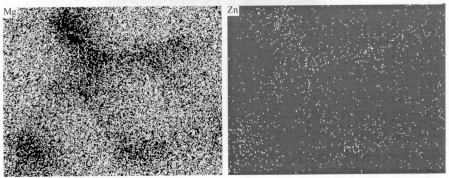

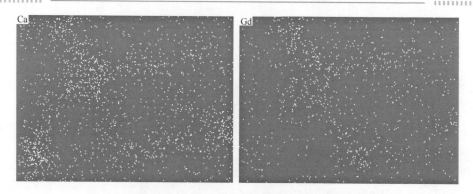

图 9-63　Mg-3.8Zn-2.2Ca-2.0Gd 铸态镁合金的面扫描结果

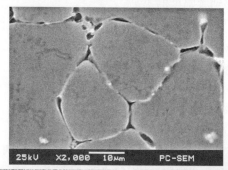

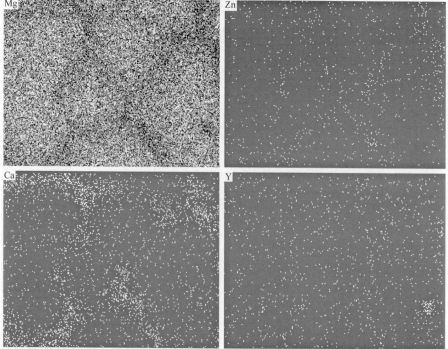

图 9-64　Mg-3.8Zn-2.2Ca-1.0Y 铸态镁合金的面扫描结果

态镁合金的面扫描结果。图像显示 Gd 原子和 Y 原子主要分布在晶界，因此对于 Gd 和 Y 对合金组织细化的原因可能是 Gd 和 Y 原子在凝固过程中富集在 Mg-3.8Zn-2.2Ca 合金的前沿从而引起了固-液界面前沿液相成分过冷[4]。此外，Gd 和 Y 添加后在合金形成的 Mg_5Gd 和 $Mg_{24}Y_5$ 相也有可能阻碍晶粒的生长，从而使合金的晶粒得到进一步细化，并且随着 Gd 和 Y 含量的增加，形成的 Mg_5Gd 和 $Mg_{24}Y_5$ 相数量增加，其对晶粒生长的阻碍可能越大，相应地晶粒细化效果越好[76]。

对于 Mg-3.8Zn-2.2Ca-Gd/Y 镁合金而言，尽管其晶粒的细化效果随着 Gd 和 Y 含量的增加而增加，但也正如合金力学性能测试结果显示，Mg-3.8Zn-2.2Ca-3.0Gd 和 Mg-3.8Zn-2.2Ca-3.0Y 合金的抗拉性能不是最高的，这主要在于高的 Gd 和 Y 含量会导致形成相对粗大的 Mg_5Gd 和 $Mg_{24}Y_5$ 相，其在拉伸过程中有可能会成为裂纹源，从而导致抗拉性能下降。至于 Gd + Zr 和 Y + Zr 复合添加分别较单独添加 Gd 和 Y 能使 Mg-3.8Zn-2.2Ca 镁合金获得更佳的晶粒细化效果，则可能与 Zr 具有较高的生长限制因子有关。基于上面的分析，在采用 Gd 和 Y 合金化和/或微合金化改善 Mg-3.8Zn-2.2Ca 镁合金的性能时，需要优化 Gd 和 Y 的添加量，同时需考虑与 Zr 等复合添加，才可能取得较好的效果。

参 考 文 献

[1] 苏鸿英. 镁合金的应用前景和局限性[J]. 世界有色金属，2011(2)：69.
[2] 李天生，徐慧. 镁合金成形技术的研究和发展现状[J]. 材料研究与应用，2007(2)：91～94.
[3] 邓玉勇，等. 新型金属材料镁合金的发展前景分析[J]. 科技导报，2002(10)：37～39.
[4] 程亮. Mg-Zn-Ca 系镁合金组织及性能控制的基础研究[D]. 重庆：重庆理工大学，2011.
[5] 杜文博，等. 镁合金在交通工具中的应用现状[J]. 世界有色金属，2006(2)：45～48.
[6] 陈振华，等. 耐热镁合金[M]. 北京：化学工业出版社，2007.
[7] 陈振华，等. 镁合金[M]. 北京：化学工业出版社，2004.
[8] 王晓花. 稀土元素 La 对 AZ91 镁合金组织及性能的影响[D]. 太原：太原理工大学，2009.
[9] 张新明，等. 耐热镁合金及其研究进展[J]. 中国有色金属学报，2004(9)：1443～1450.
[10] 高岩. Mg-Y-Gd-Zn-Zr 镁合金组织性能及其蠕变行为研究[D]. 上海：上海交通大学，2009.
[11] 刘洋，谢骏，郭雪锋. Mg-Zn 系耐热铸造镁合金的最新研究进展[J]. 南方金属，2010(6)：1～7.
[12] Eliezer D, Aghion E, Froes F H. Magnesium science and technology [J]. Advanced Materials Performance, 1998, 5：201～212.
[13] Aghion E, Bronfin B. Magnesium alloys development towards the 21st century [J]. Magnesium Alloys 2000 Materials Science Forum, 2000, 350(3)：19～30.
[14] 刘子利，丁文江，袁广银，等. 镁铝基耐热铸造镁合金的进展[J]. 机械工程材料，

2001, 25(11): 1~4.

[15] Gao X, Zhu S M, Muddle B C, et al. Precipitation-hardened Mg-Ca-Zn alloys with superior creep resistance [J]. Scripta Material, 2005, 53: 1321~1326.

[16] Bambercer M, Levi G, Vander sande J B. Precipitation hardening in Mg-Ca-Zn alloys [J]. Metallurgical and Materials Transactions A, 2006, 37: 481~487.

[17] 司乃潮, 傅明喜. 有色金属材料及制备 [M]. 北京: 化学工业出版社, 2006.

[18] 陈增. 锆在镁及镁合金中的作用[J]. 铸造技术, 2007(6): 820~822.

[19] Buha J. Mechanical properities of naturally aged Mg-Zn-Cu-Mn alloy[J]. Materials Science and Engineering A, 2008, 489: 127~137.

[20] Ben-Hamu G, Eliezer D, Shin K S. The role of Si and Ca on new wrought Mg-Zn-Mn based alloy[J]. Materials Science and Engineering A, 2006, 447: 35~43.

[21] Li Q F, Weng H R, Suo Z Y, et al. Microstructure and mechanical properties of bulk Mg-Zn-Ca amorphous alloys and amorphous matrix composites[J]. Material Science and Engineering A. 2008, 487: 301~308.

[22] Zhou T, Chen D, Chen Z H, et al. Investigation on microstructures and properties of rapidly solidified Mg-6Zn-5Ca-3Ce (wt. %) alloy [J]. Alloys and Compounds. 2009, 475: 1~4.

[23] Chen J H, Chen Z H, Yan H G, et al. Effect of Sn and Ca addition on microstructures, mechanical properties, and corrosion resistance of the as-cast Mg-Zn-Al Alloys [J]. Materials and Corrosion, 2008, 59: 934~941.

[24] Hort N, Huang Y, Abuleil T, et al. Microstructural investigations of the Mg-Sn-xCa system [J]. Advanced Engineering Materials, 2006, 8: 359~364.

[25] 曹林锋, 杜文博, 苏学宽, 等. Ca合金化在镁合金中的作用[J]. 铸造技术, 2006, 27(2): 182~184.

[26] 白晶, 孙扬善, 强立峰, 等. 锶和钙在镁-铝系合金中的应用及研究进展[J]. 铸造, 2006(1): 1~5.

[27] 赵惠, 李平仓, 黄张洪, 等. 耐热镁合金综述[J]. 轻合金加工技术, 2010, 38(4): 5~9.

[28] Toshio H, et al. Creep properties of Mg-Zn alloy improved by calcium addition[J]. Journal of Japan Institute of Light Metals, 1999, 49(7): 272~276.

[29] Mendis C L, Oh-ishi K, Hono K. Enhanced age hardening behaviour in a Mg-2.4at. % Zn by trace additions of Ag and Ca[J]. Scripta Materialia, 2007(57): 485~488.

[30] Tong L B, Zheng M Y, Chang H, et al. Microstructure and mechanical properties of Mg-Zn-Ca alloy processed by Equal Channel Angular Pressing[J]. Materials Science and Engineering A, 2009, 52: 289~294.

[31] Rahman S W, Medraj M. Critical assessment and thermodynamic modeling of the binary Mg-Zn, Ca-Zn and ternary Mg-Ca-Zn systems[J]. Intermetallics, 2009, 17: 847~864.

[32] Zhou T, Chen D, Chen Z H. Microstructures and properties of rapidly solidified Mg-Zn-Ca alloys[J]. Transaction of Nonferrous Metals society of China, 2008, 18: 101~106.

[33] 刘兆晶, 李凤珍, 张莉, 等. 镁及其合金燃点和耐蚀性的研究[J]. 哈尔滨理工大学学

报，2000，5(6)：56~59.

[34] 刘生发，等. 镁及其合金铸造组织的细化[J]. 材料导报，2003(10)：24~26.

[35] Bettles C J, Gibson M A, Venkatesan K. Enhanced age-hardening behaviour in Mg-4wt. % Zn micro-alloyed with Ca[J]. Scripta Materialia, 2004, 51: 193~197.

[36] 刘生发，范晓明，王仲范. 钙在铸造镁合金中的作用[J]. 铸造，2003，52(4)：246~248.

[37] Zhang E, Yang L. Microstructure, mechanical properties and bio-corrosion properties of Mg-Zn-Mn-Ca alloy for biomedical application[J]. Materials Science and Engineering A, 2008, 497: 111~118.

[38] Park W W, You B S, Moon B Y G, et al. Age Hardening Phenomena of Rapidly Quenched Non-Combustible Mg-Al-Si-Ca and Mg-Zn-Ca Alloys [J]. Metals and Meterials International, 2001, 7(1): 9~13.

[39] Oh J C, Ohkubo T, Mukai T, et al. TEM and 3DAP characterization of an age-hardened Mg-Ca-Zn alloy[J]. Scripta Materialia, 2005, 53: 675~679.

[40] 闵学刚，孙扬善，杜温文，等. Ca、Si 和 RE 对 AZ91 合金的组织和性能的影响[J]. 东南大学学报（自然科学版），2002，32(3)：1~6.

[41] Larionova T V, Park W W, You B S. A ternary phase observed in rapidly solidified Mg-Ca-Zn alloys[J]. Scripta Materialia, 2001, 45: 7~12.

[42] Liu X G, Peng X D, Xie W D, et al. Preparation technologies and applications of strontium-magnesium master alloys[J]. Materials Science Forum, 2005, 31(6): 488~499.

[43] 薛山，孙扬善，丁绍松，等. Ca 和 Sr 对 AE42 合金蠕变性能的影响[J]. 东南大学学报，2005，35(2)：261~265.

[44] 杨明波. Mg-9Sr 中间合金的组织及其对 AZ31 镁合金组织细化的影响[J]. 稀有金属材料与工程，2008(3)：413~417.

[45] 程仁菊，等. 锶在镁合金中的应用及其研究新进展[J]. 材料导报，2008(5)：63~67.

[46] 李海东，等. 碱土镁合金的研究及开发[J]. 轻金属，2006(6)：39~44.

[47] 梁维中，刘洪汇，等. 耐热镁合金的研究现状及发展趋势[J]. 特种铸造及有色合金，2003，2：39~41.

[48] 李冬升，程晓农，等. 抗蠕变镁合金研究进展[J]. 材料导报，2006(5)：424~427.

[49] 孙明，等. Mg-Gd 系镁合金的研究进展[J]. 材料导报，2009(11)：98~103.

[50] 谢飞，等. 稀土 Y 含量对铸造镁合金组织和性能的影响[J]. 材料热处理学报，2008(3)：90~93.

[51] 张静，潘复生，等. 耐热镁合金材料的研究和应用现状[J]. 铸造，2004(10)：770~774.

[52] Kamado S, Iwasawa S, Ohuchi K, et al. Aging hardening characteristics and high temperature strength of Mg-Gd and Mg-Tb alloys [J]. J. Jph. Inst. Light Metals, 1992, 42(12): 727.

[53] Smola B, Stulíková I, Pelcová J, et al. Significance of stable and metastable phases in high temperature creep resistant magnesium-rare earth base alloy [J]. Journal of Alloys and Compounds, 2004, 378: 196~201.

[54] Rokhlin L L. Magnesium alloys containing rare earth metals [M]. London: Taylor and Francis, 2003.

[55] Shi B Q, Chen R S, Ke W. Effect of element Gd on phase constituent and mechanical property of Mg-5Sn-1Ca alloy[J]. Transaction of Nonferrous Metals Society of China, 2008, 20: 341 ~ 345.

[56] Zhang K, Li X G, Li Y J, et al. Effect of Gd content on microstructure and mechanical properties of Mg-Y-RE-Zr alloys[J]. Transaction of Nonferrous Metals Society of China, 2008, 18: 12 ~ 16.

[57] 李克杰, 李全安, 王小强. Gd 对 AZ81 镁合金显微组织的影响[J]. 有色金属, 2010, 62 (1):10 ~ 13.

[58] 张新明, 陈健美, 等. Mg-Gd-Y-(Mn, Zr) 合金的显微组织和力学性能[J]. 中国有色金属报, 2006, 16(2): 219 ~ 227.

[59] 熊创贤, 张新明, 等. Mg-Gd-Y-Mn 耐热镁合金的压缩变形行为研究[J]. 材料热处理报, 2007, 28(3): 47.

[60] Emley E F. Principles of magnesium technology [M]. New York: Pergamon Press, 1966.

[61] Gao Y, Wang Q D, Gu J H, et al. Behavior of Mg-15Gd-5Y-0. 5Zr alloy during solution heat treatment from 500 to 540℃ [J]. Mater. Sci. Eng. A, 2007, 459: 117 ~ 123.

[62] Gao Y, Wang Q D, Gu J H, et al. Effects of heat treatment on microstructure and mechanical properties of Mg-15Gd-5Y-0. 5Zr alloy [J]. Journal of Rare Earths, 2008, 26 (2): 298 ~ 302.

[63] Honma T, Ohkubo T, Hono K, et al. Chemistry of Nano scale precipitates in Mg-2. 1Gd-0. 6Y-0. 2Zr (at. %) alloy investigated by the atomprobe technique[J]. Materials Science and Engineering A, 2005, 395: 301 ~ 306.

[64] Drits M E, Sviderskaya Z A, Rokhlin L L, et al. Effect of alloying on the properties of Mg-Gd alloys [J]. Metal Science and Heat Treatment, 1979, 21(11): 887 ~ 889.

[65] Rokhlin L L. Magnesium alloys containing rare-earth metals [M]. London: Taylor and Francis, 2003.

[66] Wang J, Meng J, Zhang D P, et al. Effect of Y for enhanced age hardening response and mechanical properties of Mg-Gd-Y-Zr alloys [J]. Materials Science and Engineering A, 2007, 456(12): 78 ~ 84.

[67] Peng Q M, Wang J L, Wu Y M, et al. Microstructures and tensile properties of Mg-8Gd-0. 6Zr-xNd-yY ($x + y = 3$, mass%) alloys[J]. Materials Science and Engineering A, 2006, 433(12): 133 ~ 138.

[68] 谢飞, 胡静, 林栋梁, 等. 稀土 Y 含量对铸造 Mg-Al-Ca-Ti 镁合金组织和性能的影响 [J]. 材料热处理学报, 2008, 29(3): 90 ~ 93.

[69] Yang M B, Cheng L, Pan F S. Comparison about effects of Ce, Sn and Gd additions on as-cast microstructure and mechanical properties of Mg-3. 8Zn-2. 2Ca (wt. %) magnesium alloy[J]. Journal of Materials Science, 2009(44): 4577 ~ 4586.

[70] Yang M B, Cheng L, Pan F S. Comparison about effects of Sr, Zr and Ce additions on as cast

microstructure and mechanical properties of Mg-3. 8Zn-2. 2Ca （wt. %）magnesium alloy［J］. International Journal of Cast Metals Research，2010，23：111～118.

［71］ 白亮. Mg-Al-Si 系和 Mg-Zn-Al 系镁合金组织控制的基础研究［D］. 重庆：重庆大学，2006.

［72］ 程仁菊. 含锶中间合金对 AZ31 镁合金铸态组织的影响［D］. 重庆：重庆大学，2006.

［73］ 程仁菊，等. 不同状态 Mg-9Sr 中间合金对 AZ31 镁合金铸态组织的影响［J］. 中国有色金属学报，2008，18(7)：413～417.

［74］ 沈佳. 含 Sc 镁合金组织和性能控制的基础研究［D］. 重庆：重庆理工大学，2009.

［75］ 王慧源，刘生发，等. 锶在镁及其合金中的作用［J］. 铸造，2005(11)：1121～1124.

［76］ 王刚，等. Gd 对挤压 Mg-Gd-Y-Zn-Zr 合金氧化动力学行为的影响［J］. 西安工业大学学报，2011(2)：151～155.

索　引